转型升级与财务管控

特约编审　常建华
编　　著　刘世伟
主　　审　陈富刚

黄河水利出版社
·郑州·

图书在版编目(CIP)数据

转型升级与财务管控/刘世伟主编. —郑州:黄河水利出版社,2011.9

ISBN 978-7-5509-0119-3

Ⅰ. ①转… Ⅱ. ①刘… Ⅲ. ①煤炭工业-工业企业管理:财务管理-河南省-文集 Ⅳ. ①F426.21-53

中国版本图书馆 CIP 数据核字(2011)第 184349 号

出 版 社:黄河水利出版社

地址:河南省郑州市顺河路黄委会综合楼 14 层 邮政编码:450003

发行单位:黄河水利出版社

发行部电话:0371-66026940、66020550、66028024、66022620(传真)

E-mail:hhslcbs@126.com

承印单位:黄河水利委员会印刷厂

开本:787 mm×1 092 mm 1/16

印张:24

字数:554 千字 印数:1—1 500

版次:2011 年 9 月第 1 版 印次:2011 年 9 月第 1 次印刷

定价:55.00 元

前 言

在我国从工业化中期向工业化后期转变的关键时期，煤炭工业的健康发展尤为重要。改造提升传统优势企业，转变煤炭工业经济增长方式，促进转型升级意义重大，任务艰巨。实践需要科学的理论来指导，围绕转变发展理念、创新发展模式、提高发展质量，河南煤炭行业会计学会组织了2011年煤炭经济管理理论研讨，广大财会人员就进一步树立现代企业经营理念，提高战略规划能力、经营决策能力和管理创新能力，各抒己见，硕果颇丰。此书也是广大财经工作者认真思考、深入研究、实践总结的结果。

雄关漫道真如铁，而今迈步从头越。中原经济区建设已上升为国家战略高度。作为煤炭经济管理工作者，更要站位全局、抢抓机遇、勇于创新、努力奉献，把我省煤炭工业发展的宏伟蓝图变成灿烂的现实，助推中原经济区建设，为促进河南煤炭工业健康，可持续发展做出自己应有的贡献！

刘世伟

2011年8月

目录

第一篇　加强内部管理,提高经济效益

我省工业结构调整现状问题及对策

刘世伟

一、我省工业在保增长调结构中取得可喜成绩

2010 年,面对复杂多变的国内外环境和一系列风险挑战,全省工业战线认真贯彻落实中央和河南省委、省政府决策部署,全力以赴保增长、保态势,积极主动调结构、促转型,多措并举,真抓实干,圆满完成了“十一五”确定的各项目标任务,全省工业经济呈现出了好的趋势、好的态势、好的气势,成功跨入全国工业“万亿俱乐部”,工业经济总量稳居全国第五位,新兴工业大省的地位得到进一步巩固。其具体表现在以下方面。

(一)工业经济发展跨上新台阶

全省上下坚持以工业化为核心,强力推进工业经济发展,实现了工业规模的快速扩张和效益的大幅提升。2010 年,全省全部工业增加值达到 11 950.8 亿元,比“十五”末增加 7 054.8 亿元,占全省 GDP 总量的 52.1%,比“十五”末提高了 5.8 个百分点。工业对全省经济发展的支撑带动作用进一步增强。2006 年以来,全省规模以上工业企业主营业务收入以年均 29.2% 的速度增长,2010 年突破 3.6 万亿元。工业企业利润年均增长 36.3%,从 2006 年突破 1 000 亿元大关,两年跨上一个大台阶, 2010 年突破 3 000 亿元,工业企业盈利能力不断增强。

(二)工业结构调整取得新成效

我省坚持不懈地深入推进工业结构调整,壮大提升优势产业,扩大精深加工产品规模,促进工业转型升级。2010 年,装备、化工、有色冶金、食品和纺织服装等五大战略支撑产业规模以上企业主营的业务收入占全省工业收入的 62.8%。以高技术和装备、汽车为主的先进制造业的业务收入占全省工业收入的 22%。有色工业整体实力持续保持国内首位。食品工业超过广东省,居全国第二位。高加工度产品产量大幅提高,五年新增汽车、粮食加工、肉类加工、铝加工产能分别为 25 万辆、850 万 t、140 万 t 和 300 万 t。轿车和商用冷藏展示柜产量实现零的突破,分别达 1.9 万辆和 2 014 台;手机产量 2.2 万台,太阳能电池产量 1.2 万 kW,数控金属切削机床产量 1 981 台,电解铝、铝材的产量之比从

作者单位:河南省工业和信息化厅

"十五"末期的1:0.5提高到2010年的1:1.1。

(三)企业竞争力有了新提高

五年来,我省加快重点企业发展,不断深化企业改革,大力推进战略重组,增强企业活力和发展动力,企业综合竞争实力显著提升。2010年,全省营业收入超百亿工业企业达到30家,比2005年增加23家,其中河南煤化超过1 400亿元、中平能化超过1 000亿元;16家企业入围2010年中国企业500强,比2005年增加5家。在大企业迅速扩张的同时,中小企业快速成长,2010年规模以上中小企业数量达到20 293个,是2005年的1.9倍;民营企业经济规模占全省工业经济总量的比重从"十五"末的44.6%提高到2010年的70.2%,对工业经济发展的支撑作用进一步增强。

(四)产业集聚发展形成新格局

近年来,我省积极引导以产业集聚区为载体,明确主导产业,承接沿海产业转移,加快推进企业集聚发展,培育壮大了一批优势产业集群。2010年,全省产业集聚区规模以上工业企业达到5 221家,占全省规模以上工业企业的25.5%;实现主营业务收入1.26万亿元,占全省规模以上工业的34.9%;完成固定资产投资5 331亿元,占全省固定资产投资的33.7%;累计引进项目3 230个,到位省外资金1 854.9亿元,占全省的71.7%,洛阳动力谷、中原电气谷、郑州百万辆汽车基地等产业集群发展成效明显。

(五)自主创新实现新突破

五年来,我省加快培育创新主体,推进创新平台建设,着力突破关键核心技术,技术创新支撑带动能力明显增强,对全省产业升级发挥了重要作用。"十一五"期间,全省共培育国家级和省级创新型企业156家,高新技术企业517家,国家级高新区数量跃居中部六省首位。目前,全省拥有省级以上企业研发中心1 013家,省级以上重点实验室75家,分别比"十五"末增长378%和123%;大中型工业企业投入研发经费达120多亿元,是"十五"末的3.4倍;国家重点实验室建设实现了历史突破,新增5家国家重点实验室;2010年专利授权量16 539件,是"十五"末的4.4倍。

(六)信息化建设迈出新步伐

五年来,不断优化发展环境,完善工作体系和政策体系,加快信息化进程,推进工业化和信息化融合发展。2010年底,全省通信光缆线路总长度达39.5万km,提前完成自然村电话"村村通"工程。3G网络建设完成投入100多亿元,覆盖了全省市(县)以上城区、高速公路、机场和重点景区,基础设施建设超额完成"十一五"目标任务。"两化"融合取得阶段性成果,信息技术在企业管理和产品研发、生产、营销等领域的应用不断深入,先后有40多家企业入选"中国企业信息化500强",郑州市被列为国家级"制造业信息化试点城市"。电子政务"一站、两网、四库、十二金"等项目基本完成预定建设目标,社会领域信息化稳步推进,农业农村信息化应用快速普及。

二、近年来我省工业发展采取的主要措施

在历史罕见的挑战和风险面前,我省工业能够取得这些成绩,确实来之不易,得益于始终做到七个"坚持"。

（一）坚持谋划长远，加强规划导向，深入推进工业结构调整

针对我省工业发展中的新形势、新情况、新问题，根据国家政策导向和产业政策，按照远近结合、重在长远的原则，研究制定发展规划和政策意见，加快工业产业转型升级。①编制科学规划。根据我省工业发展阶段和宏观形势的变化，先后制定实施了食品、有色、装备制造等六大优势产业及高新技术产业发展规划，启动了中原电气谷、洛阳动力谷、郑州百万辆汽车等重大基地建设，编制实施了十大产业调整振兴规划，及时调整工业发展的方向和重点，引导工业发展保持良好的发展态势。②严格产业政策。紧密结合河南实际，根据市场形势变化，采取严于国家的准入政策进行超前调控，明确了氧化铝、电解铝、水泥、煤化工等重点行业发展意见，坚决关闭淘汰自焙槽和80 kA以下预焙槽，限制日产2 500 t以下水泥发展，严格控制年产20万t以下甲醇项目建设，较好地抑制了盲目投资和低水平重复建设。加强对火电、水泥、电解铝、钢铁、铁合金等高耗能高排放行业限制类产能调控，加快推进我省能源结构调整，在全国率先推行电厂“上大压小”，关停小火电978万kW。③突出发展深加工产品。根据国家宏观调控政策，适时调整投资重点，着力推进一批规模效益好、技术含量高、市场需求大、环境污染少、带动能力强的重大结构升级产品，不仅为工业发展提供了有力支撑，更为我省在激烈的区域竞争中争得了先机，赢得了主动。目前，我省铝工业企业平均规模和技术水平处于全国领先地位，实现了电解铝省内全部转化；通过上大压小方式建设了一批日产5 000 t以上新型干法水泥生产线，使全省新型干法水泥的比重提高到98%，水泥行业技术装备和竞争力明显提升；公路客车、电力保护装备、起重机械、肉制品、速冻食品等优势产品行业龙头地位进一步巩固，钢铁板材比和中高档纸比重明显提高。

（二）坚持加强引导，狠抓项目建设，增强工业发展后劲

围绕调整优化工业投资结构，强化政府性资金带动作用，通过建立项目建设目标责任制、配合联动机制、加强项目跟踪协调服务等方式，协调建设条件，解决突出问题，着力推进重大工业结构调整项目建设。“十一五”期间，全省累计争取国债资金、安排工业结构调整资金25.9亿元，支持了735个重大结构升级项目，带动投资320亿元，在成套装备、轿车、金属深加工、食品、服装、家具等高终端领域形成一批生产能力。省政府确定了4 935个重大工业项目，完成投资6 070.8亿元，建成投产2 192个重大项目，有力促进了全省工业投资快速增长。2010年，全省城镇工业完成投资7 546亿元，“十一五”期间年均增速达到35.2 %，比全社会城镇投资年均增速高3.6个百分点。“十一五”期间，全省城镇工业投资超过2.4万亿元，是“十五”时期的5.6倍。

（三）坚持改革开放，加快兼并重组，大力承接产业转移

加强与中央企业及优势企业的战略合作，先后与中石化、中石油、中粮集团等一批中央企业实现了战略合作，确定了商丘千万吨炼油等一批重大基地型项目。深入推进国有企业改革，加快大中型企业主辅分离和辅业改制、内部三项制度改革和重点企业上市融资，对近5 000户企业实施了改革改制，98%的国有工业企业实现产权多元化，基本完成了省直机关所属企业脱钩改制工作，放开搞活了一大批中小企业，做强做大了一批市场主体。2010年全省地方国有企业资产总额达到10 003.9亿元，比“十五”末增长96.9%。深入推进企业战略重组，围绕煤炭、化工、钢铁、有色、装备制造等优势板块，大力推进跨所有制、跨地域、跨级次的企业重组整合，共实施重点重组项目613项，合同引进资金1 511亿元，盘活资产311亿元，成功组建了河南煤化、中平能化等一批带动力强的大企业集团。大力实施开放带动战略，强力推进大招商、承接产业转移活动，以产业集聚区为依托，以经贸洽谈为平台，成功举办第二届中部博览会、中国（郑州）2010产业转移合作系列对接活动等一系列重大招商活动，成功引进了泰国正大、富士康、百事可乐、兵装集团、娃哈哈、万向集团等一批对全省经济社会发展具有重要支撑作用的大项目、大企业。目前已有68家世界500强企业和128家国内500强企业落户河南，为我省工业新一轮发展积蓄了力量。尤其是富士康项目从正式开始谈判到第一批产品下线，仅用了一个月时间，被业界称为“河南速度”。

（四）坚持调节调控，强化要素保障，保障工业平稳运行

坚持扭住发展不放松，根据不同阶段形势的变化特点，有针对性地采取措施，及时解决经济运行中出现的矛盾和问题。尤其是针对国际金融危机带来的严重影响，围绕保企业、扩内需、拓市场等关键环节，出台了“十大举措”、“八项措施”等一系列政策措施，有效遏制了工业经济增速明显下滑的势头，带动整个经济运行成功实现“V”形反转。加强工业运行监测分析，实时监测监控工业经济运行情况，做好预测、预警和预报。加大煤、电、油、运等重要工业要素的保障协调力度，针对迎峰度冬、度夏期间和不同时期电煤紧张局势，加强有关部门配合联动，多措并举提升煤电供应能力；加强煤炭铁路运输组织，确保煤炭稳定供应。积极破解企业特别是中小企业融资难题。大力组织推动银企合作，2010年，仅省级层面组织银企签订贷款协议金额就达1 798亿元，较好缓解了企业资金紧张局面。

（五）坚持发展民营经济，培育市场主体，增强经济发展活力

始终把发展民营经济和中小企业作为推动河南经济跨越发展的一支重要力量，坚持“两个毫不动摇”方针，按照“政治上放心、政策上放开、发展上放手”的要求，不断优化发展环境，狠抓各项政策落实，推动了全省民营经济、中小企业的大发展。先后制定出台了中小企业促进法实施办法、支持引导非公有制经济发展的实施意见、支持中小企业加快发展的若干意见、建立健全中小企业信用担保体系的若干意见等重要文件；河南省委、省政府坚持两年召开一次全省民营企业表彰大会，极大调动了全省民营经济和中小企业的发展积极性。重视中小企业融资担保体系建设，目前全省已设立各类担保机构1 368家，注册资本523.88亿元，在保余额489.34亿元；设立小额贷款公司220家，成立了省中小企业担保集团公司，有力支持了民营经济和中小企业发展。推动改善中小企业公共服务，支持中小企业加强技术改造和技术创新，帮助企业提升管理水平，开拓国内市场，中小企业在“专、精、特、新”发展方面迈出了新步伐，形成了一批有特色的产业集群。

（六）坚持创新驱动，推进节能减排，提高可持续发展能力

针对我省能源原材料比重大、发展方式比较粗放的实际问题，狠抓工业节能减排，提高自主创新能力，着力推动工业向创新驱动型、资源节约型、环境友好型方向发展。加大自主创新和技改工作力度，集中实施一批重大科技专项，推动了特高压输变电设备、电动汽车、硅光伏、生物疫苗、风力发电装备、盾构等新兴产业的形成和发展。利用金融危机的倒逼机制，加快淘汰落后产能，圆满完成国家下达的年度淘汰落后产能任务，全省累计淘汰水泥落后产能5 500万t、钢铁531万t，焦炭167万t，关闭造纸企业1 003家，关停小机组298万kW。扎实推进工业节能减排，积极推行节能减排技术应用，大力推广清洁生产，强化对高耗能产业执行标准的监督检查，“十一五”前四年，全省规模以上单位工业增加值能耗分别下降5.9%、7.1%、10.8%、11.6%，主要工业污染物排放总量大幅减少，为全省顺利完成“十一五”节能减排目标作出重要贡献。

（七）坚持企业服务，优化发展环境，助推企业发展

高度重视企业服务工作，围绕政策落实、企业减负、要素保障、市场开拓、项目建设、转型升级等关键环节，积极主动帮助企业排忧解难，优化企业发展环境。尤其在2009年“战危机、保增长”中，在全省组织开展了“企业服务年”活动，省、市、县确定重点服务企业13 000多家；2010年又提出了政策导向、要素保障、市场开拓、融资服务等企业服务十大长效机制，建立完善了企业服务直通车、领导分包、首席服务员等制度，设立企业服务热线电话，实现了企业服务常态化、制度化。企业服务开展以来，累计解决企业反映的各类问题24 000多条；累计发放减负稳岗资金28.4亿元，惠及企业77 000多户次；探索推行涉企行政事业性收费“一费制”，组织开展重点项目建设环境、企业治安环境等专项治理；对涉企行政审批项目进行清理，扩大联审联批范围，企业发展环境得到持续改善。

三、当前我省工业结构存在的突出问题

结构调整是一项长期而艰巨的任务，虽然近年来我省持续不断地推进结构调整，工业经济规模和效益水平都有了大幅提升，但与构建现代产业体系的要求和参与国际国内日益激烈的市场竞争的形势相比，我省工业结构战略性调整的任务还十分繁重，加快工业转型升级刻不容缓。特别是金融危机以来，我省以能源原材料为主的产业结构受到严重冲击，工业增速在全国和中部的位次不断下滑，长期积累的深层次结构性矛盾加速暴露、集中凸显。主要表现为：

（1）从产业结构上看，能源原材料比重大，新兴产业发展相对滞后。初步估算，我省仅煤电铝产业链就占全省工业增加值1/4的比重，建材、有色、化工、钢铁、电力、煤炭等能源原材料行业占我省工业总量的比重高达55.5%。与之形成对比的是，装备制造业仅占规模以上工业的16.2%，高新技术产业增加值只占3.8%，电子信息产业比重仅为0.5%。资源型重化的特征是效益与资源价值关联度很高，在经济扩张阶段，资源能源类产业成为拉动工业快速增长的重要力量，而在遭遇危机的过程中，则成为导致我省工业遇到更大困难的主要因素。

（2）从产品结构上看，部分优势产业链条短，产品层次较低。我省的部分传统优势产业如食品、纺织、化工、有色、钢铁等产业，还缺乏全产业链企业，产业链位置上偏上游，价值链上偏低端。目前，我省初级产品的比重占到全部工业产品的70%，工业增加值率仅相当于湖北省的82.3%、湖南省的80.1%和安徽省的83.8%。在全国产量排名靠前的工业产品多数是初级加工产品，终端高端工业品产量排名均比较靠后。例如，装备制造业中数控金属成型机床产量仅占全国的0.1%；石化产品中，氮肥、纯碱、烧碱等传统产品比重大，而高端石化产品比重不足30%。

（3）从企业结构上看，大型优势企业少，中小企业发展不充分。2010年全省规模以上

工业企业数达到2.05万家，而江苏省已达到6.12万家。从企业规模看，我省小型工业企业单位数占到全省工业的89.8%，主营业务收入超百亿元的工业企业刚达到30家，而江苏省为116家、山东省也超过了100家。全国每万人拥有中小企业83.3户，浙江省是500户，而我省仅38户。

(4)自主创新能力弱。2010年我省专利授权量仅相当于广东省的13.9%、江苏省的12.0%，99%的工业企业是零专利。全省大中型工业企业中只有1/4建有研发机构，约1/3开展了科技活动，研发投入占主营业务收入的比重仅为0.47%，企业尚未真正成为技术创新主体。

(5)部分产业集聚区集聚发展不够、主导产业不突出。我省180个产业集聚区已经成为市县重要的增长极、转型升级的突破口，载体功能和综合带动作用日益显现，但也有部分产业集聚区主导产业不明确，产业关联不强，往往是以“堆”代“群”，把集合当集聚，形不成资源共享和产品互换互用，集聚发展态势不明显。

四、推动工业转型升级的思路及举措

总体上看，我省工业经济已经进入由规模扩张为主向规模和质量并重、更加注重提升质量和竞争力的新阶段。我们要顺应工业发展的阶段性变化，坚持发挥比较优势与后发优势相结合，做大总量和优化结构相结合，着力构建结构优化、技术先进、清洁安全、附加值高、吸纳就业能力强的现代产业体系，加快由工业大省向工业强省转变，力争到2015年全部工业增加值超过2万亿元，形成10个以上超千亿产业集群和100家以上超百亿企业集团，实现工业整体竞争力显著提升，对经济社会发展的带动能力进一步增强。

今年是“十二五”规划的起步之年，保持工业经济持续快速健康发展尤其是取得产业产品结构调整突破性进展，对全省发展大局至关重要。按照河南省委、省政府工作部署，结合工业和信息化工作的重点，推动工业转型升级的思路及举措如下所述。

(一)实施重点工业行业行动计划，加快产业结构调整升级

根据我省实际，河南省委、省政府把加快产业产品结构调整作为抓关键、带全局的“八项举措”之一，力争通过2年时间，促进产业产品结构取得重大实质性进展，综合竞争力和整体实力迈上新台阶。根据省政府统一部署，我省制定了加快产业产品结构调整专项方案，其中包括14个工业行业的行动计划。这14个行业包括6大高成长性产业，4大传统优势产业和4个先导产业。今年的工作重点：①大力发展高成长性产业。以汽车、电子信息、装备制造、食品、轻工、建材为重点，坚持龙头带动、基地支撑、高端突破，培育形成一批千亿元产业集群，力争主营业务收入超过3.1万亿元。②技改提升4大优势产业。把改造提升有色、钢铁、化工、纺织等传统优势产业作为保障经济平稳运行的重要支撑，今年力争主营业务收入超过1.3万亿元。③大力培育发展先导产业。积极推进新能源汽车、生物、新能源、新材料等产业发展，力争主营业务收入达到2 000亿元。

(二)扶持“双百”企业，培育大企业大集团

为了加快培育骨干企业，发挥骨干企业的龙头带动作用，省政府决定在全省选出规模效益100强企业和高成长高科技性100家企业，予以重点支持，出台了支持“双百”企业加快发展的31项政策措施。围绕双百企业培育，抓好政策落实。①加强对“双百”企业

运行监测,及时研究解决企业发展中出现的重大问题,会同省直有关部门,加强政策指导和服务,切实为企业发展创造良好环境。②切实搞好服务。在总结近几年企业服务活动经验的基础上,建立完善对200家重点企业的服务措施,逐步健全首席服务员、企业服务直通车等制度,及时解决企业生产经营中遇到的各种困难和问题,尽快形成重点企业服务长效机制,着力为重点企业发展提供优质高效服务。③推动企业转型升级。引导推动省“双百”企业强化技术创新能力,完善延伸产业链条,推动关联企业、上下游企业一体化发展,高效扩张产业规模,提高资源和市场掌控能力,参与国际国内高端市场竞争,形成一批行业领军企业。力争2011年,全省主营业务收入超500亿的企业达到5家,超100亿的企业35家左右。继续推进省内钢铁、煤炭、有色、建材、化工、装备等行业骨干企业整合重组,深化与央企及国内外优势企业的战略合作,提高生产集中度和资源利用水平。

(三)承接产业转移,开辟产业转型升级的有效途径

加快产业转型升级最有效、最快捷的办法就是通过大规模承接产业转移,构建以重大产业基地、优势企业集团、特色产业集群为支撑的产业发展格局。专家分析,本轮产业转移黄金期也就5年左右,随后将会进入20~30年的稳定期。如果抓住机遇,就完全有可能借力发展,在工业发展上开辟崭新空间。①突出承接重点。根据不同产业的比较优势和薄弱环节,按照“竞争力最强、成长性最好、关联度最高、支撑条件最优、见效最快”的原则,分别确定承接重点,明确主攻方向。要围绕发展高成长性,大力吸引沿海地区产业链、产品链的关键环节和龙头企业到河南布点发展,带动当地企业集群、板块式转移;围绕改造提升传统优势产业,舍得拿出优势企业和优质资产引进战略投资者,积极承接能够促进精深加工、延长链条、提升水平的项目、技术、设备;围绕培育先导产业,积极引导外来资金投向,推动承接产业转移与承接技术转移、加强自主创新相结合,加快核心关键技术产业化,迅速形成规模。②举办好第二届承接产业转移系列对接活动。中国工业与信息化部已原则同意部省合作举办第二届承接产业转移活动,目前已启动项目对接前期准备工作,我们将围绕14个重点产业组织开展一系列专题对接活动,力争今年签订承接省外产业转移项目1 000个以上,引进省外资金1 500亿元以上。③抓好签约项目的跟踪落实。重点抓好富士康等引进项目的建设工作,对重点签约项目建立健全项目全过程服务、统计报告等工作制度,持续开展“四抓四促”活动,促进项目尽早达产。④推进新型工业化产业示范基地创建工作,打造承接产业转移示范集聚区。

(四)营造良好环境,加快中小企业发展

中小企业不仅起着激发经济活力、配套产业发展的重要作用,更是实现富民强省目标的力量源泉。中小企业的发展要紧紧抓住4个关键环节:①抓好政策落实。2011年2月份,河南省政府下发了《关于贯彻落实国发〔2009〕36号文件精神进一步促进中小企业发展的实施意见》,从不同层面明确了扶持中小企业、民营经济发展的政策,各级、各部门要不折不扣地抓好落实,重点解决好中小企业发展环境、资金困难、财政支持、转型升级等方面的问题。②加强中小企业服务体系建设。积极整合各类服务资源,加强中小企业公共服务平台建设,推动建立各级中小企业发展服务中心,为中小企业开展订单式服务,形成“政府推动引导、中介机构参与、市场化运作”的公共服务体系。继续开展多种形式的培训,着力提升中小企业经营者能力素质。③着力缓解中小企业融资难题。积极引导金融机构强化中小企业融资服务，加大对中小企业信贷的投放力度和覆盖面，力争今年中小企业融资增速高于信贷平均增速。要继续组织开展好中小企业银企对接活动。整顿规范各类担保机构，切实加强担保机构监督管理，推动担保行业健康有序发展。发挥好担保集团再担保作用，提高资金使用效率。完善中小企业上市培育机制，加强上市辅导，促进中小企业在中小板块和创业板块融资。④引导中小企业转型升级、集聚发展。要坚持专精特新、协作配套、创业创新、集群发展，增强中小企业发展活力。鼓励中小企业与大型企业开展专业分工、服务外包、订单生产等多种形式经济技术合作，尽可能多地融入到大企业产业链条。

（五）推进自主创新和技术改造，提高产业产品核心竞争力

自主创新是改造提升传统产业、发展壮大先导产业、破解资源环境约束加剧等问题的治本之策。要准确把握产业转型升级对自主创新的迫切需求，以解决技术瓶颈为重点，以重大科技专项和重大科技工程为抓手，进一步凝练创新项目，壮大创新主体，丰富创新载体，完善创新机制，突出技术改造，以关键技术的突破推动传统优势产业改造升级和引领先导产业的形成发展。①突破技术瓶颈。在重点工业行业核心技术领域，组织实施重大科技专项，梳理出一批制约行业发展的共性关键技术集中攻关，务求取得突破。传统产业技术改造和产品结构调整重点为：开发煤制乙二醇、聚甲醛、煤制烯烃等技术，开发推广低温低电压铝电解新技术、高端铝材生产技术以及超高强度钢生产技术等核心技术；先导产业重点为实施电动汽车、动力锂离子电池、新型疫苗、多晶硅节能环保综合利用等关键技术。②培育创新主体。大力实施企业创新能力培育科技工程，促进企业加大科技投入，引导企业开发高新技术产品，发展高新技术产业，提升产品和产业结构；发挥科研院所和高等院校骨干作用，大力支持和引导科研院所和高等院校与企业联合开展提升产业核心竞争力的应用开发研究和成果转化；实施创新型科技人才队伍建设工程，加强国外、省外科技人才引进，动员全社会创新人才积极投身创新活动。③打造创新载体。继续以企业、高校、科研机构为依托，推进政、产、学、研合作，按照优势互补、协同创新、互利共赢的原则，建设一批工业公共技术研发中心和产业技术联盟，共同突破产业发展的关键核心技术；以主导产业和先导产业的骨干企业为重点，加快建设和发展工程技术研究中心、企业技术中心等各类企业研发中心。

（六）淘汰落后产能力度，推进工业领域节能降耗

今年，全省单位生产总值能耗要降低3.5%左右，主要污染物化学需氧量、氨氮、二氧化硫、氮氧化合物分别下降1%、1.2%、3%和0.6%，全省节能减排工作任务相当繁重，对工业领域的节能减排工作也提出了更高的要求。①进一步加大淘汰落后产能力度。按照淘汰落后生产工艺装备和产品指导目录，综合运用法律、经济、技术及必要行政手段，强化安全、环保、能耗等市场准入标准，加强监督考核，强化舆论引导和社会监督，坚决把能耗高、污染重的产能淘汰掉，确保完成年度淘汰落后产能任务。②大力推进工业节能降耗。进一步加强对高耗能企业的动态甄别，落实差别电价政策。深入开展钢铁、有色、建材、化工等行业能效对标达标活动，树立一批行业先进标杆企业，推广行业节能降耗先进经验。要选择量大面广、先进适用的节能技术，在高耗能行业中重点推广，大幅降低工业能耗。③推进工业领域循环经济发展。按照循环经济试点省建设要求，以有色金属、煤炭、火电、食品、化工、建材、造纸、医药等八大高耗能、高排放行业为重点，延长产业链条，提升传统支柱产业，加快发展工业循环经济。在钢铁、有色、化工、建材等重点行业，要总结推广一批资源综合利用先进技术，引导企业节约资源、降低消耗、减少排放，提高资源利用率。

（七）推进信息化与工业化相融合，提高信息化水平

以高新技术改造传统产业，推动依托信息技术和生产性服务业发展，推动重点行业信息化，完善“两化融合”平台为重点，指导企业信息化，推进“两化融合”试点工作从区域、行业、企业三个层次大幅度提升两化融合程度。以信息技术改造传统产业，在产品设计、设备改造、技术更新、组织管理及市场营销等环节通过提高信息化水平降低生产成本、提高生产效率，进而提高传统产业竞争力。推动电子技术应用广泛的现代物流、软件服务和创意产业的发展，使涵盖在制造业之下的配套环节演变为生产性服务业，推动产业结构调整，加大信息技术在纺织、化工、装备制造、食品等行业的应用，进而推进重点领域和企业的“两化融合”进程。今年要重点做好三项工作：①加快推进两化融合。要充分发挥各级信息化工作领导小组的作用，建立两化融合协调推进机制。以14个工业重点产业行动计划为切入点，推进信息技术在工业各领域的广泛应用和企业生产、经营、管理各个环节的渗透，形成全行业覆盖、全流程渗透、全方位推进的发展模式。建立全省企业信息化水平评测体系，引导企业提升信息化应用水平。加强中小企业信息公用平台建设，进一步拓展服务对象，丰富服务内涵，为全省中小企业提供优质高效的信息服务。积极创建国家级“两化融合”试验区，以县域产业集聚区为重点，扩大省级“两化融合”试验区范围。新乡、巩义两市要依据全省两化融合统一部署，扎实抓好省级试点工作，为全省探索和积累符合我省实际的“两化融合”成功经验。②深化电子政务应用。建立省、市、县三级电子政务体系，加强政务网络与信息资源整合，协调推进政府部门重要业务系统建设，推进信息交换与共享，实现集约布局、互联互通和业务协同。③实现信息惠民。大力推进社会领域信息化，推动医疗、教育、社保、文化等领域信息化建设，提高公共服务水平。

论财务风险对企业的重大影响及防范

郭矿生

经济活动总是风云突变，市场变化更是显得诡异。这是因为市场上不确定性的存在。在市场经济体制下，一个企业从资金的筹措、设备原料和劳动力的采购、产品的销售等，无一不是通过市场来完成的。生产者和消费者、投资人和发行人、贷款人和借款人、雇用者和劳动者，也都要面对市场。而由于市场不是完美的，有着不确定性和信息不对称的特性，风险的存在就成为经济活动的常态。随着知识经济的到来，企业会面临更多的风险。①由于经济活动的网络化、虚拟化，信息的传播、处理和反馈速度大大加快，倘若企业内部和外部对信息的披露不充分，不能及时有效地选择利用内部和外部信息，会加大企业的决策风险；②由于知识积累和革新速度加快，会进一步加大企业的经营风险；③高新技术的发展，使产品寿命周期不断缩短，这不仅加大了存货风险，而且加大了产品设计、开发风险；④由于媒体空间的无限扩展以及网上银行和电子货币的运用，使得国际间的资本流动加快，由此使币市风险进一步加剧；⑤在追求高收益驱动下，企业将大量资金投放在高新技术产业和无形资产上，使投资风险进一步加大。这些都将会影响到企业的财务经营效果。

由此可见，企业的风险由多种因素构成，而财务风险是其最重要的风险因素之一。

一、财务风险的含义及影响因素

（一）财务风险的含义

财务风险是指由于多种因素的作用使企业不能实现预期财务收益，从而产生损失的可能性。广义的企业财务风险指财务方面的风险，狭义的财务风险就是指企业现金支付风险和筹资风险，是企业在筹集资金过程中，由于未来收益的不确定性而导致的风险。

（二）影响财务风险的因素

1. 市场风险

市场风险是指当市场价格向不利于自己的方向发展时，所造成的资产收益的减少和负债成本的增加。市场风险主要包括资本市场风险、原材料市场风险、劳动力市场风险、产品销售市场风险等。

通过分析企业的资产负债表和损益表，我们可以看出企业在整个经营活动过程中所能遇到的市场风险。一个企业的资产都是由股东权益和负债形成的。企业的权益资本可以通过有限责任公司的形式或发行股票的形式来获得，债务资本可以通过向银行借款或发行债券获得。这些资本的成本都会受到市场利率和汇率变化的影响。

总之，只要企业参与市场经营活动，在资产和负债之间、现金收入与现金支出之间存

作者单位：郑煤集团公司

在利率结构不一致、期限不一致都是一种必然现象，都会导致企业的市场风险。企业只能控制和管理风险，而不能完全回避风险。作为市场的参与者，企业永远不可能去除市场上的所有不确定因素。同时，保留一定数量的风险，就等于保留了牟取高回报的机会。

2. 非市场风险

除市场风险外，企业还可能遇到非市场风险。非市场风险包括企业交易信用风险、企业内部管理风险、法律合同风险、政策性风险和流动性风险等。

有迹象表明，当前，我国企业已经进入了高财务风险时期，其高财务风险如下所述。

(1)产业风险。我国在对外开放过程中对民族工业的过度保护，削弱了国内产业及企业在国际市场上的竞争能力和发展潜力，损害我国企业和产业的长远利益，形成大范围的生产过剩局面。

(2)资产风险。一方面，目前一些国有企业的当权者在暗处大肆瓜分国有资产，造成国有资产的大量流失，这种隐性的私有化行为比较隐蔽也更危险。另一方面，一些拥有核心技术或经营实权的企业内部人员，法制观念淡薄，进行暗箱操作等非法经营，使企业的资产转移。

(3)决策风险。决策风险指选择不同的财务会计政策的风险和进行近、中、远期财务情况预测偏差及财务决策失误的风险。

(4)监管风险。政府对资本市场的监管存在着明显的职能错位问题，其结果必然是行政命令扭曲市场机制，严重制约了市场优化资源配置功能的发挥。

二、财务风险对企业的重大影响

(一)财务风险在企业筹资活动中的体现

在市场经济条件下，筹资活动是一个企业生产经营活动的起点，管理措施失当会使筹集资金的使用效益具有很大的不确定性，由此产生筹资风险。企业筹集资金渠道有所有者投资和借入资金。对于所有者投资而言，其风险只存在于使用效益的不确定性上。而对于借入资金而言，企业在取得财务杠杆利益时，实行负债经营而借入资金，从而给企业带来丧失偿债能力的可能和收益的不确定性。财务风险的实质是企业负债经营所产生的风险。财务风险的大小与企业筹资数额的多少和投资收益率的高低密切相关。当企业投资收益率高于货币资金的时间价值也就是高于借款利率时，借入资金的比例越高，企业收益率就越高；反之，借入资金的比例越高，企业的收益率就会越低。企业借入资金必须还本付息，在未来偿还债务能力不确定情况下就会相应增加企业的压力和负担，使企业面临着资不抵债的潜在风险，这就形成了企业的财务风险。由于负债经营具有提高企业的经营规模，增强企业的市场竞争能力，得到财务杠杆效益，提高企业股东的收益，获得节税收益，减少货币贬值的损失，降低综合资金成本等积极作用，因此对于资金匮乏的世界各国企业来说都不失为一个解决资金来源问题支持快速发展的有效途径。同时它又会给企业带来增加财务风险，进而降低企业的再筹资能力，导致股票市场价格下跌，增加企业的经营成本，影响资金的周转等负面作用。

(二)财务风险在企业投资活动中的体现

企业通过筹资活动取得资金后，进行投资的类型有三种：一是投资生产项目，二是投资证券市场，三是投资商贸活动。然而，投资项目并不都能产生预期收益，从而引起企业盈利能力和偿债能力降低的不确定性，如出现投资项目不能按期投产，无法取得收益；或虽投产但不能盈利，反而出现亏损，导致企业整体盈利能力和偿债能力下降，虽没有出现亏损，但盈利水平很低，利润率低于银行同期存款利率；或利润率虽高于银行存款利息率，但低于企业目前的资金利润率水平等。这些都会给企业带来财务风险。

（三）财务风险在资金回收环节中的体现

企业财务活动的第三个环节是资金回收。应收账款是造成资金回收风险的重要方面，它的成本包括：机会成本、常用有价证券利息收入表示，应收账款管理成本，坏账损失成本。应收账款加速现金流出，它虽使企业产生利润，然而并未使企业的现金增加，反而还会使企业运用有限的流动资金垫付未实现的利税开支，加速现金流出，从而产生财务风险。

（四）财务风险在收益分配环节中的体现

收益分配是企业财务循环的最后一个环节。收益分配包括留存收益和分配股息两方面，留存收益是扩大规模来源，分配股息是股东财产扩大的要求，二者既相互联系又相互矛盾。企业如果扩展速度快，销售与生产规模的高速发展，需要添置大量资产，税后利润大部分留用。但如果利润率很高，而股息分配低于相当水平，就可能影响企业股票价值，由此形成了企业收益分配上的风险。

三、财务风险防范的措施

在竞争激烈的市场经济条件下，控制、防范和化解财务风险是确保企业在激烈的市场竞争中立于不败之地的前提条件。因此，每个企业必须采取各种相关措施和技术性方法以有效地防范和化解财务风险。

（一）认识现代财务管理的地位，加强企业财务管理

随着经济全球化和高新技术的发展，新经济时代已经来临，以财务管理为中心的企业管理是当今新体制、新经济形势下社会经济发展的客观必然的结果。随着社会主义市场经济和现代企业制度的建立，企业成为独立的财务主体，财务管理的内容与方法正在向现代市场经济的要求变化，财务管理的工作正在发挥越来越重要的作用。

（二）更新企业财务管理观念，协调各相关利益者的财务关系

财务管理观念是指导财务管理实践的价值观，是思考财务管理问题的出发点。重视人的发展与管理是知识经济时代的基本趋势和客观要求。随着我国改革的深入推进，新的产权理论与制度已经在国内的一些企业中得到实施。在这种情势下，我们应积极创立新的财务管理模式与理论，以适应知识经济时代人本化理财的要求，协调好利益相关者之间的财务关系。

（三）调整财务管理理论，提升财务管理的层次

知识经济时代要求我们必须有与时俱进的精神和不断创新的财务管理理论。从目前的实务状况来看，我国企业财务管理工作尚处于较低水平，日常财务管理工作以现金、应收应付款、存货等营运资金的管理为主，财务管理无法从大局上对企业经营状况予以把握。企业要想在加入世贸组织后的新环境中做到防范财务风险、提高资金效率，必须全面提升企业的财务管理层次。

(四)分析财务管理的宏观环境,完善财务管理系统,提高对财务管理环境变化的适应能力

财务管理的宏观环境虽然存在于企业以外,企业无法对其施加影响,为防范财务风险,企业应设置高效的财务管理机构,配备高素质的财务管理人员,健全财务管理规章制度,强化财务管理的各项基础工作,使企业财务管理系统有效运行,并且应对不断变化的财务管理宏观环境进行认真分析研究,把握其变化趋势及规律,制定多种应变措施,适时调整财务管理政策和改变管理方法。

(五)改革财务管理机制,健全岗位责任制,提高财务人员综合素质

为适应知识经济时代的要求,首先要改革现有企业财务管理机制,在知识经济时代,财务管理的重心应从传统的物质资源管理转向人力资源管理,构建人力资源和物质资源相结合的财务管理机制。企业按自身规模和管理特点划分为若干财务管理层次,通过赋予各层次管理者对等的财务和人事权责来建立健全岗位责任制并强化审计监督。其次,要全面提高企业财务人员的综合素质。要经常组织学习和培训,适时进行知识的更新。

(六)建立财务预警分析指标体系,加强企业财务风险管理

财务风险是现代企业面对市场竞争的必然产物,加强企业财务风险管理,必须从建立和完善财务预警系统着手。

1. 建立短期财务预警系统,编制现金流量预算

由于企业理财的对象是现金及其流动,就短期而言,企业能否维持下去取决于是否有足够现金用于各种支出。预警的前提是企业有利润,对于经营稳定的企业,由于其应收、应付账款及存货等一般保持稳定,因此经营活动产生的现金流量净额一般应大于净利润。准确的现金流量预算,可以为企业提供预警信号,使经营者能够及早采取措施。为能准确编制现金流量预算,企业应该将各具体目标加以汇总,建立滚动式现金流量预算。

2. 确立财务分析指标体系,建立长期财务预警系统

对企业而言,在建立短期财务预警系统的同时,还要建立长期财务预警系统。其中获利能力、偿债能力、经济效率、发展潜力指标最具有代表性。获利是企业经营最终目标,也是企业生存与发展的前提。从资产获利能力看:

总资产报酬率=息税前利润/资产平均总额

该公式表示每1元资本的获利水平,反映企业运用资产的获利水平。

成本费用利润率=营业利润/成本费用总额

该公式反映每耗费1元所得利润水平越高,企业的获利能力越强。

对偿债能力,有流动比率和资产负债率。如果流动比率过高,会使流动资金丧失再投资机会,一般生产性企业最佳为2左右,资产负债率一般为40%~60%,在投资报酬率大于借款利率时,借款越多,利越多,同时财务风险越大。

上述资产获利能力和偿债能力二指标是企业财务评价的二大部分,而经济效率高低又直接体现企业经营管理水平。其中:反映资产运营指标有应收账款周转率以及产销平衡率,

产销平衡率=产品销售产值/工业总产值

对企业发展潜力方面选择销售增长率和资本保值增殖率。这里采用经改进的功效系数法对企业进行综合评价，对选定的每个评价指标规定几个数值，一个是满意值，一个是不允许值，设计并计算各类指标单项功效系数，运用特尔菲法等确定各个指标权数，用加权算术平均或者加权几何平均得到平均数即为综合功效系数，用此方法可以定量化企业财务状况。

然而，企业为适应未预料的需要和机会，应该具备采取有效措施，改变现金流的流量与时间的能力，这就是财务弹性。主要与企业营业活动所产生的现金净流量有关。反映财务弹性的指标有：用于测定企业全部资产的流动性水平的营运资金与总资产比率，到期债务本金偿付率，实有净资产与有形长期资产比率，应收账款及存货周转率，其中：

到期债务本金偿付率＝经营活动产生现金净流量/（本期到期债务本金＋现金利息支出）

实有净资产与有形长期资产比率计算如下：

实有资产/有形长期资产＝（资产－负债－待处理资产损失－未弥补亏损－潜亏）/（固定资产净值＋在建工程＋长期投资）

从长远观点看，一个企业能够远离财务危机，必须具备良好的盈利能力，企业对外筹资能力和清偿债务能力才能越强。其指标有：

总资产净现率＝（经营活动所产生现金净流量＋分得股利或利润所收到现金＋现金利息支出＋所得税付现）/平均总资产

销售净现率＝经营活动产生现金净流量/销售收入净额

股东权益收益率＝净利润/平均股东权益

上述指标虽然可以预测财务危机，但从根本上讲，企业发生风险是由于举债导致的。一个全部用自有资本从事经营的企业只有经营风险而没有财务风险。因此，要权衡举债经营的财务风险来确定债务比率，应将负债经营资产收益率与债务资本成本率进行对比，只有前者大于后者，才能保证本息到期归还，实现财务杠杆收益；同时还要考虑债务清偿能力，即企业拥有现金多少或其资产变现能力强弱；债务资本在各项目之间配置合理程度。考核指标有长期负债与营运资金比、资产留存收益率以及债务股权比率。其中：

债务股权比率＝平均总负债/（平均股东权益的市场价值－无形资产－待处理资产损失）

3. 结合实际采取适当的风险策略

在建立了风险预警指标体系后，企业对风险信号监测，如出现产品积压，质量下降，应收账款增大，成本上升，要根据其形成原因及过程，指定相应切实可行的风险管理策略，降低危害程度。面临财务风险通常采用回避风险、控制风险、接受风险和分散风险策略。其中控制风险策略可进一步分类：按控制目的分为预防性控制和抑制性控制，前者指预先确定可能发生损失，提出相应措施，防止损失的实际发生。后者是对可能发生的损失采取措施，尽量降低损失程度。由于市场经济的发展，利用财务杠杆作用筹集资金进行负债经营是企业发展途径。

4. 强化财务活动的风险管理，促进竞争与合作相统一

财务风险贯穿于财务活动的始终，防范财务活动风险举足轻重。筹资风险产生的具

体原因及防范有几方面：由于利率波动而导致企业筹资成本加大的风险，一旦筹集了高于平均利息水平的资金，可争取提前还债等补救措施。在进行投资风险决策时，其重要原则是既要敢于进行风险投资，以获取超额利润，又要克服盲目乐观和冒险主义，尽可能避免或降低投资风险。

预算单元成本控制模型在煤炭企业成本管理中的应用

李乔成　张五星

笔者通过创新成本管控思路，构建成本预算单元控制模型，引入作业成本管理理念，实行精细化成本管控。通过对单一要素过程的单元控制和责任分解，实现成本单元超前预算控制，增强成本指标单元的可操作性和控制性，增强成本管理和技术管理，技术管理和现场管理的融合性，强化积极投入和消极投入效果评价。通过引入煤炭大产品理念，增加经济价值评价指标，注重长期经济行为的综合评价，增强煤炭生产单位更加注重统筹发展、更加注重协调发展、更加注重安全发展的导向评价作用，推动煤炭企业的持续健康发展。

一、煤炭企业预算成本管理现状

近年来，随着国家宏观经济调控，煤炭售价大幅提高，经济效益显著提升。但是随着安全生产、技术投入、人员安置、环境治理、村庄搬迁等方面支出的加大，煤炭企业成本管理中存在的问题逐渐暴露出来。主要表现在以下几个方面：

(1)预算成本观念还比较薄弱、预算成本控制责任体系还未细化分解到真正成本发生过程的源头。预算成本过程控制的广度与深度不够，成本与技术、成本与安全、成本与质量的衔接控制还存在欠缺。

(2)财务成本预算的末端监督控制职责缺乏过程控制的有效支持。预算成本控制核心是超前预算控制、过程事中监督控制、末端财务核算监督反映。财务部门是核算结果的反映监督部门，诸多业务部门缺乏过程上的控制，造成过程监督缺位，预算成本管理的全方位链条断裂；即前面有超前预算控制、后面有核算监督，但缺乏最有效的过程控制。同时，煤业集团公司运作环节较多，过程的梳理和控制力度不够，作业成本过程管理有待优化。

(3)预算成本责任考核，仅仅对当期成本进行考核，缺乏长效考核机制，不利于生产矿井的持续发展、统筹发展、安全发展能力的稳步提升。同时，在预算指标分解过程中各职能部门根据各生产矿井的实际状况提供相关资料进行指标分解，但往往只重视各生产单位的纵向分解，缺乏对横向职能部门的责任分解，形成预算成本控制的“单打独斗”局面，未形成全员参与的预算成本控制体系，控制效果较差。

(4)成本管理事后核算多，事中控制协调和事前预算控制少，治理措施多，技术措施少，致使成本控制措施不力。煤炭生产单位由于受自然和技术手段制约，生产的超前计划性与实际存在较大差距，使得总体成本投入的预算控制性较差，财务成本预算与生产预算

作者单位：焦作煤业(集团)有限责任公司

不匹配,成本投入的随意性较强。例如,大部分煤业集团成本指标考核主要是通过预算总额目标进行分解和控制,总额预算成本控制虽然简便易行,但基层单位在按照自己情况分解预算时,造成上下分解不一致、存在上下两层皮现象,容易造成成本项目间的大幅度调整,致使"消极投入"(诸如非生产性费用、地面设施整修)指标挤占"积极投入"(诸如人工成本的刚性增支、区域瓦斯治理等安全投入等)指标,形成不该投入的投入、该投入的又不得不投入的预算成本控制局面,造成总体成本预算目标的失调。

二、构建预算单元成本控制模型体系

为进一步健全和落实目标成本责任制,依托作业成本管理理念,注重长期经济行为的综合评价。组织实施全员、全过程、全要素的成本费用控制体系,加大成本费用的预算控制与考核激励力度,实行成本预算单元控制模型体系和动态考核体系。不断传递分解压力和考核压力,实现指标分解的"无缝对接",增强煤炭企业成本考核评价导向作用,提升成本预算与生产预算的融合性,提高企业经济效益。

(一)预算单元成本控制模型的概念

预算单元成本控制模型,是结合煤炭生产单位实际情况,依托作业成本控制理论,通过深入剖析成本项目动态,细化成本作业环节流程,将成本要素按照会计要素和作业环节进行细化分解,并以指标分解为导向明确责任主体、细化职责分工、强化业绩评价考核,构建超前预算单元控制、过程管理控制、末端财务核算评价监督的全方位预算单元成本控制模型,增强煤炭成本的管理效果。预算单元成本控制模型,注重生产预算与成本预算的有机结合,通过单项预算成本控制,将成本责任主体进行细化分解和优化,优化成本控制导向,夯实成本控制基础,有利于调节经营指标计划的均衡性和执行效果的稳定性,提升成本管理效果。

(二)预算成本单元目标的分解

煤业集团按照"单项要素控制、费用总额考核、成本性态分析、对标查找差距"的原则,强化动态考核和预算超前控制,注重"横向到边,纵向到底"的预算指标分解和责任目标下移,按照自下而上、上下结合的原则编制成本预算。为保障预算成本目标的实现,集团公司层面按照横向处室职责进行业务预算与成本预算的分解。各责任处室按照年度目标预算分解计划,制定切实可行的管理措施,强化管理和监督,严格考核。

1. 剖析成本现状,明确预算成本控制目标

煤炭成本消耗不构成产品实体,固定成本占到成本总额的60%以上。通过对成本项目的深度剖析,按照控制程度、成本性态以及投入效果等方面对成本项目进行剖析,针对不同类型的成本项目,明确不同的预算成本控制措施和业绩评价导向。

同时,依托成本项目分析划清和优化成本责任主体,明确职责权限,规避成本责任转嫁,实现责、权、利相统一,构建成本全面控制责任体系。

2. 依托作业成本理念,划分职责

作业管理是一种以作业为核心,由作业成本计算和作业分析过程有机结合的管理方法。作业管理一般包括确认作业、作业链和成本动因分析、业绩评价以及报告不增值作业成本四个步骤。其主要采用作业消除、作业选择、作业减低和作业分享来降低成本。对于

煤炭企业预算单元成本控制。预算单元是作业管理环节的成本动因在成本单元要素的体现,依托作业成本对多过程管理环节进行全面梳理,通过优化作业环节、增强作业责任、强化作业控制、提升单元控制力。例如煤炭企业材料费用的投入不构成产品实体,材料投入的环节过程需进一步细化和剖析,从而更加有效地控制成本。以材料控制为例:

(1)采购环节。明确集中招标采购的优化,建立稳定的客户供应关系,确保招标环节的公开、透明,实现批量采购优势和拳头优势效能,使得采购成本优化。同时,可以根据矿井生产规模和物料消耗周期,计算经济储量和经济采购周期,确保采购环节成本最优。

(2)使用环节。按照生产过程环节对材料费用投入情况进行全方位剖析,根据各地点、各投入环节进行指标细化和分解,明确各个环节主体的成本控制责任,增强现场管理控制力度。同时,应做好矿井技术优化的前置评价,做好大型材料的台账记录和优化管理,强化修旧利废等工作。

(3)核算环节。按照生产过程使用环节主体,细化投入分类,依托信息化技术手段,强化核算监督管理。

(4)考核环节。通过优化预算成本环节责任主体,建立责、权、利对应的管理流程和环节,依托市场化管理手段,强化相互监督和相互制约的链式结算关系。

3. 预算目标分解

通过深度剖析成本要素和优化作业环节,按照责任主体和作业环节,煤业集团层面进行逐步、逐项细化分解。

集团公司经营指标预算下达后,各基层单位根据产量计划、采掘接替、煤质等资料,本着先进、科学、合理的原则,对预算成本进行横向月度分解和纵向成本要素分解,结合内部市场化运作体系,将预算成本逐级分解到区队、班组等基本核算单元。将成本管理责任落实到位,明确责任人和责任处罚措施(原则上矿井和选煤厂的预算成本应按照成本要素责任分解到矿、厂级领导班子成员),同时依托预算超前控制功能,加强生产工序、班组、区队的指标分解工作,做到预算超前控制机制,增强成本管理的精细化程度和成本总预算目标的实现。通过责任细化和分解,建立责任强化、指标覆盖面广的预算单元成本控制的网络责任体系,实现"人人头上有指标、个个肩上有任务"的全员预算成本。

4. 注意事项

因煤炭企业成本受地质条件等诸多自然因素影响,成本的不可控因素较多,成本的波动性较大。在预算指标确定时,应保持成本单元预算控制模型与生产实际合理的弹性空间,确保与实际贴近性、适应性,提升成本预算单元控制的可操作性,实现预算目标的合理控制,提升全面预算的战略管理能力。对单项指标计划应按照差异率对横向职能部门进行考核,增强横向职能部门分解指标的科学性、适应性。

(三)建立保障机制,确保预算单元成本控制的有效性

(1)为保障预算成本工作的科学、客观以及与生产实际的贴近性,建立预算成本动态调整机制、成本预算事中预报制度和动态监控机制。同时,为了有效控制预算外成本支出,建立成本预算与资金预算联动,最大限度发挥成本预算的控制性、前瞻性,凡无正常因素成本预算超支的,原则上不再安排资金预算。

(2)建立预算对标机制。为进一步提升成本预算管理效果,增强责任意识、节约意识、差距意识，明确“优化生产系统、强化现场管理、挖掘成本源头、注重过程控制、横向对标分析、挖掘管理差距”的预算成本管控思路，建立以成本动因作业环节为基础的成本对标机制。通过成本生产过程财务数据的分类、分析，明确生产自然条件、工作效率、比例协调因素、煤层附存因素等数据，实现自然因素人为控制，效率因素通过管理优化，比例协调通过强化生产组织、优化生产设计调整，煤层附存因素通过改进生产工艺、技术革新调节，经营指标通过过程环节控制、煤质过程控制实现效益最优。

(3)鉴于生产矿井成本要素的性态特征，建立动态成本预算和可控成本预算绩效挂钩考核机制，引入作业成本管理理念，对生产矿井、矿厂分置选煤厂成本预算考核，按照成本要素的属性建立成本绩效挂钩。对材料费用、电力费用、修理费用、非生产费用以及其他可控费用等变动成本进行专项考核，按照超降比例与工效工资挂钩，工资、社保费用等固定性费用原则上不再与工效工资进行绩效挂钩。同时，对制约矿井安全生产的瓦斯区域治理、水害防治等积极成本投入，采用预算单元考核，实行反向积极预算成本考核政策，以业绩评价方式鼓励安全效果投入，夯实矿井的安全生产基础。

(4)针对煤矿投入与产出的时间性存在差异，为规避期间考核引导的煤炭企业短期经营行为，依托“大产品”理念，引入“经济价值”评价指标，对煤炭生产过程按照配比性原则。对开拓巷道、生产巷道、瓦斯治理、水害防治、巷道修理等多项影响煤炭生产成本的项目按照模拟完工边际贡献进行综合价值测定。将“经济价值”作为经营者业绩评价的引导指标，提升煤炭生产经营者更加注重长期经济效益的综合评价，推动煤炭生产单位更加注重统筹发展、更加注重协调发展、更加注重安全发展的导向评价作用，提升煤炭生产单位的健康、持续发展能力。同时，加大对预算成本责任人实行正激励奖励制度的力度。

经济价值系数是指通过预算单元控制、对标分析评价，依托“大产品”理念，摒弃以利润为中心的现在价值评价，建立以现有模拟产品为依托的未来现金流量经济价值量评价。经济价值评价，主要涵盖的信息数据有报表利润、可采工作面回采煤量、开拓煤量、回采煤量、瓦斯区域治理、水害综合防治、开拓巷道、准备巷道、回采巷道等。通过测算各个项目的边际利润贡献效果，综合评价煤炭企业的经济价值。

(5)实行“触壁考核”理念，优化业绩评价体系。目前，预算指标分解测算时按照“蹦一蹦够得着苹果”理论进行指标分解，试图通过考核触动，增强各被考核主体的经营责任，增强其创造价值、强化内部管理、挖潜增效的主动性、能动性，实现压力的无缝传递和考核的有效对接。“触壁考核”是指在预算指标相对压力一致时，凡通过内部挖潜增效、强化管理、加强外部市场营销、提升市场占有率的情况，“触”摸到预算考核指标时就将预算成本工资容量予以全额审批（切块分项考核可分块设置壁顶指标）。以后期间除了集团公司整体或特殊性工资奖励政策可单独进行考核外，其余部分由各单位对工资进行管理、以丰补欠，实现工资管理与预算成本控制的融合性、一致性，确保预算工资成本的均衡性和可控性，通过“触壁考核”，“压”出动力，“挤”出效益。

构建平煤股份"双轮驱动"的经营管理新模式

赵运通　张军辉

随着经济全球化市场国际化进程的不断加快及经济体制改革的深入，煤炭企业成为真正意义上的市场主体，面临着激烈的市场竞争。当前，煤炭企业、特别是服务年限较长、煤炭赋存条件复杂的煤炭企业生产经营面临着各种各样的考验。要想在国内、国际市场激烈的竞争中生存下来并获得良好的发展，必须不断改进新技术，更新管理方法，强化内功，加强成本控制，增强企业的创收能力，提高企业效益，拓展企业的生存和发展空间，提高竞争能力。

平煤股份建矿有50多年历史，地质条件越来越复杂，煤炭赋存条件越来越差，自然灾害越来越多。面对复杂多变的地质条件，平煤股份通过构建"提质增收"及"成本控制"双轮驱动的经营管理模式，强化煤质管理，加强成本控制，在原煤产量下降的情况下，实现了企业效益稳步提升。

一、目前平煤股份生产经营的主要特点

（一）地质条件复杂，安全及生产投入越来越大

目前，平煤股份大部分矿井处在二水平及三水平开采期。随着矿井开采年限的增长，开采深度的增加，煤炭赋存条件越来越差，煤层薄、埋藏深、倾角大、煤层不稳定，自然灾害多，矿压大，瓦斯突出日益严重。一方面，为确保安全生产，在瓦斯治理、防突措施等方面采取了更高的标准，实行了更严格的措施，安全投入越来越大。另一方面，随着矿井的开采范围由近而远，开采深度的增加，矿压越来越大，支护形式的改变和巷修费用的增加，导致生产成本不断升高。

（二）成本管理压力大

平煤股份成本构成中，职工薪酬成本及材料费成本所占比重较大，是成本构成中的大项，与中国神华集团等条件较好的煤炭生产企业相比有较大差别。2010年平煤股份成本构成中，职工薪酬占48%，材料费占14%。要降低成本，必须降低吨煤职工薪酬及材料费，由于平煤股份建矿时间较长，人员多，包袱重，瓦斯治理人员投入又较多，降低职工薪酬成本较困难。尽管平煤股份职工薪酬成本较大，但人均工资却仅有5万元左右，远远低于其他煤炭企业。因此，职工薪酬成本不但不会下降，反而可能会不断上升。由于巷修费用、瓦斯治理投入越来越多，材料费也不断呈上升趋势。成本管理压力较大。

（三）煤质较差

平煤股份为确保安全生产，减轻工人劳动强度，提高劳动生产率，从2008年开始实施区域瓦斯治理工程和提高采掘机械化装备上水平"两大战役"。由于解放层煤层较薄，在

作者单位：平顶山天安煤业股份有限公司

解放层开层过程中，出现大量的矸石，灰分高，发热量低，再加上平煤股份很多矿井煤层赋存条件差，断层多，在机械化采煤过程中，带来大量矸石。

二、平煤股份“双轮驱动”的经营管理模式的构建

平煤股份大部分生产矿为分公司，煤炭由运销公司统一销量，各生产矿没有销量自主权。由于当时煤质相对较好，煤质较稳定。公司根据当时情况，从 2005 年开始将各分公司生产矿作为成本控制中心，只下达成本指标，不下达利润指标。公司根据各单位计划成本对各单位拨付成本资金，销售收入全部上交公司。根据这一政策导向，各单位对成本控制非常重视，结合本单位的实际情况，对本单位全面预算管理办法和激励约束机制等规章制度进行了修改和完善，充分调动了广大职工成本控制意识，成本管理水平得到了不断提升。但是，近年来，由于平煤股份地质条件越来越复杂，加上公司从 2008 年实行“两大战役”，这一考核政策的局限性渐渐显现出来。由于对各生产矿只考核成本，不考核利润，加上对各单位煤质考核力度不够，各生产矿对煤质管理的积极性不高，只重视产量、规模的提升，而不注重煤质的提高，在煤质管理方面没有采取切实的措施，煤质工程欠账较多。尽管公司产量上升较快，但效益不能够充分发挥出来。因此，公司从去年开始，修改完善了目标成本考核办法，实行“双浮动、双控制”目标成本考核体系。“双浮动”即目标成本随煤炭产品质量完成情况上下浮动，工资指标随目标成本完成情况上下浮动。“双控制”即指对未完成目标成本的单位实行工资和货币资金双控制。“双浮动、双控制”目标成本考核体系，将煤炭产品质量和目标成本完成情况与工资指标和货币资金预算有机结合，对于强化成本管理，提升煤炭产品质量，促进企业效益起到了较好的效果。但是由于煤质浮动成本没有与洗损成本有机结合起来，没有从根本上扭转煤质不断下滑的被动局面。

今年以来，受安全生产及矿井核定能力限制，平煤股份原煤产量比去年减少将近 400 万 t。要增加职工收入，确保企业效益不断提升，必须转变经营管理方式，提高煤炭产品的质量。为此，今年在“双浮动、双控制”目标成本考核体系的基础上，实行了“提质增收”及“成本控制”双轮驱动的经营管理模式，一手抓煤炭产品质量，一手抓成本控制，将煤质产品质量的提升与成本控制放在了同等重要的地位。

（一）提质增收

在提质增收方面，以市场为导向，根据市场对不同种类的煤炭产品的需求、质量要求以及对应的售价关系，按照“售价—质量—成本”之间的基本关系，完善了煤质考核政策，通过折吨和利润指标双控制来强化煤质管理。

（1）对生产矿选煤厂实行成本及利润指标双控制。2011 年同时对各生产矿下达成本指标及利润指标。按超利或欠利额的 30% 增加或减少目标成本，目标成本超支或节约与工资指标挂钩，并按一定比例与货币资金预算挂钩。

（2）对生产矿实行折吨考核。为进一步调动各生产单位加强煤质的积极性，促进公司煤炭质量的稳定提高和精煤产量的持续增长，提高企业效益，制定了平煤股份公司 2011 年煤炭产品质量考核办法。以计划发热量（入洗煤灰分）为基础，按一定比例对实际产量进行折吨，计算出考核产量，根据各生产矿目标成本计算出当月计划成本。当实际发热量高于计划发热量，入洗煤灰分低于计划入洗煤灰分时，考核产量大于实际产量。当实

际发热量低于计划发热量,入洗煤灰分高于计划入洗煤灰分时,考核产量小于实际产量。

(3)为进一步优化资源配置,调动生产矿提高已组煤入洗的积极性,实现集团效益最大化,拉大入洗煤与非入洗煤目标成本差距,每吨煤入洗煤目标成本比非入洗煤目标成本高40元。

(4)支持和鼓励基层单位加强煤质工程建设,对煤质工程公司进行补贴,努力实现分采分储分运,克服区域瓦斯治理带来的煤质方面的不利影响。

(二)成本控制

在成本控制方面,以精细化管理为导向,树立每一成本项目都是可控的理念,不断强化"全员、全过程、全方位"的成本管理。

(1)强化全面预算管理,进行全方位成本控制。首先,按照集团公司对股份公司下达的财务经营指标,根据各单位发展要求及生产布局,结合各单位实际情况,经过认真测算,将成本指标层层分解到各单位,压力传递给各单位。其次,各单位根据公司下达的成本指标,按"横向到边,纵向到底"的原则进行闭合分解,压力层层传递,自上而下形成一套完整的预算指标管理体系。

(2)加强成本考核,强化激励约束机制。对各单位成本控制主要是通过工资指标和货币资金两个方面来实现。首先,对成本指标超支的单位,按照超支额度等额扣减工资指标。其次,对各单位内部资金结算实行余额控制运行机制。为加大成本管理力度,防止个别单位成本超支严重,今年,公司下达了平煤股份公司内部资金结算余额控制运行管理规定。从2011年2月1日开始,各分公司在计财处开设一个内部结算专户,专门用于办理发生的日常经营业务。该账户实行余额控制,结算中心存款余额不得出现赤字。每月月初,成本科根据各单位当月成本资金计划,对各单位拨付成本资金,各单位根据公司拨付的成本资金"摸着口袋"花钱。同时,对成本超支的单位,与货币资金预算挂钩,按一定比例扣减货币资金预算。

(3)各单位紧紧围绕公司的政策导向,细化成本构成,认真区分安全生产投入和非安全生产投入。在确保安全生产投入的前提下,对非安全生产投入要根据成本的容纳度,分轻重缓急,各项支出坚持"必须、合理、节约"的原则,严格控制非生产性支出规模。不断创新成本管理方法,努力抓住成本管理的关键点、关键环节。对构成成本材料费、劳务费、租赁费、修理费等主要支出项目,划小核算单元,进行重点控制。根据产量规模,优化生产布局,通过提高单产单进水平,减少采掘头面,减少劳务费、租赁费、材料费投入。

三、平煤股份"双轮驱动"的经营管理模式实施效果

平煤股份"双轮驱动"的经营管理模式通过几个月的实施,取得了较好的效果。煤质管理的积极性普遍提高,在煤质管理方面想了很多办法,采取了很多措施,加大了煤质工程建设力度。煤炭产品质量逐步提升,外运煤发热量由1、2月份4 100大卡/kg左右上升到4月份的4 250大卡/kg,入洗煤灰分由1、2月份39%点多下降到4月份38%。在产量同比下降,成本上升的情况下,确保了企业效益稳步提升。逐步实现了由"成本控制"的理念向"提质增收"及"成本控制"双轮驱动的经营管理理念转变,由传统的靠规模扩展的"外延式"增长向靠内部挖潜的"内涵式"增长转变。

基于全面预算管理的煤炭企业绩效评价与奖惩体系构建

苏孟献　张　轶

建立基于全面预算管理的煤炭企业绩效评价与奖惩体系，有利于加强对预算的全员性（预算过程的全员责任）、全额性（预算金额的总体性）和全程性（预算管理流程的全程化）考核与奖惩力度，提高集团公司生产经营活动的执行力和全面控制力，支持和保障集团公司发展战略目标的实现。同时这也是全面推进理念创新、管理创新、制度创新、方法创新，增强集团公司的核心竞争力的必然要求。

一、传统绩效评价与激励存在的主要问题

（1）绩效评价指标的设计不尽合理，缺乏对战略目标实现的支持。传统的煤炭企业绩效评价指标大多只考虑财务指标，而对企业长期的客户发展，企业员工的发展能力等发展战略类指标，未进行必要的考核甚至不进行相应的管理，关注度明显不够。没有把客户满意度、市场份额和人力资源开发等纳入企业的正式评估系统，没有认识到预算目标的实现是企业各部门共同努力的结果，忽视了从客户那里直接收集数据以评估客户保有率、企业价值等，对非财务等发展战略类指标关注度明显不够。因此，缺乏对战略目标支持的绩效考核指标不能从根本上保证企业内部形成良好的发展动力，不能有效支持战略目标达成。

（2）缺乏导向性，没有形成完善的绩效评价与激励系统。煤炭企业通常仅仅将绩效评价视为一项独立的管理行为，并未与企业整体的人力资源管理及开发工具相连接，绩效评价的结果仅仅作为工资调整的因素之一，很少将绩效评价的结果与人员的晋升、培训等方面结合起来，不能充分发挥其"导向性"作用，促进员工动态的调整自己的行为，不断地改进工作。

（3）绩效评价的方法单一，标准单一，权重设计不科学。很多煤炭企业在设计绩效评价方案时，不分地面工作人员还是井下工作人员，不论是党政工团还是生产组队，都采用量表的方法，用同一标准进行评价，定性指标多，在指标分解及权重设计上考虑不科学，使评价结果缺乏客观性。

（4）绩效管理与其前后的工作环节衔接不好，使绩效考核流于形式。多数煤炭企业对绩效管理不能系统地进行设计执行，不重视绩效管理的前期设计和后期的结果执行，使绩效管理的结果大打折扣，考核的结果与个人的报酬、升迁等挂钩不紧密，严重挫伤了职工的积极性，使考核流于形式。

作者单位：义煤集团财务部

二、建立绩效评价与奖惩体系的原则

(一)公平公开原则

绩效评价时要对每一个预算责任单位公平对待,不能有任何徇私舞弊行为。对预算责任单位的业绩评价的制定标准、方法、程序要公开,评价结果透明。

(二)可控性原则

对各责任层次的绩效评价的内容应该是各该层次责任主体所能控制的业务或因素,所有可控因素带来的预算差异应该由相应的预算主体负责,利润分配也应以此为前提。

(三)分级考评原则

绩效评价应与预算目标的确定及其分解相适应,针对每一层次责任主体所拥有的权利和承担的责任进行业绩考核评价。按照预算责任单位分级层次,实行集团公司对专业公司、专业公司对基层单位、基层单位对区队(车间)分级评价。

(四)总体优化原则

建立绩效评价体系时要注意全面预算管理是企业的整体资源整合,在绩效评价时应注重企业整体利益与局部利益相协调,实现企业总体资源最优,避免出现为实现局部利益而忽略企业整体利益的行为。

(五)风险收益对等原则

预算责任单位与个人的收入分配与业绩评价结果挂钩,分享利益的同时要分担相应的责任与风险。遵循风险利益的均衡,实现委托人利益最优。集团公司对各专业化公司绩效评价时,可倾向于各专业化公司承担较大的经营风险,以增强分公司责任人的责任心和使命感;专业公司对基层单位、基层单位对区队考评时,应倾向于基层单位和员工承担较小的经营风险,以实现权、责、利的对等。

三、绩效评价与奖惩体系内容

(一)绩效评价标准和评价对象

绩效是指那些经过考评的工作行为、表现及其结果。对组织而言,绩效就是任务在数量、质量及效率等方面完成的情况;对员工个人而言,绩效则是上级和同事对自己工作状况的评价。一般来说,所谓指标指的是从哪些方面来对工作进行衡量或评价;标准指的是在各个指标上分别应该达到什么样的水平。指标解决的是我们需要评价“什么”的问题,而标准解决的是要求评价对象做的“怎样”、完成“多少”的问题。在评价标准上,可分为行业标准、预算标准和历史标准。

各责任中心预算指标的完成情况是绩效评价的主要依据,预算执行情况数据来源于每个责任中心分期上报的预算反馈表和预算分析报告。

在基于全面预算管理的绩效评价与奖惩体系中,绩效评价对象包括实行全面预算管理的各子(分)公司、集团公司直属单位、集团公司总部各归口管理部门等预算责任单位。

(二)绩效评价主体及评价程序

绩效评价主体是评价工作的组织者和管理者,同时也是考核的执行者。为实施基于全面预算管理的绩效评价,集团公司应成立专门的预算考核组织机构。集团公司预算委员会下设预算考核办公室,总体负责集团的预算考核工作。各专业公司和各职能部门设置预算考核领导小组,负责本部门的预算考核工作。

绩效评价应按以下程序进行:

(1)预算年度终结后,专业公司所属预算责任单位根据预算完成情况,进行自我评价,编制自我评价报告,报送专业公司预算管理办公室。

(2)专业公司预算管理办公室按照所属预算责任单位自我评价报告,进行内部审计核实,编制本公司评价报告,报送集团公司预算管理办公室。

(3)集团公司预算管理办公室组织人力资源部、审计部和有关预算归口管理部门,对专业公司及其各预算责任单位的预算执行情况进行评价,将评价结果报送集团公司预算管理委员会。

(三)绩效评价方式

基于全面预算管理的绩效评价可采取由上而下逐级评价的方式。即各预算责任单位对所属车间、区队的预算执行情况进行评价,各专业公司对所属预算责任单位的预算执行情况进行评价,集团公司预算管理办公室对各专业公司、集团公司直属机构、集团公司总部预算归口管理部门的预算执行情况进行评价。

对项目部及各责任中心实行阶段考核和年终考核相结合的办法,阶段考核以预算执行情况为重点,实行月度量化考核;年终考核以时效为重点,年终兑现按月度考核累计计算。

(四)绩效评价指标体系

基于全面预算管理的绩效评价指标体系由考核指标、指标权重及评分等级标准构成。

四、绩效评价

(一)绩效评价指标体系的构建

建立基于全面预算管理的绩效评价与奖惩体系时,按照集团公司中各个管理层级的管理重点不同,可分为集团公司、专业化公司和专业化公司下属单位三个层级依照其各自的管理特点分别进行考核评价。

一般而言,绩效评价指标体系的建立有两种最基本的方法:一是以岗位职务说明书为基础,详细了解岗位工作内容并找出主要工作,然后在能够反映评价对象的所有评价指标中,选择最重要的最能反映出评价对象业绩的评价指标作为关键指标。需要注意的是,制定绩效评价指标体系应兼顾集团公司长期目标和短期利益的结合。二是在制定绩效评价指标时采取硬指标和软指标相结合的方式,对评价对象进行全面考评,有助于衡量评价对象的全面绩效。硬指标是以统计数据为基础,把统计数据作为主要评价信息,通过硬指标计算公式,最终获得数量结果的绩效评价指标;软指标是由评价主体者对评价对象绩效作主观的分析,直接给评价对象进行打分或作出模糊评判的绩效评价指标。当然,具体设计时要根据不同级别来设定绩效评价指标:集团公司级评价指标的确定依据于公司战略目标的转化,并且应当尽量是滞后/结果性的指标;在构建专业化公司等部门评价指标前,首先要审视现有的组织构架是否存在问题,并对部门的职能进行描述,然后对集团公司的评价指标进行分解。在分解的同时要注意根据各个专业化公司等部门的职能对分解的指标进行修整补充,并兼顾其与专业化公司等部门分管上级的指标关联度;与专业化公司等部门评价指标的构建一样,在构建专业化公司下属单位评价指标前,首先要进行作业分析及作业标准的确定,然后对专业化公司等部门指标进行分解。

绩效评价指标体系包括三个层面的指标:第一个层面是集团公司级的绩效评价指标,是通过基于战略的关键成功要素法分析得来的;第二个层面是专业化公司等部门级的绩效评价指标,是根据集团公司级的指标分解而来的;第三个层面是专业化公司下属单位绩效评价指标,是根据专业化公司等部门级的指标演化而来的。这三个层面的指标共同构成企业绩效评价指标体系。通过绩效评价指标体系的建立,把公司的总战略和战略目标通过自上而下的层层分解落实为战略经营单元和员工个人的具体工作目标,将企业战略转化为内部过程和活动,从而确保战略目标的实现。通过三级绩效评价指标体系,可以落实企业战略目标和业务重点,传递企业的价值导向,有效激励员工,促进企业和员工绩效的改进与提高。绩效评价指标体系不仅成为企业员工的约束机制,同时发挥战略导向的牵引作用,通过提高员工个人绩效最终实现公司绩效的提高。

对于集团公司三个层级的绩效考评,可将绩效评价指标体系的指标划分为财务指标和非财务指标两大类。非财务指标包括顾客方面、内部经营过程方面、学习与成长方面的指标。针对不同的管理层级,可设置不同的具体考评指标。

(二)绩效评价指标权重的确定

确定指标权重是绩效评价中的核心问题。从赋权方法论看,主观赋权和客观赋权各有其优缺点,因此实际应用中可根据集团公司各层级绩效考评指标的性质和特点,对主、客观赋权法进行适当组合。即采用组合式权系数值分配方法来确定不同性质的指标权系数值,使权重分配更符合研究问题的实际。评价指标权重的确定,目前常用的方法有层次分析法,这种方法是将多项比较变成两两比较。建立两两比较矩阵,对其进行处理得到权重。

(三)利用评分进行绩效评价

通过层次分析法计算后得出各指标的权重,运用公式:

$$P = \sum_{i=1}^{n} P_i \times W_i$$

式中 P_i——第 i 项指标对应的得分;

W_i——第 i 项指标对应的权重;

n——指标的个数。

计算出各项指标的总体得分后,就得出最终该层级责任单位的绩效情况。

五、绩效奖惩

(一)奖惩原则

(1)奖惩与绩效评价结果相结合的原则。各预算责任单位的绩效评价结果,是实行奖惩、兑现风险收入的依据。

(2)奖惩与现行有关分配制度相结合的原则。把能够体现预算责任单位行业性质特点的主要预算指标,纳入领导班子年薪制考核管理办法(或经营责任书)一并考核,以强化领导集体在预算管理工作中的责任。

(3)奖惩与现行奖励制度相结合的原则。预算责任单位根据各部门、车间、区队、班组、个人在预算管理工作中的作用，把预算管理责任纳入其工作(岗位)职责中，结合现行奖励制度考核兑现奖金额。

(4)奖惩与预算业绩连续评价结果相结合的原则。连续评价结果同为一个等级时，逐步加大对预算责任单位的奖励或处罚力度。

(二)奖惩形式

奖励包括精神奖励和物质奖励两方面。

(1)精神奖励。根据绩效评价结果，分设管理金、银、铜牌奖。

(2)物质奖励。根据绩效评价结果，兑现经营者年薪收入；按照预算责任单位奖励制度规定的奖金标准，上浮奖金标准。

处罚包括名誉处罚、物质处罚及行政处罚，具体为：

(1)名誉处罚。根据绩效评价结果，分设书面警示、黄牌警告、红牌警告。

(2)物质处罚。根据绩效评价结果，扣减经营者年薪收入；扣减岗位技能工资、奖金。

(3)行政处罚。领导班子引咎辞职。

财务管理目标和选择

张　乐

目标是系统所希望实现的结果。根据不同的系统所要解决和研究的问题可以确定相应的目标。企业财务管理目标是企业财务工作的定向机制,确定合理的财务管理目标,无论是理论上还是在实践上,都有重要的意义。财务管理目标制约着财务运行的基本特征和发展方向,是财务运行的一种驱动力。我国对财务管理目标的研究和争论一直没有间断。这是由于财务管理目标在整个财务管理理论体系中的地位及对财务管理实践的指导作用所决定的,同时由于财务管理目标受到社会经济环境的影响,更加要求财务管理目标理论的研究要不断丰富与完善。

笔者在综述中西方财务管理目标演变的基础之上,针对当前财务管理目标理论中具有代表性的几种观点进行了评述,然后根据影响财务管理目标的相关因素指出我国目前不同企业应该选择相应的企业财务管理目标。并指出选择我国企业财务管理目标要根据不同的类型企业做出具体选择。

一、企业财务管理目标的演变及评价

(一)财务管理目标的定义

自从1954年彼得·德鲁克(Peter·Drunker)提出用一种目标来激励员工而不是控制员工的方法后,目标管理就成为管理学中的一个重要手段。财务管理当然也应该重视目标管理。那么,什么是财务管理的目标呢?美国著名管理学家斯蒂芬·P·罗宾斯教授认为:“基础管理如果不讨论目标管理,就是不全面的。目标管理强调设定的目标是具体的、可检验的及可测量的。”这一论断可以作为研究企业财务管理目标的一个指导思想。而在我国市场经济条件下,企业的财务管理目标既要符合市场经济的一般规律,维护企业所有者和债权人以及广大职工的利益,实现企业的长远和可持续发展,还要符合国家的宏观经济政策和金融环境的要求。因此,结合中国国情,应该将市场经济体制下的中国特色的企业财务管理目标定义为“以国家的方针政策为依据、市场竞争为导向,力求在企业生产经营和经济效益稳步增长的基础上,实现企业所有者(股东)财富和职工人均收入最大化”。

(二)西方企业财务管理目标的历史演变及评价

在西方财务理论的发展过程中,出现过众多的财务目标理论。这些观点主要有:“利润最大化”、“净收益最大化”、“资本成本最小化”、“每股收益最大化”、“股票市价最大化”、“股东财富最大化”、“公司财富最大化”及“企业价值最大化”等。这些财务目标基本上反映了西方企业适应市场经济环境的要求,体现了不同时期产权主体利益的不同偏

作者单位:平顶山天安煤业股份有限公司一矿

好。这些目标在不同的时期都促使了西方经济的发展，但是它们自身都有不可克服的缺点，所以企业财务管理目标一直在不断地发展完善当中。

（三）我国企业财务管理目标的历史演变及评价

在对我国企业财务管理目标进行评价以前，需要说明的是由于我国经济体制的问题，我国企业财务管理目标在国内明确提出是近几年的事情。回顾我国经济建设的发展过程，按照经济体制的改革过程可将其发展过程分为三个阶段。

在20世纪80年代以前的计划经济体制下，不具备产生企业理财目标的条件，企业的财产所有权与经营权高度集中，企业的经营方式是单纯的生产型。它的主要任务就是执行国家下达的总产值目标，企业领导人职位的升迁，职工个人利益的多少，均由产值计划指标的完成程度来决定，这就决定了企业必然要以总产值作为企业经营的主要目标。同时，人们也会自觉地把总产值最大化当做财务管理的基本目标。

20世纪80年代后，我国企业在告别高度集中的计划经济体制以后，企业经营方式由单纯生产型向生产经营型转变。在经营机制由放权让利转为完善经营机制的过程中，企业开始实行政企分开、两权分离的根本性变革，开始改变过去"产值最大化"的做法，企业财务管理活动也开始围绕着利润的增长来进行。有些学者也明确提出了"利润最大化"的主张，如"用利润最大化作为企业理财目标是一种客观的选择"，"国有企业财务管理目标的完整表述应该是在履行足够的社会责任的基础上追求利润最大化"。"利润最大化"理财目标在我国也是流传甚广的一种观点，对我国的财务管理实际活动也有重大的影响。20世纪90年代至今，现代企业财务管理目标的"学术争论阶段"随着我国社会主义市场经济体制的确立，市场在社会资源配置方面发挥着越来越重要的作用，知识经济的悄然兴起，企业财务管理的内外部运行机制不断得到改革和完善，人们认识到了"利润最大化"理财目标的缺陷。在理论界提出了如"所有者权益最大化"、"股东权益最大化"、"企业价值最大化"等观点。

二、企业财务管理目标的选择

（一）影响企业财务管理目标的因素

1. 企业总体目标

企业的目标是一种"行动的承诺"，是企业一切资源与努力集中的重心，是企业人力、物力、财力运用的依据。财务管理目标作为企业总体目标的一个分支，它是为实现企业总体目标服务的。企业选择的财务管理目标必须与企业总体目标一致，才能促进总体目标的顺利实现。财务管理目标的选择受到总体目标的决定性影响，并受财务管理自身特点的制约。

企业目标与财务管理目标的内在联系可以概括为，合理的财务管理目标应能够最大限度地实现企业目标，这是对财务管理目标最基本的要求。首先，从企业目标与财务管理目标的关系上看，企业管理的目标可以概括为生存、发展、获利。但由于企业财务管理的目标目前尚无定论，又因为企业目标与财务管理目标的根本一致性，是公认的理论研究的前提。财务管理目标是为实现企业目标服务的，最优的财务管理目标应能够最大限度地实现企业目标。财务管理目标与企业目标存在根本上的一致性，但二者又存在差别，财务管理目标作为企业目标的子目标，主要侧重于价值方面的管理。其次，就如何判定财务管理目标与企业目标是否一致上看，财务管理目标的实现应能够最大限度地满足企业长期生存、发展、获利的需要。

2. 外部环境因素

企业的外部环境是企业财务决策难以改变的外部约束条件，它是企业财务管理赖以生存的土壤，对企业的财务管理目标有重大的影响。因此，企业要更多地适应这些环境条件的要求和变化，主要的环境因素包括：

(1)法律环境的影响。在市场经济条件下，行政手段逐步减少，经济手段、法律手段日益增加。企业的财务人员应当依据财务会计法规、财政税收法规等，在守法的前提条件下完成企业的理财职能，实现企业的财务管理目标。

(2)经济环境的影响。国民经济的发展规划、体制改革的相关措施、商业竞争、通货膨胀率和利率等外部因素，都会对企业的财务管理目标产生影响。企业如果能够正确地预见政府政策的导向，对企业的财务决策会大有好处。

3. 要考虑到企业财务管理目标的可操作性

企业的财务主题是企业的财务管理人员，财务管理的客体是财务管理的对象。要实现企业的财务管理目标需要财务主体对客体实行有效的管理。在这个过程中要实现权责对应，提高管理绩效，从而有力地促进企业的发展。

4. 要始终贯彻两种理念

从前面的分析可以看出，货币时间价值与风险这两种理念是不可缺少的，它们是现代财务管理发展的基础理论，充分利用这些理论对企业的发展是十分有利的。但理念与目标不同，选择目标要贯彻理念而并不是将理念本身作为发展的目标。

5. 企业的财务管理目标与企业担当的社会责任

企业财务管理受到影响，企业财务管理也不是单独的企业行为，它是在法律的约束下完成的，因此法律也规范了企业的行为和企业应当承担的社会责任。如企业按规定为职工缴纳养老金、保险金等，这些表明企业已经承担了社会责任。企业是一种经济组织，它更多的应该考虑自身如何通过财务管理获得更好的业绩。对于企业采取的扩大职工福利的措施这些只能作为一种激励手段去实施，它不应是企业财务管理直接考虑的问题。

6. 财务管理的目标要受到企业发展阶段的影响

企业处于不同的发展阶段有不同的特点和总体目标，因此财务管理目标也应有所改变。企业的发展一般分为4个时期：导入期、成长期、成熟期和衰退期。如果企业刚刚建立，需要大量的资金，即处于导入期的企业总体目标是获得足够资金以谋求发展，不断占领市场。因此，在该阶段，企业的财务管理目标一般应为利润最大化。当企业发展了一段时间之后，拥有一定的基础进入成长期，销售额出现大幅度的增长，为获得进一步发展所需要的资金，企业应当获得投资的信任，以股东价值最大化作为自己的财务管理目标。进入成熟期的企业目标的维持该阶段的规模，财务管理目标宜为企业价值最大化。当企业进入衰退期时未获得最后的销售收入，财务管理目标就应是现金流量最大化。随着企业的发展，企业的总体目标会变化，在这个过程中，企业的财务管理目标也需要随之发生变化。因此，不能做出统一的财务管理目标的硬性规定，上海纳铁福的例子就充分说明了这一点。

可以看出，企业的财务管理目标受到多种因素的影响，它会随着条件的改变而发生变化。纵观历史，我国的财务管理目标也由原来的产值最大化转变成今天的利润最大化、股东价值最大化等。

三、我国企业财务管理目标的具体选择

(一)上市公司选择股东价值最大化

就上市公司而言，我国目前的证券交易还有待规范。企业的股票和债券价格受各种复杂因素的影响，并不能准确反映企业的真正价值。而且作为企业的财务管理目标，应该是企业通过主观努力可以实现的。但影响企业股票价格的许多非经济因素却不是企业本身可以控制的，把过多的不可控因素引入企业的财务管理目标是不合理的。“企业价值最大化”也可能会因此失去目标的导向意义。因此，上市公司的企业财务管理目标选择股东价值最大化更为合适。下面以青岛海尔股份有限公司(以下简称“青岛海尔”)为案例，进一步说明。

青岛海尔创立于1984年，是在引进德国勃海尔电冰箱总厂基础上发展起来的国家特大型企业。青岛海尔成立至2001年，以年均增长78%的增长速度持续稳定增长。作为一个大型国有企业，青岛海尔把目标定位于进入世界500强，围绕这个目标，公司的财务管理目标为股东价值最大化。青岛海尔目前正在公司拟以公募增发的方式募集资金向海尔集团收购其海尔空调器业务，并以此为契机，使青岛海尔实现多元化、规模化经营，进一步增强上市公司的行业地位。同时海尔股份借助注入的新鲜血液，将“青岛海尔”打造成世人皆知的世界名牌。

(二)非上市公司应选择资产净利润率最大化作为目标

非上市公司进行财务管理目标选择时，应该将普通非上市企业和发展中的中小企业区分开，进行不同的选择。普通非上市企业以资产净利润率为企业的财务管理目标，而发展中的中小企业则应该以利润最大化作为其财务管理的目标。

普通非上市企业选择资产净利润率为企业财务管理目标的理由可以概括为以下几个方面。

1. 符合成本效益原则

企业财务管理研究的就是投入与产出的关系，力求以最小的投入获得最大的产出。资产净利润率指标直接反映出投入的资产与税后利润的比率。

2. 有利于企业内部形成激励机制

良好的企业管理必须有一套激励机制，它应当是公平合理的。以净资产利润率作为评价指标是各个单位有了可比的基础，有利于企业内部的业绩评价，促使企业的管理者既要关心企业的利润又要注意减少资产的占用，从而大大提高资产利用效率。

3. 牢抓企业的财务管理重点

一个有效的财务管理目标应该有两个功能：一是有利于目标的贯彻实施；二是便于时刻对财务目标的实现结果进行分析。资产净利润率可以很好地体现着两个功能的要求。对资产经利润率的分析会出现以下结果：

资产净利润率=税后利润÷平均资产总额=(税后利润÷销售收入)×(销售收入÷平均资产总额)=销售净利润率×资产周转率

从分解后的指标可以看出,企业资产经利润率的提高受到两个因素的影响即销售净利润率和资产周转率。销售净利润率反映了企业要提高资产净利润率必须提高单位销售收入创造的利润。利润的高低受到成本、费用、税金等因素的影响,要提高销售净利润率,企业应当将财务管理的重点放在降低开支和合理避税上。资产周转率反映了要提高资产净利润率就要提高资产周转率。而提高资产周转率有两个方面:一是增加收入,二是加强对资产的管理,提高资产的利用效率,加速资金周转,减少资金占用天数。

对中小企业来说,选择资产净利润率为企业财务管理目标并不合适。许多企业的财务管理现状存在的问题有:初始投资有限、后期积累不足,融资困难、资金严重不足,资产结构不合理,投资能力较弱、且缺乏科学性,人才短缺、管理模式僵化、管理观念陈旧等。这就要求这些企业将利润最大化作为自己的财务管理目标比较恰当。其原因在于:①利润最大化目标的实用性较强。以利润最大化目标来规划中小企业的生产、营销与理财活动,简单、明确而且操作性强,与中小企业简单的组织结构和管理行为相适合。②利润最大化是中小企业最现实的财务管理目标。不断提高企业利润是企业生存和发展的基本前提。只有在这个前提之下,才能保证企业资本增值和保值,保证投资者收益稳定增长。利润对中小企业的生存和发展是第一位的,它更接近人们的认识,也易于被企业的经营管理者理解和接受。

大型煤业集团财务管控模式与手段研究

刘石友

大型煤业集团的企业产权、产业大多呈现多元化，企业规模在逐渐扩大，所属分、子公司将进一步增多，财务管控难度也将进一步扩大。管理得好，可以实现一加一大于二的效果，获得集团价值最大化；管理得不好，分、子公司各自为政，往往一盘散沙，不能形成合力，影响集团的进一步发展。为了适应集团公司战略的总体要求，配合专业化、集约化生产的特点，针对行业和作业场所分散等特性，选择什么样的财务管控模式，采取何种财务管控手段是煤业集团需要积极探索的问题。

一、财务管控在集团公司管控中的地位

企业集团是以出资关系或实际控制关系为纽带，以集团总部为统领的多个经营主体或业务单元组成的多层次联合组织。集团总部（或称集团母公司）是企业集团产权层级最高的组织单位，具有统筹协调、监督控制集团各成员单位的管理职能，并通过履行其职能，发挥战略目标统领、优化资源配置、整合协同服务来创造价值。根据西方公司治理理论，母子公司是企业资源配置的自然延伸，是企业所有权、经营权的分离在公司层面的延续。集团管控就是在公司治理的视角下，依据委托代理理论，通过组织、制度方面的创新完善，增强企业集团的控制力、防范风险、提升价值的重要管理活动。

所谓管控就是管理加控制。所谓管控能力就是母公司管理子公司的能力和控制子公司的能力。集团企业的管控能力是战略执行、资源平衡和利益协调能力，是集团战略结构调整并最终实现部署的基本保障力量。

对大型煤业集团企业来说，集团管控极其重要。集团管控方面出现漏洞，给企业集团造成的打击常常是毁灭性的。集团管控模式没有优劣之分，只要能提高企业集团的效益与效率，提升企业价值，适合企业的发展，就是好的管控模式。根据集权和分权程度的不同，集团管控模式大致可以分为“财务管控型”、“战略管控型”和“运营管控型”三种模式。在财务管控型模式下，企业集团关注企业的经营结果、投资回报率、红利或资金回收，主要功能是财务规划、投资决策和实施监控，以及对外兼并收购等资本运作工作。在战略管控型模式下，一方面企业集团在整体发展战略、人力资源、资金等方面实行统一管理；另一方面，企业集团给予下属企业较多的运营自主权。企业集团功能主要有战略计划制定、财务、集团控制、资源配置等。在运营管控型模式下，企业集团一般会对下属公司实行高度集权管理，从战略定位、战术规划、市场策略、资源调配到具体的目标达成全面介入，甚至直接决定下属公司的组织结构、人事安排等，下属公司仅仅是负责实施执行的部门。从整体上看，从运营管控到战略管控，再到财务管控，企业内部权限向集团总部集中的程度

作者单位：义马煤业集团股份有限公司杨村煤矿

越来越高。

可以看出,无论采用哪一种管控模式,集团管控的重点都体现在财务、控制、集中、资金等几个方面。在集团管控框架中,财务管控发挥着不可替代的重要作用,构成了控制力的核心。企业集团财务管控就是集团总部管理职能的重要组成部分之一,是指企业集团总部以集团内所有组织机构为对象实施的财务管理、财务监督和财务控制活动。财务管控体系的核心是财务管控模式和手段,财务管控模式和手段选择恰当与否直接影响和决定企业财务管理集团化运作效率和财务管控力度。

二、煤炭企业集团财务管控模式

根据集权和分权程度的不同,可将财务管控分为集中型、分权型、融合型等模式。

(一)集中型财务管控模式

这种模式下,实施对下属分公司和子公司集权式管理。对下属分公司、子公司的全部经营管理决策实现集中与统一,子公司缺乏财务决策权。其优点是,企业集团的内部决策都由集团总部制定,能充分实现规模效应,通过采用资金集中管理,能有效降低综合资金成本,合理控制财务风险;通过人力资源、全面预算、全面风险管理等手段,充分利用企业总部的人力、智力与信息资源,实现机制健全、内部控制完善、决策依据充分、资源配置优化等效果。其缺点是,不利于调动下属子公司的积极性与主动性。

(二)分权型财务管控模式

企业集团总部保留对下属子公司重大财务事项审批权,下属子公司享有日常财务决策权,但需将决策结果报集团总部备案。分权型财务管控模式能充分发挥下属公司积极性,有助于提高决策的质量和速度,分散经营风险。但其缺点也很明显,该模式下总部难以统一指挥与协调,在下属公司利益与企业集团的整体不一致时,会导致下属公司会因追求自身利益而损害公司总体利益的情况出现,给企业集团的业务整体发展造成不便。

(三)融合型财务管控模式

这种模式是集中型和分权型相互结合的一种财务管控模式,即集权下的分权。总部统一制定管理制度体系,下属公司可结合自身特点进行补充,充分发挥其自身生产经营的积极性。但融合型财务管控模式下集权和分权的度比较难以把握,一旦过于强调下属企业的自主经营权,就会造成分权过度;反之,一旦过于注重集团总部的管理和指挥功能,轻视子公司的自主经营权,就会导致集权过度。

目前,国内外大型企业集团基本上都选择集中型财务管控模式。例如中国石油天然气公司就是采用集中型财务管控模式。通过构建“一个全面,三个集中”,即全面预算管理,资金、债务、会计核算三个集中来达到集权型财务管控的目的。中石油的管控模式对其快速发展提供了巨大的推动力。鲁商集团采用的是集中型集团财务管控体系,具体做法是:通过引进了浪潮 GS 集中式财务管理软件,全集团实行了“一套账管理”,所有的二级及以下企业的财务数据全部集中在集团的主服务器上。通过信息化系统,以财务共享中心、全面预算管理、资金集中管理为切入口,对整个集团的运营和管理进行串连整合;推行财务总监委派、财务总监定期向集团述职;完善内部控制体系。

大型煤业集团公司可实施财务集中管理模式。实行财务集中管理模式的效应表现为：①实现财务机构设置和人员配置的精干、高效；②强化财务的监督与控制职能；③保证资金的安全，提高资金使用效果；④保证统一的财务政策和制度的有效执行。

三、煤炭企业集团财务管控手段

管控手段是控制主体为实现控制目标所采取的作用于控制客体的方法和措施。管控模式通过管控手段实现。为了实现财务集中管控的目的，煤炭企业集团财务管控手段可概括为"四统一、两集中、一套账"。"四统一"即统一核算业务、统一预算管理、统一税费管理、统一财务制度；"两集中"即资金集中管理、财务人员集中管理；"一套账"即所有的二级及以下企业的财务数据全部集中在集团的主服务器上。

（一）"四统一"财务管控手段

（1）统一核算业务。主要从核算和管理层面出发，实现统一财务管理体制下全公司生产成本、基建项目、专项资金、采购供应等业务核算流程及核算内容的统一，规范从原始凭证管理、账簿报表管理等会计基础工作及会计准则下会计信息的反映与披露，使公司的财务管理工作实现程序化、规范化和精细化管理。其主要包含 8 个方面的统一：①改变过去按商品煤和原煤两种对象核算为统一以商品煤进行成本核算，把顺序结转分步法改变为平行结转分步法；②专项资金实行由公司统一下达计划，统一实行招投标，统一组织实施和验工计价，统一进行结算；③对所有基建项目实行项目管理，基建资金统一由公司核算和管理；④物资实行统一采购、统一配送、统一仓储、统一核算；⑤统一全公司包括会计凭证、会计账簿、会计报表、各类备查账、统计台账等在内的会计基础资料；⑥统一会计科目的编码、核算内容以及财务报告的填写与披露；⑦统一全公司生产业务、基建业务的核算流程及国际准则下会计报告的编制流程；⑧对全公司使用的发票及各类有价票证实行集中统一管理。

（2）统一税费管理。全公司税费实行集中管理、统一核算、统一汇总、统一缴纳，解决一个企业跨区域纳税问题，同时通过加大税费协调力度，积极进行税收筹划，使各项税收优惠政策落到实处。

（3）统一预算管理。从健全预算管理体制，强化内部约束机制入手，建立预算组织、编制、执行和考核统一的模式和规则，在生产经营各个领域推行全面预算管理。通过对预算指标的分解、落实、考核，不断提升公司经营管理水平。

（4）统一财务制度。通过对财务制度的不断整合和集成，所有单位执行统一财务制度体系。不仅要整合指导各级财务人员管理工作的经营管理手册和指导核算工作的财务业务核算流程手册，而且在资金授权审批、资金安全管理、财务业务核算、成本管理、档案管理、票据管理等一系列方面制定明确而精细的统一制度和规范，切实做到每项核算工作都有章可循、有据可依，大大提高核算工作的科学化水平。

（二）"两集中"财务管控手段

（1）资金集中管理。借鉴银行资金管理模式，运用现代网络技术、理财手段，成立内部银行，将所有资金收支全部通过内部银行，取消各单位对外开户，集中各单位分散资金，统一调剂使用，提高资金使用效率。同时，通过资金预算管理、资金授权审批、资金安全管理，提高对资金的调控能力。

(2)财务人员集中管理。按照专业化管理模式,成立财务核算中心,将所有单位的财务人员全部纳入核算中心管理,实行财务人员集中管理体制。通过实施会计委派制和集中核算制相结合的方式,实施财务人员岗位轮换制、岗位优化培训制、绩效考核制度、会计凭证审签制度等,强化会计监督的力度,提高工作效率,有利于财务管理水平的提高。

(三)"一套账"财务管控手段

所有的二级及以下企业的财务数据全部集中在集团的主服务器上。通过信息化系统,可实现公司对下属单位会计信息的集中监控、对整个集团的运营和管理进行串连整合;可实现财务信息的及时传递、共享;可实现财务人员工作效率的提高;可实现财务人员由核算型向管理型转变。

关于提高企业利用财务杠杆水平的探讨

马霞彦

财务杠杆又可称为融资杠杆、资本杠杆或者负债经营。所谓的“财务杠杆作用”是指在资本结构中利用一部分固定利率资金，由于支付公司债务的利率或优先股的股利是事先约定的，如果企业的投资收益率高于此项固定利率，则支付公司债务利息或优先股股利以后剩余给普通股享有的利润是增加的。这种情形就普通股而言，若其投资收益率是可以提高的，便是正财务杠杆作用也就是财务杠杆利益。如果公司经营不善其营业利润没有达到预期目标，而公司债务的利率或优先股的股利是固定的情况下，即使营业利润小于固定的债务利息，公司仍需按照固定利率支付利息，那么公司利润在支付利息或优先股以后剩余给普通股东享有的利润将减少。这种情形就普通股来说，若投资收益率是降低的情况，则被称为负财务杠杆作用也就是所谓的财务风险。企业之所以进行负债筹资利用财务杠杆作用，就是因为优先股股利和公司债务的利率具有固定的性质，在企业的全部资本收益率高于固定的优先股股利或公司债务的利率时，可以给普通股股东带来更高的收益。

财务风险是指企业因为使用债务资本，在固定利息费用不变或者说杠杆支点位置不变的情况下，息税前利润减少使税后利润加剧减少，从而给企业带来的附加风险。如果在企业经营状况良好的前提下，企业进行举债从而进行投资活动的话，则使企业的投资收益大于负债利息率，就能通过这些借来的资产给企业带来更大的利润空间，这时财务杠杆的运用为正财务杠杆作用即是财务杠杆利益。但如果企业运用财务杠杆后，企业的经营状况不佳，企业的投资收益率小于负债的利息率，在这种情况下就会给企业带来资不抵债甚至破产的风险。这种风险根本原因是由企业举债运用财务杠杆引起的，所以称为财务风险。财务风险的大小可以通过财务杠杆系数的大小进行预测，并且针对财务风险做出相应的应对措施。企业如何合理的利用财务杠杆要从影响财务杠杆作用程度的因素考虑，所以企业不仅要制定最优化的资本结构，还要提高资金的利用效率和根据债务的特性制定科学的负债结构，除此之外企业还应做好对财务风险的有效防范。

一、适度负债、构建合理的资本结构

如果企业借以运用财务杠杆给企业带来更多的利益流入，那么就应该制定对企业本身来说合理的资本结构，进行适度的负债得到财务杠杆利益而避免因此引起的财务风险。企业价值最大化的资本结构就是能够使得加权平均成本最小化的资本结构。若企业的资本结构中有负债，那么企业不可一味进行负债，而是适度负债。因为资本结构政策涉及了风险与收益之间的权衡。从影响财务杠杆利益与财务风险的因素看，使用更多的债务会

作者单位：中平煤化集团蓝天化工公司

增加企业承担的风险，然而使用更多的债务通常会给企业带来更高的期望权益回报率。因此企业应该制定合理的资本结构为企业赢取更多的利益，合理的运用财务杠杆为企业带来更高的价值。适度负债应该考虑怎样的负债比率才能够构成企业的最优化资本结构，使得企业的加权平均成本最小化。因此，企业的管理者制定合理的负债规模以达到优化资本结构时通常从以下各方面考虑。

(一)企业确定负债规模制定合理资本结构时应考虑的因素

企业的最优资本结构是使得每股收益最大化的债务与权益的组合。在任何的时候企业管理层中心都有一个明确的目标资本结构，假定它就是一个最优的资本结构，虽然这个目标会随时间而变化。企业制定资本结构决策时通常会考虑以下的因素：

(1)企业销售的稳定性。销售很稳定的企业可以获得稳定的收入，所以相比那些销售容易波动的企业能够安全地使用更多的债务，并产生更高的利息支出。

(2)企业的资产结构。拥有适合作为贷款抵押物的企业倾向于使用债务。

(3)经营杠杆。在其他条件不变的情况下，一家经营杠杆较低的公司使用财务杠杆的能力更强，因为它具有较低的经营风险。

(4)企业的成长速度。其他条件不变的情况下，成长速度快的公司一定更依赖于外部资金。而且，普通股的发行成本高于借债的成本，这促使成长速度快的企业更加依赖债务。

(5)赢利性。投资回报率高的企业使用债务相对要少。赢利性相当好的企业有很高的回报率使它们能够使用内部资金进行绝大部分的融资活动。

(6)税收。利息费用是可以在税前扣除的，而这部分扣除额对于高税率的公司有较大的价值。所以，企业的税率越高，使用债务的优势会越大。

(7)控制。债务和股票对管理层控制程度的效应能影响资本结构。以上是公司管理人员在进行适度负债时考虑的各种因素。各个因素的综合考虑才能制定出真正符合企业情况的资本结构，从而达到企业合理的运用财务杠杆为企业带来更多的超值利益，同时也更好地避免财务风险。

(二)企业的偿债能力、营运能力对确定负债规模的影响

企业的偿债能力用偿债能力指标表示，常用的短期偿债能力指标有流动比率和速动比率。营运能力指标有应收账款周转率和存货周转率。一般来讲，应收账款周转率越高越好。周转速度越快说明资金流动性好质量高，同时应收账款发生损失的可能性越小。存货周转率也是以高为好，表明周转速度加快，可以提高全部流动资金的质量，降低呆滞存货的损失。这些因素通常反映企业内部财务状况的财务指标，如果各项指标都处在良好范围内，企业可以根据它们所反映的财务状况制定合理的负债规模。因此，它称之为影响企业资本结构决策的企业内部财务因素。在企业制定了合理的资本结构和负债结构后，企业还要提高资金年利用效率。如果前面步骤做得都很好，而致使企业遇到财务风险的重要原因是没有合理的利用资金，这是一种得不偿失的行为。财务杠杆发挥积极作用的前提条件是息税前收益率大于负债利息率，要求企业做好项目融资前的科学论证工作。

从以上如何合理利用财务杠杆的各个方面来看，企业合理利用财务杠杆不仅带来财务杠杆利益，还可以有效地避免财务风险，使企业运用财务杠杆效用达到最优化。

二、企业应做好财务风险的预防和控制措施

企业防范财务风险的前提是正确地预计风险，预计风险是建立在预计未来经营收益的基础之上，企业管理者可以确定合理的资本结构，通过适当地使用财务杠杆来使企业的总价值最大以及加权平均成本最低。随着财务杠杆作用的不断提高，投资者也就逐渐提高该企业的权益预期报酬率，直到最后这一因素完全抵消并超过"更便宜"的债务资金所带来的好处。在这两者刚好抵消时，企业的加权平均资本成本处于最低点而企业的总价值最高，企业的资本结构处于最优。企业除了要防范好财务风险还应合理地控制风险，作为一个企业运用负债融资不仅要考虑创利能力，而且要清醒地知道企业自身的偿债能力。这样才能有一个良性循环使负债持续为企业创造利润，因此企业应建立相关的偿债制度。其具体表现为：①分析偿债能力。运用流动比率、速动比率等偿债能力指标进行分析，做到心中有数，预测债务偿还能力，从而为合理筹资提供切合实际的依据；②妥善安排还贷的时间。为避免集中还本付息给企业带来的冲击，减少财务风险。此外，在考虑财务杠杆带来利益与风险时，还应注意经营杠杆联合财务杠杆对企业复合杠杆利益和复合风险的影响。

当息税前利润增长时，企业的税后利润以更快的速度增长，从而给企业带来利益的流入。当息税前利润下降时，税后利润以更快的速度下降。息税前利润的很小变化会导致税后利润非常大的变化，其重要的原因是每年的债务利息是固定不变的。在利息一定的情况下，假定不考虑其他因素企业若能很好的保持销售稳定性，就会得到运用财务杠杆的利益流入。通过计算反映财务杠杆作用程度的财务杠杆系数，可分析该企业利用财务杠杆而带来的财务杠杆利益与财务风险。

基于EVA的煤炭企业绩效管理的思考

赵海丽

2009年12月28日,国资委发布了中央企业负责人经营业绩考核暂行办法。该暂行办法引入了经济增加值指标对企业进行业绩考核,并明确了经济增加值的计算规则。从2010年起,包含127家央企下属的三级企业共近2万户国企将推行经济增加值(Economic Value Added,简称EVA)考核,并将考核结果与央企负责人薪酬、任免直接挂钩。从各方面看,正在央企掀起的EVA考核改革无异于一场管理革命。

经济增加值是指企业税后净营业利润减去资本成本后的余额。其计算公式为:

经济增加值=税后净营业利润-资本成本

=税后净营业利润-调整后资本×平均资本成本率

煤炭作为我国的主要能源,在能源消费结构中占2/3的比重,从较长期的供求关系看,到2010年和2020年,我国需要20亿~26亿t煤炭,从2003年开始,每年至少需要净增产5 000万t。煤炭企业的发展,越来越受到行业内外的关注。

一、我国煤炭企业业绩评价现状及存在的问题

煤炭企业业绩评价是对煤炭企业一定经营期间的盈利能力、资产质量、债务风险以及经营增长等经营业绩和努力程度等各方面进行的综合评判。对煤炭企业业绩评价衡量标准的选择将直接影响公司和个人的行为,业绩评价指标关系到煤炭企业经营宗旨、价值取向、战略规划和决策方式。我国的煤炭企业业绩评价系统多年来一直是以根据现行会计准则和会计制度计算的净利润指标为主。如资产利润率、净资产收益率、投资收益率等。

这种以建立在会计收益基础之上的净利润评价指标为主的煤炭企业业绩评价系统存在以下几个问题:

(1)首先是最主要的缺陷在于忽视权益资本的成本。由于企业筹集的权益资本在除了破产清算的情况外,是不必偿还的,给决策者造成权益资本没有成本的假象,导致管理者不能充分重视资本的有效使用,有可能做出错误的决策,从而损害投资者的利益。

(2)其次是会计净利润存在某种程度的失真和扭曲。通常净利润额被作为煤炭企业绩效评价的基本指标,但是由于利润是收入与成本的差额。而现行的会计制度,在损益表中费用支出并未考虑股权资本的成本,因此用会计报表中的净利润作为煤炭企业的绩效评价的指标,将会使企业的绩效状况产生扭曲。

(3)最后是财务指标采用的来源于会计报表数据有滞后性。采用静态指标不能及时的反映企业现在正在进行的经济活动。其数据不具有预见性,有可能影响领导层的决策,削弱企业长期的竞争能力,损害企业的长期利益。

作者单位:义煤集团财务部

综上所述,之所以会造成以上的现象,主要是由于目前的煤炭企业的绩效评价制度是一种以账面财务数据为基础的考评制度,必然造成评价结果的片面性,同时也会对煤炭企业的经营行为产生误导。因此,要杜绝上述现象,就必须建立一个完善的、符合我国煤炭企业实际情况的企业绩效评价指标体系。

二、EVA 考核机制的优点

(1)有利于企业正确评价业绩。EVA 考核体现了价值管理理念,考虑了债务融资成本和权益成本,剔除了一些非正常因素,如非经常收入,便于企业更客观的与其他企业横向比较,和自身纵向比较,正确评价企业所取得的业绩。

(2)便于投资决策和优化资源配置。EVA 考核机制的应用,使国有企业树立价值管理观念,只有投资回报高于投资成本的情况下,才具有投资价值,对具有投资价值的项目加大投资,对不具有投资价值的项目分离出去,交给更专业的企业去管理,自身仅保留或发展具有优势的项目或业务,从而为投资提供更好的方向。同时,优化了整个企业甚至整个国家的资源配置,强化了企业个体的专业化程度,增强了企业的市场竞争力。

(3)彻底改变了以利润为中心的投资决策和管理模式。随着 EVA 考核机制的引入,使国有企业管理者逐渐认识到提高当期利润并不一定把企业管理好了,不一定实现了企业的价值增长,不一定为国家和社会做出了很大的贡献。引入 EVA 考核指标将有助于引导经营者关注企业长期价值的创造。EVA 可以通过调整资本占用和经营净利润,来克服经营管理者的部分短期行为,引导经营者从股东的角度思考发展和战略问题。

三、引入 EVA 的作用

EVA 管理体系的优势在于,能够统一企业的管理理念,优化资本资源配置,创建合理的薪酬激励计划。从企业内部管理的角度看,EVA 的应用使企业的各层级和各行为单元的工作更加统一,薪酬设计更加灵活多变。从国有资产出资人的角度,引入 EVA 有以下作用:

(1)有利于出资人引导企业更加关注价值创造,使经营者和出资人的目标统一到股东价值最大化上来,实现国有资产保值增值和国有企业做强做大的目标。

(2)有利于股东及企业优化资本资源配置,提高投资效率,引导企业既关注经营利润,又充分考虑股东投入的机会成本,最终提升企业价值创造能力和核心竞争力。

(3)有利于企业进行横向比较,消除了企业间规模、行业、发展基础、经营风险等方面的差异,更能真实反映企业的经营业绩。

(4)有利于企业优化资本结构,有效使用财务杠杆,降低资本成本。由于 EVA 较其他业绩评价方法更能体现对股东价值的管理,在国外,EVA 的应用已得到了资本市场的认可。

四、对我国煤炭企业管理的启示

(一)不能唯利润论

长期以来,我国煤炭企业未能树立全面的资本成本的观念,特别是忽视了权益资金成本的概念，人们普遍误认为权益资金是一种免费资本，可以无节制、无条件使用。正是在这种思想指导下，不少企业不重视提炼企业管理的内功，而是热衷于以“做大做强”为目标的铺摊子、上项目，热衷于“资本运营”旗帜下的兼并扩张。这是造成我国煤炭企业经营效率低下的重要原因之一。而经济增加值理论告诉我们，在企业投资资本回报率低于综合资本成本的情况下，盲目做大与扩张并不能给股东创造更多的价值。换句话说，这不是社会资源的最优组合与利用。

（二）企业追求当期利润不能以损害长远发展为代价

在我国煤炭企业经营管理实践中，不同程度地存在着以损害企业长远发展为代价追求当期利润的现象，短期行为一直是我国煤炭企业经营管理中的一个“痼疾”。究其原因，除两权分离和所有者缺位等外部因素外，传统的利润导向经营理念也是“祸首”之一。如加大培训和增加研发支出等对企业的长远发展都是有益的。但现实的结果却是直接减少了企业的当期利润总额。而在 EVA 激励机制下，可以把这些投资在内部管理报表中当做资产来处理，不管是开创期的费用支出，新品牌的营销和广告支出，还是新产品开发，这些现金支出先是被加回到资产负债表，然后在一定的受益期内（如 10 年）逐渐抵扣收入。这种处理方法对经营者来说确实更加公平，使得经营者敢于在短期内加大此类投入来换取长期的盈利，也就间接促使投资的目标与公司股东总体目标趋于一致。

当然，按照一般的经济学理论，衡量企业价值的观点应是一种面向未来的观点。它考虑的是企业未来能够产生现金流的能力，强调的是股东长期价值的最大化，反对以牺牲未来利益为代价来增加当期会计利润的短期行为。从这个意义上说，经济增加值对以上费用的处理与传统会计利润并无根本区别，只是在一定程度上对企业当期创造的价值进行了恢复。

以经济增加值为导向的管理模式，或者更进一步说基于价值的管理模式要求企业管理者摒弃传统的利润导向观点，依据股东价值最大化的要求进行全面的组织变革，推行全新的管理模式；要求公司各层次各环节的一切决策和行为都必须以股东价值最大化为依据和准绳，包括战略选择、资源配置、绩效考评、财会制度、薪酬激励、控制机制和企业文化等。

（三）企业必须让员工共享企业发展成果

我国国有煤炭企业职工工资水平一直偏低，起不到应有的激励作用。造成煤炭行业职工工资水平偏低的原因有很多，缺乏科学的工资计提标准是最主要的根源。众所周知，煤炭行业作为劳动密集型产业，工资总额在企业成本费用中仍占有较大比重。而这些费用又是作为会计利润的直接减项，员工平均工资的稍微增加，就会引起企业会计利润的大幅下降。而传统的会计利润无论是向所有者分配，还是作为留存收益留在企业，均被视为所有者的“财富”，广大员工是没有资格和权利分享的。因此，在传统的会计利润导向管理模式下，很难为提高员工工资找到一个“理直气壮”的理论依据和标准。而有了经济增加值的概念，就不难得出这样的结论：当其值为零时，企业产生的效益正好等于股东期望的回报水平。超过零的部分就是企业为股东创造的剩余价值。基于此，笔者认为，为鼓励企业价值创造，采用股东、管理者、员工共同分享 EVA 的激励机制应当是比较科学和有效的。换句话说，企业可以设定一定的比例，将超额的 EVA 中的一部分分配给经营者和全体员工。按照这种思路,企业只要向股东提交了必要回报之后,管理人员和全体员工就可以得到奖励,而且奖励上不封顶,下不保底。超额越多,奖励越多,而奖励越多,企业创造超额 EVA 的动力就越大。这样一个分配机制既考虑到了考核目标设定的科学性、合理性,又保障了经营者、员工利益和股东利益三者挂钩,把正确处理国家、集体、个人三者利益关系给予了量化标准,可以动员公司内各级组织和广大职工为创造最佳绩效而努力。同时,这种激励资金又全部来源于企业创造出的剩余价值,是一个"自我供给"式的奖励方式,对股东而言没有增加成本。从出资者的角度出发,显然是一个更加科学的激励办法。

总之,EVA 理论为我国煤炭企业绩效管理提供了新的研究视角,反映投资者对传统会计利润指标之外的需求,也可以对企业价值有所了解,从而要求我国企业真正提高企业价值,而不是致力于粉饰会计报表。EVA 绩效管理是以经济利润为基础,将企业的绩效评价、目标设立、资源配置有效统一起来,这有利于实现企业长期的发展目标。煤炭企业在外部条件得到改善的情况下,应结合自身实际情况,将煤炭企业生产指标如原煤产量、总进尺、洗煤回收率、原煤单位成本以及反映安全生产的百万吨死亡率等指标纳入考核体系,逐步推进 EVA 在绩效管理中的应用。

论国有大型煤炭企业扩张过程中的风险

——以国有某大型煤炭企业为例

杨 伟

随着近年来资源行业尤其是煤炭产业的持续向好,煤炭企业多数选择了对外扩张的道路来实现企业的发展。而国有大型煤炭企业更是其中的扩张主体,其扩张规模、速度、质量、范围都前所未有的大幅增长或提高。而相伴而来的则是经营风险和财务风险的增加,并呈现出不断扩大趋势。煤炭企业由于自身的特点,其风险的呈现也显现出独特的一面,因此对煤炭企业尤其是国有大型煤炭企业的风险研究及防范具有重要意义。

一、国有大型煤炭企业扩张风险研究及防范的意义

国有大型煤炭企业不但引领煤炭产业前进的方向,而且承载着关系国计民生的经济命脉,其高质量的扩张不但关系到煤炭产业的未来,更关系到国家宏观经济的整体。扩张风险的出现会严重损害企业扩张的质量和步伐及速度,如有不慎,将牵一发动全身,导致扩张的失败并使国家经济出现多米诺骨牌的倒塌效应,影响国家经济的高速发展。对煤炭企业尤其是国有大型煤炭企业的风险研究和防范将会减少并消除扩张风险,为企业快速的、高质量的、可持续的发展保驾护航。

二、国有大型煤炭企业扩张风险的特点

(一)扩张中战略风险

煤炭企业的战略风险主要表现为为实现企业价值最大化而实行的多元化经营的战略风险,即跨行业的多元经营风险。

多元化经营是多数煤炭企业在获得充足的资金后选择的扩张道路。煤炭企业尤其是国有大型煤炭企业多以企业集团的形式存在,其涉足行业不仅包括煤炭产业,还涉及尤其是成长初期涉及煤炭产品上下游多种行业,在其获得煤炭产业发展带来的充裕资金后,多数选择了脱离煤炭产业链而跨行业的扩张,而扩张后对非煤炭产业的把握不够,呈现亏损并损害企业的整体扩张质量。

以国有某大型煤炭企业为例:该企业在2003年之前,由于煤炭行业不景气,其涉足产品仅包括煤炭产业链的上下游产品,即煤矿勘探、采掘、运输、煤制气等。而在煤炭行业恢复生机后,资金的充裕使企业涉足行业包括了水泥、氧化铝、建材、煤化工、甲醇蛋白、新能源、化工等多行业,截至2011年,已经形成了煤、煤化工、铝三大主业的大规模并存的态势。在其扩张过程中,其他产业的扩张资金主要来自于煤炭产品,大幅度的扩张消耗了煤炭产品的大部分积累,除了煤炭产品及煤炭产业链的多数行业呈现亏损,大规模的资金需

作者单位:义煤集团财务部

求有可能造成资金链断裂的风险。

（二）煤炭企业扩张中的财务风险

由于煤炭产业的经济建设周期长、消耗资金量大、投资回报期限长等要求企业在扩张前期必须投入大量的自有资金，并通过对外筹融资实现后续资金的补足。在新的煤炭企业建成后，产品将会同样面临各种复杂的市场因素、政策因素等，资金的回收具有很大不确定性，对多数企业，需要通过不断地安排新的贷款来偿还企业已有债务，如果筹资环节断裂，将会使企业面临破产的境地。

以某企业集团为例：该煤炭企业新建矿井5对，建设期多为4～5年；建设的煤化工、铝等其他主业规模庞大；副业6项。所有新建项目所需资金概算投资总额为103亿元，已完成投资即工程建设30亿元，仍需资金73亿元。而企业年收入总额为203亿元左右，净资产77.42亿元，净利润在18.76亿元。庞大的资金需求将会消耗该企业大部分的当年积累，并且如果项目按计划进行，不对外实行大额筹资是不可能的。而对外筹资将会使企业面临巨大的到期还款风险，如不能到期偿还，将会面临资不抵债甚至破产的风险。

（三）扩张中的市场风险

企业扩张后，其生产出来的产品同样面临市场风险，包括产品的生产、销售、销售渠道的变动、产品定价、产品寿命周期等因素的影响会导致企业在经营过程中出现产品销售不畅、销量下降等不利因素进而使企业销售收入或资金回笼不及时或不能满足企业投资的收回等投资的要求，使企业面临产品的市场风险。

（四）包括税收风险在内的政策风险

煤炭企业集团的发展受国家宏观经济政策的影响较大，且其扩张多数是跨地域的扩张，涉及不同的行政区域，因此煤炭企业的发展和扩张必然面临不同行政区域的政策调控；跨地域、多行业的大规模企业集团面临不同的税收政策，在缴纳税收方面面临不同的政策风险，如应对不当将会面临国家的经济和行政处罚，甚至停业的风险。

以国有某大型煤炭企业集团为例：该集团投资范围涉及河南、山西、青海、新疆、内蒙古等省（区），而不同的省（区）对煤炭产业实行不同的政策。以山西为例，该企业在山西投资6家企业，均为煤炭主业。山西省政府为规范其行政区域内的煤炭产业发展，对小煤矿进行资源整合并限定了整合主体，而该企业在整合政策中未获得整合主体资格，就面临退出山西煤炭产业的政策投资风险。投资的退出将会使前期投资和企业的发展战略失败。

三、国有大型煤炭企业扩张风险的应对

企业的扩张过程中必然面临不同特征的风险，针对不同的风险，研究不同的对策，进而实现扩张风险的消除和减少，煤炭企业尤其国有大型煤炭企业亦是如此。

（一）扩张的战略风险应对

煤炭企业扩张的战略风险主要来源于对非煤产业的选择及投资方面。企业在进行战略决策过程中，应当审慎选择对非主业的投资。对非煤主业进行投资时，应当对所选择的投资产业进行战略评估，并注意规避在战略选择过程中过度依赖，统筹考虑企业不同产业的战略组合，进行战略的可行性分析和研究。研究并分析不同主业的组合所产生的经济

效益和投资回报率，并对其所不擅长的非煤主业进行人员、资金、技术等资源的优化组合，充分保证非煤主业能辅助并支撑企业的战略发展，规避因错误的战略选择而影响煤炭主业的发展和积累，甚至拖垮企业的局面出现。

（二）扩张的财务风险应对

企业的财务风险主要来自于资金的风险，因此企业在应对财务风险时应当建立财务风险预警系统，对国有大型煤炭企业的财务风险防控建立在与企业规模、经营活动等衔接的基础上，提高对财务风险的预见能力。企业在进行筹融资时应当结合企业未来的现金流量的时间、规模、调度能力综合考虑，统筹考虑筹资渠道及方式，考虑企业的筹资结构，通过权益资金和负债资金有效调整企业的资产负债率，防范财务风险，从而提高企业对财务管理环境变化的适应能力和应变能力，确保在充分利用财务杠杆带来收益的同时规避财务风险的出现。

财务风险应对的另一个主要方面是加强内部会计控制及财务战略制定，建立健全完善的内部控制体系。对采购与付款、销售与收款、工程预算、对外投资等进行严格规范，保证企业资金流正常运作过程中出现断裂。

（三）扩张中的产品市场风险应对

煤炭企业集团的产品市场风险应对不仅包括煤炭产业的市场风险，还包括对副业或非主业产品的市场风险应对上。对集团的整个产品结构及市场定位企业应当进行充分的市场调研分析，科学预测企业产品的未来走向及价格定位，对于亏损产品或获利能力弱的产品进行淘汰或改制剥离。销售部门和财务部门应加大对国内外经济环境和国家宏观政策的研判，做实做细市场调研工作，充分收集、提取、精炼相关产品信息，并据此调整集团产品结构，优化产品流向。销售部门应当加大对现有销售渠道的维护，巩固并建立新的稳定的大客户关系，与重点客户建立战略合作或联盟关系，为产品的销售提供良好的前提，充分防范出现的市场风险。

（四）扩张中政策风险的应对

对扩张中的政策风险，企业可以在不同的行政区域内设立投资主体，该投资主体主要任务是收集该区域内有关的政策走向、与政府关系协调、资金运作、决策建议等职能，负责同时在集团的统一领导下，负责该区域内的相关税收筹划及税收风险管理事宜，切实规避扩张中的政策风险。

企业发展中的融资管理与财务风险控制

王　洁　李　岚

作为企业正常生产经营运转所必须的“血液”——资金,一直以来都是企业命脉所在。资金链就是企业的生命线,许多企业的破产都是由于资金链的断裂所造成。企业最初的资金来源包括自有资金注入和融资两种,犹如江河的源头,企业发展中资金链的正常运转如同江河流水源源不断,资金链的断裂如同江河断流。当企业进入高速发展时期,也同时进入了快速扩张时期,企业战略调整、产业扩张必然带来巨额的资金需求,要从各种渠道以各种形式融资。明确投资需求,确定融资数量,选择融资渠道的过程,就是融资规划。企业的融资活动来自于投资需求。虽然企业融资的渠道和方式多种多样,但不同融资渠道和方式的经济效益及可能遇到的风险截然不同。通过对企业进行投融资规划管理,采取现代多元化的融资方式取代传统企业依赖银行贷款,以防范和降低企业财务风险。

一、企业融资的渠道和方式

(一)融资渠道

企业融资主要分为直接融资和间接融资两大类。

(1)直接融资。这是企业筹资的主要渠道,指企业为了获得可供长期或永久使用的资金而采取的一种资金融通方式。包括上市融资、吸收直接投资、留存收益等。

(2)间接融资。是指企业通过信用方式获得资金,到期要归还本金和支付利息,一般承担较大风险,但付出的资金成本较低。其实质属于借入资金,形成负债。企业要按期偿还约定本息,债权人一般不参与企业的经营决策,对资金的运用也没有决策权。包括债券融资、向金融机构借款、商业贸易融资等。

对于融资企业而言,两种融资渠道各有利弊。如果直接融资比重过大,会影响企业自有资金的收益水平。相对于直接融资,间接融资有较大的风险,如果达不到预期的目标,要以自有资金还本付息。

(二)目前在我国主要的融资方式

(1)吸收直接投资。吸收直接投资指企业按照“共同投资、共同经营、共担风险、共享利润”的原则,直接吸收国家、法人、个人投入资金的一种筹资方式。所筹资金属于自有资金,能增强企业的信誉和借款能力。同时,吸收直接投资还可以降低财务风险,可以减少举债带来的财务风险,但容易分散控制权。

(2)上市融资。上市融资分为发行股票、配股增发等股权融资,是一种资本金融资,投资者对企业利润抱有较高期望。上市融资的优点是没有固定的利息负担,没有固定到期日,不用偿还,筹资风险小,能增加公司的信誉。上市融资指公司在证券市场公开发行

作者单位:王洁,河南工程学院;李岚,河南省煤气(集团)有限责任公司

股票,募集资金,由于上市过程复杂,审批流程繁杂,故资金成本要比其他融资方式高,但其优势也是借贷融资所无法比拟的。缺点是时间跨度长,无法满足企业紧迫的融资需要。

(3)向金融机构借款。企业可以向银行、非金融机构借款以满足企业发展的需要。银行借款筹资速度快,能在较短的时间内迅速获取资金。但条件苛刻,限制性条款多,对于创业阶段的企业借款利率低,没有发行费用,其筹资成本低而借款弹性好。但其筹资风险高,限制条件多,数量有限。

(4)债券融资。债券是公司按法定程序发行并承担在指定的时间内支付一定的利息和返本尽义务的有价证券。这种筹资方式与银行借款有很多共同点,但债券融资的来源更广,筹集资金的余地更大。发行债券的资金成本较低,其利息在税前支付,具有"抵税效应"。债券持有人无权干涉企业的经营管理,股东可保证对企业的控制权。同时,还可以发挥财务杠杆的作用,灵活地运用资金。但其发行风险高,面临的利率风险较大,而且我国的债券市场交投不够活跃,制约企业发行债券的主动性。

(5)商业贸易融资。商业贸易融资即通过预收或延期支付货款融资。企业预先收取一定数额的货款,随后逐步的以自已所生产的产品抵充预付款,或者让供应商提前发货,一段时间后再支付货款,以达到先行使用资金的目的。这种方式比较灵活,环节少,不受政策的限制,只需与上下游企业谈妥条件即可,企业要在产品的价格等方面上给予一定的让步。

(6)政府补贴。国家在鼓励新产品新技术的推广应用方面,在环境保护,矿井地质灾害防治方面,在关系国计民生的事情方面,政策上会给予一定的补贴,企业的发展如果符合国家的产业政策,可以申请这部分资金用于企业的发展。

二、融资方式与资金结构优化

市场上多种融资方式,按资金构成分类分为权益融资和负债融资两类。企业应考虑长期负债与资本的比例构成采取合适的方式融资。判定资金结构是否优化的关键是负债比率,负债比率高意味着企业财务风险很大,但税前扣除额也较大,节税效果明显。所以,选择何种筹资渠道,构成怎样的资本结构,限定多高的负债比率是一种风险与利润的权衡取舍。在筹资渠道的筹划过程中必须充分考虑企业自身的特点以及风险承受能力。在实际操作中,多种筹资渠道的交叉结合运用往往能解决多重经济问题,降低财务风险。

权益融资风险相对于负债融资来讲财务风险较小,对于负债融资风险的控制应从以下几个方面入手:

(1)确定合理的资本结构和融资规模,控制负债融资的财务风险。在资本结构中,若负债的比例过大,属于过度负债经营。它加大了企业的财务风险,若生产经营环节稍有脱节,资金不能够及时回收,资金成本大幅度增加,财务风险加大,同时降低了企业经营利润并削弱了企业活力。所以,合理确定债务资金与自有资金、短期资金与长期资金的比例关系,使企业融资方式始终处于一种动态的管理过程中。企业筹资管理的重要内容之一就是要合理确定企业一定时期所需筹集资金的数额。企业不仅要筹集到足够的资金以满足企业生存和发展的需要,还要注意筹集的资金又不能过多,防止产生资金的配置风险,出现资金的闲置,增加企业的债务负担。企业风险大多是由债务过高导致的,要权衡举债经营的财务风险来确定债务比率，同时还要考虑债务清偿能力，要尽量做到资金的筹集量与资金的需求量相互平衡。从大量实例中不难得出以下教训：虽然举债是企业发展的必要途径，但如果资本结构中债务资本过大，必然造成恶性循环，所以适度的负债经营有利于企业的发展壮大。企业偿债能力强弱是负债经营最敏感的指标，从偿债能力看，负债比率越低，企业偿债能力越强，但未必合理，如企业借款利率小于利润率。企业应充分利用负债经营的好处。不同产业的负债经营合理程度是不一样的，因此偿债比率指标的设定不是个绝对值，而是个相对值。

(2)负债融资时机的选择。融资机会是客观存在的，能否把握融资的机会，不仅影响到融资的效益，而且关系到融资的风险。企业把握融资机会的要点有：与经济活动周期和财务状况相匹配，与企业的股票行市相匹配，与企业未来现金流量相匹配。一般来说，负债融资资金成本相对较低，利息税前支付，但偿还风险相对较大。企业应根据利率走势，合理安排融资。当利率处于高水平或处于由高向低过渡的时期，应尽量少负债融资。对必须负债筹措的资金，应尽量采取浮动利率的计息方式。当利率处于低水平或由低向高过渡的时期负债融资较为有利，应尽量采用固定利率的计息方式来保持较低的资金成本。上市融资偿还风险相对较小，不存在还本付息的问题，它的风险只在于其使用效益的不确定性上，资金成本相对较高。

(3)筹资结构的确定。企业筹集的资金，由于来源、方式、期限或成本的不同，其筹资风险也不同。应将负债经营资产收益率与债务资本成本率进行对比，只有前者大于后者，才能保证本息到期归还，实现财务杠杆收益；根据组合风险分散理论，多元化融资可以有效地分散企业的融资风险，单一化融资是不现实的，也可能是非常危险的或成本很高的。融资结构的确定就是要科学的确定筹资组合中各筹资方式所占比例，能将筹资风险最小化同时又使加权资金成本最小化。

三、融资风险的防范措施

(1)树立风险观念，强化风险意识。企业在从事生产经营活动时，各种突发情况的出现，导致实际结果与预期效果相偏离的情况是难以避免的。如果企业能未雨绸缪，提高风险意识，做好应对各种突发事件准备，必然能渡过难关。因此，企业在日常财务活动中必须居安思危，树立风险观念，强化风险意识，正确面对风险，科学估测风险，预防风险的发生，并且有效应对风险。企业应设置高效的财务管理机构，配置高素质的财务管理人员，能够认真分析财务管理的宏观环境和微观环境的变化情况，运用财务分析能力，使企业在生产经营和理财活动中能保持灵活的适应能力。

(2)加大资产流动性，加强资金集中管理，提高资金使用效率。大型企业都有不同的产品或生产基地，资金数量和用途不同、资金的使用时间和期限也可能不同，如果将资金集中统一管理，合理配置，就可减少闲置资金，提高资金的使用效率。资产流动性指资产在企业内部从生产到销售等过程中形式的改变，从货币资金、原材料、产成品，再到货币资金的循环。企业的偿债能力直接取决于其债务总额及资产的流动性，企业可以根据自身的经营需要和生产特点来控制流动资产规模。经济理论认为，企业负债后的流动比率不低于2∶1，速动比率保持在1∶1左右是相对安全的，但在资产的流动性较高的情况下也可以有一定范围的浮动。

(3)确定适度的负债融资,保持合理的负债比率。企业负债经营能获得财务杠杆利益,同时还要承担由负债带来的融资风险损失。为了在获取财务杠杆利益的同时避免融资风险,企业一定要做到适度负债经营。要加强管理,在加速资金周转上下工夫,努力降低资金占用额,尽力缩短生产周期,提高产销率,降低应收账款。从经济理论上讲,企业资产负债率以50%为界,但从我国企业实际情况出发,通常的负债比率以不超过60%为宜。对一些生产经营好,产品适销对路,资金周转快的企业,负债比率可以适当高些;反之,其负债比率应适当低些。

(4)优化负债融资结构,合理安排融资组合方式。最优负债融资结构是指在企业可接受的融资风险下,总融资成本最低、还款周期与经营周期相吻合的负债融资结构。长短期资金应根据需要合理安排,使其结构趋于合理,合理的融资结构就是用长期负债融资来满足企业永久性流动资产及固定资产的需要,用短期负债融资来满足临时性流动资产的需要。做到长、短期债务的匹配,这样才能既发挥债务的最大经济效用,又能规避短期不能支付的风险;反之,如果负债结构不合理,就有可能引发财务危机。无论长、短期负债融资均要注意,在制定负债融资计划的同时须制定出还款计划,防止还款日期过分集中。若发行债券融资,要做合理的债券融资组合,避免一次性发行巨额债券,否则债券到期,企业将面临巨额的还款压力。

(5)发挥财务杠杆作用,有效降低企业风险。财务杠杆是融资管理中的一个工具。主要是用来衡量企业制定的资金结构是否合理。财务杠杆是一把"双刃剑",运用得当,可以提高企业的价值;运用不当,则会给企业造成损失,降低企业的价值。企业应当加强财务杠杆的约束机制,当资产利润率上升时,调高负债比率,提高财务杠杆系数,发挥财务杠杆效益;当资产利润率下降时,适时调低负债比率,防范财务风险。

(6)加强财务监控机制,加强资金监管,防范融资风险。近几年,金融监管力度虽然在不断地加大,但金融风险有增无减。主要是只重视外部环境的制约,而对内控制度的建设抓得不够。在企业管理中居于核心地位的财务管理部门,应充分发挥其管理和监督职能,在企业建立起内控机制,防范融资风险。财务部门不仅要不断提高财务管理人员的风险意识,更要搞好规范化、标准化、制度化建设,通过财务核算和监督手段,去调节、制约营运过程,使企业的发展沿着健康的轨道运行。要提高财务人员的管理意识,鼓励他们积极参与到企业管理中去,运用财务管理手段解决目前急需研究解决的资源配置、资产重组、优化资本结构、缓解债务负担、加速资金周转、提高资金使用效率等问题,使融资风险得以及时化解和消除。

(7)建立有效地全面预算控制机制,保证资金的有序流动。在企业预算管理中,严格控制事前、事中资金支出,特别是对资本性支出项目的预算管理,要坚决贯彻"量入为出,量力而行"的原则。一方面要考虑融资成本,同时又要考虑企业的偿债能力,杜绝没有资金来源或负债风险过大的资本预算。

企业经营,就必须承担筹资风险。风险与机遇并存,在激烈的竞争条件下,企业只有积极筹措资金,加强筹资管理,规范资本运营,强化财务管理,有效防范、降低或化解财务风险,才能实现企业的全面快速发展。

企业集团财务管理体制问题研究

郜经国

随着市场经济的发展，我国形成了不少具有相当规模的企业集团。在其发展过程中暴露出财务管理体制不适应财务管理要求等问题。因此，研究企业集团财务管理体制现状，探索适应我国企业集团发展的科学的财务管理体制，具有重要的现实意义。

一、企业集团及其财务管理体制

企业集团是以某个实力雄厚的大型企业为核心，将多个单位联结在一起，形成在经济上统一控制、法律上各自独立的多层次、多法人的经济联合体。企业集团财务管理体制是指规范企业集团财务权限分割、财务责任划分和利益分配关系的基本制度，是正确处理企业集团各种财务关系的基本规定。如何构建企业集团财务管理体制，正确有效地处理企业集团内部多个管理层次、以及企业与职工之间的责、权、利关系，已成为建立现代企业制度的一个亟待解决的课题。

二、企业集团财务管理体制存在的问题

随着企业集团规模的不断扩大，企业集团经营范围呈多元化，其经营方式与管理体制之间的矛盾也越来越突出。

(1)信息传递获取问题。由于集团公司母、子公司之间出于各自的利益，主观上不愿及时提供准确的相关信息，造成信息传输不畅及信息获取量不对称。

(2)财务管理权限问题。有些企业集团财务权限、职责划分不明确，资金流动与监督控制不合规范。个别企业集团在重大投资等问题上还没有形成有效的决策约束机制。

(3)资本运营效益问题。有些企业集团扩张过程的主要问题是非关联性多样化经营，存在盲目性和投机性，企业资本回报率低，甚至出现亏损。

三、企业集团财务管理体制的构建原则

在选择财务管理体制时须坚持以下原则：

(1)明晰产权关系，规范组织结构。把企业集团的紧密层企业改造为核心企业的全资子公司或控股公司，对暂不具备实行产权控制的企业，可由集团公司通过承包、租赁等方式，实行统一管理，使核心企业真正成为企业集团的经营决策中心、投资中心、成本控制中心和科研开发中心。

(2)理顺集团内部管理体制。母、子公司间关系的处理必须以产权制度为依据，他们之间的关系是一种经营关系，而不是上下级行政隶属关系。母公司通过产权纽带对所控

作者单位：河南煤化焦煤集团财务处

股企业和参股企业实施影响,并行使资产收益权、重大决策权。

(3)财务管理应与财务监督紧密结合。企业集团外部财务监督由国家授权的专门部门和机构进行,内部的财务监督工作则应由审计部门统一组织。由于企业集团复杂的组织形式及其分公司、控股子公司独立程度不同,对内部审计监督提出了比一般企业更高更严格的要求。

四、完善企业集团财务管理体制的具体对策

(一)分层管理

分层管理是财务管理体制的核心内容。下面按核心层、紧密层、半紧密层、松散层分别做以说明:

(1)对于核心层企业实行集权式财务管理体制。其特点是财务权力高度集中于集团总部,对成员单位人、财、物和产、供、销实行统一管理,确保核心企业目标的一致性和核心层企业整体目标利润的完成。

(2)对于紧密层企业实行统一领导下的分权、分级财务管理体制。这种模式由企业集团总部作为主要决策机构,把执行决策的责任和作出次要财务决策的权力下放给所属层企业的管理体制。

(3)对于半紧密层企业实行受控制的分权财务管理体制。企业集团总部间接地通过半紧密层企业活动环境进行调控,半紧密层企业拥有独立的财务决策权,并实行独立核算。

(4)对于松散层企业实行完全分散的财务管理体制。松散层企业与核心层、紧密层、半紧密层企业之间不存在较固定的协作关系,他们实行独立决策、独立核算、分散管理。

(二)统一调控

统一调控主要是指企业集团内部母、子公司的财务活动与财务关系的调控。此外,集团母、子公司与半紧密层企业之间有关权利均衡、分层管理效率、集团整体利益实现等重大财务活动与财务关系也需统一调控。

(三)财务预算控制

根据企业集团的特点,尤其要把握事前预算控制和事中预算控制两个环节。事前预算控制主要从整个企业集团的角度出发,对其子公司事先制定一套全面的预算管理措施或方法。事中预算控制是以企业集团的财务部门为主,各部门参与的前提下,对企业的经济活动依据制定的财务预算进行监控。

(四)完善集团财务监督机制

财务监督机制主要由财务检查与内部审计两个方面构成。财务检查主要是集团财务部门组织对所属单位进行的财务检查,内部审计的重点是评审某一项目或单位对财经法规和集团内部各项制度、决议、决定的执行情况,并提出改进要求,以加强管理,提高效率。

(五)落实财务考核

企业集团总部应本着约束—激励相容,权利—责任对等的原则制定相应的制度,对子公司经营状况进行考核,并落实相应的奖励办法。

(六)发挥各层次积极性

企业集团进行集权管理在很大程度上剥夺了分支机构及子公司的权力,这对他们的积极性会有一定影响。在进行财务集中控制时,须注意保护和发挥分支机构及子公司负责人的积极性,采取将薪酬计划与执行财务集中控制结果挂钩等措施,调动其积极性。

五、河南煤化集团财务管理体制运行效果实例

2008 年 12 月,河南煤业化工集团完成重组后,按照人事管理、战略规划、财务管理、资源配置、市场布局、技术研发"六统一"原则,将下属的 300 余家控股子公司,整合为煤炭、化工、有色金属、装备制造和物流贸易、矿建等业务板块,建成股权结构优化、产业结构合理、管理模式科学、企业文化先进、核心竞争力突出的特大型企业集团。

(1)构建高效统一的管控体系。一是强化内控制度,明确各企业各层级管理权限。二是完善法人治理结构,提高董事会的决策效率和决策水平。

(2)统一财务管理,统一采购和招投标,增强资金调控能力,节约了采购成本。以采购为例,2009 年 10 月 23 日,鹤煤和某公司签订了金额为 230 万欧元的合同。不久,对方要求提价 20 万欧元。由于河南煤业化工集团未来几年在煤化工方面的投资高达上百亿元,对方为了长期合作,最后撤回涨价要求。通过统一招标,一年节约采购成本 6 亿多元。

(3)整合金融服务,成立了财务公司,对集团的全部子、分公司提供金融服务,每年可聚集资金 300 亿元以上,降低财务费用 5 亿元以上。

(4)统一资本运作。重组后的河南煤业化工集团账上有 40 多亿元的现金沉淀。鹤煤 60 万 t 甲醇项目迟迟得不到银行授信,重组以后,农行主动找到鹤煤,为其提供了 8 亿元授信,利率下浮 10%。河南煤业化工集团还利用资金优势,帮助中原大化新上一条三聚氰胺生产线,每年消耗 25 万 t 二氧化碳,正好消化甲醇项目的二氧化碳排放;在尿素价格过低时,中原大化的合成氨可以不用来生产尿素,而用于向永龙盐化工的纯碱项目提供原料。既生产了三聚氰胺,又消耗了二氧化碳,还生产了纯碱,综合了几个企业的优势,大大降低了生产成本,增强了市场竞争力。

(5)实行会计委派制。集团总部向成员企业派驻财务总监,还不定期对会计人员进行交流,保证了集团公司统一会计制度和会计政策的执行及整体会计目标的实现。

(6)建立科学的激励机制。实施技术、管理双通道的"H"型人才发展战略,形成高效的选人用人新机制,使各类人才脱颖而出。

正是这些措施的实施,使得河南煤业化工集团重组 1 年后实现资产总额突破 1 400 亿元,营业收入达到 1 400 亿元,成为河南首个"双千亿"企业,国有资产保值增值率达 114.15%,实现了"1 + 1 > 2"的倍增效应。

综上所述,目前大多数集团企业正处于由财务核算到财务管理的升级阶段,集团集权式的财务管理手段是一种必然的选择。随着资金管理、预算、财务等管理模式逐步成熟,集权式的集团财务管理优势将会更加突出。

企业集团财务管理体制问题之研究

习海燕

一、企业集团财务管理体制问题研究的意义

随着市场经济的发展,特别是在并购浪潮的推动下,企业集团在我国得到了迅猛的发展,成为日益普遍的经济组织形式,至今已形成了一大批具有相当规模和实力、发展前景好的企业集团。与此同时,企业集团在发展过程中也出现了大量的问题,其中财务管理体制的不健全最为突出,它已成为企业集团效益低下的最主要原因,并由此引发产权不清、资本结构不合理、资金管理松散、财务信息失真等问题,严重制约了企业集团的健康发展。基于此,研究企业集团财务管理体制的构成及优缺点,探索出适应我国企业集团发展的科学的财务管理体制,具有非常重要的现实意义。

二、现阶段煤炭企业集团财务管理体制的发展现状

随着我国市场经济的发展,现代企业管理制度的不断完善,煤炭行业已由 20 世纪 90 年代的卖方市场进入买方市场,财务管理体制上的弊端日益凸显,已成为严重制约我国煤炭企业发展的短板。主要表现在:

(1)受计划经济体制下企业管理模式的影响,一些煤炭企业始终习惯于静态算账,缺乏对企业财务状况进行动态监控的手段和措施。

(2)传统的煤炭企业过多地注重产量,而不太关注企业产出经济模式的研究。

(3)很多煤炭企业习惯将财务工作简单理解为"财务 = 会计 = 记账 + 报表",没有把财务工作提升到管理的高度,在这些企业里缺乏系统的财务分析和控制制度。

三、现阶段煤炭企业集团财务管理体制的问题

(一)体制不完善,机构运行低效,风险大

受计划经济体制的影响,我国煤炭企业的发展长期以来沿袭旧的运作模式,没有形成系统的动态财务管理体制,致使财务监控机制不健全,财务分权不合理,企业对财务状况缺乏有效控制,造成财务和会计混成一块的局面。现代企业的管理模式实行股权和经营权分析,投资者和经营者的目标并非始终统一,个别企业经营者利用手中的权力隐瞒或虚报收入和利润,导致财务信息失真,变相转移或侵吞企业资产,损害投资者利益。

(二)管理者利用财务信息指导企业经营的能力欠佳

我国大部门煤炭企业的管理决策层中,生产技术型人员较多,而经营管理人员相对较少。而这种比例结构的管理层,在企业管理中过多地关注生产和技术创新。财务管理方

作者单位:郑州华辕煤业公司

面单纯地考虑年度财务目标是否完成,财务分析和控制制度更是无从谈起。由于长期对财务管理工作的忽视,将财务工作理解为财务数据的记录和汇总,而没有对财务数据进行核算和分析,更没有在此基础上进行相关信息环比、同比分析、决策,所以财务信息没有发挥出指导企业经营的重要作用。

(三)企业财务风险和信用意识淡薄,片面追求利润最大化

一直以来,我国煤炭企业在财务管理方面风险和信用意识淡薄,人为制造财务风险。有的企业为了扩大市场占有率,在未对客户的信用等级进行了解的情况下就盲目赊销,造成应收账款失控,直至成为坏账。部分煤炭企业盲目追求利润最大化的目标,可能会过多地考虑短期目标,而忽视技术和产品创新、安全生产、社会责任等因素,导致企业只顾眼前利润,致使企业战略缺乏前瞻性,盲目投资和生产,虽然账面上表现出喜人的流动资产,但是实际结果却是高投资低回报,影响企业的持续经营和长久发展。此外由于目光短视,重视短期利润最大化,导致管理者对安全生产重视不够,对安全设施和设备投入过少,导致我国很多地区煤矿重大事故频发。

四、企业集团财务管理体制的构建

(一)构建科学的财务组织与决策体制

构建科学的财务组织与决策体制应从以下方面考虑:

(1)合理设置财务机构。应按照"统一领导、分级管理"的原则设置财务机构,要实现财务和会计的机构分离,既明确分工,又要讲求效率,尽量实现部门结构的精简化。

(2)明确限定财务权责。企业集团财务组织通常涉及四个不同层面的内容:母公司董事会—集团财务总部—财务结算中心或财务公司—子公司财务部,在设有事业部的企业集团里,集团财务总部往往还设有财务派出机构(事业部财务部)。不同层面的财务组织具有不同的职能定位,应该明确他们各自不同的财务权责范围。

(3)建立科学的财务决策制度。首先是要建立健全决策信息系统,建立一整套完备的信息收集、整理、储存系统,提高信息的准确性和及时性。其次要建立健全规范的决策流程。财务决策流程既要考虑能够充分发挥民主,集思广益,又要适当集权,以迅速实现决策方案的甄选,尽快形成科学的执行力强的可行性方案,提高决策效率。

(二)建立健全财务控制体系

企业集团的财务制度涉及董事会、经理层和基层财务管理部门三个层次的财务权限和责任,包括他们各自在筹资决策、投资决策、收益分配决策等各项财务活动中的权限和责任。健全的财务控制制度包括预算控制制度、资产管理制度、成本费用控制制度,财务信息披露制度、资金结算制度等。

(1)完善预算控制制度,推动全面预算管理。建立责任预算制度是预算控制的重要方式。实施责任预算首先应设置责任中心,明确责任中心后就应确定责任考核的范围和各种责任指标。最后形成责任报告,对责任预算的执行情况进行系统的反映,以实际完成情况同预算目标对比,来评价和考核各个责任中心的工作成果。

(2)建立统一结算管理制度,加强资金集中管理。企业集团应该加强对成员企业尤其是全资、控股子公司资金的监控,建立统一结算管理制度,对集团资金集中调度和管理,实现集团内部的资金整合管理。

(3)完善信息披露和监控制度,提高财务信息质量。财务信息披露和监控制度包括财务报告制度、重大财务情况通报制度、内部授权制度等。只有建立财务信息披露和监控制度,才能能够使企业集团总部得到全面、及时的财务成本信息,提高决策的科学性,同时也能够对各成员企业受托责任的履行情况进行监控。

(三)完善财务约束与激励制度

1. 构建合理的财务约束制度

企业集团应建立行之有效的约束制度,督促成员子公司各行其职、各保其效,并建立确保资本保值、增值的一系列约束制度。

(1)完善企业集团的法人治理结构。要以《中华人民共和国公司法》为依据,通过引入市场机制,改善股权结构,实现股权分散化,完善企业集团的“三会”制度,明确股东大会、董事会、监事会和经理层之间的关系和权责范围。

(2)建立健全各种财务制度。建立健全资产管理制度。建立健全严格的资产入账、管理和清转制度,落实责任人,防止资产的流失。

(3)加强财会人员管理。财会人员管理是企业集团财务约束的重点环节,在加强财会人员管理时,应做好财会人员的任免工作,明确他们的权责范围,提高财会人员的素质水平,推行财务总监委派制。

2. 完善经营者激励制度

建立科学的业绩考核制度,对企业的获利能力、偿债能力、成长性能力等进行系统的评价,从而对经营者实施相应的奖罚。

五、煤炭企业集团财务管理的改进措施及对策研究

(一)转变财务管理观念,树立财务管理的战略核心地位

企业是一种资金流转的动态体系。而企业的财务管理工作则是维持这一体系运转并提高其效率的重要的动力源泉之一。在新的经济环境中,企业经营者必须从思想上转变重技术轻管理的思想,清醒地看清资金运动日益表现出相对于物资运动的独立性,在很大程度上已经从物资运动中游离出来。企业本身也逐渐形成一种资金流转的动态体系。资金从股东、债权人的手中以投资的方式流入企业,最后又以红利、本金、利息的形式流出企业。物资运动只是作为资金运动的载体和实现资金增值的手段,其他资产都是资金在流转中的转化形式。根据这种理解,企业的财务管理就不再是被动地服从再生产过程,而应主动地支配再生产过程,使其满足资金增值的需要。因此,只有对传统的财务管理模式进行根本性的变革,使财务管理上升到企业管理的战略核心地位,才能充分地发挥其作用。

(二)优化机构设置,提高风险意识,降低财务风险

我国煤炭要改变传统的粗放经营的局面,财务管理工作的重要性日益凸显。随着财务分析、决策逐步走向技术化、专门化,管理层次不断提高,财务管理的机构设置也必须科学合理。为确保财务管理能够贯穿煤炭生产经营的事前、事中、事后的全过程,我国煤炭企业应将财务管理部门设置为财务筹资、财务投资、资金结算等部门。在加强日常性财务管理的基础上,财务管理人员必须将风险防范贯穿于财务管理工作的始终,严肃财经纪

律，提高会计信息质量，保证会计信息的真实性。企业领导人员应加强科学决策、集体决策，摈弃经验决策、“拍脑门”决策等主观决策喜好，降低财务决策风险。

（三）改进财务管理方法，健全财务管理运行机制

随着煤炭市场发展的日趋成熟和现代企业管理制度逐步完善，传统单一的定性管理方法已经不能满足煤炭企业在复杂环境下财务管理的要求，必须采用定量和定性相结合的财务管理方法。煤炭企业一方面可以通过量化的方法组织和协调企业的生产。另一方面在进行综合效益评价时，可以采取以定量分析为基础，定性分析为辅助的方式，实行定量分析和定性分析相互校正，以此形成企业效益评价的综合结论。在财务预算管理、现金流量管理、金融风险管理、纳税筹划、保险管理等领域，采用定性与定量结合进行研究，可以极大地拓展财务管理的空间。

（四）利用互联网信息技术，提高集团财务管理水平

首先，借助网络经济手段和技术，加强集团财务管理，可以实施通过各种形式的内部市场化建设，以及内部结算中心（如内部银行、财务公司等）的建设来优化财务管理行为。

其次，为适应组织结构扁平化的发展趋势，要广泛应用现代化的网络、信息技术。如在企业中实施企业资源规划系统（ERP），能使企业有限的资源得到充分的发挥，可以有效提高企业的管理水平和增加经济效益。

再次，利用网络技术促进企业经营虚拟化的发展。网络业务组织是将企业与市场的各种特征有机融合而形成的一种中间性组织，它能实现比单个企业更高的效益。

（五）加强企业集团文化建设，营造和谐内部环境

企业集团的管理应当重视企业文化的建设，无论是在日常的生产经营活动中，还是在广大员工的生活中，营造一个具有本集团特色的健康和谐的企业文化氛围。积极加强文化环境的建设，真正做到尊重人、关心人、理解人、爱护人，充分调动广大员工的生产积极性、创造性和主动精神，可以显著增强企业的凝聚力和向心力。

六、结论

总之，煤炭企业集团的财务管理水平直接影响到企业配置内部资源的水平，关系到企业能否实现自身资源价值的最大化和企业市场竞争力的提升。所以，我国煤炭企业必须摒弃落后陈旧的财务管理观念，建立高效的财务管理体制，树立财务管理意识和风险意识，采用先进的财务管理手段，提升我国煤炭企业的财务管理水平。

企业集团资金结算中心运营管理存在问题及对策

马君晓

“现金为王”的理财观念,已经渗透到企业运营的每一个环节,利润良好却无现金流的企业,可能会陷入支付不能的危机。现金管理的重要性不只是体现在公司营运层面,更被提到战略高度。因此,企业资金管理模式就显得尤为重要。由于财务公司成立受到国家政策的限制,所以更多企业通过与银行合作,在银行的支持下成立企业集团资金结算中心来解决资金的集中管理和配置效率问题。实践中,一些企业集团资金集中管理虽然获得了成功,但在政策法规和实际工作中也存在不少不容忽视、亟待解决的问题。笔者对我国企业集团资金结算中心管理存在的问题进行分析,并探讨了相应的对策,为企业集团资金结算中心运营管理的实际运作提出建议。

一、结算中心运营管理存在的问题

(一)外部法律环境存在的问题

外部法律环境存在的问题主要有以下几个方面:

(1)集团企业财务结算中心性质定位问题。集团企业财务结算中心是按“准银行”方式运作,其业务范围只限于企业内部,不具备独立法人资格,它在集团内部吸收存款、发放贷款,并办理结算业务,从事小范围的金融业务,但它并不是人民银行批准的金融机构。从这个意义上讲,它存在一个性质定位问题。

(2)集团企业财务结算中心税务处理问题。集团企业财务结算中心通过贷款、借款及存款业务形成收入和支出,贷款与存借款利息差扣减费用以后形成净收益。按税法规定,有收入应征收营业税;有利润应征收所得税。然而,集团企业财务结算中心不是法人机构,只是集团总部一个部门,其行为是否属于经营行为尚未明确界定。从税法角度看,集团企业财务结算中心的开办,缩小了营业税税基,减少了国家税收。营业税法中至今没有有关企业内部金融行为的免税规定,这种状况亟待从法律上加以解决。

(3)相关政策法规不完善。由于结算中心具有类似于银行的结算功能、信贷功能,而根据国家有关规定非金融经济实体是不能进行信贷融资的。对于结算中心,人民银行没有明文规定,一般来讲,属于集团公司内全部控股的子公司,基本上是允许设立内部结算中心,但不允许对外营业。财政部1997年发布的《关于加强国有企业财务监督若干问题的规定》指出:“有条件的企业要逐步建立资金结算中心。”而且从人民银行对另外一种集团公司货币资金控制模式——财务公司的支持(2000年《财务公司管理办法》的颁布)来

作者单位:中平能化集团财务资产部

看,人民银行对结算中心的发展应该持支持的态度。所以,集团内部资金管理、融资的结算中心是国家政策所允许的,但至今没有相关的法律法规出台。

(二)财务制度存在的问题

1. 内部管理问题

该问题主要又表现为以下两个方面:

(1)对成员单位账户进行管理,没有集中成员单位的资金,不能发挥资金规模效益,无法实现真正意义上结算中心资金管理的目标。

(2)成员单位多头开户问题。各个成员单位也有可能在结算中心之外开立其他账户,因而难以有效地监督成员单位的资金运作。

2. 小集团利益思想使工作中阻力较大

企业集团的财务结算中心肩负着管理部门的监控职能,但有些二级公司怕置于集团的监控之下或是对结算中心缺乏信任,仍将少量资金留于商业银行,以维护自身利益的需要,这部分体外循环的资金,使集团下达的命令贯彻不彻底,影响集团的整体利益。

(三)公司治理存在的问题

目前大多数企业集团都已经形成了股东会、董事会和监事会的三会管理体制,而且一些集团也已在母公司董事会下面分设如资金管理委员会等各类委员会,来承担部分董事会的职责。但在实际运作中,不仅监事会的作用很难有效发挥,股东会、董事会、各专门委员会的决策也往往是集团主要领导意图的体现,在资金管理中出现不少秉承领导意愿随意贷款、任意投资的情形。

(四)风险管理存在的问题

风险管理存在的问题主要有:

(1)存在或有风险。如果结算中心某个成员单位因法律纠纷而被法院实行封存账户等强制制裁,因结算中心在银行开立的是总账户,并没有对该成员单位开立分账户,这样有可能存在总账户上所有资金被冻结的风险。

(2)内部分账户发生透支而被外部总账户资金余额充足掩盖的风险。如果某成员单位无意或恶意透支,结算中心不能及时发现其分账户资金余额不足,而银行根据总账户充足的余额将款项支付,这样会对其他分账户造成损失。

(3)由于主业的财务报表合并多种经营单位的财务报表,而多种经营部门的资金存放于主业的银行账户中,形成不同法人之间资金流转的行为,存在监管风险,并且影响外部财务报告使用人正确评估企业会计信息。

(4)一些结算中心存在运营困难的情况,集团资金沉淀,周转缓慢,存量越滚越大,逾期呆滞贷款数量巨大,造成这种情况有几个原因:①集团整体经营困难,企业效益差,结算中心信贷资金一时难以及时收回;②不按金融规律行事,或是如前所述"领导意图贷款",或是资金运用靠大量贷款,资产负债比例及存贷款比例不合理;③内部控制不严。发放贷款极少考虑其资产状况、贷款用途和效益回报,既不用担保,也不用抵押,这样一来,当集团内部单位资金周转不灵、经营状况不好时,使结算中心资金回笼困难,影响其他存款单位的正常用款需要,打击了存款单位积极性,如此恶性循环,甚至将整个集团拖垮。

(五)资金结算存在的问题

结算中心是为适应企业现代化管理而产生,但是有不少财务结算中心网络结算信息系统没有开发,不能利用局域网或因特网实现网上资金结算,其存在问题有:①开户单位无法随时随地在网上查询本单位内部存款余额、下载对账数据等一系列有关内部存款动态管理业务;②不能实现财务结算中心系统内银行存款网上拨款和主动收款业务;③提高了管理费用,降低了资金安全运行和使用效率,不能充分发挥资金集中管理的规模效益。

(六)结算中心服务质量和工作效率存在的问题

1.对结算中心的考核与评价存在困难

结算中心在集团中不仅有与外部银行相类似的结算、出纳、信贷职能,还应该是企业管理中一个重要组成部分,而目前大多数企业集团所实行的结算中心管理制度不能充分调动结算中心的积极性,同时对它自身工作的监督也未建立应有的程序。

2.人力资源管理不到位

人力资源管理不到位主要体现在以下两个方面。主要包括:

(1)人才交流与培训工作不到位,从业人员缺乏丰富的经验和技能来完成其任务。结算中心的工作人员有的熟悉财务,有的熟悉金融,有的熟悉公司业务,但复合型人才比较少,既有企业实际管理经验又有金融运作经验的人才更少。

(2)福利计划或激励机制不完善,人才流动过频,同时,关键职能部门备用人员储备不健全。

二、企业集团结算中心模式存在问题的对策

解决集团企业财务结算中心运作面临的问题可以从以下方面着手。

(一)适应外部法律环境的变化

根据企业结算中心存在的问题,国家有关部门应尽快制定企业财务结算中心管理办法,从政策上规范其运作,使其有法可依。企业在有关管理办法出台之前多做宣传解释工作,尽量争取法院、财政和税务部门等有关机构的理解和支持,这样不仅可以避免上述弊端,而且能够实现资金集中管理的目标。

(二)完善结算中心财务制度

1.完善资金管理内部控制制度,加强内部管理

内部控制是由企业董事会、职业经理阶层和其他员工实施的、为企业运营的效率(效果)、财务报告的可靠性、相关制度法规的遵循等既定目标的达成,而提供合理保证的过程。企业结算中心应建立包含资金审批权限、审批程序、资金收付程序、付款制度、资金收付跟踪反馈制度、资金存放和保密原则、银行票据、银行票据背书管理制度、银行账户开户原则、银行账户、印鉴管理制度、现金管理制度以及对外投资、担保和反担保制度在内的各种内部控制制度。

2.建立资金预算管理体系

资金预算管理和现金流量分析对企业经营管理十分重要。准确度较高的资金预算能使各单位主动掌握和控制未来现金流量,做到“心中有数”,采取有效措施及时调剂存量资金,充分发挥资金管理的作用。要科学进行资金预算管理和现金流量分析,对资金管理

进行事先分析、事中监督和事后分析的全过程控制。比如,江苏石油勘探局财务结算中心开发资金预算动态管理软件系统,该系统实现了从开户单位的预算上报和执行情况的实时查询、财务处对预算审批下达和调整、结算中心对资金预算的控制以及预算执行情况分析报表等一整套的动态科学化管理,取得了很好的效果。

3. 加大资金监管力度

发挥集团企业财务结算中心资金监督管理职能,进一步加大资金结算监管力度。一是对监管工作要与时俱进推出新举措,严把资金关,堵塞管理漏洞。二是加强对内部账户管理,防止账户出借及资金账外循环。三是抓好对开户单位资金管理检查工作。

(三)完善公司内部治理

从公司治理角度出发,明确集团企业法人治理主体和关联企业在资金管理方面的权限和职责;划分集团企业权利机构和决策机构的资金权限,集团的筹资、投资决策和利润分配权属权利机构(股东会),集团的决策机构(董事会)负责筹资、投资和利润方案的指定及集团财务机构设置、财务制度与会计规范和财务负责人的任免。同时完善集团股东会、董事会、监事会、经营者、员工以及其他利益相关者彼此之间关系的监督与制衡机制。通过董事会制定的集团发展战略(经营战略与财务战略)拟订资本保值增值的委托责任目标与其他各项绩效考核指标,并以企业的形式明确母、子公司经营者的受托责任和必须遵循的行为规范。由此,才可以为结算中心的规范运作奠定良好的基础。

(四)强化结算中心风险管理

1. 建立风险管理原则

在《企业风险管理框架》下,对于资金风险管理的原则总结如下:①公司治理及内控体系建设相结合;②自上而下推动集团资金风险管理;③变事后管理为事前管理;④重视利益冲突,保障独立性;⑤重视风险的双重性,把握风险与收益的平衡。

2. 控制结算中心贷款规模,实行风险管理

结算中心的职能主要是代银行结算职能,同时还要向内部各单位行使贷款职能,贷款管理是银行管理制度中的一项重要内容。结算中心贷款管理是企业集团为降低外部融资费用与财务风险而进行的内部融资行为,贷款的使用不能简单地根据领导意图或单独某一方面的理由来决定是否贷款。商业银行贷款是以偿还能力为原则决定是否贷款,以避免不良贷款,而结算中心贷款应该服务于企业集团的总目标,体现企业集团的决策意图。一方面结算中心贷款应该向经营良好的内部单位倾斜,以鼓励其不断提高经济效益;另一方面,结算中心还要帮助亏损部门渡过难关,给其一定的扶持资金,这是结算中心贷款所应遵循的基本原则。

结算中心贷款虽然不能等同于商业银行贷款,但可以借鉴商业银行贷款管理中的一些做法。结算中心在贷款时必须认真审验,对符合企业集团发展目标、效益前景看好的项目可以优惠贷款,如果提前还贷还可以降低贷款利率;如果不能按时还贷,要加收利息,并追究结算中心放贷人的责任。同时严格控制结算中心贷款规模,根据结算中心吸收的存款、可动用流动资金的状况来决定贷款规模。同时比照商业银行模式建立存款准备金制度,进一步控制结算中心贷款规模,增强结算中心抵御风险能力。

3. 加强企业文化建设

现代市场经济的复杂性,决定了其中枢系统——财务管理的复杂性,决定了财务风险的多样性和多变性。因此,即使高度集中的管理体制也会存在某些漏洞。而且,对待制度的缺陷和漏洞,人们既可以加以利用使之扩大,也可以自觉、主动地加以纠正和弥补。由此可见,集团内部资金管理制度是否完善地制定、有效地执行,制度的不足能否及时地发现、补救,关键取决于从业人员包括专业及相关知识技能水平、个人品质及职业道德、社会责任感与工作创造力在内的综合素质。而从业人员综合素质的高低,又取决于集团企业文化程度的高低。从这个意义上说,以人为本,建立以有利于员工长远发展为核心的激励机制和企业文化,使人的自觉行为与制度对人行为的约束有机结合,是完善结算中心风险控制制度的灵魂。

(五)强化资金结算功能

开发集团企业财务结算中心网络结算信息系统,利用局域网或因特网实现网上资金结算,开户单位随时随地可在网上查询本单位内部存款余额,下载对账数据,打印对账单以及编制调节表等一系列有关内部存款动态管理业务;实现财务结算中心系统内银行存款网上拨款和主动收款业务;实现企业银行存款与商业银行自动对账,通过因特网对有关银行存款动态进行实时查询以及银行票据在计算机上填写打印。这些功能的使用进一步加快了结算速度,减少资金在途时间,降低了管理费用,提高了资金安全运行和使用效率。

(六)提高结算中心的服务水平和工作效率

1. 加强结算中心服务观念,提升服务层次

结算中心是为适应企业现代化管理而产生,作为单位内部资金管理机构,结算中心人员应提高自身业务素质,端正工作态度,确立为成员单位服务的思想,千方百计提高服务质量和技能,为企业管好财、理好财。

2. 正确认识财务结算中心职能,提高工作效率

财务结算中心并非财务公司,仅仅作为单位内部资金的管理机构,对本单位资金进行管理。结算中心不具备金融机构职能,因此不能对成员企业之外的单位从事放贷等金融性业务。在结算手续上尽量简化,精心挑选资金结算软件系统,实现资金结算和管理的自动化,保证结算快速、准确、高效。

同时,对结算中心进行独立核算,单独考核。对结算中心工作业绩的考核不仅考察资金管理调度的经济效益指标,还应考察对内服务的效率与质量。考察它对企业集团控制与决策的支持程度与水平,对结算中心的管理做到责、权、利相结合。这样可以激励结算中心工作人员更努力地工作,从而有利于结算中心工作人员水平的提高。

针对资金结算中心模式存在的诸多问题,笔者给出了6种相应的解决措施,有效的资金集中管理体系要通过内部控制制度的建设形成集团科学的决策机制,以预算管理为手段,通过资金风险管理,投资融资管理及配备职业团队和相应的信息支持系统等措施,达到优化资源配置,保障资金管理方式的安全有效运行。

浅谈煤炭企业并购中的融资方式及风险防范

吴秀东　王海燕

为了建设大型煤炭基地，提升市场化程度，扩大经营成果，增强市场竞争力，煤炭企业通过各种方式和渠道对中小型煤矿进行资源整合、并购重组。企业资源扩张和扩大经济规模必然产生巨大的资金需求，因此拓宽融资渠道，解决资金筹措问题，以及如何防范和规避融资风险，是煤炭企业所面临的主要问题之一。

一、企业并购可行的融资方式

当前，企业的融资方式虽然有向银行借款、向公众发行债券、推行股票上市等渠道，但煤炭企业并购重组的资金大部分来自于银行贷款，负债结构较为单一，财务成本高，资金风险大。

近几年国家和金融部门不断推出了一些新的融资渠道和工具，如企业中期票据、短期融资券、企业债券、应收账款质押等，虽然都是债务性融资，但其筹集资金快，有利于企业保持控制权，还能有效降低企业加权平均成本，给企业带来"财务杠杆效应"。在当前并购重组急需资金的情况下，煤炭企业可略做尝试。

(1)发行中期票据和短期融资券。其特点是发行门槛较低，审批简单、发行速度快，信贷规模不受限制，利率市场化定价，一般低于银行同期贷款利率，且发行期内不受银行利率浮动的影响。可免担保，不会因为债务融资工具的使用而导致股权的稀释等，但是同银行贷款一样具有到期还本付息的压力。中期票据期限一般为3~5年，短期融资券期限是1年以内。

(2)企业债券。主要是针对大型企业在项目上的融资需求而发行的。企业债券期限一般为5~10年，是企业筹措长期资金的直接融资方式。但其相对于中期票据及短期债券来说，发行门槛高，审批手续复杂，短期融资券及中期票据，主要在银行间债券市场发行并交易，而企业债券是以银行间债券市场为主，证券交易所债券市场为辅。但企业债券可为企业筹集大规模资金，一般情况下，现金流量稳定、规模较大的企业，能获得较大的发债额度。

(3)应收账款质押。应收账款质押是指企业将应收账款作为抵押物向银行获得借款的融资方式。银行根据企业经营情况，贷款额度通常为应收账款票面额度的50%~90%。应收账款从法律上讲，就是一种债权，是因销售或提供劳务而形成的债权，应收账款质押属于权利质押。

二、融资存在的财务风险

融资风险产生于企业的债务融资行为，如果借入的资金不能产生预期的经济效益，导

作者单位：鹤壁煤业(集团)有限责任公司财务资产部

致企业不能按时还本付息,企业面临的将是资金流的断裂,后果就不堪设想。融资造成财务风险的原因有如下几点:

(1)融资后的风险意识淡薄。从目前来看,企业管理层十分注重融资过程中所造成的风险,关注能否筹集到资金、筹集到多少资金、筹集资金的条件是什么,但对筹集到的债务资金如何偿还、怎样偿还缺乏较为详细的计划。在资金管理中存在管理分散、监控不力,资金支出缺乏有效控制,筹、投资不能统筹规划,引起资金浪费及财务成本过高等现象。

(2)投资决策失误。企业融资的目的是将所融资资金投入企业运营,最终获取经济效益、实现企业价值最大化。在每次融资之前,企业会预测本次融资能给企业带来最终收益,收益越大意味着利润越多。但由于对被并购企业的技术改造和进行产业技术升级需要投入大量资金的把握不足,以及对并购企业的资产价值和对并购后的整体获利能力估计不足,并购企业不能很快建成并形成生产能力,无法尽快地收回资金来偿还本息,就会使投资企业承受巨大的财务危机。

(3)企业负债规模大。债务融资势必造成企业负债规模大,负债比较大,资金结构不合理的现象逐步显现。其具体表现在负债资金占全部资金的比例过高,资金结构的不合理导致企业财务负担沉重,偿付能力严重不足,由此产生财务风险。

(4)企业的经营存在风险。包括投资企业及目标企业。①债务融资会增加投资企业的支付风险,即一旦出现投资收益低于资金成本现象,企业就会发生亏损面。②表现在企业债务融资的利息增加了企业经营成本。同时,如果债务融资还款期限比较集中的话,短期内企业必须筹集巨额资金还债,这会影响当期企业资金的周转和使用。③过度负债会降低投资企业的再融资能力,甚至会危及到企业的生存能力。企业一旦债务过度,会使筹资风险急剧增大,任何一个企业经营上的问题,都会导致企业进行债务清偿,甚至破产倒闭。④在长期借款的融资方式下,银行为保证贷款的安全性,对借款的使用附加了很多约束性条款,这些条款在一定意义上限制了企业自主调配与运用资金的功能。

三、如何规避融资的财务风险

规避融资的财务风险从以下方面入手。

(1)做好并购前的财务评估及评价。由于煤炭资源市场增值较快,矿业权价款较高,一些地区性煤炭主漫天要价,甚至不配合、故意隐瞒原企业真实财务情况,夸大自身的价值和收益信息,使相关得不到充分、准确的披露,从而使并购重组后的企业面临巨大的潜在风险。为此,投资企业要做好对目标企业的财务评估及评价工作,要在对其进行科学评估、论证的基础上,进行科学地分析、评价,考虑目标企业自身的能力和发展目标,从企业的成本效益出发,提出最佳的并购方案,规避融资风险,最大程度获取投资报酬。

(2)加强融资风险管理。企业在考虑融资时,不仅要根据自身的发展情况,考虑融资规模、融资方式和还款期限等,更要认识和考虑融资所带来的风险。企业只有在正确认识债务融资风险的基础上,及时制定和严格执行有效的融资风险防范对策,使其控制在合理范围内,才能充分发挥融资的最佳作用。

(3)保持负债规模的适度性及负债结构的合理性。负债融资的风险与企业借入资金的多少成正比。因此,合理的借款额度以及借入资金时的资金利率变动,是控制融资风险的关键所在。企业的负债结构,关系到企业未来的偿债能力,企业应确定适度的负债比率、保持合理的负债结构和债务期限结构,实现风险与报酬的最优组合。同样,企业还应对长期债务与短期债务和债务偿还期限进行合理的安排,防止企业日后经营过程中的本金和利息的偿付风险。

(4)考虑市场利率和汇率走势,把握最佳的融资机会。企业融资受到外部环境的影响,如利率和汇率水平的高低直接决定企业资金成本的大小。面对利率或汇率变动带来的风险,企业只能适应而无法左右外部的融资环境。这就要求企业充分考虑市场利率、汇率走势,当利率处于高水平时或处于由高向低过渡时期,应尽量少筹资,对必须筹措的资金,应尽量采取浮动利率的计息方式。当利率处于低水平时,筹资较为有利,但应避免筹资过度。当筹资不利时,应尽量少筹资或只筹措经营急需的短期资金。当利率处于由低向高过渡时期,应根据资金需求量筹措长期资金,尽量采用固定利率的计息方式来保持较低的资金成本,努力寻找与投资需要和融资机会相适应的可能性。

(5)推行全面预算管理,保证并购企业经营目标的实现。并购企业资产的流动性、盈利能力及现金获利能力与投资企业的融资风险关系密切。因此,并购企业要以销售预测为起点,对企业的生产、成本及现金收支等进行预测,实现并购企业的全面预算管理。通过全面的预算管理来监控企业战略目标的实施进度,控制开支,并预测企业的现金流量与利润,提高并购企业资产的流动性,增强并购企业的盈利及现金获利能力,保证并购企业的战略规划及年度经营计划的实现。

(6)建立并购问责制。防范和化解财务风险,应加大责任追究的惩治力度,强化责任经营管理意识,强化出资者的监督,确保并购企业安全运作,实现保值增值。强调问责过程,从负债融资的立项到并购后企业的经营情况,把控制点从事后追究前移到事前定责、事中问责、从结果前移到过程。以国有资产保值增值为中心,要确保国有资产运作的安全,从源头上、从经营者的责任上把好关口。然而经营者的责任意识、经营者守责的自觉性是问责制真正发挥好作用的前提。

浅谈内涵质量发展方式下的煤炭财务管理

尹士谦

国民经济发展正由重速度、重规模加快向重质量、重效益转变。中国平煤神马集团提出，必须顺应国民经济的发展趋势，由传统能源向传统能源与新能源并重转变。财务管理顺应集团公司由外延扩张向内涵质量转变的发展趋势，充分发挥现代财务的管理职能。

一、坚持“双轮驱动”，实现费用性支出和资本性支出统一

生产经营离不开必要的费用性支出，做大做强离不开有效的资本性支出。煤炭企业要实现安全生产和良性经营，同样离不开对成本费用和专项资金的有效管理。

（一）成本费用管理

提高产品质量，降低生产成本，是企业生产经营的永恒主题。为转变成本推动型发展方式，集团公司早在2010年二季度就提出，要把成本管理提升到成本领先战略的高度。

在全面预算管理的基础上，平煤股份制定的《关于实行双浮动双控制及经营责任考核机制的通知》指出：“目标成本随煤质完成情况上下浮动，工资指标随目标成本完成情况上下浮动；对未完成目标成本的单位实行工资与货币资金双控制。”以此对基层单位和机关部门分别实行双浮动双控制和经营责任考核机制。运行一年多来，经济运行质量明显提高。

自2011年1月1日起，平煤股份将经营指标分解、下达给所属各单位的同时，又配套执行《平煤股份公司内部资金结算实行余额控制运行管理规定》：“以所属各单位2010年12月31日的结算中心存款余额为依据，2011年实行余额零起步，每月初按照计划目标成本下拨资金给各单位，每月考核后，资金再随成本、利润、安全、产量、煤质等指标的完成情况做相应调整。内部资金实行余额控制运行，从资金方面控制、督促、引导所属单位深入挖潜，向管理要效益，以质量求生存。”

上级机关出台的一系列管理措施，促使基层单位在成本管理方面下工夫，不断实现管理创新。

三矿在材料管理方面，推行材料使用效果评价制度，加大了对材料消耗过程的全程跟踪和事后评价，材料的申请使用单位和各级审批单位及领导，都被纳入材料使用效果评价体系；在内控管理上狠下工夫，关口前移，一方面，对修理费、租赁费等成本大项，及教育经费、办公费、绿化费、低值易耗品等往年管理薄弱的费用，设计审批表格，实行“申请备案，规范流程，过程监督，事后评价”管理，防止成本费用盲目发生、重复发生；另一方面，对矿属各单位管理使用的设备、办公用品等实物资产，实行基层单位和矿企管科两级动态建档管理，对车辆等特殊实物资产实行管理者个人（司机）、基层单位和矿企管科三级动态建

作者单位：平煤股份三矿

档管理,使各级实物管理者人人心里有本账,人人头上有责任,达到防止实物资产流失、相应费用重复发生的目的。

严格管理,力求使每一名干部职工都纳入全矿的管理体系,让每一名干部职工都有义务接受管理,都有义务参与管理、创新管理。

(二)专项资金管理

专项资金管理关系着企业的持续发展能力,决定企业的发展后劲,必须站在战略高度予以管理。

(1)要根据产能需要、安全保障需要和通过专项资金已经形成的固定资产应提折旧,编制严谨科学的专项资金计划,严格控制专项资金规模,防止摊子越铺越大,挤占生产经营所必需的成本空间。集团公司制定年度专项资金计划,下达给基层单位,三令五申使用专项资金必须量入为出,量力而行,本着"先安全、后生产,先井下、后地面"的原则,统筹安排项目建设,严禁计划外工程。

(2)牢固树立"工程浪费就是最大浪费"理念,从源头做起,全过程管理。基层单位严格执行上级机关的有关规定,在专项资金管理方面积极行动。三矿在均衡发生专项资金的基础上,为进一步加强专项资金管理,强化工程控制,规范工程项目管理流程,设计"工程项目申请备忘单",力求涵盖一个工程项目的全过程,使每一项工程自立项之始就保证资金有着落、责任有指向、过程有监督、入账有依据,严把专项资金关,严禁计划外工程发生。明确矿计划部门是专项资金和工程管理的主体,坚决杜绝矿上其他部门和领导绕过计划部门,置集团公司下达的专项资金于不顾,盲目立项导致专项资金失控、挤占成本空间现象的发生。在向内涵质量发展方式转变的过程中,有效的成本费用管理和专项资金管理是煤炭企业财务管理的动力双驱。

二、重视机会成本

当前,煤炭企业有两种机会成本不可忽视,一是煤质机会成本,二是安全机会成本。

(一)煤质机会成本

煤质历来是煤炭企业和客户搏弈的焦点。煤质的机会成本小则引起煤质纠纷,引发煤质赔款;大则逐步失去市场份额,最终失去市场。在不允许超产的情况下,煤炭企业要提高经济的增长质量和效益,唯有提高煤质。

基层单位充分认识到了煤质的巨大机会成本,积极行动,狠抓煤质。三矿进一步制定煤质管理办法,采取针对性措施,从优化井下生产组织入手,明确各级责任,将责任和压力层层落实、层层传递,收到了良好效果。

(二)安全机会成本

随着百姓幸福指数关注度的不断提高,安全的机会成本不言而喻。如何规避安全机会成本,从上到下采取了不少措施,但归根结底还要依靠以下几个层面:

(1)涉及安全生产的各级管理干部都要树立高度的责任心,认真执行干部井下带班制度。

(2)加强安全文化建设,构建本质安全矿井。通过远景激励、理念渗透、精细管理、行为养成、构建机制等方式,塑造本质安全人,打造本质安全岗,使职工牢记安全为天的理念,自觉增强安全意识,提高安全技能。

(3)加快提升井上、井下机械化装备水平,取代落后工艺,加大安全保障。

(4)优化人力资源,大力培养善于使用先进装备的高素质人才。内蒙古、新疆一些先进的煤矿,地面调度室一个人几乎就能监控到井下的角角落落,他们发生安全事故的几率,肯定要远远低于那些还在更多使用体力劳动矿工的煤矿企业。优化人力资源是当务之急!近段时间,六矿大学生采煤班的事迹先后被国内各大媒体、各大门户网站报道,他们的成功经验为煤炭行业安全生产、转型发展提供了导向。

煤质和安全做好了,不仅可以减少企业巨额机会成本的发生,更能为企业带来内涵质量发展的丰硕成果。

三、其他几个问题

(一)纳税筹划

加强财务管理不应仅仅停留在节流的层面,更应该提升到开源的高度。集团公司历年来紧跟国家税收政策,高度重视纳税筹划,国内500强位次稳步提升。

(二)加强财会队伍建设

首先,要加强会计职业道德教育,增强法制观念,营造讲诚信、讲良心、执法守法的强大舆论氛围,增强财会人员的责任心和主观能动性,从根本上铲除财务违法犯纪的土壤。其次,会计委派制要坚定不移执行下去。一个人在一个单位时间长了,就会对所在单位的种种弊端熟视无睹,就会对一些违规违纪现象丧失应有的警觉。最后,会计轮岗制度化,岗位安排要符合内部牵制原则;热心关注优秀财务人员的成长,培养更多的复合型人才。

(三)重视财务管理

财务管理是企业管理的重要组成,应该引起企业管理层的高度重视和通力协作,尤其是企业主要负责人的有力支持。如果把财务管理仅仅看成是财务部门、财务人员的管理活动,把财务管理的一切责任、压力、风险都让财务部门、财务人员承担,造成被动的不仅是企业的财务管理,更是整个企业管理的落后。

浅谈企业对银行承兑汇票风险的防范

刘月华

银行承兑汇票,指汇票到期时,银行按票面金额向收款人或背书人支付款项的汇票,是建立在银行信用基础上的一种承兑。随着我国社会主义市场经济的日益发展,银行承兑汇票在企业生产流通领域中发挥的作用越来越大,已成为企业的重要融资工具。但随着这项业务向广度和深度扩展,企业在收取和使用银行承兑汇票时的风险也越来越大。因此,有必要加强和完善银行承兑汇票管理,有效防范和化解企业在签发和使用银行承兑汇票时可能存在的风险。笔者就多年来在管理和使用银行承兑汇票方面的体会,浅谈个人的几点看法。

一、产生风险的原因及可能存在的风险

银行承兑汇票在管理和使用中产生风险的原因及可能存在的风险如下所述:

(1)法规和规章不尽完善是风险产生的外在客观原因。现行的《票据法》、《支付结算办法》等有关票据的法律法规对于银行承兑汇票的有关规定不是很完善,使会计人员在具体操作中难以把握,对贴现、再贴现业务中涉及银行承兑汇票的法律法规也相对较少。

(2)企业对银行承兑汇票功能认识的偏差是导致风险产生的重要原因。银行承兑汇票具有结算和融资的双重功能,二者密不可分。按照《支付结算办法》规定,结算工具必须要有真实的商品贸易背景。而事实是,由于我国企业融资渠道单一,银行承兑汇票经常被企业单纯地作为融资工具使用,比较典型的方式有:企业集团向下属企业或同一法人代表的企业签发银行承兑汇票,持票人有的就在当日或几日后办理贴现后,便将资金转回出票人。

(3)企业内部风险控制措施不健全,相关业务人员业务素质低,是风险产生的内在原因。一是企业对承兑中申请人资信调查流于形式。变造银行承兑汇票,诈骗银行资金等现象时常发生;二是相关业务人员业务素质低,风险防范意识差。目前,银行承兑汇票风险是来自多方面的,有市场风险,有信用风险,还有操作风险。在实际工作过程中,由于需要工作人员的主观判断,个别员工识假辨假能力差。收取银行承兑汇票时,看不出是真假票,而在保管和使用背书转让、贴现和承兑收款过程中,银行承兑汇票有时会毁损丢失,被人诈骗盲领。

(4)企业存在利用银行承兑汇票降低财务成本的强烈动机是风险产生的主要原因。企业利用银行承兑汇票为关联企业取得从正常渠道难以获得的资金。目前各商业银行为争夺优质客户,对经营较好、规模较大的集团授信条件较松,许多支行在授信额度内可以签发汇票,审批手续也比较简单。企业可以通过虚拟贸易合同、虚拟增值税发票的方式为

作者单位:义煤集团财务部

不具备贷款资质的关联企业申请银行资金。通过银行承汇票贴现获取的资金，与取得等额的贷款相比，其财务费用要节省10%～30%左右，客观上驱使客户利用银行承兑汇票进行贷款性融资或“套利”。

二、防范控制银行承兑汇票风险的措施

企业在管理和使用银行承兑汇票潜在风险虽然不可能完全消除，但通过加强和完善内控措施，就可以将风险降到最低点。

（一）完善涉及票据和银行承兑业务的法律法规

制定和完善《票据法》、《商业汇票承兑、贴现与再贴现管理暂行办法》等法律法规，对相关银行承兑汇票业务的操作流程明细化，明确规定银行承兑汇票虚假贸易背景的刑事责任和法律责任，建立健全适合于市场发展的票据业务各项规章制度，加强内控制约。

（二）完善风险防范机制，建立内部控制系统

各业务管理部门应做到权责明确，严格按照操作流程实施，从制度上保证风险控制的规范性，防患于未然。在承兑业务的收取、签发、使用过程中，要注意检查业务的真实性、合同的完备性、合同签订与客户经营的业务一致性、业务价格的合理性、业务量与企业规模的协调性、合同双方的知情权等。

(1)加强银行承兑汇票的收取过程的控制。企业以及下属各单位收取的银行承兑汇票必须有真实的业务往来，会计人员在收到用户交来的银行承兑汇票后，要仔细审验票据的真伪，背书人是否连接(其直接前手，即交票单位必须在银行承兑汇票上背书签章)，签章是否清晰，字迹是否规范。在出现背书不连续，印章不清晰，字迹不规范的情况下，必须按银行要求出具证明后方可收取，以确保该银行承兑汇票的真实可靠，正确无误。验收合格的银行承兑汇票，要登记《银行承兑汇票登记簿》，交保管人员入库保管，两人共同签字确认后，交由业务人员签字确认，同时向业务人员开据银行承兑汇票收据；最后会计核算人员应及时对验收无误的银行承兑汇票进行账务处理，将银行承兑汇票正反两面复印件作为附件附在凭证后，及时进行账务处理。

(2)完善内控制度，健全责任体系。银行承兑汇票验收登记、保管人员不得为同一人，负责“应收票据”账目核算的会计人员，不得兼任银行承兑汇票的保管、登记工作；保管人员要认真核对会计凭证和相应的银行承兑汇票，应每日盘点库存承兑汇票余额，做到日清月结，账实相符，将银行承兑汇票视同现金进行管理；银行承兑汇票要及时放入专用保险柜保存，由验收人员和保管人员共同管理，一人负责保管银行承兑汇票实物，一人负责账实核对，保险柜钥匙每人各拿一把，保险柜必须两人同时到场才能打开，银行承兑汇票的收付业务必须两人同时在场才能办理。

(3)加强支付中的控制。支付银行承兑汇票时，领取人须持单位委托书面证明、本人身份证件及收据证明等，方可办理支付事宜。领取人必须在银行承兑汇票登记簿上签字并注明单位，领取日期；承兑汇票保管人员必须在见到经审核无误后的会计凭证后方可支付银行承兑汇票，会计人员在支付银行承兑汇票时必须写明被背书人，方可交给领票人；银行承兑汇票要在到期10个工作日前送交开户银行办理委托收款，保管人员依据银行出具的列有明细内容的凭证，在银行承兑汇票保管登记簿上进行登记，验收人员对业务进行

复核;银行承兑汇票解汇款项到账后,会计人员将委托收款单、银行的入账通知单一并作为附件附在票后,进行账务处理,保管人员据以在银行承兑汇票保管登记簿上进行注销,并签字确认。

(4)提高员工思想政治素质和业务能力。一是强化企业员工的思想道德和职业操守教育,提高遵纪守法的自觉性,防范道德风险;二是从频度和深度上强化员工业务知识培训,及时更新培训内容,紧密结合最新的关于银行承兑汇票的法律、法规和政策进行学习,提高员工业务水平;三是加强对企业员工进行票据业务操作的技能技巧培训,教导员工有效识别真假承兑汇票和各类诈骗手法。

总之,银行承兑汇票的多种功能在企业融资中的作用举足轻重,市场经济的运转离不开银行承兑汇票的有效流通。因此要加强对银行承兑汇票风险的认识,采取更多防范措施,为企业可持续发展做出应有的贡献。

浅议财务管理问题及建议

郎　明

一、财务管理概述

财务管理是一项涉及面广、综合性和制约性都很强的系统工程。它围绕利润最大化为目标,通过价值形态对资金运动进行决策、计划和控制的综合性管理,是企业管理的核心。优秀的财务管理对企业而言犹如一张极富粘性的网,任何的风吹草动都会由它直接触动企业的中枢神经。虽然财务管理有着如此重要的作用,但不少企业在财务管理方面仍存在许多问题,我们要正确认识财务管理工作的重要性,认真分析出现的问题,切实做好财务管理工作,努力提高财务管理水平,充分发挥财务管理工作的核心作用。

二、集团财务管理存在的问题

(一)集团内部产权结构不够清晰

各单个企业组成企业集团是依靠产权关系来维系的,但是在国有企业并购重组改制的过程中,原来国有企业产权关系不清晰的问题被带进了集团,同时由于组建过程中急切和某些不规范操作,集团产权不清晰的程度加深,各个母、子公司之间、子公司之间的关系纵横交错,从而导致了子公司无偿使用集团资产、子公司的盈利不上缴、集团无法调剂子公司闲置资金的局面,同时合并后部分单位没有进行工商名称变更登记及产权变更登记,也加深了集团公司内部产权不清晰的程度。

(二)财务架构不健全,组织机构设置不合理

财务架构的设置应该是管理层次及中间管理人员少,具有灵敏、高效、快速的特征,然而目前集团公司财务机构的设置缺乏创新和灵活性(如很多数据统计及分析不仅需要报送事业部还需报送集团,而且事业部汇总后也上报集团公司造成重复上报);还有部分企业财务机构存在着层次不清、分工不明的弊端(如集团公司要求产权变更登记,有的单位是财务来做,有的单位是办公室或者企管办来做);还有不少企业领导简单地认为财务管理就是记账、算账和报账,没有充分认识到财务管理对企业生产经营活动的指导作用,财务人员在企业中的管理职能,造成了当前部分企业财务组织架构不健全、机构设置不合理的现状。

(三)资产管理混乱,成本控制不严格

在资产管理上,部分企业还没有完整严格的资产管理方案,没有定期对资产进行盘点,资产实物与登记台账不符,实物管理和账务管理都有很多漏洞,往来账周转缓慢,资金回收困难,坏账损失情况严重,存货控制薄弱,资产流失浪费严重。

作者单位:中平能化集团汝州电化

绝大部分企业都能精打细算，控制成本绝对额，但在相对成本的控制上却缺乏经验和措施。有的企业成本核算十分粗放，将各种产品成本笼统汇总核算，不利于加强成本控制；有的企业只注重生产过程的成本控制，而忽视技术进步、成本控制与经济效益的有机结合，事前、事中控制能力较低，造成不必要的浪费；有的企业没有分项目分部门进行成本核算，一旦企业经营出现问题，发生亏损，管理人员无法判断问题究竟出现在哪里，无法提出有针对性的意见；还有很多企业只注重生产过程中的成本控制，而忽视了从产品设计研发开始就应该进行全程成本控制。

三、加强财务管理的几点建议

财务管理是企业谋求效益的重要保障，在财务管理活动中要注重细节，营造一个整洁有序的财务管理环境，通过加强财务管理创新，必然增加企业的竞争能力，提高企业抵抗市场风险的能力，扩大企业盈利，在经济高速发展的今天，市场给企业带来机遇的同时也暗藏着风险，财务管理的有序和规范是企业可持续发展的前提，笔者认为应从以下几个方面进一步改进和规范。

（一）理顺集团内部产权关系

要明确内部产权关系，集团公司及各个子公司必须按照《公司法》及《企业国有资产产权登记办法》的要求建立母、子公司体制，理顺母公司与各子公司、各子公司之间的产权关系。母公司真正对子公司行使出资人权利并承担相应责任，真正实现政企分开，产权清晰，资产情况明晰，把企业推向市场，成为自主经营、自负盈亏、自我发展、自我约束的市场竞争主体。母公司通过投资、兼并、收购等形式获得对子公司的控制权，从而获得向子公司获取分红、派遣管理层进行管理控制的权利。

（二）加强集权与分权，完善财务结构设置

极端的集权，必然导致集团财务机制的僵化，极端的分权，将使子公司在失控的状态下过度追求积极利益，使集团公司整体利益受损。混合型管理模式是在对集权型和分权型进行批评和借鉴的基础上设置的一种财权配置方式。该模式是在集团总部指导下的分散管理模式，实行母、子公司统一的会计制度，明确财务权限及收益分配方法，分设两级财会机构进行管理，强调分权基础上的集权。母公司主要侧重对投资、融资、担保、经营方针等方向性问题的集权，对子公司的具体日常事务则可分权强调结果控制。这种财务管理模式既能发挥集团母公司财务调控功能，激发子公司经营者的积极性和创造性，又有利于克服过分集权或分权的缺陷。集团公司可适当下放权力至事业部，由事业部负责所属子公司的运营及管理，集团公司负责对事业部进行管理和控制。

健全财务机构不但有利于成本控制，提高工作效率，同时也能给企业管理带来新的活力。在企业内设置专门的财务管理部门，专司资金调配、日常费用控制与审核、财务预决算、财务分析与成本控制、资产管理等职能。同时要合理设置工作岗位，明确职责权限，形成相互制衡的内部控制监督机制。

（三）完善财务制度，强化激励作用，加强控制监督

提高内控管理水平的基础是加强财务制度建设，建立有效的约束机制。企业要根据需要建立起完善的财务管理制度，具体包括财务人员岗位职责、费用管理制度、资产管理

制度和日常操作规范，进一步落实岗位分工控制、授权审批制度、系统控制制度和内部报告制度。在完善财务制度的基础上，要对各部门的生产经营活动进行严格的事前、事中和事后的财务监督和审计，不断创新监督和审计方式，从事后的财务收支监测向经济效益、内部控制制度评价、工程项目预(决)算审计等领域发展。

企业应以财务管理和资金管理为中心，设计一套有助于资本迅速流动、资本结构优化组合和资本不断增值的财务绩效评价指标体系，突出财务管理的地位，增强财务管理的功能，发挥财务管理的作用。

在企业集团的治理结构中，审计部门发挥着重要的作用，它可以有效地监督经营成果，确保财务、会计信息的真实性和可靠性。应该注意的是，审计有内部审计和外部审计两种，内部审计由集团总部的审计部门进行，而外部审计主要表现为会计师事务所审计下属企业的财务报表。应该充分重视内部审计部门，它不仅能够监督下属企业财务工作，也能够检查并评估内控制度，从而改善各企业、各部门履行各管理职能的效率。为了加强内部审计工作，企业集团应该做到：首先，建立起强有力的审计系统，实行上级审计部门对下级企业进行审计的措施，从而强化集团整体的资产管理工作。其次，加强集团审计部门的作用，把审计主管和各职能部门纳入其中，以提高审计委员会的权威性，从而确保下属企业的业务、财务信息真实可靠。最后，不定期地评估下属企业的内部控制体系，促进其不断加以完善。

(四)加强资产管理和成本控制，强化预算及分析控制职能

集团各公司应建立完善的资产管理制度及相关资产管理台账，定期组织对各种资产进行盘点整理并做好保护工作，保证资产清晰明确，同时经常性对应收应付款进行清理，尤其是要重视应收账的日常管理，定期核对应收账款，制定完善的收款管理办法，严格控制账龄，避免形成死账、呆账；加强存货管理，尽可能压缩过时的库存物资，避免资金呆滞，并以科学的方法来确保存货资金的最佳结构。

加强资金管理，严格按照集团公司关于货币资金的相关要求执行，保障资金的安全，保证资金的收支符合会计准则及集团公司要求，实行集团公司资金统管制度，在上报资金预算后，严格按照集团批复计划执行，并且集团资金统管有利于提高资金使用效率，减少资金相关手续费，降低资金风险及汇兑损失。

企业一定要树立起全面成本概念，将成本管理工作视为一项系统工程，分部门分产品进行成本核算，将成本费用核算到责任中心，分摊到部门、产品，同时将成本费用管理与预算、考核紧密结合，根据分项目盈亏情况，及时调整部门产品结构，以促进企业可持续发展；要把税务成本控制作为节支的重要内容，将税收筹划融合进财务管理的各环节之中，根据国家税收优惠政策，做好研发费用加计扣除、出口退税的核算及环保设备进项税抵免等，对企业的经营、投资、理财活动进行事先筹划和安排，尽可能地减少税收负担，提高税收筹划效果。

财务部门要在搜集大量成本、利润有关数据资料的基础上，建立起既能反映企业资产利润效率，又能反映盈利能力的考核指标体系，紧密结合企业生产经营实际，制定科学合理、操作性强、覆盖生产经营各个环节的财务计划和预算；二是要认真按实际经营情况和需求动态编制财务预算，进一步细化分解指标，进一步明确责任、激励和奖励办法，并实行动态管理，严格考核，采取滚动控制和弹性控制的方式对财务目标和预算执行情况实行定量管理和定期监测；三是要做好事后评价和分析，要不断总结财务数据变化和企业经营业务变化之间的相互关系，准确判断、分析出经济业务的开展情况，将多种指标结合起来，凭借其内在因果关系，层层深入进行分析判断，要用发展的、动态的、全局的眼光来分析指标的变化，洞察财务状况变动的本来面目，真正从企业管理的角度出发来评价和分析具体财务问题和财务数据。

（五）创新财务理念，推进财务管理信息化

随着企业经营环境复杂的多变，风险也越来越大，创新财务管理理念成为企业持续发展的内在要求，要确保利润最大化，求得长足发展，必须确立财务管理在企业管理中的核心地位，以价值创造为核心，充分发挥财务管理预测、决策、计划、控制、考核等方面的作用。与此同时，要依靠信息技术，建立起以互联网络为平台的新型财务管理方式，开发适应新形势要求的财务管理信息系统，采用集中式财务管理模式，实现财务数据跨地区传递，财务状况动态监测，会计报表实时合并，提高财务数据处理的适时性，使管理者无论在何处都可以实时查询到所需要的财务信息，使管理决策人员可根据需求进行统计分析，实时跟踪市场的变化，迅速做出决策。

（六）提高人员素质，加强交流

财务管理的性质和特点决定了财务人员必须具备较高的政策水平、良好的职业道德、全面的业务知识和技能。企业应从多种渠道理顺人与财务管理间的关系。一是要把好用人关，要多层次、全方位地提高企业全体员工对财务管理制度的认知度，取得员工对内部财务管理的理解和支持，切实发挥企业员工在财务管理实施过程中的作用；二是重视复合型人才的培养和应用，建立后续教育制度，有针对性地对财务人员进行培训，鼓励财务人员参加后续教育，不断学习、更新知识、提高专业能力，把财务人员培养成既熟悉计算机操作，又有丰富财务管理理论的复合型人才；三是集团公司通过每年的基础工作展评、创优达标考核、财务互查为集团财务人员创造了极好的交流学习机会。另外，企业要重视制度执行结果，进一步加强执行力建设，把执行力作为企业文化的重要组成部分，同时要运用信息技术手段并与相关的考核考评制度结合。

综上所述，加强以财务管理为中心的现代企业财务运行机制，突出财务管理对事前、事中、事后全过程的控制管理，使财务管理工作贯穿于企业生产、经营的全过程。通过以财务管理为中心的现代企业财务运行机制的实施，增强企业的竞争力和发展潜力，提高企业抵抗市场风险的能力，为国家经济发展做出更大的贡献。

如何发挥企业财务管理的作用

柯　红

管理是企业永恒的主题。而企业管理的核心就是财务管理。财务管理渗透在企业全部生产经营活动中,涉及生产、供应、销售的每个环节和人、财、物的各个要素,财务管理的绩效直接影响着企业的整体绩效。如何更好地发挥财务管理在企业的中心作用,实现财务管理的高效能和高收益,笔者现结合工作实践,谈一谈财务管理工作中存在的问题及提高和完善财务管理的建议。

一、目前企业财务管理中存在的主要问题

(一)财务管理的单一性

企业财务管理具有计划作用、控制作用、监督作用和资本运营作用。人们对财务管理普遍存在一个误区:认为财务管理就是管财务部门,财务管理的触角不能延伸到企业各项管理工作之中。如果一旦财务部门与其他管理部门割裂开来,那么财务管理就成了无本之木,其作用得不到真正发挥,会给企业带来很大的隐患。

(二)预算管理流于形式

预算管理缺乏有效的监控措施,预算仍存在重预算编制,轻预算执行和控制的问题。预算分析仅限于财务数据对比,缺乏业务部门的参与,缺乏问题的原因剖析。预算的过程管理和结果管理不能与业绩评价有机结合,使得预算管理未能取得良好的效果。

(三)财务控制和分析体系薄弱

近年来,很多企业为了加强财务管理,建立了较为完善的财务制度和措施,出于单位、部门利益或其他原因,在执行过程中没有按照规定执行,使制度和措施流于形式。有些财务人员专业知识有限、观念陈旧,把大量的工作用于记账、报账等,很少对单位的经营活动进行分析,即使写分析,也是报流水账和罗列一些数字、指标,而不能通过数据进行深入挖掘,分析形成这一数据结果的内、外原因及提出解决的办法和建议,从而严重阻碍了单位管理者决策的科学性和及时性。

(四)纳税管理观念淡薄

税收风险是指由于故意少缴税款引致税务机关追缴并处罚款和罚金,或者是无意(也可视为无知)导致多缴税款造成企业利益受到损失。前者是偷逃税款,属违法行为;后者是企业管理失职,财务管理缺失的表现。可以说,纳税管理是财务管理工作的重要内容。但在实际工作中,纳税的理念没有贯穿于经济业务形成的各个环节,领导在做决策时不考虑税,业务部门在做业务签合同时也不考虑税,企业面临的税收风险就处于失控状态。从经济业务发生后开始,财务部门能做的只是被动地接受既成的事实,这样就会给企

作者单位:河南省煤气(集团)有限责任公司

业带来重大的涉税风险。

(五)会计人员素质参差不齐

市场经济的演进与会计职能的丰富,既要求会计人员掌握一定的会计专业知识,还要掌握相关的法律、金融、税收、审计、计算机知识、财务软件的运用技术及保养和维护。在实际工作中,部分会计人员知识有限,对财务管理的重要性认识不够,工作中缺乏主动性,思想上缺乏责任心,会计人员素质偏低。而会计人员作为会计工作的具体承担者,他们的素质、职业道德水平的高低直接影响企业财务管理质量的高低。

二、加强和完善企业财务管理的建议

(一)延伸财务管理的触角

为更好地发挥财务管理的作用,就要彻底消除人们对财务管理普遍存在的“财务管理就是管财务部门”的误区,把财务管理的触角延伸到企业各项管理工作之中,延伸到经济业务发生之初,延伸到经济业务发生的全过程,延伸到单位各个部门,延伸到单位各个部门相关工作人员。比如在结算一项工程款时,财务人员往往关注于该项工程的预算、合同、验收、资金支付等手续是否完备,现在应使管理纵向延伸到,“预算”是否经有关专业人员审核,“预算”的编制依据是否合理,“合同”的签订是否符合规定程序,“验收”是否合理。财务管理延伸并不是“揽权”,只是对一些非常规业务及超出正常合理范围的业务保持警惕,有效发挥财务管理的控制及监督职能。

(二)加大预算的约束力度

西方有句谚语:“在管理活动中,如果没有监督与考核,再美丽的天使都会变成可怕的魔鬼”。用此来形容考核、监督工作的重要性是十分恰当的。没有考核,预算工作无法执行,预算管理变得毫无意义。目前,在一些企业,与预算有关的工作并未完全纳入考核体系,尤其是预算编制的合理性,造成各部门在编制中人为控制的因素过多。针对这种情况,需对预算管理的各个关键环节,设定响应的考核指标,如收入的增加及减少、费用的增加及减少、预算编制错误、预算调整次数等,并进行系统全面的考核。要把预算的过程管理和结果管理与业绩评价有机地结合起来,确保预算管理落实到位。

(三)提高财务分析质量

财务分析是将财务数据背后的经济涵义挖掘出来,分析形成这一数据结果的内、外原因及提出解决的办法和建议,进而促进企业良性发展。财务分析不能仅仅局限于表与表、数与数之间的分析,而应更多地考虑生产、供应、销售、市场等情况所带来的影响,从实际中找出问题产生的原因。财务分析要透彻,不留死角,要针对分析出的结果,提出准确的应对措施和可行的解决方案,为企业领导在生产经营决策中提供科学的依据。

(四)做好纳税管理

财务管理中很重要的一项工作就是纳税管理。因此,进行纳税管理,至少必须做到以下几点:

(1)积极学习、掌握税务知识和政策,了解税务政策的最新动态。最新的财税文件可能涉及减免税优惠,也可能是关于某些税务政策的详细解释或一些税务政策的变更。财务人员仅仅将其了解和掌握的税务知识、税务政策,运用于生产经营活动结束之后的会计簿记工作,不能称之为纳税筹划,这只是税收计算过程的演示。财务人员在纳税筹划的时候,不能仅仅站在会计的角度片面看问题,还要会从税收的角度看问题,利用税收政策与生产经营实际适应程度的不断变化,寻找企业在税收上的利益增长点,从而达到利益最大化。

(2)纳税的理念应贯穿于经济业务形成的各个环节。纳税管理要做的就是要在企业经济业务形成的各个环节贴上“税”的标签。即从业务谈判合同签订,到货款结算和货物移送,到开据发票,业务链怎么形成,税就怎么缴。财务部门要切实负起宣传税收知识及纳税管理的重要性,增强全体职工包括企业决策者的纳税意识。财务人员再有前瞻性,也不可能预料所有经济业务发生的各种可能性,所以全体职工,尤其是企业领导决策者的纳税意识更为重要。

(3)建立完善的企业税务风险管理标准。税务风险管理标准引导企业合理控制税务风险,避免因没有遵循税法可能遭受的法律制裁、财务损失或声誉损害,达到规范税收的目的。规范税收的目的实际上就是制定统一规范的业务操作流程。标准详细的业务操作流程,不仅可以提高工作效率,减少不必要的摩擦,而且有助于在关键控制环节设置结点,提前防范风险,做好风险应对。

(五)提高财会人员素质

拥有高素质的财会队伍,是更好的发挥财务管理作用的重要保证。一个优秀的财务人员应该具有“T”型的知识结构。即在专业知识方面必须有相当的深度,这包括会计、审计、税务、金融知识等;同时还必须掌握一定其他知识的范围广度,这包括经济法律、企业管理、企业兼并和重组、本企业生产经营管理的全过程和一些营销知识、沟通技能等。财会人员应从以下两方面着手,不断完善自我:

(1)持续不断的学习准备。随着会计知识更新速度的加快,会计管理职能的不断深化,以及我国会计改革的逐渐深入,会计人员的知识更新与补充不论是对于会计职业的发展,还是对于会计人员个人的发展都日趋迫切,这就要求我们必须不断的学习,更好地适应企业财务管理的需要。

(2)加强会计职业道德建设。职业道德是财会人员从事财务会计活动应遵循的行为准则。会计人员应爱岗敬业、诚实守信、廉洁自律、坚持原则,以品质保证财务工作的优质,为企业发展壮大发挥更大的作用。

树立战略成本意识　构建高效管控体系

张学红

2011 年,石壕煤矿以认真学习实践科学发展观活动为动力,全面贯彻落实集团公司双“三会”精神,树立“对比历史,改进管理不足;筹划当前,强化科技创新;盯住同行,紧跟优势企业”的战略成本控制理念,以加强成本管理和资金管理为着力点,积极推进全面预算管理和精细化管理,实现了经营指标的圆满完成。2011 年 1 ~6 月全成本 351.73 元/t,与计划 375.40 元/t 相比,吨煤下降 23.67 元,节约支出 1 063.12 元,为全年目标成本的完成奠定了坚实的基础。

一、首抓成本管理,构建“四化”机制,完成成本目标

今年以来,石壕煤矿以成本管理为龙头,以落实责任、加大考核为重点,建立成本控制预警机制,实行全面预算管理,变“干着算”为“算着干”,做到有指标、有措施、有落实、有考核、有分析、有奖罚,形成了人人肩上有指标,项项指标连收入的成本考核体系,有力地保证了各项经营指标的顺利完成。

(1)目标分解化。以集团公司各项管理办法为依据,修订完善了十八项管理细则,构建了矿、职能科室(区队)、班组三级上挂下连,纵横交错的包保管理机制,达到了支出按计划、消耗按定额、考核按标准、责任落实到个人。

(2)考核制度化。建立了成本激励机制,制定了严格的考核标准,做到一月一落实、一月一考核、一月一奖罚、一月一分析。每月由企管科、财务科等部门牵头,组织相关职能部门对上月经济指标完成情况进行考核分析,节奖超罚。

(3)预算全面化。以规范预算流程为基础,以加强预算指标分解、平衡、执行、控制及考核为着力点,以信息管理平台及预算软件为控制手段,全面做到生产经营活动的事前预测、事中监控和事后分析,实现真正意义上的全面预算管理。

(4)过程控制化。在指标执行过程中,注重加强指标的全员、全方位和全过程控制,对各项指标实行全程动态管理,及时发现和解决执行过程中遇到的各种问题。材料投入在煤炭生产中占成本比重较大,为降低材料支出,石壕煤矿坚持每旬召开一次材料物资平衡会,根据生产条件变化,适时调整材料预算,实行过程控制。月终召开经济活动分析会,要求说实话、讲实情,不兜圈子,摒弃数字游戏,敢于暴露问题,共同研究探讨解决问题的途径和办法,大大促进了经济运行质量的有效提高。

二、树立成本战略管理理念,创新成本控制理念,寻找降低成本措施

石壕煤矿不断强化“大成本”意识,确立了“树立战略成本控制理念,狠抓生产质量管

作者单位:义煤集团石壕煤矿

理，加强危机意识和成本领先意识，完善内部控制体系，安全高效管控资金使用，紧缩非生产性支出，确保矿区安全生产和谐发展”的成本管理指导思想。将成本管理的各项指标与计划、与同期、与兄弟单位进行纵比和横比，找不足、找差距、找经验。尤其是针对过去降低成本方法单一，措施和范围过多局限在管理领域的特点，及时调整思路，打破常规，多视角、多思维地应用新思路、新方法，着眼于生产的价值创造和费用耗费的因果关系，多算宏观账、长远账，在稳定持续的生产发展中寻找成本控制的新方法。

(1)以支护改革为契机降低生产成本。石壕煤矿现有三个采煤区：主要采煤区为三区，大断面支护巷道主要有轨道、皮带上下山、13271 工作面上下巷。二区为副采区，现正在掘进扩修，轨道、皮带下山断面为 15 m^2。四区为准备采区，现正在开拓水平大巷，巷道断面 20 m^2。由于该矿工作面采深已达 600～800 m，巷道压力大，修护费用高，前掘后修现象严重。为了扭转被动局面，年初，石壕煤矿把如何经济地进行生产布局，解决井下巷道支护问题做为一个重要课题进行了深入研究，提出了经济科学的解决方案。即加大支护改革，由目前小断面反复修护，改为特大断面高强度、多锚网(索)架拱型及圆型支架、深孔爆破及高压注水、卸压复合支护形式。虽然一次成型的巷道初期投入较大，但是，由于减少了复修量，每年可减少修复巷道 1 500 m，可降低支护材料约 700 万元，降低了人力的投入。

(2)以优化设计降低生产成本。“成本的最大浪费在井下，最大的节约也在井下”。因此，从源头控制成本是石壕煤矿采取的又一项重要措施。过去，该单位一直采用“二采二准”的生产布局，每年的巷道修复量很大。通过对近几年已采工作面的专项研究，在不降低产量的情况下，结合石壕煤矿地质条件，更新生产设计布局，把每年平均二个准备工作面降低为每年平均 1.5 个准备工作面，通俗地讲，就是二年三个面，大大减少巷道的修护量，降低材料投入，解决队伍紧张状况，提高人力使用效率。仅此项措施，预计每年可减少直接投入 930 万元，经济效益显著。

(3)以科技创新降低生产成本。石壕煤矿从新型煤炭科技应用上积极探索成本降低方法。实施了《主动替代钢支架技术研究》和《软岩巷道壁后注浆加固技术研究》的技术合作项目，采用了锚注支护新技术。新工艺的运用有效减少了围岩变形现象，围岩稳定性和自身承载能力得到了进一步加强，支护状况得到了进一步改善，有效提高了矿井的通风和运输能力，为矿井的安全生产奠定了坚实基础。此项技术的运用，使支护材料费用每米可减少投入 2 000 元，按每年扩修(掘进)1 000 m 巷道计算，可减少投入 200 多万元，经济效益十分可观。

(4)以回收复用降低生产成本。石壕煤矿制定下发了《金属支架回收、修旧利废及加工复用管理办法》，对回收复用回采面上下巷“工”形钢、“U”形钢及其附件、金属点杆及报废巷道内的金属支架的单位进行奖励，提高了用料单位管理材料的积极性；对使用回收复用的材料按同等新材料的 70% 计入该单位的材料限额，大大降低了废旧材料的丢失现象。今年共回收复用矿工钢等材料 500 万元，降低了支护材料的投入，有效降低了成本。

三、完善内控，堵塞管理漏洞

(1)创新资金管理模式，提高资金使用透明度，确保资金使用高效安全。以前石壕煤矿资金管理集中在财务科,预算、调控和执行权力过于集中,不利于生产需要,又容易滋生不良现象。近年来,该单位从加大资金预算管控力度,每月职能管理科室根据生产经营情况提交资金使用预算申请,财务科汇总平衡后经矿审批,由职能科室根据生产进度需要申请拨付资金,使资金投放更贴近生产经营运行,避免资金的过早投放,提高了资金的使用效率;在客户和资金管理部门之间设立"防火墙",财务科只对资金进行宏观管理,不接受客户的直接资金申请,职能科室按照批准的预算对客户资金支付进行审批管理。财务科与客户之间资金支付的有效隔离,大大提高了资金使用的透明度,实现了预算、调控和执行权力的"三分开",从而使资金使用与生产需要紧密挂钩,避免了资金使用的随意性。

(2)运用标准成本、作业成本等方法抓好成本费用管理。从生产设计源头入手,对采、掘、开、机、运、通等生产环节可能发生的费用进行标准化管理。对材料、电力、人工、设备等费用制定了每种作业的标准成本,大到巷道每米的耗费,小到小型设备的维修费用,制定统一标准,通过实际耗费与标准成本的对比,比较分析每个队或同种作业的多个队之间的管理差异,为加强管理提供了可靠依据。

(3)大力压缩可控费用支出。认真落实可控费用降低工作目标,对可控费用实行全方位、全过程、全员性系统管理,由相关职能部门进行指标控制,设立备查簿,实行限额管理,严格执行先申请后使用的原则,严禁无预算无限额报销现象的发生。上半年,办公费较上年同期降低4.13万元,差旅费较上年同期降低6.99万元,业务招待费较上年同期降低36.95万元。

总之,成本管理就像绿茵场上的一支蓬勃奋发的足球队,注重的是动静结合,服从大局的整体效果,表现出的是高度的团结协作与密切的有机配合,呈现的是团队的整体实力和科学的战略决策能力。

财务文化建设路径的思考

于栓友

针对义煤集团实际,在对企业财务文化的基本内涵、特征和内容分析的基础上,笔者就如何加强义煤集团公司的财务文化建设提出几点建议。

集团公司成功上市后,企业产权呈现多元化,集团公司已进入高速发展阶段。为适应集团公司经济发展的需要,重视对现代企业财务文化问题的研究,成为财务人员的神圣责任。

一、企业财务文化的基本内涵与特征

一般来说,隶属于企业文化的"财务文化"是指在一定的社会、经济、政治、文化等环境影响下,企业长期倡导和培育的、由理财者和全体员工共同塑造的道德精神、财务行为规范和实体性理财设施等物质财富和精神财富的总和。

企业财务文化的基本内涵是以企业文化体系为基础,以成本节约为导向,以财务文化理念为灵魂,以"人本化"建设为中心,以"精细化"管理为主导,以"信息化"建设为前提,以建设"五精"(精细、精准、精确、精益、精美)为目标,将财务文化理念嵌入企业财务管理全过程,构建以财务文化理念、"人本化"、"精细化"和"信息化"为核心的体系架框。通过该体系的实施,有效控制生产成本,挖掘企业利润空间,提高企业运作效率和生产效益,实现低成本和可持续发展的战略目标。

作为企业文化重要组成部分的财务文化具有以下一些特征:

(1)"财务文化"的本质是"人化"。财务活动的最终目的是要创造更多的财富,而财富的增值在于人们创造力的自由发挥,但若人丧失了作为"人"的基本尊严和基本权利,也就丧失了创造财富的自由。因而企业必须要创建一种充分尊重人的尊严和权力的制度结构,以实现持久的财富来源。因此"人"或"文化"应该成为财务文化体系的逻辑起点。

(2)"财务文化"的核心是"观念"。文化的主旨是观念、思想、精神和智慧,而"观念"又是文化的核心。它制约着财务精神和财务行为,制约着财务的独立性和职业的谨慎性,制约着财务人员业务能力的发挥。如果没有财务文化很难谈得上财务技术,也无法保障财务准则的有效执行。

(3)"财务文化"的作用是保持"企业持续发展"。企业的持续发展有待于企业正确处理人与自然、人与人及人与社会的关系。具备反思精神、忧患意识、和谐理念的财务文化可正确处理人与自然的关系,促进企业"科学而持续发展"。

二、企业财务文化的内容

从财务文化的层级结构方面观察,财务文化包含财务物质文化、财务制度文化与财务

作者单位:义煤集团

精神文化三个方面的内容：

(1)财务物质文化。它是财务活动中所应用的方法、工具以及实体性的文化性设施与文化环境的总和，是财务文化赖以生存与发展的物质基础，是财务文化结构中的表层部分。

(2)财务制度文化。它是财务人员在财务活动中所应遵循的各种规章制度、纪律条例等行为准则的总和，包括各种财务制度、法规、职业道德规范、财务工作和生活模式、群体行为准则、交际娱乐方式、风俗习惯及财务机构的组织方式等，是财务文化的第二层次。财务制度文化包括有形规则和无形规则两部分。有形规则越完善，财务管理越呈刚性；无形规则是一种弹性规则，体现的是人与环境的和谐，是一种经济人、企业人、文化人的良好结合。

(3)财务精神文化。它是在前两种文化的基础上形成的财务人员的思想意识、精神面貌、心理素质、价值观念、财务反映和监督哲学、财务形象、行为规范、财务艺术观念及信仰等。财务精神文化是财务文化中起着主导性作用并相对稳定的内核，是整个财务文化的源泉与动力。

财务精神文化、财务制度文化及财务物质文化由内到外有序地排列组合，形成了财务文化的层级结构体系。各层次之间相互依存、相互作用。精神层面决定着制度层面和物质层面；制度层面与物质层面的财务文化也会反作用于精神层面。相对而言，精神层面文化一经形成，就处于比较稳定的状态，处在财务文化中相对稳固的内核层次。精神层面文化发挥着主导功能，一般直接作用于制度层面，再通过制度层面间接影响物质层面。由于制度层面具有的这种中介作用没有任何东西可以替代，所以在财务文化建设中应重视制度层面的建设。物质层面和制度层面是精神层面的体现与实践，它们以其特殊的外在形式体现着财务文化的水平与特色，体现着财务活动的价值观与道德观等方面的内容。

三、义煤集团公司财务文化构建路径

义煤集团公司财务文化建设的思路可概括为：以企业文化理念为基础，构建“一个理念体系、一个‘三化’基础管理体系”。一个财务文化理念体系由三个模块组成，包括财务文化核心理念模块，以及由此导出的两个具体管理文化理念模块，即财务管理理念模块、团队建设理念模块；一个“三化”基础管理体系由“人本化”、“精细化”、“信息化”三大模块组成。

加强财务文化建设，打造具有义煤集团特色的财务文化，依据建设思路，笔者认为应从以下几个方面入手。

(一)构建财务文化理念体系，实施理念铸魂

1.构建财务文化理念体系

构建财务文化理念体系就是要构建包括财务使命、财务远景、财务精神、核心价值观的财务文化核心理念模块，以及由此导出的财务管理理念模块和团队建设理念模块。企业财务文化的核心理念是最基本、最重要的财务文化理念，具有导向性和高度概括性的特点；财务管理理念是进行财务“精细化”、“信息化”体系建设的重要基础，具有直接的引领作用；团队建设理念是进行“人本化”体系建设的重要基础，具有直接的引导作用，它们共

同构成财务文化理念体系。以财务文化理念体系为灵魂，就是以财务文化理念引导各级管理人员的管理行为，构建和培育积极进取、和谐文明的财务管理队伍；以财务文化理念体系为灵魂，就是以财务文化理念统领企业各项财务基础管理工作的展开，主要包括“人本化”、“精细化”、“信息化”“三化”基础管理。

杨村煤矿经过多年的实践探索，构筑起“466”财务文化理念体系，共同引领财务管理实践和团队建设活动。其中，“4”指财务核心理念模块中的财务使命、财务远景、财务精神和核心价值观组成；第一个“6”指财务管理理念模块中的目标理念、预算理念、成本理念、资金理念、内控理念和信息理念；第二个“6”指团队建设理念模块中的目标理念、人才理念、事业理念、学习理念、道德理念和廉洁理念。

2. 实施理念铸魂

把财务文化核心理念、财务管理理念、团队建设理念，以及岗位责任、行为准则、服务规范、百分制考核等汇编成《财务文化手册》，利用多种场合，向财务人员宣传灌输。并在办公场所、会议室等处制作理念牌板，形成财务文化意象群，使财务员工时时处处身临财务文化的环境、感受财务文化的氛围、接受财务文化的熏陶，使财务理念潜移默化地深深扎根在员工心中，实现财务文化理念“固化于制、内化于心，外化于形”，成为员工的工作准则、行为指南，融汇为共同价值观。

(二)构建“人本化”体系，打造优秀财务团队

“人本化”是企业文化建设的中心内容，是财务文化的关键组成部分，是财务文化体系建设的中心。构建“人本化”体系应以财务核心价值观理念为引领，把“管理的人”、“人的管理”和“环境塑造”作为财务“人本化”体系建设的基本环节，构建由“管理的人”、“人的管理”和环境塑造三部分所组成的财务“人本化”体系。

(1)打造“管理的人”，培养和提升员工素养。“管理的人”的目标是培养和提升员工思想和业务素养，实现财务团队群体结构的最优化。在打造“管理的人”方面，应着重加强品质文化、行为文化和团队文化的建设。一是努力构建以“打造人品、塑造态度”为内容的员工品质提升工程；二是把重点放在建立行为规范和行为养成模式两个方面；三是把“紧密协同、流畅高效、学习创新”作为打造一流团队文化的主要措施。

(2)加强“人的管理”，构建“三基”建设新模式。积极开展“三基”建设，打造财务管理优质、高效基础。一是抓基层。为发挥财务岗位前沿阵地作用，实行政治、经济、精神三重激励，提升财务岗位地位，强化岗位建设。二是抓基础。围绕财务升级达标和成本对标等主题，突出抓制度建设，打好制度基础；抓装备配置，打好硬件基础；抓薄弱环节，突破难点焦点；抓重点工作，突出管理重心。三是抓基本功。积极开展“创建学习型组织、争做创新型员工”活动，强化“业务知识、业务技能、身心素质、职业素养”四大修炼。

(3)塑造良好环境，全面提升“人本化”管理水平。“环境塑造”的目标是通过打造良好的工作环境、生活环境和成才环境来塑造人、激励人，规范员工的思想和行为，提高员工的满意度，为“管理的人”和“人的管理”提供保障。为此，企业应重视发挥环境对人的塑造功能，构建“工作、生活、成才”“三位一体”的有利于企业发展和职工成长的内部环境建设体系，从多方面、多角度充分发挥环境对人的思想、行为、态度的塑造作用，全面提升“人本化”管理水平。

（三）构建“精细化”体系，提升财务管理水平

以财务管理理念为引领，构建以“内部市场精细化”、“预算管理精细化”和“制度管理精细化”为三个基本环节的财务“精细化”体系。

（1）推行内部市场化，搭建财务“精细化”管理平台。基于“责任中心明晰化、内部交易精细化”的原则，确立内部市场主体。构建横向到边、纵向到底的市场网络和价格体系、考核体系，建立内部市场网络日清日结结算和信息管理系统等一体化的现代内部市场仲裁机制运行规则。精细化管理追求的是行为过程控制，市场化经营追求的是经济效益最大化，将二者结合在一起考核和结算，形成每一个生产者都是经营者的良好局面，打造“精细化管理、市场化运作”的新型管理模式，搭建科学完善的财务精细化管理内部市场平台。

（2）加强全面预算管理，为财务“精细化”提供有效手段。在预算精细编制方面，坚持“资源配置最优化”原则，一是精化人员、细化职责分工，保证预算编制顺利进行；二是安排预算编制内容“权责对等、细化内容、精细到位”，保证预算编制内容全面完成；三是严把编制过程关。按照“固化流程、固化人员、固化时间”准则，构建预算编制和审批流程。在预算精细控制方面，坚持“物料消耗合理化”原则，努力探索物料消耗“定额度、定责任、定流程、定审批、定奖惩”等管理办法，达到控制成本的目的。在预算精细考核方面，坚持“绩效测度科学化”原则，建立科学合理的绩效考核体系，使管理责任落到实处。

（3）建立健全财务制度，为财务“精细化”提供保障。财务精细化管理其本质是一种制度管理，财务制度精细化是财务管理精细化的标志。以“管理制度、制度管理”财务制度理念为指引，坚持“全面覆盖、精准到位”财务制度建设方针，转变财务职能，充分体现“大财务”思想。财务制度建设覆盖所有的经营管理业务，做到经营活动发展到哪里，财务制度就精准延伸到哪里。同时，坚持精准原则，摆脱粗放管理的模式，满足岗位价值精细化管理的要求，财务制度建设以标准化、数量化、精确性作为目标，以“严谨、迅速、不折不扣”为行为准则，对人的行为进行精准约束，对物的管理做到准确到位。应从财务管理制度、财务内控制度和财务岗位责任制三大模块，构建财务精细化制度体系，为财务“精细化”体系建立与运行提供保障。

（四）搭建“信息化”体系，实现信息畅通和实时监控

企业财务文化体系成功推行和实施，离不开信息技术的支持；内部市场平台的建设和预算管理手段的实现，离不开信息系统的构建。信息系统是企业财务文化体系建立和实施的前提条件，通过它可以及时准确地核算出所需的成本信息，随时查询实物流和价值流的实际情况。坚持以“信息畅通、实时监控”为原则，一是构建信息化主体框架，明确建设内容；二是搭建信息网络平台，实现“一体化”核算和管理。

四、结语

通过建立和实施财务文化体系，可以全面提升企业管理水平，实现财务管理“导向化”、“灵魂化”、“人本化”、“精细化”和“信息化”，提高企业内各单位业务运作效率和效益；树立全员参与成本管理的观念，强化以成本管理为中心，优化和理顺了成本管理流程，完善了成本内部控制机制，推进了成本管理向“深、严、新、全”方面发展；优化企业内部资源配置，调动内部单位和个人的积极性，促进企业转换机制，降低成本，提高经济效益和社会效益。

浅谈财务管理在企业全面风险管理中的作用

许国战　刘　青

一、财务管理在防范风险中的作用

财务管理是企业管理的重要组成部分，它是根据财经法规制度，按照财务管理的原则，组织企业财务活动，处理财务关系的一项经济管理工作。现代企业财务管理是在传统财务管理基础上发展而来，与封闭、事后、静态为主要特征的财务管理有很大差异，它更强调事前预测、事中控制和事后分析，已成为企业管理的中心。因而，在企业全面风险管理中越加重要和突出。具体体现在下列几个方面。

(1)计划作用。计划作用体现在财务预算上。财务预算实质是对企业资金运营活动效果设定的目标，对资金的来源和使用提出要求，因而财务预算是一种计划管理。通过财务预算可以对包括供应、销售、资金、成本、利润等经营要素作出比较规范的预测，指示企业生产经营活动努力的目标或方向，就会很大程度减少盲目经营带来的风险。

(2)控制作用。财务控制是保证企业财务活动符合既定目标，取得最佳经济效益的一种方法。在组织对预算的执行过程中，应当按照预算的各项目标和要求，平衡财务收支，调度组织资金，保证生产的合理需要；通过分析评价各项管理工作的质量，为决策提供依据；通过对预算执行过程的严格控制，适时纠正偏差，保证企业经营活动按照计划制定的轨迹平稳运行，把企业风险降低到最小限度。

(3)监督作用。财务监督主要是利用货币形式对企业的生产经营活动所实行的有效监督，具体来说就是对资金的筹集、使用、耗费、回收和分配等活动进行监督，从而促进企业加强生产技术管理，改进物资供应工作；推动企业合理地使用人力、物力和财力，节约消耗、降低成本；促进企业挖掘潜力、改善管理、节约开支、增加收入。监督的过程就是管理的过程，也是掌控风险的过程。

(4)预测作用。财务管理的过程也是反映、分析、预测企业运营的过程，当发现反映企业经营活动的重要指标出现问题时，也就是企业面临风险的时候。对于可能给企业带来不利影响或造成企业经营风险的因素要求财务管理过程中及时捕捉，分析其风险性并提出改善意见和建议，向决策者及时反映，以便尽快采取措施，将风险控制或消除。

二、财务工作在企业防范风险机制中的重要性

按照科学发展观的基本要求，企业应当保持全面协调可持续性发展。企业要可持续发展，必须有足够的保障。比如煤炭企业必须有资源保障、物质保障、技术保障、资金保障等，但如果缺失风险保障，所有的保障都是空谈。企业风险保障就是“航海雷达”，是“防

作者单位：河南煤化集团焦煤公司财务处

火墙”。针对企业可能存在的风险隐患，企业必须做到未雨绸缪，防患于未然。为此，按照企业全面风险管理的原则要求，企业应当构建防范风险的机制，并在这些机制中充分发挥财务管理工作的作用。

（1）构建科学的风险决策机制。企业要规范决策重大项目的决策程序，制定决策指导原则。财务工作者应当在项目投资、兼并整合、大额融资、对外担保等重大事项的决策上严格按程序进行可行性论证，向决策者提供科学准确的分析信息，把握好风险入侵的第一道防线。

（2）构建及时的风险预警机制。对各种可能给企业发展和生产经营带来消极影响的因素及时监控，做到早发现、早防范、早补救。财务工作要围绕经营行为、业务管理、风险防范、资产安全等方面，定期开展分析、评价，对企业各项经济指标反映的经营状况进行分析识别，预测预报带有倾向性、苗头性的问题，一旦发现企业在经营活动中有不良行为苗头，及时预警提示。

（3）构建严密的风险内控机制。财务管理应当建立相配套的内部控制措施，从而形成一整套统一规范的内部控制制度，规范各项经营行为，做到有法可依、有章必循。财务工作更应当强化财务控制职能，既要防范自身的财务风险，又要利用财务控制的各种手段，防范生产经营各个环节不利因素的出现和发生。

（4）构建严格的风险监督机制。纪检、监察、财务、审计要形成联合工作能力，共同建立健全审计监察制度，加强财务控制，提高审计效果，防范部门或个人的违纪行为。财务工作要严格执行各项财经法规法纪，对一切违规违纪的行为或现象要主动抵制，不留后患。

（5）构建公正的法律风险防范机制。建立起以事前防范、事中控制为主和事后补救为辅的企业法律风险防范体系，工作重点由以处理经济纠纷为主扩展到参与企业改制重组、技术引进、招标投标、知识产权、对外投资等重大决策的法律论证上来。财务工作要严格按章、按制、按程序规范办事，防止出现重大的法律漏洞，给企业带来不必要的法律风险。

（6）构建严格的责任追究机制。建立风险责任约束和激励机制，将每个员工的岗位职责、工作成果与个人经济利益挂钩，严格奖惩，充分调动员工的工作积极性和创造性。对没有认真履行岗位职责、违规操作、监管不到位的行为，要严格追究相关人员的责任。

三、发挥财务管理各项职能防范企业风险

企业要建立健全全面风险管理机制，财务管理要充分发挥其主导职能，以财务管理信息系统为平台，完善重大财务事项管控制度，提高重大财务事项管控能力。

（1）做好全面预算管理。全面预算管理是现代企业管理成熟的标志，对企业发展可发挥重大推动作用。通过将预算与执行情况进行对比和分析，它可为经营者提供有效的监控手段；通过全面预算的编制和平衡，它可将有限的资源发挥得到最佳的使用，避免资源浪费和低效使用；它可以发现潜在的经营风险，提示经营者预防或采取相应的防范措施，从而达到规避与化解风险的目的。

（2）做好财务风险管理。在我国市场经济发育不健全的条件下，财务风险更是不可

避免。因此,加强企业财务风险管理,建立财务危机预警指标体系,加强筹资、投资、担保、资金回收及收益分配的风险管理,确保企业实现利益的绝对安全。

(3)做好财务信息管理。财务信息作为决策的依据,与决策的"相关性"是它最高层次的特征,因此财务信息管理目标体现在它提供信息的价值上。一是预测价值,指信息能否帮助决策者预测未来可能事项及其结果。二是反馈价值,指信息能否帮助决策者证实过去事项,评价和修正过去的决策。三是及时性,指信息能否帮助决策者尽快获知情况变化并做出反应。四是防范性,指信息能否帮助决策者发现经营活动偏差的原因,并按财务信息的提示做出防范风险的举措。

(4)做好各类资金管理。做好各类资金的管理是提升企业经营能力和防范风险的重要手段。资金管理包括贷款资金在内的应收和预付账款管理,管理费用、财务费用、销售费用三项费用的管理以及企业现金流的管理,要根据它们的存在属性与应用要求,制定相应的管理制度,强化控制和监督,使企业合理的资金流动按章按序进行,保障各类资金安全,避免因资金使用不当或控制不当给企业带来风险。

(5)创新财务管理机制,提高财务人员素质。创建新型的财务管理机制是提高财务管理的有效手段,也是实行全面风险管理的要求。设置专门的财务管理机构,配备高级财务管理人才,重视和发挥总会计师在经营决策中的作用,推广财务总监制、会计委派制,建立财务人员业务考核机制和奖惩制度,都是进一步突出财务管理职能,提高整个企业管理能力的途径。

总之,只有将财务管理的各项职能发挥得淋漓尽致,准确到位,把会计基础工作做得尽善尽美,无懈可击,才能充分发挥财务管理的效能,起到控制风险的效果。

第二篇　会计核算与财务分析

煤炭企业加强资金集中管理的探讨

吴东升　张晓方　姜　华

资金是企业生产经营循环的血液，是企业生存和发展的基础。在市场竞争日趋激烈和金融市场风云多变的环境下，煤炭企业要进行安全生产、考虑可持续发展以及做大做强的生存发展战略，必须有足够的资金支持为保证。如何管好用好资金显得尤为重要。纵观世界500强企业集团，实现资金集中管理的已占80%以上，通过借助先进的通讯手段和金融体系，加强资金的集中管控，不仅帮助企业解决了资金管理分散、监控不力、使用效率低、风险大等问题，还起到了有效调配资金，降低财务成本，增加企业效益，提高企业竞争力的积极作用。

煤炭企业经过几十年来的发展，特别是近10年来，通过兼并重组、资源整合等方式，形成了产品种类多，地区分布广，组织结构复杂的大型企业集团。在资金集中管控方面，企业集团只有根据国家的金融政策、会计法规，结合企业自身的规模、地域、业务类型，选择适合自己的资金管理方式，才能使企业集团的资金使用效益最大化，发挥集团资源的最优化配置，将财务风险掌握在可控范围内。笔者曾经在集团公司财务部及资金中心工作多年，伴随着国家经济政策的不断调整，企业生产规模的发展壮大，总结在加强企业资金集中管控中的一些体会与各位同仁共斟。

一、发挥集团优势，树立诚信形象，为企业发展提供资金保证

长期以来，集团公司多次获得省“诚信纳税大户”、“诚信企业”等荣誉，在本地区的经济发展中扮演了举足轻重的角色。特别是没有发生过拖欠银行贷款和利息的现象，在多家银行的信用评级中被评定为“AAA”级企业。同时，集团公司分别与河南省工、农、中、建四大国有商业银行签订了战略合作伙伴协议，与兴业、民生等多家股份制商业银行建立了良好的银企合作关系。各家银行都在不断增加对集团公司的授信额度。长期稳定的银企关系，为集团公司取得资源、扩大产能、加快新矿井建设步伐，提供了强有力的资金保证。

作者单位：义马煤业集团股份有限公司财务部

二、借助银行网络平台，提升企业资金管理水平

实施资金集中管理，集团公司归集资金的能力显著提高，同时也暴露出了一些问题。比如集团资金中心收支业务量大，基层单位会计人员频繁往返于结算中心和银行之间等工作效率低的问题。为了更好解决这些问题，我们与用友公司合作，升级财务软件，引入银企互联，建立了“商业银行—集团公司总部—所属成员单位”一体化的资金网络体系。与银行签订账户管理协议将供电、通信等收费频繁的小规模单位，在集团公司银行账户下开设收款子账户，实现每日收款自动归集到母公司账户，子公司账户零余额，不得对外付款；对建筑安装公司、总医院等收付款业务较多的几家改制单位实行收付款专户管理，收款专户每日自动归集到母公司账户，根据集团公司资金月度支付计划，对外付款时每旬定期划入其付款账户，由其自行对外支付。绝大部分资金业务，基层会计人员无需再跑到银行办理，各项收、付业务更加便捷高效，降低了资金管理风险，实现了真正意义上的资金实时监控。

三、关注国家金融政策，抓细节，筹大事，实现融资最低成本

近年来集团公司煤炭销售收到银行承兑汇票较多，每月都在2亿元左右。针对这种情况，我们与运销公司结算科、各电力公司财务科及时沟通，尽可能让对方开具小面额银行承兑汇票。每月在对外支付材料、电费等费用时将收到的银行承兑汇票直接背书付款。对于面额较大的银行承兑汇票，我们通过银行对其进行拆分后再对外支付。同时，我们抓住本地银行相互竞争的时机，选择服务较好的一家银行办理公司银行承兑汇票的到期托收，并免费托管公司的应收票据，既保证了资金的安全，又减少财务费用的支出。此外，利用集团公司良好的信用基础，采取交纳50%的承兑保证金开具足额承兑汇票的方法，用于对外费用支付，起到了事半功倍的效果。

抓住集团公司生产经营稳定、各项指标完成情况较好的时机，利用股份制银行灵活的融资方式，在2010年5月，通过民生银行成功发行了5年期中期票据10亿元，综合利率比同期长期贷款利率下浮达20%。同时，根据煤化工项目基建期间设备采购量大的特点，通过银行搭桥，与金融租赁公司合作，以设备融资租赁的方式，取得5年期贷款8亿元，综合利率比同期长期贷款利率下浮达7%。多种筹资渠道和筹资方式的综合运用，极大地降低了资金成本，提高了企业的经济效益。

当今的中国银行业，除工、农、中、建、交五大国有商业银行外，各种股份制商业银行可谓遍地开花。在融资过程中，充分利用了银行业多家竞争的特点，采用了同等规模看降息幅度，谁利率低，服务好贷谁家的办法。两年中80%的银行贷款利率下降10%，还通过信托公司取得利率下降15%的1年期贷款6亿元。特别是在2010年11月，考虑到公司2011年1月要支付3亿元的采矿权价款，3.5亿元的小煤矿整合价款等大笔资金需求，针对国家6次上调银行存款准备金率，预见到银行贷款额度会收紧，利用部分银行急于完成本年贷款任务的特点，争取到9亿元利率下浮10%的长期贷款。在当时看仅仅是平平常常的贷款，两个月后，今年的贷款市场可谓是今非昔比，2011年第一季度国家连续3次上调存款准备金率，各家银行纷纷打出非上浮利率不贷款的招牌，我们因为前期的正确运

作,没有接受任何上浮利率的贷款。在银企博弈的过程中,我们又一次赢得了竞争的制高点。

四、加强学习,提高素质,把好最后一道关

通过健全结算中心制度,加强内部控制建设等方法,源头上保障规避财务风险。围绕资金集中管控这条主线,两年来我们完善了集团公司《资金集中管理办法》,《银行承兑汇票管理办法》,《资金结算中心岗位权限责任》等规章制度。在完善制度建设的同时,加强专业知识学习和企业财务文化建设,打造高素质财务人员队伍,促进财务人员全面发展。曾经有人说过:会计报表填写错误可以更正,成本费用摊销错误可以调整,资金支付发生错误麻烦可就大了,不是简单的纠错能够弥补的,严重的还要采取法律手段。日常工作中,资金支付计划的编制、申请提交、审核、制证到最后签章支付,尽管每道程序都在审核的同时办理,但仍难免会有差错发生。2008 年 12 月底,公司某部门提交了一笔付款申请,由于政府行为,在 2002 年集团公司为当地一家电厂的 2 亿元 5 年期银行贷款提供了担保,该电厂被国家列入了关停范围,已无力偿还银行贷款及利息,银行多次找到集团公司领导,要求担保方集团公司替电厂支付利息。时隔 6 年,领导班子两次变更,当时的经办人员都已调离。仅凭银行一份申请要求支付 12 月份贷款利息 130 多万元。根据当时的银行贷款利率水平,2 亿元贷款每月的利息应该在 100 万元左右,经验告诉我们这个利息计算有问题。我们没有马上办理,要求该银行提供利率计算单,核查后再支付。经办人员以利息单是给贷款单位电厂的为借口拒绝提供。由于我们的坚持,在 2009 年 1 月,对方拿来了贷款利息计算单,原来该银行在基准利率上加收了 30% 的罚息。集团公司领导得知此事的真相后,责令集团公司法律顾问处与该银行交涉,迫使对方取消了罚息的要求。从这件事情的经过不难看出,负责资金支付的财务人员要维护企业利益,把好最后一道关,当好“小出纳”。

资金集中管理不仅可以强化财务监控力度,控制资金风险,还能发挥财务资源的聚合优势,降低整体财务成本,更有利于强化集团公司对成员单位的控制。当然,有关资金集中管理的方式方法还有很多,笔者不再一一赘述。

论现代企业制度与会计制度改革

郭新法　张　颖

为适应我国经济体制的改革,自20世纪90年代初期开始,我国在会计领域迈出了改革的步伐。会计改革是一个内涵丰富、外延广泛的范畴,它包括会计制度的改革、会计手段的改革、会计管理体制的改革、会计教育的改革以及会计观念的变革等。但随着现代企业制度的建立,现代企业制度对会计制度提出了新的要求,现有会计制度已不能与之相匹配,会计改革存在严重不足。剖析现代企业制度的内涵,结合我国实际国情及其面临的国内外环境,在此基础上,具有可行性的、缜密的会计制度改革方案应运而生。

一、现代企业制度的概念

《中共中央关于建立社会主义市场经济体制若干问题的决定》明确指出:“建立现代企业制度,是发展社会化大生产和市场经济的必然要求,是我国国有企业改革的方向。”现代企业制度,是指能在高层次水平上适应现代化社会大生产和市场经济要求的产权关系明确、治理结构严谨、责权关系对等、筹资渠道广泛、制约机制健全、企业规模可以迅速扩大并能稳定持久地经营的股份有限公司企业制度。确立现代企业制度,就是建立和完善股份有限公司这种最具生命力、最具发展前途的企业组织形式。

二、现代企业制度的优点

现代企业制度除了具有一般法人企业所应具有的产权明晰、权责清楚、责任有限、政企分开、管理科学的特征之外,还具有以下优点:

(1)所有权与经营权的分离性。独资企业、合伙企业以及多主体的有限责任公司,由于其规模相对较小,管理相对简单,出资人都以企业为生存的根本,所以企业的所有者与经营者通常是合为一体的。国有独资的大型有限责任公司,则由于其在某一部门的垄断地位以及作为国家调控经济、稳定市场工具的特征,其经营权也不可能与国家所有权进行较大程度的分离,企业的重大事项仍需由所有权人(或其代表)决定。

(2)筹集资本的便利性。股份有限公司之外的其他形式的企业或公司,一般只能通过向金融机构借贷或发行债券来筹集资本,而且所筹资本都是非自有资本,到期须连本带息向债权人偿还。所以,这类企业或公司的发展一般只能依靠自己逐步积累资本来滚动发展。而股份有限公司不仅可以通过借贷或发行债券来筹集资本,更重要的是它可以通过向社会公开发行股票在短时间内筹集自有资本,从而使自己能够跳跃式地向前发展。这是股份有限公司最大的优点。

(3)规模迅速扩大的可能性。股份有限公司筹资的便利性,使其得以能够迅速扩大

作者单位:郑煤集团财务资产部

规模，在更高的层次上开展经营活动。股份有限公司发行股票是以其实有资产为基础的，只要符合法定的条件，股份有限公司就可以不断地发行新股，不断地筹集资本。所以，从理论上讲，股份有限公司有不断趋大的可能性，如经营业绩较好，则可以迅速成长为规模巨大的企业。从各国股份有限公司的发展过程来看也证明了这一点。

(4)所有权转移的随意性。股份有限公司股东投入公司的资产虽然不能收回，但其记载资产凭证的股票可以在证券市场上自由转让。股东所有权的自由转让既保证了公司资本的稳定性，又消除了由于股票的不可兑回性对股东带来的不便。股份有限公司的这一优点，可以减少股东投资的顾虑，有利于公司吸收更多的资本，促进股份有限公司的高速发展。而合伙企业和一般的多主体有限责任公司，尽管其合伙人或股东也可以退伙或转让出资，但法律对此有严格的限制，其中合伙企业的合伙人还要对退伙前企业的全部债务承担连带清偿责任。而股份有限公司的股东转让其股权凭证则不存在此问题，该行为不受公司的任何约束。

(5)寿命的持久性。股份有限公司的寿命都比较长，从理论上讲，也可以说它具有无限的延续性，只要经营得好，不破产，公司就可以无限期地存在下去，股东的转让出资、死亡，高级管理人员的退出，都不会对公司的生存构成威胁。股份有限公司存续的持久性不仅增强了投资者的兴趣和信心，而且使公司的行为趋于长期化。公司会自觉地进行一些诸如培训人员、科学研究等长时间内只投入而难以见到效益的工作，也有能力承担那些工期长于自然人寿命的工程项目。而其他形式的企业或公司则由于寿命较短，很难做出长期的规划和行为。

(6)公司行为的高度规范性。股份有限公司由于设立程序复杂、股东人数众多、公司规模庞大，因此公司法、证券法等有关法律以及公司的内部章程对公司的外部行为和内部行为做出了严密的规范，这正是股份有限公司能够持续、稳定、高效发展的一个关键因素。

三、现代企业制度的不足

(1)现行会计规范降低了会计信息的可比性。在我国，自《企业会计准则》出台后，分行业、分所有制颁布了一系列会计制度，对相关事项的核算与报告作了许多规定，如《公司法》第六章对公司制企业的财务会计作了一系列规定，《公开发行股票公司信息披露实施细则》第三章对上市公司财务报告的编制和披露作了若干规定。这些规定从基本面看，与会计制度的规定是一致的，但也存在诸多不协调的方面，以报表种类的设置为例，工商企业会计制度规定应编制的财务报表主要是资产负债表、利润表、现金流量表、利润分配表，而《公司法》规定企业除编制几个基本财务报表外，还应编制财务情况说明书，对主营业务收支明细表(商品销售利润明细表)则没有明确要求。

(2)行业会计制度存在严重不足。随着现代企业制度的建立，各企业所执行的具体会计规范即行业会计制度已不能满足市场经济发展的需要，这套规范体系存在着如下不合理之处：①不能使投资主体对企业实施有效的财务监督。企业各投资主体对企业实施财务监督的主要依据是财务会计信息，然而，一方面各投资主体出于增加投资收益、回避投资风险的考虑，会不断的改变投资对象，使资金经常性地从一个行业转向另一个行业，或同时分布于若干不同行业；另一方面不同行业又执行不同的财务会计制度，在这种情况下，投资主体要实施财务监督就必需熟悉不同行业的会计处理原则、程序和方法，这无疑加大了财务监督的难度，影响财务监督效率。②多元化经营使企业涉足于各不同行业、不同性质的经营业务，而执行现行会计规范要求企业对不同行业、不同性质的经营业务分别设置账户，并采用不同的会计程序与方法进行会计处理，这不仅增加了多元化经营企业会计核算的工作量，影响核算效率和质量，而且难以保持口径一致，反映综合的财务会计信息。③会计信息的行业比较和分析进行困难。执行行业会计制度，使得不同行业、不同企业会计处理所依据的原则、程序、方法各不相同，这就必然导致会计信息在行业、企业之间失去可比性，不便于投资主体对潜在投资对象的比较，不利于资金的合理流向和资源的优化配置。

(3)现行会计制度下企业内部核算制度不完善。完善的会计规范体系不仅包括国家统一制定的各个层次的会计规范，而且还包括企业根据其经营特点和管理要求制定的内部核算制度和办法。然而，目前许多企业只执行统一层次的会计规范，而无完善的内部核算制度与办法，这一方面损害了会计制度的完整性和系统性，另一方面则往往导致企业成本不实、账目不清、数据不真。

(4)现行会计制度协调性差。现行会计规范在许多方面与国际会计准则尚未协调，甚至差异较大。《企业会计准则》的颁布实施，标志着我国会计在国际化进程中迈出了关键的一步，但其进展不尽人意。由于差异的存在，使得我国的会计信息缺乏国际可比性，不能充分发挥其“国际性商业语言”的功能。由于会计规范的差异，一方面使我国涉外企业的会计工作量增大，会计信息成本上升，另一方面有碍于我国市场经济的国际化发展和企业经营的国际化拓展。因此，要建立起既与国际惯例接轨，又体现中国社会主义市场经济特色的会计管理模式，是一项复杂的系统工程，需要我们在建立现代企业制度的同时，不断在理论上和实践中进一步探索和完善。

四、深化我国会计改革的思路

(一)按“横向到边”、“纵向到底”的原则完善会计制度

现代会计在构成上具有横向多元、纵向多层的特点。横向多元如前所述，现代会计除传统意义上的企业会计、预算会计外，还包括人力资源会计、金融工具会计、租赁会计、通货膨胀会计、破产清算会计等若干分支；纵向多层则指现代会计是由宏观会计、社会责任会计、企业(单位)会计、内部责任会计等若干层次构成。以上各个分支、各个层次相互联系、相辅相成，共同构成完整的现代会计内容体系。与这一体系相适应，现代会计制度应按“横向到边”、“纵向到底”的原则予以构建和设置，这里的“横向到边”是指会计制度的构成在广度上应具有全面性，既要包括对传统财务会计事项的规范，又要针对各现代会计分支，制定出相应的准则和制度，如通货膨胀会计准则、金融工具会计准则、租赁会计准则、人力资源会计准则等。“纵向到底”是指会计制度的构成在层次上应具有完整性，它包括两方面含义：其一，与会计构成的层次性相适应，现代会计制度既要包括宏观会计、社会责任会计等方面的准则或制度，又要包括企业(单位)的会计准则与制度；其二，与会计制度制定主体的层次性相适应，会计制度既要包括国家统一制定的会计准则、会计制度，又要包括各企业(单位)根据统一会计准则或制度，结合企业(单位)实际情况制定的内部

核算制度。

(二)我国会计规范应融于国际会计体系之中

随着我国市场经济的进一步发展,我国市场必然要融于世界市场体系,加入国际性的商业交易网络。适应这种市场体系国际化的要求,作为“国际性商业语言”的会计必然要走向世界,融于统一的国际会计体系之中。会计规范作为一种上层建筑,必须要随客观经济环境的变化而不断地修正和完善。加快会计国际化的进程是深化我国会计改革的一个重要方面。会计国际化所包含的内容很多,但其核心在于会计规范的国际化。从我国目前情况看,要使会计规范跟上世界步伐,主要应从以下两个方面努力:

(1)根据国际会计准则有关会计处理程序与方法的规定,修正和完善我国会计规范中有关会计程序与方法的选择范围和原则。将适应现代企业制度而现行会计制度中又缺乏的会计核算制度纳入会计准则。并允许企业在特定的约束条件下自行选择。

(2)依据国际会计规范的构成构建我国会计准则的结构框架,包括:①加快具体会计准则的制定、颁布和实施,尽早实现从行业会计制度向具体会计准则的转变;②参照国际会计准则体系的构成,补充和完善我国会计准则的相关内容,如物价变动会计准则、施工合同会计准则、租赁会计准则、外币汇率变动影响会计准则、金融工具会计准则等。

(三)强化会计制度执行的约束和监督机制

会计主体采取不同的会计处理原则、程序和方法,会得出不同的业绩信息,从而影响到会计主体与国家之间的利益分配。因此,会计主体出于增进自身局部利益的考虑,往往会偏离会计制度的规定,选择执行有利于自身的会计行为。这表明如何强化会计制度执行的约束和监督机制,确保会计制度应有的严肃性,是深化会计制度改革的一项重要内容。

(1)各会计主体强化自我约束机制。相对于外部监督而言,自我约束具有防范性和能动性的特点,因而是确保会计制度正常执行的主要措施。从目前情况看,强化会计主体的自我约束,主要是各会计主体应根据国家统一准则和制度的要求,制定出与本会计主体生产经营特点及管理要求相适应的内部会计制度,以规范内部会计行为。

(2)强化外部监督机制。主要是外在于会计主体的各有关部门,如财政、税收、银行等应定期对各会计主体的会计核算情况实施跟踪检查和监督,经常性了解各会计主体对会计制度的执行情况。对于能严格执行会计制度的会计主体给予各种形式的嘉奖或信贷优惠。而对违反会计制度、损害国家利益的会计主体则视情节轻重、违纪金额大小等给予相应的处罚,以督促各会计主体从维护自身的形象和利益出发,自觉遵规守法。同时,强化审计部门的监督职能,对于审计中发现的有关制度执行方面的问题,应予以指出,并督促企业限期纠正。企业不予纠正的,则应在审计报告中如实披露,以促使会计主体自觉执行会计制度。

对标管理——煤炭企业成本管理的新尝试

马志兵

市场经济条件下,企业成本的高低直接影响其经济效益的好坏。同样的生产企业,谁的成本低谁就有竞争力,谁就能在市场竞争中立于不败之地。在国内管理领域,对标管理也被称为超越管理,也是国内煤炭集团强化成本控制的一个新尝试,新事物。

一、对标的概述

所谓"对标"就是对比标杆找差距。推行对标管理,就是要把企业的目光紧紧盯住业界最好水平,明确自身与业界最佳的差距,从而指明了工作的总体方向。标杆除了是业界的最好水平以外,还可以将企业自身的最好水平也作为内部标杆,通过与自身相比较,可以增强自信,不断超越自我,从而能更有效地推动企业向业界最好水平靠齐。

二、对标的分类

(1)内部对标。很多企业内部不同的部门有相似的功能,通过比较这些部门,有助于找出内部业务的运行标准,这是最简单的对标管理。其优点是分享的信息量大,内部知识能立即运用,但同时易造成封闭、忽视其他企业信息的可能性。内部对标适合在业务类似的子公司之间进行。因此,在设计对标时,我们根据对标内容,在每个对标领域分别选取集团内的最佳企业,作为各子公司的对标对象,最后形成一个综合的对标体系。

(2)竞争性对标。对企业来说,最明显的对标对象是直接的竞争对手,因为两者有着相似的产品和市场。与竞争对手对标能够看到对标的结果,但不足是竞争对手一般不愿透露最佳案例的信息。

(3)行业或功能对标。就是公司与处于同一行业但不在一个市场的公司对标。这种对标的好处是,很容易找到愿意分享信息的对标对象。因为彼此不是直接竞争对手。但现在不少企业受不了太多这样的信息交换请求,开始就此进行收费。

(4)与不相关的公司就某个工作程序对标,即类属或程序对标。相比而言,这种方法实施最困难。至于企业选择何种对标方式,是由对标的内容决定的。

以上后三种又都属于外部对标,外部对标是一种更常用的方法,其中又以行业内对标的应用较为普遍。

三、对标管理步骤

第一步,制定对标计划,确保对标计划与公司的战略一致。

第二步,建立对标团队。团队的结构取决于对标范围的大小、公司规模、对标预算、对

作者单位:郑煤集团老君堂煤矿

标程序和环境等要素。并对标程序、分析工具和技术、交流能力、公司背景和系统对团队人员进行培训。如果让专人负责对标的实施过程，就能大大激发他们的责任心，提高实施效率。除了领导能力外，对标团队还应当具备分析、程序处理和图书馆、电脑搜索等技能，3～5人最理想。

第三步，收集必要的数据。首先，要收集本公司的流程表、客户反馈、程序手册等信息进行自我分析。否则，你将看不到与别人的差距，无法发现改善的机会在哪儿。其次，找到适合自己的模仿对象。公司做一个候选对象的名单，选择那些获奖公司、在商业杂志或者其他媒体尤其是年度行业报告中得到公认的公司，或由供应商、客户、咨询师推荐的企业。然后就这些企业进行调查，筛选出3～5个公司作为信息交换和对标合作伙伴。

第四步，分析业绩差距数据。在理解对标对象最佳的方法基础上，衡量自己与别人业绩的差距。可用的指标包括：利润率、吨煤成本，含硫量等。比较时，必须就相同的事情进行对比，苹果比苹果，而不是比梨子。同时根据经济规模、不同的管理思路、市场环境做出调整。通过比较业绩，企业就会发现差距。"别人能行，为什么我们不行？"这样对标就可以帮助企业建立一个战略目标。在将相关信息告诉高层管理人员和整个公司后，企业要根据数据设计行动计划、实施办法以及监督衡量标准。

第五步，持续进行对标管理。企业在减少与最佳案例的差距时，需时常用衡量标准来监测实施的有效性。另外，由于表现最佳的公司本身也会继续发展，所以"找到并实施最好的方法"的对标管理也是一个只要开始就没有结束的过程。

四、对标管理中易犯的错误

在对标内容上，很多企业过分关注价格，而忽视了有关客户和员工方面的对标。有的没有将对标目标与企业的主要使命联系起来。这可能会导致高层领导的反对，并影响到企业其他计划的执行。此外，容易犯的错误还包括没有人负责对标过程、没有对对标程序做系统记录等。

五、煤炭企业如何在对标过程中保持创新

对标管理为集团公司的管控提供了有效的手段。然而对标不是完全模仿，需要在企业文化、预算、成本收益约束下进行一定的调整，更不狭义的认为对标仅指成本对标，因为企业的方方面面的活动都在直接或间接的影响着企业的成本、利润。煤炭企业要想在对标过程中保持创新，需要在以下几个相互关联的方面着手。

（一）突出战略对标

在体制机制建设上，进一步理顺与改制单位的关系，稳妥推进国有股退出工作，加大三项制度改革力度，完善内部市场化运行机制，加快推进全面风险管理体系建设，防范投资决策风险、资金管理风险和法律风险。在产业布局上，继续推进"以煤为主，相关多元"战略，促使企业发展模式更加科学，产业结构更加合理。积极与亿吨煤炭集团对标，突出新井建设和兼并重组两个重点，着力扩张煤炭资源。在人力资源建设上，加强管理人才、专业技术人才和高技能人才"三支队伍"建设，积极为人才提供创业机会、干事舞台、发展空间。

（二）突出安全对标

积极与同行业、同类型和本企业历史最好水平对标，加强对《煤矿安全质量标准化标准及考核评级办法》的学习和自评，做到标准越来越严、检查越来越实、考核越来越细，不断巩固提升现场质量标准化建设水平。强化区队自主管理和班组自治，广泛开展向“白国周班组管理法”学习活动，夯实现场安全的基础。注重员工安全技能提升，继续推广实施“手指口述”、安全确认法、走动管理、岗前安全预想等有效方法，以员工安全促进现场安全。狠抓技术和责任体系建设，在科技攻关、隐患排查治理、重点专业管理上求突破，着力健全完善“单位、区队、班组、个人”四级安全对标链条，确保各种安全制度的严格执行、各项安全规程的遵守落实。

（三）突出管理对标

管理出效益，节支降耗等活动的开展就是很好的举措。一是分清主次，选定对标要素。根据煤炭板块的生产经营特点，选择对标企业和适当的对标要素，如单位综合成本、原煤生产成本、原材料单位消耗等。二是规划流程，逐步深化提升。按照“总体规划、分步赶超”原则，制定未来几年的对标目标，分年度、季度、月度进行赶超，做到对标要素与当年绩效考核要素同步，通过对标赶超提升企业绩效。三是严格按照选标、审标、定标、达标、评标、升标6个步骤的要求，认真开展对标管理。着眼于系统管控成本动因，突出井下、采购、基建三个重点，强化指标落实、节支降耗、增产提效和考核奖惩等工作，强化全员、全过程、全方位成本管理，确保生产、成本、利润、安全等目标的顺利实现。四是突出文化对标。积极倡导“每个岗位都是对标擂台，每名员工都是对标能手”、“向一切先进水平学习”等对标理念，使之成为企业持续发展的强大推动力。着力推进经营文化、安全文化、廉洁文化，财务文化，和谐文化建设，形成企业文化的五大体系，在更深层面推动企业管理升级。五是突出党建思想政治工作对标。以“党建工作示范点”为标杆，着力加强党的思想建设、组织建设、队伍建设、阵地建设和制度建设，进一步提升党建工作科学化水平。广大党员以身边的优秀党员为标杆，带头深化“党员责任区”、“党员示范岗”和“党员增效项目化管理”活动，以实际行动团结和带领员工群众把对标活动不断推向深入。

中国有句老话：“学其上，仅得其中；学其中，斯为下矣。”因此，对标就是要对出先进观念，对出机遇，对出发展，对出竞争力。在市场经济的今天，要找出“木桶”上的那个“短板”，弥补“短板”，实现超越。不仅要超越自己，也要超越我们要超越的目标，这样才能在强化对标的基础上，更好的实现郑煤集团的强势跨越。

构建煤炭企业集团战略成本管理体系的探讨

李　花

随着公司制改造迅猛扩张，尤其是大集团的组建，我国众多国有煤炭企业已发展成为组织结构多层化和复杂化的大型煤炭企业集团。煤炭企业集团在利用其整体资源优势的同时，也逐渐显露出管理成本高、管控难度大等亟待解决的新问题，其中成本管理问题是煤炭企业集团需要重点解决的难题之一。传统的生产成本管理模式已不再适应大型企业集团的发展需要，要适应瞬息万变的外部市场环境，煤炭企业集团必须创新成本管理模式，重视战略成本管理。

一、煤炭企业集团成本管理存在的主要问题

（一）成本管理观念落后

企业往往将成本管理与生产成本控制对等起来，认为成本管理即为生产成本降低，实际上这对于“成本管理”的理解有些狭隘。对于大型企业集团来说，“成本管理”是一个系统性问题，宏观层面关系到集团内各单位，微观层面关系到企业生产经营各个环节。成本管理的手段也需要多样化，成本降低不是唯一的手段，通过适当提高成本获取竞争优势，同样也是成本管理的目标。

（二）成本管理制度不完善

目前，部分煤炭企业虽然实施了比较完善的成本预算、成本控制等成本管理措施，但是部分企业大都忽视了建立与成本管理相配套的考评及奖罚机制。有效的成本控制要求企业生产经营各环节、各生产工序的相互依存性增强，企业内部整条作业环节中的任何一个环节出现差错，都会使成本控制失效。因而应严格奖惩制度，保障成本控制的有效推行。

（三）成本管理部门单一

一些重视成本管理的企业，只是通过财务、供应、生产等部门来控制成本，而没能充分发挥其他管理部门的职能作用，企业各部门间也没有明确的责、权、利。而在成本分析方面，大多数企业只重视矿级的成本核算分析，而忽视区队、班组、岗位的成本核算分析。

二、构建煤炭企业集团战略成本管理体系

（一）构建战略成本管理体系的基本原则

（1）成本效益原则。成本效益原则是战略成本管理的核心思想。企业要取得竞争优势，降低成本不是唯一的手段，战略成本管理的目的则是以尽可能少的成本支出，获得尽可能多的使用价值。一切降低成本的措施也都应以成本效益分析的结果作为决定取舍的

作者单位：开封空分集团有限公司

目标。

(2)系统性原则。战略成本管理是基于企业战略目标的系统成本管理。集团首先要根据企业战略定位从宏观层面整体规划，建立集团管理目标，再将目标层次分解到各下属单位。下属单位要充分发挥其主观能动性，从企业层面建立系统的成本管理体系，以完成集团分解的管理目标。

(二)构建企业集团战略成本管理体系的基本框架

构建战略成本管理体系的基本框架包括三个层次：价值链分析、成本动因分析和战略定位分析。价值链分析与战略定位分析相辅相成，通过行业价值链分析可以为企业战略定位提供依据；而企业自身价值链分析又要服从于企业战略定位，并通过成本动因分析解决成本管理中存在的问题，以实现企业战略定位。

(1)价值链分析。每一种最终产品从其最初的原材料投入到达最终消费者手中，要经过无数个相互联系的作业环节，这就是作业链。这种作业链既是一种产品的生产过程，同时又是一种价值形成和增值的过程。首先，集团层面要重视行业价值链分析，这是进行集团战略定位的基础和依据。要突破企业自身价值链，从战略高度进行分析，以取得成本优势。其次，子企业要进行企业自身价值链的分析。企业价值链可分解为许多单元价值链。每个价值链既会产生价值，同时也要消耗资源。进行企业价值链分析，可以确定单元价值链上的成本与效益，根据企业的战略目标而进行价值作业之间的权衡、取舍，调整各价值链之间的关系。

(2)成本动因分析。作业影响成本，动因影响作业，因此动因是引起成本发生的根本原因。成本动因可分为两个层次：一是微观层次的与企业的具体生产作业相关的成本动因，如物耗、作业量等；二是战略层次上的成本动因，如规模、技术等。战略成本管理与传统成本管理的最大区别就在于：战略成本动因分析超出了传统成本分析的狭隘范围（如企业内部、责任中心等）和少量因素（如产量、产品制造成本要素等），而代之以更宽广、与战略相结合的方式来分析成本。

(3)战略定位分析。不同的战略定位，成本管理的权衡、取舍也不尽相同。如企业采取成本领先战略，其目标是要成为其产业中的低成本生产商，通过努力降低成本来取得竞争优势。此时企业往往可以通过大规模生产、学习曲线效应，发现和开发所有的成本优势资源，进行严格的成本控制。而当企业采取整合战略时，则对成本管理提出了更高的要求，需要多方面权衡近期与未来整合效益与成本的关系，采取灵活的成本管理措施，以适应战略目标的需要。

(三)构建企业集团战略成本管理体系的内容

(1)供销成本管理。企业集团要充分利用内部市场，成立物流公司和销售公司，搭建供销管理平台，实行集中采购与集中销售，在很大程度上可以杜绝资源浪费现象，降低供销成本。日本丰田汽车公司等大型企业能够有效进行零库存管理，则是通过创建供、产、销作业团队，并加强与供应商的战略合作，将库存成本降到最低。煤炭企业集团大多多元化经营，涉及的行业有煤化工、制造业、有色金属等，对原材料的需求量大且多样化，有的还能通过内部市场取得，为集中供销与低库存管理创造了有利条件。

(2)生产成本管理。生产成本管理既要加强宏观层面——各部门间的组织协调，又要进行微观层面——作业动因的比较分析。首先加强宏观层面的组织协调,努力使生产经营接近或达到理想状态,既保证原材料及时供应而不闲置浪费,又保证产成品能按时完工而不滞留仓库。微观层面要注重成本动因和成本性态分析。如在煤炭产品成本中,与产量相关的变动成本所占比重较小,而与矿井规模、生产工艺以及地质条件等因素密切相关的固定成本与混合成本所占比重相当大。对于这些成本应认真分析,组织生产技术、计划、财务等相关部门,针对不同矿井的实际情况及生产进度,分期确定其固定成本与混合成本的数额,并对其考核,确保固定成本与混合成本控制在科学、合理的范围内。

(3)项目成本管理。通过"事前控制"与"事中控制"加强项目成本管理。首先要对项目投资和未来经济效益进行评估、预测,根据项目预测进行财务可行性评价,此为"事前控制"。其次,要加强"事中控制"。对工程计划实行审批制,由集团公司根据总体规划进行统筹安排,子公司发生工程成本时进行审批,以避免计划外工程的发生,从而达到控制工程成本的目的。

(4)资金成本管理。对于企业集团而言,重点是要加强内部资金融通。集团公司借助内部银行、财务公司等资金管理平台,通过资金有偿使用、按市场计息的市场管理手段,对集团内资金统筹安排、调剂余缺,以提高资金闲置企业的获利能力,同时降低资金短缺企业的流动性风险,进而降低集团资金成本,实现"多赢"的局面。

(5)税收成本管理。加强税收成本管理,重点是要加强企业的税收筹划,降低税负成本。企业供销、生产、融资等各环节都与税收密切相关。因此,企业的生产经营安排,不仅要从市场、技术、财务等角度考虑,还要从税收角度进行评估。

(6)成本管理奖惩制度。成本管理奖惩制度是保证战略成本管理持续、有效推行的制度保障。企业应从上而下建立集团公司、子企业、部门、区队、班组等一整套系统的奖惩考核制度,调动管理层及广大员工参与战略成本管理的积极性和创造性。

关于对企业管理创新的浅析

王清连

目前我省煤炭企业正处在资源整合之际，部分国有企业往往管理落后，效益不佳，面临企业破产重组的局面。新形势下，企业通过管理体制的创新，采用务实的管理理念和方法来促进企业效益的提高，显得迫在眉睫。

一、企业进行管理创新的根本原因

新的经济形势下，企业的生产成果集中反映在经济指标上。煤炭企业生产管理必须从狠抓经济入手，在传统的思维方式下，抓企业成本仅是财务部门的事情，似乎与生产、企管等科室无关，其实不然，成本源于生产环节，成本控制必须从源头抓起，否则企业管理只能停留在政策和账面上。近几年随着神火集团各矿在成本管理方面，实行成本倒逼法和推行区队成本核算体系取得良好效果，新的管理体制必然要与管理理念、方式等相适应。企业管理者推行创新体制的原因主要有以下几方面原因：

(1)企业创新是市场经济的本质，是企业家的基本要求。任何企业都有三大系统：经营系统，管理系统，技术系统。三大系统各自对应了三大创新，经营是龙头，管理是基础，技术产品是工具和载体。比如青岛海尔集团提出了市场创新是目的，管理创新是保障，技术创新是手段，如果离开了经营创新，只抓技术创新和管理创新是没用的，为了技术而技术，为了管理而管理，就搞不好企业这一系统工程。

(2)现行经济形势发展要求企业创新，老式的管理模式面临挑战。早在2003年，中国政府改革研讨会上，就有部分学者提出，中国正面临着社会转型和体制转轨，政府不可避免的要经历一场深刻的转型变革。政府的管理也面临着拷问，企业的管理也面临着新挑战。要想在市场经济发展中占有一席之地，必须提升企业管理水平，对现存的管理体制进行一系列的变革和创新。落后的管理方法，必然会导致企业在竞争中跟不上步伐，处于劣势和被动地位。

(3)企业管理创新是提高核心竞争力的要求。企业核心竞争力是企业长期形成的，蕴涵于企业内质中的，企业独具的，支撑企业过去、现在和未来竞争优势，并使企业在竞争环境中能够长期取得主动的核心能力。企业的核心竞争力，直接反映到管理的创新上，管理上有没有创新，核心竞争力的提升必然受阻，而创新效果如何，质量如何，也反映到核心竞争力的水准上，只有强大的核心竞争力，才能产生良好的经济效益。

(4)管理创新是企业发展的必然趋势。世界上没有一成不变的事情。随着经济形势的发展、外部环境的变化，就要求企业的管理水平必须不断提升，管理系统必须不断完善。据粗略统计，世界500强的企业和世界1 000强的企业平均寿命远远高于中国企业的平

作者单位：河南神火集团有限公司

均寿命20年,由于中国80%以上的企业是中小企业,中国企业与国外企业在管理上的差距,是造成企业寿命差距的一个很重要原因。只有不断进行管理创新,才能提高企业寿命,为企业不断发展提供新鲜血液。

(5)管理创新是企业可持续发展的需求。企业可持续发展的核心是创新,企业的核心问题是有经济效益,效益不仅要有体制上的保证,而且必须不断创新。只有不断创新的企业,才能保持其效益的持续性。低碳经济和可持续发展是当前形势对企业发展提出的新要求。煤炭企业更应该须注意这一点,作为劳动力密集型的煤炭行业,管理中人为因素更为关键,在低碳经济和可持续发展前提下,做好管理创新,对提升经济效益尤为重要。

二、对企业进行管理创新的建议

一个企业的管理方法,是在遵循客观规律的前提下,根据自身情况灵活创造出来的,是没有硬性规定的,创新更是讲求一个新,更没有严格的规则来束缚。以实用、有效、合理为衡量尺度即可。对企业进行创新应该从以下几方面入手:

(1)在企业内部营造相应的文化氛围,为创新提供合适的土壤。管理层在管理中应注意培养员工的自主性,积极采纳基层员工对管理提出的反馈意见和一些新的见解,设置相应的奖励机制,鼓励员工积极参与企业管理,引导员工发现企业管理方面存在的不足,进而提供良好的建议。

(2)企业引入先进的成本管理方法,达到以控制成本为目的的创新。作业成本法是适应当代高新技术的制造环境和灵活多变的顾客化生产的需要而形成和发展起来的;它改革了制造费用的分配方法,并使产品成本和期间成本趋于一致,大大提高了成本信息的真实性。管理层应该详细考核分析企业的生产流程,从原料采集到生产加工到产品产出的整个过程中不断寻找问题,力求降低成本,通过从这个链条上分析,来寻找问题进行创新。企业脱离实际产—供—销链条的创新,即便从理论上讲是优秀的,但是无法适应企业效益产生流程,最终无法为企业提供经济效益,也是失败的创新。

(3)增加企业相关科研投入,提升人才队伍建设水平。在企业具备条件的情况下,可以考虑设置相应的机构和人员,专职采集或者研究企业自身或优秀企业的管理体系和管理经验。企业可以借助与高等学校或者科研院所合作,相互交流,吸纳对方的先进经验,以此来提高员工的整体素质,才能提升企业创新的质量。

三、如何保证创新措施的稳健实施

企业最终是一个以盈利为目的的经济组织,进行管理创新的最终目的还是为了提高经济效益。若一个良好的体制执行力度不够,落实不到位,是不会对经济效益产生良好影响的。当企业制定了一条适合自身的管理方法的时候,保证它的实施,将是摆在面前的关键问题。企业可以尝试从以下几个方面措施:

(1)建立明晰的责任制度,加强每个员工的责任意识。责任明晰是指详细的划分每个岗位每个员工的职责,让员工切实感受到身上的责任,全身心投入到本职工作中。市场经济要求分工协作,企业管理同时也要求责任明晰,有合作但是也必须有责任界限的划分。明晰责任,坚持制度,严管重罚,才能更好调动员工的责任意识,降低员工的懈怠和推卸心理,保证工作生产的正常进行,保证创新举措的落到实处。

(2)管理创新的过程中,创新内容与企业实际相结合,也是保证顺利施行的条件。管理理念,管理方式是多种多样的,经由其他企业证明优秀的管理创新措施并不一定能保证在本企业实行顺利,客观环境的不同可能让同样优秀的制度和理念在不同企业遭遇不同的阻力。所以,在管理创新过程中一定要本着务实、具体问题具体分析的原则,结合实际状况进行创新的思考。

(3)企业要有持续良好的细节管理。细节管理是企业基础的管理工作,企业的兴衰往往由细节上的成败慢慢衍生发展而来。细节管理是对企业管理环节的细化,良好的细节管理能让管理者时刻翔实把握企业的状况,这样能保证管理创新措施实行中的种种问题及时发现和反馈,为企业不断的管理创新和变革提供帮助。管理层只是单纯的在总体上看问题,分析问题,而不去注意一些企业特点的细小环节,后果必然会造成新举措的施行中的不顺畅,效果差。

综上所述,新的发展形势对企业管理创新提出了更高的要求。作为效益至上的企业,必须高度重视管理创新,创新是管理的主旋律,不论任何企业必须认清形势,及时发掘企业自身创新特点,调整企业发展战略和策略,同时把创新渗透于整个企业管理中,创造一个适应企业员工创新的环境和机制,让每位员工都成为企业管理创新者,为企业今后进一步发展奠定一个良好的基础。

关于煤矿托管经营中资产清查及移交问题的研究

李建设　王玉武

企业托管经营是近年来我国经济运行中出现的新生事物，是一种新的资本经营形式。国家为了深入贯彻落实科学发展观，严格保护和合理开发煤炭资源，淘汰落后产能，调整优化煤炭产业结构，提高煤炭生产集约化程度和生产力水平，促进煤炭工业持续稳定健康发展，形成了一批特大型煤炭企业集团，他们积累了丰富的煤炭生产经验，拥有雄厚的经济实力，培育了一大批专业技术人才。在我国目前国有企业产权制度改革滞后的情况下，对外进行煤矿托管经营，可以实现资金、技术、人才资源共享，带动地方小矿改革发展，确保了煤矿安全生产，既是一种搞活国有企业的灵活办法，也是对小煤矿进行资产重组一种有效途径。

目前，我国经济发展迅速，市场瞬息万变，经营方式多种多样，随着企业的发展，托管主体随时可能发生变更，一旦托管主体发生变更，势必会影响新旧主体之间的资产移交，不仅是经营主体的移交，还有资产之间的移交，根据我们对煤矿托管经营的经验，本文从托管经营的含义及特点，资产移交的原则、方法步骤、注意事项、结算手续等方面做一些探讨。

一、托管经营的含义及特点

托管经营是指出资者或其代表在所有权不变的条件下，以契约形式在一定时期内，将企业的法人财产权部分或全部让渡给另一家法人或自然人经营。由于托管这一方式能够在不改变或暂不改变原有产权归属的前提下，直接开展企业资产的重组和流动，从而有效地回避了企业破产、购并中的某些敏感性问题和操作难点，是现有条件下推进国有企业改革及对小煤矿进行资产重组的有效模式之一。

托管经营的特点主要有四个：一是以契约的形式将双方的权利和义务约定，二是部分或全部让渡财产权的使用权，三是不改变或暂不改变产权的归属，四是有偿托管，即需要向委托方支付一定的托管费。

二、资产移交的原则

原托管方在经营期间，一定会投入一部分资产，不仅有固定资产，而且还会有已领未用材料、低值易耗品、周转材料等，还有未了结的债权债务，应缴纳的税金等，原托管方投入的资产全部带走不切实际，也影响后续托管经营，形成的债权债务新托管方因不是同一法人主体，清偿也不可能实现，鉴于原托管方依然存在，为保证托管经营的连续性，简化移

作者单位：李建设，永贵能源开发有限公司；王玉武，贵州永润煤业有限公司

交手续,本文建议,新旧托管经营双方在托管经营移交时,可遵循的原则是:仅移交实物资产(存货、在建工程、固定资产等),按评估价格结算,债权债务等其他暂不移交,由原来的托管方继续处理遗留的债权债务等问题。

三、资产移交的步骤

(1)成立资产清查及移交小组。为加强领导,统一协调,高效、快捷、准确的完成资产移交工作,必须成立资产清查及移交小组,组长一般由单位负责人担任,成员由财务、供应、仓储、生产、销售、设备管理等人员组成。

(2)全面清查,摸清"家底"。全面摸清"家底",这是资产清查工作最基本的任务。一方面,一些资产实际已经报废、毁损或完全失去使用价值,却长期挂账未作处理;另一方面,一些单位存在着大量的账外资产,没有及时入账。账外资产由于长期游离于有效监管范围之外,容易被随意处置,如果是国有单位的话,从而易造成国有资产的流失。通过资产清查,可以摸清本单位的资产存量、资产管理和资产收益的"家底",为资产移交打好基础。

(3)对财产清查结果进行专项审计,由中介机构和原来的托管方及新的托管方共同参与。

(4)中介机构出具双方认可的审计报告和资产评估报告。

(5)资产移交。资产移交一般由本单位的法律事务处牵头,制定资产移交的相关办法及相关法律性协议,根据中介机构的审计报告和评估报告,按照新老托管双方确认资产清查结果,仅对实物资产进行移交。

(6)账务处理。根据相关法律法规及相关会计政策,原来的托管方及新的托管方分别做账务处理。

(7)办理各种证照和有关资产的过户手续,如采矿权、房产、车辆、安全生产许可证、煤炭生产经营许可证等。

四、资产移交的注意事项

由于是在托管经营中再次发生托管主体变更,这里涉及三方,一是原来的委托方,二是原来的托管方,三是新的托管方。这就涉及当初托管时移交的资产,托管后新购置的相关资产,所以在资产清查时要注意以下问题:

(1)严格区分具有所有权的资产、仅具有使用权的资产和只有保管权的资产,只有区分出这三项资产,资产清查才准确。一般讲,原托管方经营形成的资产是具有所有权的资产,委托方移交使用的固定资产是仅具有使用权的资产,委托方暂移交的还没有结算的实物性流动资产和部分供应商暂存到托管方的资产是仅具有保管权的资产。

(2)对于第一次托管时已经费用化的部分资产,如果还能继续使用,如费用化的低值易耗品,大型材料,周转材料,生产单位已经领用未消耗的材料等,本次资产清查一定要清理出来,并要单独列表,注明使用情况或新旧程度,笔者建议与新的托管方协调,还原到原值,按照一定的折旧年限摊销,并经双方认可的中介机构审计评估。待中介机构的审计报告和评估报告出来后,按照评估净值卖给新的托管方。

(3)资产清查一定要见账就查,见物就点,不留死角,不重不漏,确保真实。各项资产的名称、规格型号要写清,数量清查要准确,存放地点要标明,新旧程度要注明,好坏程度要分明,权属关系要说明。

(4)对于货到验收合格已经入库的材料,必须向供应商索要发票,尽量在基准日前及时办理结算手续。

(5)货到验收合格入库的材料,但是在规定的日期之前因为特殊原因开具不了发票,并且未经领用的材料,建议不参与评估和移交(单独列示),与新的托管方协调,发票可以直接开给新的托管方,或按供货单位暂估入账,基准日后结算,但一定要控制数量。

(6)对生产已用但还没有办理领料手续的单位,一定要在基准日前办理领料手续。

(7)对于外借的材料,一定要在基准日前抓紧偿还,或作价出售。

(8)对租赁的材料要及时归还,或单独列表,转给新的托管方。

(9)对于借入的材料,一定要在基准日前归还,已领用的要给预结算。

(10)最大限度的销售库存产品,直到库存为零,这里特别注意已经销售的产品尽量开票结算,尽量减少遗留问题。在基准日前,销售不完的库存产品,一定要把数量核准,处理方法有两种,一是评估卖给新的托管方,二是由新旧托管方共同销售这部分库存产品,达到移交时的库存量时,由原托管方对用户开票结算,不做移交处理。

(11)已完工的在建工程,抓紧结算转入固定资产,随固定资产一并移交。已完工不能结算的在建工程,单独列表,工程作价,移交给新的托管方,明年与施工单位结算,或者暂不结算,待完工后由新的托管方结算入账,但账面有金额的要估价结算。

(12)对于资产盘盈盘亏,要查找原因,上报主管部门批准处理。

(13)未了经济事项应按以下程序处理:

①账面上未缴的税费及时缴纳,其他相关税费要按政策规定计提缴纳;

②未发放的工资及时造表发放,工资费用按公司规定该计提的要提足,多计提的要冲回;

③托管经营时发生的相关费用要做账,通知相关科室人员到财务报销或挂账;

④往来账项尽量取得双方的对账单,呆账、坏账要按规定报上级单位批准处理;

⑤对于存货,要统计好盘点日和基准日的数量变化。

(14)分别与委托方和新的托管方签订协议,将委托方当初移交的资产移交给新托管方,与新的托管方签订资产移交及销售协议。

(15)将此次与资产清查及移交相关的所有资料整理存档,以便备查。

五、结算手续

在审计报告和评估报告出来后,根据双方认可的评估价值,将相关资产出售给新的托管方,根据税法及相关会计准则,开具发票给新的托管方,双方分别做相关账务处理。具体如下所述:

(1)井巷工程和待摊费用开具建筑业劳务发票;机器设备、原材料、低值易耗品、产成品等开具增值税专用发票;这里注意,如果是出售2008年以前使用过的资产,不能开具增值税专用发票,只能开具增值税普通发票,按照4%的税率减半征收;建筑物开具5%的营业税，使用过的车辆开具增值税普通发票，按照4%的税率减半征收。

(2)开票结算确认收入后，根据出售资产的类别计入主营业务收入、其他业务收入、营业外收入等。

(3)资产清算后，如果有盈利，召开股东大会，根据原托管方各股东出资的比例，进行利润分配。

(4)如果在原来的托管方账面上还有客户打的预付款，同时客户还在购买托管此煤矿的产品，可以签订三方转账协议，将此预付款转给新的托管方，以保证生产经营的正常运行。

(5)这里特别提醒一点，在开具相关发票结算时，学习各项税收政策，做好税收筹划，正确及时缴纳各项税款。

最后，委托方与新的托管方签订新的托管协议，并办理托管主体变更交接手续。

河南国有煤炭企业战略重组风险分析

赵庚学

在国有煤炭企业资产重组、并购整合的关键时期，河南省政府于2010年2月颁布了《河南省煤炭企业兼并重组实施意见》，开始了我省历史上规模最大的煤炭企业战略重组工作。根据该文件要求，2010年底，河南省将力争建成3个年产5 000万t的特大型煤炭企业，骨干煤炭企业控制的煤炭资源量占全省煤炭资源量的85%以上，产量占全省总产量的75%以上，单个矿井生产规模不低于年产15万t。同时，兼并重组主体企业在所兼并重组煤矿中所占股权比例不得低于51%。我省将以中平能化集团、河南煤化集团、义煤集团、郑煤集团、神火集团和河南省煤层气开发利用有限责任公司作为兼并重组主体，兼并重组中小煤矿，实现规模化经营，同时建立小煤矿退出机制。

一、煤炭企业战略重组的意义

河南省是我国产煤大省，煤炭资源非常丰富，然而，我省煤炭行业产业集中度不高，和山西省煤炭企业相比，产能相对较低。此次河南煤炭企业战略重组意味着将对我省煤炭资源进行再分配，对煤炭资源进行新一轮的资源整合。实施战略重组除了能加速资源优化配置外，还能培育、增强企业的核心竞争力，从而有利于提高企业的竞争地位和长远发展能力。通过兼并重组推进我省煤矿企业优化产业结构，提高煤炭生产集约化程度、安全生产和科技水平，有序开发利用煤炭资源，推动现代煤炭产业发展。对六大煤业集团来说，既是机遇又是挑战。

所谓机遇，是指如果顺利完成煤炭企业的实质性战略重组，将会给六大煤炭集团企业和我省社会经济带来巨大经济效益。所谓挑战是指各战略重组主体面临着巨大的并购重组风险。笔者主要分析了在重组过程中各大煤炭集团公司面临的风险，以及重组完成后各大煤业集团面临的风险，为我省煤炭企业兼并重组顺利实施及实施重组后的超越发展提供理论依据和决策参考。

二、重组过程存在风险分析

截至目前，我省煤炭企业战略重组已经历时1年多，煤炭企业兼并重组工作虽然取得了很大成效，但进展并不顺利，主要风险在于以下几点。

(一)煤炭产业集中度不高

河南省煤炭产业重组中遇到的一个非常困难的问题，是煤炭产业集中度不高。按照河南省政府的部署，全省年生产规模在15万~30万t的煤矿（含15万t和30万t，不包括年生产规模100万t以上的煤炭企业所属矿井），成为我省此次煤炭企业兼并重组的重

作者单位：平煤股份十三矿

点。资料显示,目前,全省现有各类煤矿近800处,平均规模不足30万t的小煤矿有670处,占总数的84.5%。河南大煤炭集团相对偏少,5 000万t以上企业只有一家。要对这么一大批的小煤矿进行重组确实困难重重。在重组过程中,必然涉及小煤矿业主的利益,造成小煤矿业主的抵触。所以,重组干扰非常大,一些小煤矿业主为谋取自身利益,不顾一切利益,对重组实施干预,使重组进展并不顺利。

迫于政府压力,虽然河南省属六大国有煤炭集团已与占首批兼并重组小煤矿总数的九成以上小煤矿签订了框架协议,但是,所签订的多是意向合同,没有涉及实质性内容,只有十几家小煤矿签订了正式协议。离目标有相当大的差距。要使我省煤炭产业完成此次战略重组,实现产业化经营,还有很长的路要走。

(二)资金风险

此次战略重组,虽然政府在资金方面将予以重点支持,但是,煤矿整合牵动的是利益格局调整,在和小煤矿谈判过程中,有些在小煤矿中占有干股的政府工作人员,直接影响谈判价格。

截至目前,省六大煤炭企业已累计投入约50亿元用于兼并重组工作。其中,河南煤化工集团已拿出20亿元用于新公司注册以及支付小煤矿首期资产转让价款。而中国银行河南省分行为河南煤业化工集团提供的首批并购贷款只有5.37亿元。郑煤集团一位负责人也坦诚预测,郑煤集团要重组的小煤矿完全整合下来,资金将超过100亿元,而郑煤集团目前总资产才200多亿元,净资产不过几十亿元,资金存在明显不足。其他参与重组企业也存在着不同程度的资金缺口。其大部分缺口资金要靠企业自筹或借贷,对于企业来说,这将会是不小一笔资金,这部分资金占用,将会对企业营运资金造成一定程度的影响,增加企业的资金成本,而营运资金的短缺极有可能造成企业资金链断裂,使企业陷入财务危机。一旦财务危机产生,后果不堪设想。

(三)人员风险

从六大煤业集团兼并重组的范围看,此次兼并重组范围之大,历史罕见,被兼并小煤矿由于技术落后,急缺技术人员,技术员工的需求量远远超越了我们的想象。河南某大型煤炭企业负责人表示仅派往被兼并企业的瓦斯检查员的缺口就有1 000多人。整体预测,六大煤业集团需要派驻被兼并企业人员更是在20 000人以上。

重组后新企业的矿长、分管安全、生产、机电、技术的副矿长由煤业集团选派,据调查资料显示,六大煤业集团企业已累计选拔培训“五职”矿长及管理人员1 500多人,向400余处小煤矿派驻了管理团队,逐步对矿井生产经营活动实施接管。此外,为了抓紧培训管理人员,骨干煤炭企业还和河南理工大学以及河南工程学院合作,进行管理人员强化培训。但是,与小煤矿20 000人以上的需求相比,缺口还是很大。要完成这么大规模的人员调整,必将会有错综复杂的人员变动,增加重组风险。

三、国有煤炭企业战略重组后风险分析

国有煤炭企业战略重组是我省煤炭企业发展过程中的一个重要战略行为,更是市场竞争的必然结果。然而依据有关资料显示,国内企业重组并购的成功率偏低,仅为20%~25%,且大部分企业在重组后相当一段时期内会陷入困顿状态。另据麦肯锡咨询

公司的一项调查统计表明，只有33%的重组（并购）是成功的；Coopers Lybrand公司对英国公司重组（并购）的调查显示48%～56%的重组（并购）是失败的。这些咨询公司的调查结果都说明企业重组不仅复杂，而且风险巨大。我省国有煤炭企业战略重组后也必将面临以下风险。

（一）政策风险分析

政策风险，指从政策的最初构想到战略实施过程的不确定性。企业重组的政策风险主要由政策的可行性所决定，它是与政策的动机、条件、决策以及实施密切相关的。我省煤炭企业重组，是按照省政府要求实施的，各级政府会给予大力支持。按照此次重组精神，2011年4～6月为第三阶段，即重组验收阶段，但是，由于重组实施阶段条件方面的许多不确定性，重组验收不会很顺利。煤炭企业重组中涉及工商设立登记、变更登记、注销等实务性事项。另外，煤炭企业采矿许可证、勘察许可权证、土地使用权证、房屋所有权证等的变更或转移都要和各级政府相关机构协调。再者，政策的连续性直接影响各煤业集团战略重组后的可持续发展。

（二）财务风险分析

财务风险是指由于兼并重组而涉及的各项财务活动引起的企业财务状况恶化或者财务成果损失的不确定性。在兼并重组过程中，兼并主体方需要对目标企业支付包括资源价款在内的资产价款，还需要对被兼并矿井进行技术改造或者产业升级，作为兼并主体企业面临很大的资金压力。因此，兼并重组中的融资、偿债等活动，也都面临巨大的风险。

财务风险包括融资风险和偿债风险。企业融资方式包括内部融资和外部融资，方式不同其资金成本也不同。在选择融资方式时，首先应考虑内部积累，其次再考虑外部融资，通过各种数量分析方法，以资金成本为基础，建立起接近最优资金结构的良好结构。作为重组的并购方，不论是用本公司的现金收购、股票收购，还是选择债务融资方式收购，并购成本很高，需要大量的资金支持，为此存在着一定的融资风险。

重组集团企业重组融资，如果选择外部融资方式，将会存在偿债风险。重组企业如果从外部取得重组所需资金，就会出现负债融资，一旦经营环境恶化，重组集团企业就会陷入到期不能偿还债务本息的危险处境。负债规模越大，债务本息越高，从而由于收益变动导致丧失偿债能力的可能性就越大。企业负债融资的本息偿还最终来源于企业的收益。但是，企业的获利能力具有很大的不确定性。当企业的投资收益率高于负债利息率，企业就可以获得负债带来的财务杠杆利益。但是，当投资收益率下降或者低于负债利息率时，负债就会侵蚀企业的股权资本，甚至迫使企业面临到期无法偿债的可能。投资收益率下降幅度越大，重组集团企业负债融资的风险也就越大。

同时，负债规模还决定了负债比率，负债比重越高，财务杠杆系数越大，投资收益率的微小变动就会对企业偿债能力产生重大的影响。因此，负债融资规模过度极易导致偿债风险的产生。

（三）安全风险分析

近年来，全国煤炭生产安全事故虽然呈逐年下降趋势，安全生产状况总体稳定、趋于好转，但形势依然十分严峻，事故总量仍然很大，非法违法开采现象严重，重特大事故多发频发，给人民群众生命财产安全造成重大损失。而小煤矿企业重生产轻安全、安全管理薄弱、主体责任不落实，安全问题尤其突出。在井下，瓦斯、顶板、放炮、水害等都是安全生产的天敌，在井上，运输、机电等也是安全的多发类型，低投入低产出的小煤矿距离安全生产的标准非常远。河南省主要领导人强调煤炭企业兼并重组是解决煤矿事故频发顽疾的治本之策。而要解决重组小煤矿的安全问题，需要投入大量人力、物力和财力。目前，和国有大型煤炭集团签订重组协议的小煤矿大部分处于停产整顿状态。兼并重组遇阻，安全压力陡增，兼并重组风险增大。

（四）管理风险分析

此次战略重组就是完成对小煤矿企业的战略整合，整合就是将两个以上的企业完全演化成为一个企业的过程，由于整合前的小煤矿在机制、结构、生产以及人力资源等诸多方面存在差异，使得国有煤炭企业与小煤矿之间的整合非常困难，而整合的困难直接影响到重组的效果。当企业的生产或者加工能力受到损害，出现严重的产品或流程失误，或者对于重组缺少整合策略和执行能力时，管理风险就转变为战略风险。

此次战略重组的小煤矿企业不仅数量多，而且矿井复杂，技术革新进级难度大，这对于承担兼并重组使命的企业来说，压力会很大。重组中的管理整合也存在着几方面的风险。这种风险包括管理整合风险、文化整合风险以及人力资源整合风险几个方面。其中管理整合风险是指煤炭企业兼并重组后，由于管理理念和组织结构的冲突，或者因兼并重组后企业规模过大导致无法实现协同效应，造成企业管理成本上升、效率低下。文化整合风险，指兼并重组企业的内部因文化理念、认识等方面存在的分歧而产生的文化冲突。人力资源整合风险是指企业兼并重组中由于公司内新老员工心里障碍、感情因素等原因而产生的抵制情绪，或关键人才选择自动离职导致企业不能够正常运营的可能性。

综合分析，煤炭企业兼并重组风险具有四个主要特点。一是风险危害性大。兼并重组活动一旦失败，不仅会对煤炭企业造成影响，还会影响到社会的稳定和经济的发展。二是超强的隐蔽性。突出表现在资源风险上，煤炭资源深埋于地下，很难如实获得资源禀赋（包括煤层埋藏的深浅、煤层的厚度、顶底板的好坏、地质构造的复杂程度）等信息。此外，由于煤矿建设周期长、可变性强等特点，有些风险表现出来需要数年后才能显露出来。三是动态关联性。在兼并重组过程的各个环节，前一阶段的风险因素将对后续兼并阶段产生影响。例如决策失误，或者对目标企业的调研不足，目标企业价格评估过高，则会给兼并重组的后续阶段带来致命的风险。四是可控性。尽管风险客观存在，但面对风险人们可以发挥主观能动性，采取措施对风险加以防范，将风险降到最低。

集团型企业财务报告的局限性及改进对策浅析

申书彩

一、引言

财务报告是反映企业财务状况和经营成果的书面文件。根据我国企业会计准则的要求,“企业应当编制财务会计报告(又称财务报告)”,其目标是向财务报告使用者提供与企业财务状况、经营成果和现金流量等有关的会计信息,反映企业管理层受托责任履行情况,有助于财务会计报告使用者做出经济决策。

财务报告使用者包括投资者、债权人、政府及其有关部门和社会公众等。实际上,财务报告还有一个非常重要的使用者,就是企业内部的管理者。财务报告是他们掌握企业运营情况、评价业绩和制定计划的主要依据,是决策时的重要参考因素。因此,财务报告对内、对外都具有重要意义,一份内容翔实、准确可靠的财务报告是所有使用者共同的诉求。

我国现行企业财务会计报告和国际接轨,采用的是在价值法指导下的通用财务会计报告模式,报告单位通过收集、加工、整理、计算、汇总等一系列财务会计程序,按照会计准则编制标准化的财务报表。这种通用财务报告模式具有显见的优点:标准化的模式减少了报表编制者的工作量,更容易把握信息披露的尺度和范围,对于报表使用者来说,也容易阅读和进行信息比较。

然而,这种传统的通用财务会计报告模式不断受到质疑,尤其是“安然丑闻”暴露后,实业界要求改进财务报告的呼声越来越高,理论界的学者们也对现行财务报告的弊端加以阐述,并提出很多改善意见。

综观对通用财务会计报告模式的诟病,大抵有这么几种:①时效性差,半年报要在经营周期结束后 2 个月才报告,而年报更是要等 4 个月;②以提供过去的信息为主,对未来经济前景预测不足;③人为主观因素影响大,信息的可靠性不强;④以成本计量为基础,不能反映企业的真实价值;⑤难以满足不同信息使用者的不同需求;⑥对包括经营状况、经营环境分析等非财务信息披露不足;⑦对诸如人力资源等无形资产的确认不足;⑧缺乏对社会责任、环境保护等情况的披露等。

上述弊端,多数是由通用财务报告模式本身的特性决定的,因此,从这种报告模式确立开始,就有人不断地尝试挑战它的主导地位。美国会计学者乔治·索特在 20 世纪 60 年代就提出了“事项法”下的财务会计报告模式,这种模式要求财务会计人员将与经济事项有关的各种属性的信息输入到信息数据库中,信息使用者可以根据自身需要自主提取信息数据库系统的数据,输入到自己的决策模型中,将事项信息转化为决策信息。事项法

作者单位:中国平煤神马集团财务资产部

报告模式具有很多优点，然而，模式也具有一定的内在缺陷，提出40余年，至今尚未得以实践。近年来，随着计算机及网络技术的迅猛发展，正如人们惊异于RTE（实时企业）的出现一样，网络会计已悄然现身。网络会计是建立在网络环境基础上的会计信息系统，依托在互联网环境下对各种交易和事项进行确认、计量和披露等会计活动。

网络会计让人眼前一亮，似乎看到了未来会计的发展方向，加上对事项法会计模式的不了情怀，就产生了动态式的实时财务报告模式。动态式财务模式与先进的RTE管理思想不谋而合，成为人们关注和研究的新方向。

二、集团型企业现行财务报告制度的局限性

（一）集团型企业现行财务报告概述

很多大型企业集团，产业遍布全国各省（区）。一个集团企业可涉及煤炭、煤焦、煤盐、化工核心产业及煤电、现代物流、高新技术、建工建材、装备制造等辅助产业，形成一套完整的产业链体系。近年来，集团型企业发展迅速，不断扩张，促使管理理念和方法不断创新，也给财务管理提出了更高的要求。

根据我国现行会计准则的要求，集团财务报告采用传统的通用财务报告模式。财务报表包括资产负债表、利润表、现金流量表、所有者权益变动表、附表及会计报表附注和财务情况说明书，从报告周期上分为月报、季报、半年报和年报。

集团企业财务报告的编制方式，多数采用的是用友U8或网上IUFO系统，具体编制程序如下所述：

（1）根据实际发生的业务，下属单位在NC系统上或U8上编制记账凭证，并由系统自动过入相应账簿。

（2）每个经营周期（月、季度、半年、年）结束后，各下属单位在IUFO或U8系统上编制会计报表，并打印正式的纸质文件报送集团财务部门。

（3）集团财务部门对下属单位的报表一一审核。

（4）集团财务部门汇总审核过的下属单位报表，编制集团合并报表，并报送相关部门。

（二）集团型企业现行财务报告的局限性

由于采用的是通用财务报告模式，很多集团企业的财务报表同样存在前述的弊端，具体来说，有以下几个方面：

（1）时效性差。下属单位财务报表中的主表设好公式由系统自动生成，但附表中的很多内容需要人工列入，这需要一定的时间，还有一部分下属单位在外地，报送路程远、成本高。另外，集团财务部门审核、编制合并报表也需要时间，通常月报要15天、季报要一个月、半年报要两个月、年报要四个月才能报出，即使是快报，也需要上述时间的一半才能报出。

（2）可靠性差。下属单位出于自身利益的考虑，在上报报表时，可能会粉饰报表，随意改动，而由于下属单位太多，集团财务部门在审核报表时，不可能对其数据进行一一核实，只能审核其表内和表间关系，同时根据经验判断其真实性。

（3）由于采用成本计量模式，资产负债表中的数据不能反映企业实际价值。

(4)全面性不足。以货币计量为主,对非财务信息反映匮乏,对人力资源等重要无形资产确认不够。

(5)预测性不强。由于报表反映的是以过去的或现有的信息为主,且缺乏相应的分析,因此对未来预测性的信息不足。

(三)集团型企业现行财务报告局限性造成的危害

上述财务报告的局限性有着很大的负面影响,主要有以下几点:

(1)集团及下属单位在制定经营计划时失去相关依据。由于时效性差,报表的报送通常都是在计划制定完毕之后,使得在制定计划时缺乏相应的信息。

(2)影响了管理者决策的准确性。由于时效性、可靠性差及成本计量导致的价值误差,可能使决策者对实际经营状况的判断产生偏差,致使在绩效评估、经营决策时出现错误。

(3)增加了管理者决策的难度。由于全面性不足和预测性不强,使管理者在进行决策时信息量不够,还需要通过其他方式获取,甚至是主观经验判断,导致了决策难度的加大。

(4)外部报表使用者的不满。由于上述局限性,导致外部财务报告使用者获取报告的时间拖后,并可能对其质量有怀疑,还对内容不丰富不满意。

三、集团型企业财务报告的改进对策

(一)基于目前条件下的改善措施

(1)缩短财务报告的编制周期。充分利用会计电算化的优势,在报表系统中设计下属单位财务报告附表中的公式,并锁定主、附表中的计算公式,期末自动生成报表,再手工填列有关数据,表内、表间审核通过后自动即时上报,外地单位应实行网上申报,设置交流工具与审核通行证,实现远程申报;在集团财务部门审核下属单位报表时,利用信息化技术,设计系统功能,能自动凸显异常数据点,只对异常数据审查、核实,以此加快审核进度,快速形成集团财务报告。

(2)加强财务人员素质,保证能正确进行账务处理,防止随意填列,减少人为无意识错误。

(3)加强审计工作,增强奖惩力度,警戒人为有意识错误。

(4)严格下属单位财务报表上报后的修改程序,取消上报权限应设专人管理,防止已报出报表被修改。

(5)不再采用单一的历史成本计量基础,采用多种计量方法。比如对于实际价值和账面价值偏差较大的资产,采用公允价值计量,再如对新出现的金融工具,采用公允市价计量等,对于计量基础不同的项目,在报告附注中加以说明。

(6)丰富财务报告附注内容,增加非财务信息的披露和上报。

(7)完善财务分析报告的内容。对经营情况进行分析,及时反映各种警示信号,尤其是对新增投资单位经营风险进行分析。这些专业的财务分析,将为管理者的决策提供极有价值的参考。

(二)基于未来发展的改进策略——实施事项法动态式财务报告

1.事项法动态式财务报告概述

网络技术越来越发达,利用internet技术将企业事项与编制报表连为一体,在企业信息管理系统之中的财务管理系统构建集中的数据库，所有发生的经济事项细节都将及时反映在数据库中。通过授权，信息使用者可以使用系统方法库中提供的工具，按照自己的需要，根据明细数据重构发生过的经济事件，动态、灵活地定制财务报表；通过预制规则，系统也可以自动按照会计制度的要求定期生成向外报送的财务报告。

事项法动态式的财务报告系统由相互联系的三个层次构成。第一层为报送给财务报告使用者的报表层，该层不仅包括传统的财务报表，更重要的是包括按照需要分配给使用者不同权限而生成的个性化的财务报告；第二层为模块化的财务信息数据库，该层从经济事项库中获取数据，从方法库中选取不同的处理方法，将数据分类、加工成模块化的财务信息，供不同的使用者查询；第三层为企业的基础经济事项数据库，该库中汇集了企业日常所发生的所有经济事项的信息，这些信息由基层各单位产、供、销等各部门直接提供。

动态式财务报告以快速的动态报表替代定期报表，实现了会计信息的纵向集成与报表的实时生成，报表的内容更加全面，不仅揭示财务信息，而且将有关的非财务信息都可以纳入其中；也提高了信息的相关性，保证了信息的质量；财务报告的生成机制也很灵活，形式更加多样，能够满足不同使用者的个性化需求；同时财务信息的分析更加便利。可以说动态式财务报告是财务报告的彻底创新。

2. 集团型企业实施事项法动态式财务报告的必要性

（1）强化内部管理的需要。很多超大型的企业集团，下属单位多，管理层级多，如何实现内部沟通的顺畅是个大问题，通过实施事项法动态式财务报告系统，可以使各层级在自己的权限范围内及时掌握信息的变化，随时做出决策。同时，这也是对各基层工作者的考验，使其规范操作，认真对待工作。

（2）顺应时代发展的需要。既然网络会计已经进入实践，事项法会计模式呼声越来越高，那么两者的结合——事项法动态式财务报告模式恐怕是未来财务报告的必然趋势。与其未来被动服从跟随，不如早做准备，积累经验，争取主动。

3. 集团型企业实施事项法动态式财务报告的可行性

（1）管理规范。经过近几年内部控制规范化的推进，各大型企业管理上了一个新台阶，各级管理相对规范，基层工作者的素质得以有效提高，这为实施动态式财务报告系统奠定了基础。

（2）集团型企业大部分实行了会计电算化，并且很多实施了用友 NC 系统，这为实施动态式的财务报告积累了经验，也保证了会计人员网络化操作的素质要求。

（3）OA 办公系统完善。很多集团企业 OA 办公系统实施多年，而且运行稳定，事项法动态式财务报告系统可以以此为基础，或作为 OA 的一个附加系统，具有较高的可靠性；也可以扩展现有 NC 系统的功能，并使 OA 系统和 NC 系统互访，从而实现事项法动态式财务报告模式。

（4）目前计算机和网络技术相当发达，实施动态式财务报告在技术层面有足够的保证。

4. 实施事项法动态式财务报告应注意的问题及对策

（1）信息披露广度和深度问题。不是企业的所有信息都可以让任何人知道的。对于不同的报告使用者，设置不同的访问权限，可以为其生成固定的报表格式，也可以在数据库中的数据上设置不同的标签。比如核心与非核心,或者是一级、二级、三级等,从而运用彩色报告方法的思维,提供彩色财务报告。

(2)数据库安全问题。可以通过信息安全技术、设备来保护信息的安全,在目前的黑客与反黑客的斗争中,"道"的力量是绝对能够战胜"魔"的。

(3)数据准确性问题。基层工作者,在自己的权限内输入相应的数据,并为数据的准确性负责,并严格数据修改程序,防止随意篡改。

四、结论

财务报告是企业经营活动的缩影,是传递会计信息的工具,是企业高层管理者决策的依据,是外部报表使用者了解企业的窗口,具有重要作用。传统的通用财务报告模式具有很多局限性,其改革势在必行,动态式财务报告是在网络环境下的事项法会计模式,具有许多不可比拟的优越性,克服了传统财务报告的弊端,是未来财务报告的发展趋势。

简析企业财务风险管理的方法与对策

魏丽丽

财务管理是基于企业再生产过程中客观存在的财务活动和财务关系而产生的，是企业组织财务活动、处理财务关系的一项价值管理工作。企业财务活动管理中因受各种不确定因素的影响，随时面临着风险。因此，企业要加强企业财务管理并及时对财务风险进行正确识别、预测、控制和处理。笔者以财务管理理论和风险管理理论为基础，分析了财务风险的起因，进行了财务风险防范方法、对策的分析，最后对财务风险管理进行了探索。

财务是企业经济活动的价值体现，企业在市场中遇到的各种风险最终都会形成对收益的影响，从而形成财务风险。企业财务管理具有融资、投资、收入分配、资产管理决策等主要功能，它是企业业务经营的推动力量和企业治理的平衡力量，在企业发展中处于核心地位。因此，要做好企业财务风险管理工作。

一、财务风险的意义及起因

（一）财务风险及财务风险管理的意义

财务风险是指公司财务结构不合理、融资不当使公司可能丧失偿债能力而导致投资者预期收益下降的风险。从广义的角度来看，财务风险是指企业财务活动由于内、外部环境及各种难以预计或无法控制的因素影响，在一定时期内使企业实际财务收益与预期收益发生偏离，因而蒙受损失的可能性。

市场和供需是不断变化的，面对复杂多变的环境企业必须持续不断的进行财务风险管理。通过这个持续不断的过程企业可以改善财务规划和管理；通过对市场及经济的持续监控，为决策制定提供信息，帮助企业领导者做出合理的投资决策，并在进行外包和与对手交易时，进行尽职调查和监督。

（二）引起财务风险的原因

对于财务风险的起因不同的人有不同的观点，一种观点认为财务风险就是筹资风险，是企业在筹集资金过程中，由于未来收益的不确定性而导致的风险。一种观点认为财务风险是企业财务活动中由于各种不确定因素的影响，使企业财务收益与预期收益发生偏离，因而造成蒙受损失的机会和可能。还有一种观点认为财务风险是资本流通过程中的产物。

笔者认为第一种观点对企业财务风险的认识带有片面性，只是认为筹资风险是企业财务风险的全部，而忽视了企业其他方面所带来的财务风险。而第二种和第三种观点从企业资金运动的整个过程来认识企业财务风险，认为财务风险从企业资本垫支开始就产生了，随着企业生产程序更替而产生和积累了其他方面的风险，从总体上全面把握财务风

作者单位：中国平煤神马集团工程塑料公司

险，对于企业的生产经营实践具有指导意义。因此，笔者更赞同后两种观点的看法，具体到企业，笔者认为风险的起因又可以划分成内部原因和外部原因。

1. 内部原因

(1)没有风险意识。许多企业的管理人员和决策者风险意识薄弱，在没有做好充分风险应对计划的情况下匆匆投资，面对突如其来的风险时也没有处理的经验和能力。致使企业在财务风险发生时束手无策。此外一部分企业管理制度不完善，内部管理人员的权限设置不清，管理混乱导致重要财务数据外泄，可能引起更大的风险。

(2)企业的资产结构不合理。企业大部分生产经营资金的来源为自有资金和借入资金。银行是大多数企业借入资金的来源，造成企业长期负债少，短期负债多。如果企业的资产负债率过大，或者出现支付危机时，一方面使自己失去信任而加大其财务风险，另一方面又因逾期借款而使融资成本加大，如此恶性循环最终会导致企业资不抵债，面临破产清算的危险。这种产生财务风险的原因可以说是财务风险的本质。

(3)企业赊销比重大。应收账款缺乏控制。目前市场已成为买方市场，企业普遍存在产品滞销现象。企业为了增加销量，扩大市场占有率，大量采用赊销方式销售产品。由于企业在赊销过程中，对客户的信用等级了解不够，造成了应收账款失控，相当比例的长期应收账款无法收回，直到成为坏账。严重影响企业资产的流动性及安全性，由此产生财务风险。

(4)企业资产流动性弱。在流动资产中，存货所占比重相对较大，且很多表现为超储积压存货。存货流动性差，一方面占用了企业大量资金；另一方面企业必须为保管这些存货支付大量的仓贮费用，导致企业费用上升，利润下降企业的资产流动性弱。

2. 外部原因

外部环境的复杂多变导致各种不同财务风险的产生。企业财务管理面临的环境包括国家宏观经济、法律、社会文化环境以及在市场经济中的各种欺诈、违约、投机取巧等因素。这些因素存在于企业之外是企业所无法控制的，对企业的财务管理活动产生重大影响。由于这些因素的复杂性和多变性，增大了企业风险产生的可能性。

二、财务风险防范的方法、对策

财务风险管理是一个处理源于金融市场的不确定性的过程。它涉及评估一个企业面临的财务风险并制定与内部优先事项和政策相一致的管理战略，积极主动地解决财务风险会为企业提供竞争优势。面对财务风险，企业可以从以下几个方面进行管理。

(一)加强内部控制

内部控制是指为确保实现企业目标而实施的程序和政策。通过内部控制可以识别可能阻碍实现企业目标的风险因素并采取预防措施。内部控制的五要素是控制环境、风险评估、控制活动、信息与沟通、监察。

笔者认为要加强企业的财务风险内部控制，要做到：①完善内部管理制度，各层次管理人员权限划分明确。②建立内部审计机构，内部监督做到独立、有效的运行。③内部审计人员应更加注重支出与效益的全面审查与比较，将支出的代价与相应的效果当成矛盾的统一体来对待。审查企业财务支出的有效性，改善经营管理，及时发现可能存在的财务风险。④加强企业管理人员的风险意识教育和业务培训,全面提高企业全体员工的素质,使企业员工,特别是企业的管理者牢固树立风险意识,从根本上杜绝财务风险的发生。

(二)提高财务决策水平

任命首席风险总监制定和实施企业风险管理战略,辅助财务负责人工作,以达到提高财务决策水平的目的。在实际工作中要做到:①企业要进行财务预算管理,即企业实施全面的财务预算管理,以现有的财务会计方法为依托,与现行财务会计报告口径相衔接。②要谨慎投资,在资金运转良好或有剩余资金的情况下,才去考虑获取额外报酬的对外投资。③如果投资是生产经营的必须环节或是进行风险性投资,必须拟定严谨的投资计划,进行科学的投资回收评估和论证,选择最佳的资金投入时间,以避免造成资金短缺或运转不灵。④合理进行投资组合。投资组合包括不同投资品种的组合、不同行业或部门的投资项目的组合,长短期限不同的投资组合等,以追求一种收益性、风险性、稳健性的最佳组合。

(三)合理安排资本结构,增强资产流动性

企业应根据自身情况充分利用自有资金,优化资本结构,使债务资本和自有资本比例适当,形成总风险最低的融资组合;从外部筹资时长短期债务资本的布局要合理,避免债务资本的还本付息期过于集中。在日常经济活动中最大限度合理利用应付账款、应付票据和预收账款等商业信用手段,以达到降低成本,提高资金的使用收益的效果。

增强资产流动性,企业要做好资金来源、资金占用、资金分配和资金回收的测算和平衡,以确保资金的安全、增值和流动。不断完善应收账款的回收机制以规避风险发生,在资产组合中保持一定比例的易变现资产谋划好存货适时销售变现,并加快存货的周转,通过安全储备、合理订销、及时进出来优化管理。

(四)建立风险预警系统并使用财务风险管理技术

财务风险预警系统是对企业可能或将要面临的财务风险建众的进行监测、预报的财务分析系统。它是在微观财务指标的基础上建立预警模型,从宏观的角度综合反映企业整体财务状况,有时还能反映系统的财务状况。在此基础上对各项功能的财务指标进行观察、识别,判定企业财务运行的状况,及时提醒财务管理者做好防范和补救措施。

(五)财务风险应对策略

管理层应该迅速针对已评估的关键性风险做出回应。可选的应对风险策略有风险降低、风险消除、风险转移和风险保留。管理层可以选择一个或多个策略结合使用。

(1)风险降低。“风险降低”的风险应对策略,亦称做风险缓解。不同的实际情况适用不同的风险降低方法。常用的一种形式是风险分散,即通过分散的形式来降低风险。比如在多种投资而非单一方面上投资。分散化的投资组合中包含回报率不同的资产,彼此呈弱相关或呈负相关。投资资产的分散化能够减少由于一个发行者失败而导致的损失程度。客户、供应商和资金来源的多样化能减少企业受到管理层控制范围之外的不利影响的可能性。虽然损失的风险仍然存在,但分散化能够减少巨大不利结果的出现机会。

(2)风险消除。“风险消除”策略包括风险避免、风险化解、风险排斥或风险终止。采用风险消除的目的,是预期出现不利后果时,一并化解风险。

(3)风险转移。采用风险转移的目的,是将风险转移给另一家企业、公司或机构。合

同及财务协议是转移风险的主要方式。转移风险并不会降低其可能的严重程度，只是从一方移除后转移给另外一方。其中一种转移风险的方式是购买保险，购买保险具体来说就是企业通过向非关联的第三方付款，让其代为承担风险。

(4)风险保留。风险保留包括风险接受、风险吸收和风险容忍。采用风险保留时，管理层需考虑所有的方案，即如果没有其他备选方案，管理层需确定已对所有可能的消除、降低或转移方法进行分析来决定保留风险。商业环境是一直在变化的，因此企业要通过定期风险复核，控制风险情景并清楚何时应做出决策。进行积极的风险管理，如果已经特意作出了保留风险的决策，那么管理层应对付诸实施的影响及风险发生的可能性十分清楚。

三、对财务风险管理进行的探索

(一)将财务风险管理提升至战略高度上

财务管理为企业战略提供资金支持，是为提高经营活动的价值而进行的管理。它支持企业的总体战略，重要的财务决策大都是由企业最高当局做出的，大多数企业组织以财务目标作为整个企业的主要目标，以价值分析为基础，以促使企业资金长期均衡有效地流转和配置为衡量标准，以维持企业长期盈利能力为目的的战略性思维方式和决策活动。

(1)制定企业财务风险战略。首先，应根据公司高层管理者的经营风格、理念、风险态度，制定战略性风险的识别和风险价值的衡量的基础。其次，根据实现组织或企业财务目标的过程中面临的风险，确定筹资来源、资本结构和股利分配政策。再次，根据企业发展阶段和创造价值(或增长率)选择合适的财务战略。最后，根据企业成员的执行结果，不断反馈，不断修正财务战略，使企业的财务战略更好的反映和整合企业所面临的所有风险。

(2)企业财务风险战略与企业经营战略相协调。财务管理强调以稳健的财务政策和财务控制来支撑公司的持续和谐发展，杜绝用血本去博取高风险收益。控制风险实质是在增长和盈利之间进行权衡。风险控制作为增长的制衡器，在一定程度上会打压增长、降低速度甚至缩水盈利，但这种态度将最终有利于企业的安全运营和健康发展。与经营战略中的增长，盈利有关的风险出现有几种情况：①短期盈利，但长期不符合战略方向的增长。这种情况风险较低，可以使此项目适当发展，并在适当的时候出售这样的项目。②长期可以带来盈利，但短期无法带来盈利。这种情况因为长期盈利的前提是短期内的超速增长，这就要考虑企业资源问题，如果企业有足够的资源可以承受大规模投入而短期不见效益的风险，不会发生支付能力、偿债能力危机或信用危机，则企业可以先求增长。如果出现超越企业能力极限的增长必然会给企业带来较大风险，必须抑制。战略制定是个由表及里的过程，战略的决策必须基于企业的内部条件。面对迅速增长起来的资本规模和企业人员规模，企业必须针对它进行评估和整理，不能高估了企业的适应能力。否则企业将只会看到其拥有巨大资源，没有看到整个企业的管理机制配置和协调资源的能力是滞后的。企业形式上是变大了，但观念、管理机制和组织结构上都还停留在很低的水平上。在增长时，如果企业没有协调好财务战略与增长的关系则很容易有陷入危机的风险。因此，在企业扩张战略下，公司要稳健发展，必须要做到管理增长、追求盈利和控制风险，使企业增长,盈利和风险有机的协调。

(二)建立企业财务风险管理的文化

企业的文化对企业的各种控制系统及风险管理系统起着支撑、辅助和补充的作用。更为主要的是企业文化作为一种无形的力量,影响着企业风险管理体系的运行,健康的企业文化是风险管理体系的基础,能够极大的增强企业应付危机的能力。风险管理最重要的是将风险融合到企业文化和价值观。

创建风险管理文化的要素是教育和培训。企业可以通过培训班向其雇员提供对风险和风险管理作用的整体概述,并讨论风险。在工作中时时处处评估和发现风险,自发地协调和实现团队化风险控制,制度控制和文化引导双管齐下,努力提升企业的风险管理水平。

(三)用系统分析的方法对财务风险管理进行分析

彼得·圣吉曾做过一个"啤酒游戏"。这个反映生产配销系统的波动现象的游戏,揭示了系统思考的重要性。按照系统思考的原理,任何一个不断成长的业务,背后都有一个或几个"成长引擎",这就是"增强回路"。它把若干经营要素连接在一起,构成一个环环相扣的系统,并使得该系统得到自我增强。也就是说,随着时间的推移,系统每运转一圈,每个要素就得到一次增强,并引发下一次更大幅度的增强。如此循环往复,使得业务不断增长。这是你事业的核心。如果想把业务做大,你必须找到推动你的业务发展的"增强回路",并不断给这个增强回路"加油"。

在进行企业财务风险管理时,也要将其融入企业整个系统中思考。促进团队成员真正深刻地共享彼此对事物的理解,将团队成员的"目光"集中于一点,促进大家一起思考。这样可以充分考虑到企业面临的所有因素,做到短期目标与长期目标的系统思考,以及整个产业链的行业周期的思考,做到从看部分转为看整体。也只有这样才能使企业管理者不断改善心智模式,在遇到复杂的系统性问题时有效地避免风险。

试论煤炭企业成本费用控制的有效途径

王红敏

加强成本费用的管理是实现财务成果的重要保证，是增加利润的重要途径，是实现企业价值最大化的关键。企业资产的消耗最终转化为成本费用，成本费用的管理也是一个全方位的管理，需要企业的各个部门相互配合才能完成。成本管理的重要手段是建立、健全成本费用内部控制并保证其有效执行。

一、成本费用内部控制的重要意义

成本费用控制是企业管理的永恒主题，也是企业内部控制的一个重要组成部分。成本费用内部控制是指在企业生产经营过程中，按照既定的目标，对发生成本费用耗费的各类各项活动进行规划、组织、协调和监督，使成本费用控制在预定的目标之内，以最小的消耗来实现最大的经济利益。

(1)通过加强成本费用内部控制，可以提高企业的经济效益。企业是以盈利为目的的经济组织，成本费用是抵消利润的主要因素，降低成本费用，可以增加利润，即“省下的就是挣来的”。

(2)通过成本费用内部控制，可以提高企业竞争力。企业的成本费用水平对产品的价格影响重大，若企业的成本费用水平较低，产品价格就可以定得较低，会使企业处于有利的境地。反之，产品价格就较高，会使企业处于不利的境地。通过有效的成本费用控制，可以降低企业的成本费用水平，提高企业在市场中的竞争力。

(3)通过成本费用内部控制，可以提高企业社会经济效益。降低成本费用是落实节能减排的重要举措。

二、成本费用内部控制的原则

(一)经济原则

这里所说的“经济”是指节约，即对人力、物力和财力的节约，它是提高经济效益的核心。因而，经济原则是成本费用内部控制的最基本原则。

(二)全面原则

全面原则具体包括以下几个方面：

(1)全过程内部控制—成本费用内部控制不限于生产制造过程，而是从生产向前延伸到投资、设计，向后延伸到用户使用成本费用的全过程。

(2)全方位内部控制—成本费用内部控制不仅对各项成本费用发生的数额进行内部控制，而且还对成本费用的时间和用途加以内部控制，讲究成本费用开支的经济性、合理

作者单位：郑煤集团供电处

性和合法性。

(3)全员内部控制—成本费用内部控制不仅要有专职成本费用管理机构和人员参与,而且发挥广大职工群众在成本费用内部控制中的重要作用,使成本费用内部控制更加深入和有效。

(三)责权利相结合原则

只有切实贯彻责权利相结合的原则,成本费用内部控制才能真正发挥其效益。显然,企业管理当局在企业内部各部门和单元完成成本费用内部控制职责的同时,必须赋予其在规定的范围内有决定某项成本费用是否能开支的权利。此外,还必须定期对成本费用业绩进行评价,据此实行奖惩。

(四)目标管理原则

这项原则是指企业当局以既定的目标作为管理人力、物力、财力和各项重要经济指标的基础。力求以最小成本费用,获得最大的盈利。

(五)例外管理原则

所谓的例外管理,简而言之,就是对超出常规的关键性差异进行管理,旨在保证管理人员将精力集中于偏离标准的一些重要事项即例外事项上。

三、成本费用内部控制的目标

企业成本费用控制的目标是指预期成本费用应该控制的水平及控制标准。制定成本费用控制的控制目标,是进行成本费用控制的出发点。根据成本业务的特点以及经营管理对成本业务的要求,成本内部控制应保证达到以下一些目标:

(1)保证成本业务会计核算资料准确可靠。应对企业发生的所有消耗和物化劳动在成本账簿中进行全面准确的记录。同时,严格遵守国家有关成本管理的规定,正确划分应计入产品成本和不应计入产品成本的费用界限,保证企业再生产资金得到合理的补偿和国家财政收入的实现,保证成本业务会计核算资料准确可靠。

(2)保证在产品安全完整。应建立在产品台账,及时登记在产品收、发及结存数量。定期进行在产品清查工作,保证在产品账实相符。同时,及时处理在产品盘盈,盘亏或报废问题,保证在产品台账记录真实完整,妥当保护在产品实物。

(3)保证成本业务合规合法。成本业务应当符合授权要求,做到认真审查各项费用开支的真实性,采用适当的方法确定在产品盘存数量,保证成本计算依据真实可靠,保证成本业务合规合法。

(4)保证成本计算准确。要做到正确划分不同期间、不同产品以及完工产品和在产品的费用界限。采用适当的方法在各个成本计算对象中合理分配各项生产费用,保持成本核算和计价方法前后期间计算口径的一致性,准确地计算产品的成本。

根据费用业务的特点以及生产经营对生产费用管理的要求,费用内部控制应保证达到以下目标:

(1)保证费用业务会计核算资料准确可靠。费用业务应当按照有关规定进行核算,真实完整地反映生产耗费情况,使所有实际发生的生产耗费都能够及时地得到记录,准确及时地为企业内外提供相关的费用资料。

(2)保证费用业务合规合法。费用业务应当经过企业有关主管人员的批准,每项费用开支必须经过部门负责人员的审批才能办理,各项费用的支出必须符合国家有关会计制度、企业计划和定额的要求,保证费用业务合规合法。

(3)保证费用支出经济合理。节省费用支出无疑就等于提高企业的效益。因此,企业应保证发生的各项费用都符合生产需要,避免企业人力、财力及物力的浪费,保证费用支出经济合理。

(4)保证费用计价正确真实。费用的具体价格应能够如实反映企业取得这些费用时的实际支出,在一定时期内费用计价方法应保持前后一致,保证产品成本核算真实、准确和可比。

四、成本费用关键内部控制制度

从企业日常经营活动来看,成本费用内部控制制度主要包括以下5个方面:

(1)不相容岗位分离及授权审批。不相容职务相分离是企业内部控制最基本的要求,是保证降低涉及成本费用的风险、提高经营效率、保护财产安全以及增强会计数据可靠性的重要条件,授权批准制是指企业在处理经济业务时,必须经过授权批准以便进行控制。

(2)成本费用预算、决策与预算控制。企业应当根据本单位历史费用数据、同行业同类型企业的有关成本费用资料、料工费价格变动趋势,人力、物力的资源状况,以及产品销售情况等,运用本量利分析、投入产出分析、变动成本计算和定量、定性分析、价值链成本比较等专门方法,对未来企业成本费用水平及其发展趋势进行科学预测,制定科学、合理的成本费用管理目标。成本费用预算是用货币形式表示出来的成本费用开支计划,它以货币表示未来特定期间成本费用的详细计划和目标,并以计量方式表示未来成本费用的计划。企业对成本费用预测方案进行决策,应当对产品设计、生产工艺、生产组织、零部件自制或外购等环节,运用价值分析、生产工序、生产批量等方法,寻找降低成本费用的有效措施。企业应当根据成本费用预测决策形成的成本目标,建立成本费用预算制度。通过编制成本费用预算,将企业的成本费用目标具体化,加强对成本费用指标的控制管理。

(3)成本费用执行控制。成本费用执行控制包括:材料成本控制、生产成本控制、期间费用控制、成本费用预算执行控制和内部转移价格的确定等主要业务流程。企业应当根据成本费用预算、定额和支出标准,分解成本费用指标,落实成本费用责任主体,保证成本费用预算的有效实施。建立成本费用支出的审批制度,规范成本费用开支项目、标准和支付程序,从严按照控制费用支出。

(4)成本费用核算。产品成本费用核算的要求:首先,要正确划分应计入产品成本和不应计入产品成本的费用界限。其次,要正确划分各会计期成本的费用界限。再次,要正确划分不同成本对象的费用界限。最后,要正确划分完工产品和在产品成本的界限。企业应当建立成本费用核算制度,制定必要的消耗定额,建立和健全材料物资的计量、验收、领用、盘存以及在产品的移动管理制度,不得随意改变成本费用确认标准及计量方法,不得虚列、多列或者少列成本费用。

(5)成本费用分析与考核。成本费用内部控制的分析与考核是按照一定的原则,采用一定的方法，利用成本计划、成本核算和其他有关资料，揭示成本计划完成情况和成本费用内部控制的实施情况，查明成本升降的原因，寻求降低成本的途径和方法，以达到用最少的劳动消耗取得最大经济效益的目的。

五、成本费用内部控制的方法

（一）内部控制的各项基础工作

做好成本费用内部控制的各项基础工作包括以下几点：

（1）定额的制定和修订。产品消耗定额是编制成本费用计划、分析和考核成本费用水平的依据，也是审核和控制成本费用的标准。企业应当根据当前设备条件和技术条件，充分考虑职工群众的积极因素，制定和修订原材料、燃料、动力和工时等各项消耗定额，并据以审核各项耗费是否合理、是否节约，借以控制耗费、降低成本、降低费用。制定和修订各种定额，是搞好生产管理，成本管理和成本核算的前提，同样也是搞好成本费用内部控制的基础。

（2）制定材料物资的计量、收发、领退和盘点制度。为了进行有效的成本费用内部控制，进行成本管理和成本核算，必须对材料物资的收发、领退和结存进行计量，建立健全材料物资的计量、收发、领退和盘点制度。防止丢失、积压、损坏变质和被贪污盗窃。

（3）健全各种原始记录凭证。在进行成本费用的内部控制过程中，不能只有计量，而没有记录。否则，进行成本费用的控制和管理就没有书面凭证。因此，企业应该制定既符合各方面管理需要，又符合成本核算需要的各种原始记录凭证。

（4）计划价格的制定与修订。材料物资的计划价格在成本费用的内部控制中是最重要的依据，是分清内部各部门各单位经济责任，分析和考核内部各单位目标完成情况等的证据。

（二）成本费用指标的分解

将确定的成本费用标准进行层层分解的过程。在进行成本费用指标分解时，不断寻找新的方法，力求做到科学、合理、可操作性强，真正达到降低成本费用、增加效益的目的。

（三）成本费用差异的控制

在执行成本费用标准，计划成本费用的过程中及时掌握发生差异的原因，纠正不利差异以保证成本费用标准的完成。

（四）成本费用指标完成情况的考核

成本费用指标完成情况的考核是在事后进行的，利用业绩分析，编制业绩报告而进行的。通过考核，可以促使各个成本费用内部控制主体控制和降低各项耗费，以便控制和降低各种产品的成本费用。

六、成本费用内部控制的信息与沟通

基于信息技术的应用。成本费用内控信息系统面临的内控环境错综复杂、瞬息万变，这些内控环境与成本费用内控信息系统的组成元素发生相互影响、相互作用，就会出现各种不确定性，成本费用内控信息系统就必须具有一定的适应内控环境变化和处理各种不确定性的能力。同时，这种能力必须是在较短时间内、花费较少的成本作出的反应，否则时过境迁、效率低下，达不到应有的效果。现代企业面临内控环境动荡的严峻挑战，变化和不确定性是新的竞争环境下的标志，柔性成本费用内控信息系统越来越成为企业内控成败的决定性因素。

总之，随着企业生产经营的国际化，产品的价格竞争日益激烈。尤其是在金融风暴影响逐渐加大的今天，实施有效的成本控制，是每个企业的当务之急。只有把成本控制于企业生产、建设的各环节，真正发挥好财会人员的监督作用，实现企业的科学管理，才能防微杜渐，确保实现企业的降耗增效之目的，使企业在竞争中立于不败之地。

煤炭企业并购财务风险探析

——以平煤与神马联姻为例

朱红辉

近年来,我国的企业并购风起云涌,很多大型的煤炭企业也通过兼并重组的形式发展成为大型煤炭企业集团,然而,财务风险问题也伴随并购随之产生。笔者通过对平煤与神马联姻的案例分析,研究了煤炭企业并购的财务风险问题,提出若干防范与控制措施。

一、企业并购的概念

企业并购一般指在市场机制作用下,企业经过产权交易获得另外一个或多个企业的全部或部分产权,或者以收买股票或股份等方式取得另一个或多个企业的控制权或管理权的行为。其实质是一个企业取得另一个企业的财产、经营权或股份,并使一个企业直接或间接对另一个企业发生支配性的影响。有效的并购活动对于克服企业资产存量效率低下,实现资源优化配置,提高资产利用效率具有重要意义。

二、煤炭企业并购财务风险

煤炭行业并购财务风险的来源主要由4个部分组成,即目标企业价值评估风险、融资风险、支付风险和财务整合风险。

(一)目标企业价值评估风险

我国煤炭企业并购中一个非常复杂的问题是目标企业定价问题,同时其也是并购交易的关键,由于在企业并购的过程中,双方的动机和考虑因素不同,采用的价值评估方法差异很大。所以,对同一目标企业进行评估时,并购双方可能会得到不同的并购价格。找到恰当的交易价格是每一次成功并购的关键,而目标企业的估价取决于并购方对目标企业未来收益的大小和时间的预期,对目标方的价值评估可能因预测不当而不够准确,从而产生并购的评估价值风险。

(二)融资风险

并购的融资风险是指并购企业能否按时足额地筹集到资金以保证并购顺利进行。如何利用企业内部和外部的资金渠道,在短期内筹集到所需的资金是关系到并购活动能否成功的关键。

(三)支付风险

支付风险是指由于并购所需要的大量资金要用收购后新企业未来的现金流量来偿还,但新企业的未来现金流量具有不确定性,新企业很可能会因为缺乏足够的资金还债,

作者单位:平顶山天安煤业股份有限公司六矿

继而资本结构恶化，负债比例过高而导致破产倒闭。支付风险主要分为短期支付风险和长期支付风险。

（四）财务整合风险

财务整合风险，指并购后不能通过并购整合而实现财务协同效应的风险。

三、平煤与神马联姻

2008年12月5日，平煤集团和神马集团以河南省政府分别持有的65.81%和53.03%股权对应净资产出资，成立了河南省属国有独资公司——中国平煤神马能源化工集团有限公司（以下简称"中平能化集团"）。

平煤集团和神马集团联合重组，新集团从酝酿讨论、沟通协商、起草方案、注册登记到挂牌成立，前后不到40天的时间，速度快，力度大，其主要特点可用以下20个字来概括：政府推动，优势互补，平稳推进，文化融合，品牌共赢。

平煤集团与神马集团签署的《吸收合并协议书》就吸收合并的总体安排、吸收合并对价、过渡期安排、协议的生效条件，债权债务的转移及资产移交等事项均作出了明确规定。根据协议规定，吸收合并完成后，中平能化集团作为存续公司将继承及承接神马集团的所有职工、资产、负债、权益、业务，神马集团则办理注销手续。本次收购系因中平能化集团吸收合并神马集团，继而依法继承神马集团所持神马实业的股份所致。中平能化集团吸收合并神马集团获得了河南省国资委、河南省人民政府的批准。

并购财务风险分析如下所述。

（一）价值评估风险

在平煤集团与神马集团的并购案例中，价值评估风险主要来自于两个方面：信息不对称风险和隐性成本风险。

（1）信息的不对称、不透明问题。对平煤集团来说，在此次并购过程中，处于信息不利地位。目标企业的管理水平、机构效率、产品研发能力、财务政策、未来生产经营情况等因素将会影响企业未来价值，但平煤集团并不能充分完全了解这些信息。而且在此并购过程中还会涉及诸如存在部分资产产权不清和养老保险金等一些潜在的风险问题。

（2）隐性成本风险。在此次并购过程中，平煤集团承担了许多隐性成本，这是由于神马集团是典型的国有企业，其承担了相当一部分社会职能，其辅业占集团公司相当的比例，相应的在并购中也就存在许多隐性成本。如人员重组和离退休职工的安置等相关隐形成本。

（二）融资风险

对平煤集团来讲，在打造全球最完整煤化工产业链的同时，集团从2004～2008年，通过整合资源、股票上市、引进战略投资者等方式获得了跨越式发展，销售收入从78.4亿元，增长到596.7亿元，营业净利润从2006～2008年度共实现赢利43亿元，有着稳定的高利润来源和强大的融资能力，无论是对其资本结构和融资成本来讲，所存在的融资风险都较小。

（三）支付风险

对并购后的中平能化集团来讲，支付风险较小。因为，神马集团的产品原来很有国际竞争力，只是由于紧张的资金链制约着企业的发展，很多项目进展缓慢，负债率较高，经营风险大，然而，这些对于成立后的中平能化集团则不是问题。这是由于平煤集团有资金，缺项目，神马集团有项目，缺资金。并购不仅拉长了产业链条，而且真正实现了优势互补，使两个企业都获得了发展的动力和新生。重组后的中平能化集团，具有全球目前最完整的煤化工尼龙化工产业链，整个链条上的产品附加值高，技术含量大，具有很强的国际竞争力。

(四) 财务整合风险

尽管平煤集团此前已与多家企业组成了战略联盟，以变客户为股东等策略吸引了武钢、宝钢、华能、安钢等企业战略投资了 20 亿元，同时发行 10 亿元企业债券并购重组了河南省 8 家煤矿和化工企业，控股或参股了多家电力企业，但是此次重组，更多的是“大块头”之间的重组，牵涉到地方利益，尤其是税收、退股等具体细节，重组后的整合工作面临很多困难和挑战。

另外，由于并购双方企业的内部文化、管理水平各不相同，还有管理层人事安排问题，这些因素令重组工作仍然充满艰难。相对来讲，新成立的中平能化集团的整合将更复杂，过程将更长，财务整合风险将会比较高。

四、煤炭行业并购财务风险防范与控制

(一) 做好并购前的准备工作

大型企业为了最大限度地避免在并购重组过程中向被兼并的企业支付与实际不符的高昂费用，就要对被并购公司的每一个财务项目进行详细和全面的审查以及科学的专业评价，首先是对该企业的股本分布结构展开调查，调查是否存在几个大股东共同属于一个权利系统实际控制公司的情况。其次，对目标兼组公司的市场价值进行评判和分析，一个企业在市场上的价值是多少直接影响到大企业所花费的收购成本的高低。欲进行收购行为的企业应事先确定被收购企业自身所提供的财务报告信息是否能准确反映该企业真实的财务状况，通过对该企业的资本产出、负债情况统计及提供的其他信息的详细审查，对该公司的财务状况进行全面系统的分析。

(二) 并购目标企业选择

煤炭行业通过并购重组进行产业结构调整已是大势所趋，但煤炭企业在进行并购活动前，如何成功选择目标企业以及如何成功实施并购策略决策，这就需要煤炭企业以市场竞争环境为背景，对企业自身的核心能力和企业自身的定位进行全方位的分析。要对企业自身进行定位分析，除对企业所处的经营环境和其他竞争对手进行充分了解外，还要认清自己，扬长避短，这样才能保证企业定位的准确性、有效性和实用性。

(三) 正确评估目标企业的价值

正确评估目标企业的价值，既要全面收集信息，提高信息质量，又要选择合理的价值评估方法。为提高价值评估的准确性，在选择评估方法时除了根据并购目的和目标企业的实际状况来选择评估方法以外，还可综合运用多种评估方法来提高评估准确程度，然后进行综合分析，降低财务风险。最后需要认识到，由于大量不可控因素的存在，任何评估方法都不能完全消除并购财务风险。

（四）融资风险防范

煤炭行业属于资本密集性行业，这一特点决定了其并购活动需要大量的资金，这样无形中加大了防范资金措施中的风险。因而，煤炭企业实施并购时，必须在考虑到企业现有的资本结构和融资后资本结构的变动后，认真制定正确的融资决策计划，一方面尽量利用债务资本的财务杠杆利益，另一方面又要尽量避免债务资本带来的财务风险。

（五）支付风险防范

并购企业在确定了并购资金需要量后，就应着手筹集资金。资金的筹措方式及数额的大小与并购企业采用的支付方式有关，而并购支付方式又是有并购企业的融资能力所决定的。并购企业可以结合自身能获得的流动性资源、每股权益的稀释、股价的不确定性、股权结构的变动、目标企业的税收等情况，对并购支付方式进行结构设计，将支付方式安排成现金、债务与股权方式的各种组合，以满足收购双方需要来取长补短。

（六）整合期财务风险的防范

成功的并购战略不仅需要企业具有相关核心能力，更需要企业拥有能够将各方面优势资源综合运用的整合能力。即把企业相互独立的关键资源要素能有机地整合成为一个体系。从这种意义上来说，成功并购并不等于并购成功，因为并购成功与否，最关键还得要看企业并购后的整合是否成功，尤其是财务整合的成败。

首先，要选择一个适合集团本身的财务管理模式。企业集团的财务管理模式有集权型、分权型和混合型。因此，结合整合期的财务状况，选择恰当的财务管理模式至关重要。

其次，要重视财务行为人的整合。根据对国内外大量企业并购案例分析，并购后，并购企业对被并购企业的控制实际上最直接、最有效的控制方法就是选派有专业管理才能、精明能干的得力人员前往被并购企业担任主管，如委派财务主管。然后才开展业务和管理整合。

最后，培育财务整合人才，积累财务整合的实践经验。由于煤炭行业属于人才与资本密集型行业，这一特性决定了其在并购活动中对财务整合人才的更高需求。为了提高并购后的财务整合效率，以及防范整合的风险，煤炭企业应在平时就培育财务整合人才，同时在并购活动中不断积累财务整合经验。有了整合人才与整合经验的支持，煤炭企业并购财务整合成功就有了基础保证。

煤炭企业成本管控模式的创新

——“3+3”成本管控模式在鑫珠春公司的运用

何宏伟

成本管理是每个企业必须考虑的问题，是企业在激烈的竞争中取胜的法宝。而目前煤炭企业的成本管理仍然存在诸多问题，制约着煤炭企业的发展。如何在当前经济环境下增强煤炭企业的竞争力，根本途径就是要实现成本管理创新。只有实施成本管理创新，运用先进的成本管理理念和方法，最大限度的降低成本，才能提升企业的竞争力，使企业在市场经济中立于不败之地。焦煤集团鑫珠春公司面对煤炭成本的巨大压力，勇于创新成本管控模式，强力推行“3+3”成本管控模式，取得很好的成效，为企业创造了可观的效益。

一、“3+3”成本管控模式产生的背景

焦煤集团鑫珠春公司是一个2003年资源枯竭破产后改制重组的老矿井，井下煤炭资源大多为原矿井遗留的煤柱及残煤，开采方式大多为残采及薄煤层开采，地区条件差，运距长，机械化水平较低，生产成本一直居高不下，又加上54区试行“膏体充填”开采技术，生产环节增多，增添了成本压力。2010年，焦煤集团公司为鑫珠春公司下达的成本目标为：原煤成本354元/t，制造成本327元/t，而经过各职能科室的多次测算后得出原煤成本380元/t，制造成本342元/t，指标缺口1 400万元。怎样将成本降下来，完成、甚至超额完成焦煤集团的目标成本，成为鑫珠春公司亟待解决的问题。

鑫珠春公司经过分析、调研后认为：成本形成于煤炭生产全过程，费用发生在每一个生产环节、每件事情及每项活动上，只有科学地了解把握每一项成本的特性，把目标成本层层分解，落实到各职能科室、区队、班组甚至岗位（或个人），实行成本压力逐级传递，造成人人关心成本，个个献计献策的良好氛围，并于工资奖惩挂钩，使责、权、利统一，才能确保完成成本指标，而推行“3+3”成本管控模式，是解决此难题的最佳途径。

二、“3+3”成本管控模式的内涵

所谓“3+3”成本管控模式，指细化“三类指标”，实施“三项控制”、严格“三项考核”。首先根据煤炭成本的特性将完全成本划分为可控成本和不可控成本，公司成本管控的主要对象为可控成本。“三类指标”是指将可控成本按科室职责和成本属性分为承包指标、分管指标、挂钩指标；“三项控制”是依据成本项目层级和消耗特性分别按照总额控制、定额控制、预算控制三种控制模式；“三项考核”是针对不同的成本指标采用三种考

作者单位：焦煤集团鑫珠春公司财务科

核方式,分别为挂钩考核、预算考核、承包考核。

三、"3 +3"成本管控模式的具体实施

(一)进行严格的成本测算和科学的指标分解

在"3 +3"成本管控模式中,首先按照焦煤集团下达的2010年经营目标,将公司各项成本费用按照成本的属性分为不可控成本和可控成本,再根据公司各生产地区、装备、人员、物料等实际情况,测算出各项成本的消耗定额、限额和费用开支预算。并以此为标准,将这些成本指标按职能科室的管理权及成本的经济用途横向分解到各部门,按基层区队的生产、服务职能及成本流向纵向分解到区队、班组、个人。建立公司、科室、基层区队(班组)三级成本核算、结算体系,实行市场化结算,实现事前预算、事中控制、事后分析的成本闭合管理。

(二)加强成本的过程管控

在实际的工作中,强调指标任务的严肃性,规范各类成本控制的原始数据资料,时刻关注成本动因的变化,根据实际生产、地质变化状况,建立成本动态调整机制,做到"指标硬"、"手段全"、"调控快"。

"指标硬"是指对分解的各类指标,绝不随意变更,各单位必须严格按执行成本标准,执行过程中采取以月度保季度、以季度保年度的总量控制、确保重点、效益优先的方法,把各项指标落实到实处。"手段全"是指建立各类统计台账、报表等原始记录,对各部门、区队发生的各种耗费进行统计,建立一套计算、记录和报告责任目标执行情况的核算机制,对经济活动全程跟踪、监控;利用信息反馈,对超支和异常的数据就用黄色预警。"调控快"是指当矿井生产条件变化时,要及时进行调控,是突发、临时项目的费用,必须由施工单位提出申请,通过目标成本领导小组的审批方可发生,对发生浪费和不合理支出,坚决制止,并督促职能科室、生产单位采取措施。

(三)严格成本目标的考核和分析

成立考核领导小组,实行领导逐级考核"按责奖罚"和各职能部门对口考核"切块奖罚"两种方式,对照标准和实际消耗,逐月考核,综合评价,做到考核奖罚公平严明,责任明确,落实到人,且当月奖罚,当月兑现,使责、权、利统一,让每位员工感到外有压力、内有动力,让人人都参与经济核算,人人能都关心成本。

坚持每月成本分析会,首先,对各部门、区队、班组、岗位各项任务、耗费进行认真、细致的分析,对各种定额、费用开支标准的实用性及降低途径,进行评价和推广,对超支、浪费现象请相关部门做出解释,写出整改措施进行落实,对薄弱环节,重点跟踪,坚持眼睛向内,深挖潜力,切实降低成本水平。其次,通过对矿井成本生产过程财务数据的分类、分析,引入矿井动因分析,明确生产自然条件、工作效率、比例协调因素、煤层附存因素等对成本指标的影响,根据具体条件实现自然因素人为控制,其中效率因素通过管理优化,比例协调通过强化生产组织、优化生产设计调整,煤层附存因素通过改进生产工艺、技术革新调节,经营指标通过过程环节控制、煤质过程控制实现效益最大。

四、实施"3 +3"成本管控模式的效果

"3 +3"成本管控的作用,一是合理划分了公司生产经营各环节的责任,促使各核算

主体努力降低自己的交易成本,加强对节超原因的分析并积极采取措施予以纠正,保证目标成本和计划的顺利实施;二是改善公司的经营管理工作,促进了管理职能的转变,使管理者由下行政命令转变为用市场化手段的调控,增强了专业、科室、单位管理者的责任感,提高了竞争意识和经营意识,达到了自我约束、自我规范、自我管理、自负盈亏的目的。三是维护了计划的严肃性、成本预算的准确性。

"3 +3"成本管控模式实施后,利润指标由计划 4 120 万元提高到实际完成 4 747.02 万元;2010 年员工人均收入 4.85 万元,同比增加 25%;原煤成本由计划 354 元/t 降低为实际 351.74 元/t,降幅 0.6%,使成本支出完全控制在目标范围内。

"3 +3"成本管控模式在焦煤集团鑫珠春公司 1 年多的运用,不但提高了全员节约意识,为有效地控制成本打下基础,而且取得了较好的经济效益,为企业成本管理创新开好了头。"3 +3"成本管控模式,是一个科学、合理、有效的管理方法。在下步的工作中,进一步完善"3 +3"成本管控模式:一是要在指标分解的细化及关联性上下工夫,将职能科室和生产区队形成责、权、利互动合作、各尽其职的整体;二是要在控制过程上下工夫,分别不同阶段采用不同方法,将控制重点放在保证生产进度、节约提效上;三是要在考核的级次和比例上,向关键部门、人员倾斜,同时还要从多方面探索成本管理的新方法、新手段,从精细化入手,把鑫珠春公司成本管理工作推向一个新的高潮,为煤炭企业成本管理创新探索出一条新路子。

国有煤炭企业成本管理与控制探讨

毛联儒

当前，由美国次贷危机引起的全球金融经济危机对国内实体经济的影响尚未消除。电力企业、钢铁企业、化工企业等耗煤重点企业不景气，造成煤炭需求不足。另外，材料价格上涨、各项税费开征、资源整合、政府限价等也给煤炭企业生产经营带来很大困难。因此，强化煤炭企业成本管理与控制，挖掘企业内部潜力，是我国煤炭企业解决当前困难的关键。

一、煤炭企业成本的特点

煤炭企业成本有以下特点：

(1)原材料不构成产品实体，用于煤炭开采的主要是辅助材料消耗，如木材、坑木代用品、大型材料、专用工具等，都不构成产品实体，但可以多次地进行回收复用。

(2)地质条件的复杂性造成成本控制难度增大。煤炭生产受地质构造、储存条件、储量、品位等条件限制，煤层埋藏的深浅、厚度，地质构造的复杂程度等都对煤炭生产成本有直接影响。同时，为了避免事故发生，保证生产的正常进行，还必须发生一些辅助生产和安全保护费用。

(3)活劳动消耗大，职工薪酬成本比重较大。煤炭开采业在我国一直是劳动密集型企业，效率相对比较低，并且工作环境恶劣，工人劳动强度大，服务年限短，因而各种补贴、津贴较高，工资成本占总成本的40%以上，列居全国各行业的首位。

(4)煤炭的生产组织特点造成固定成本投入较高。由于煤炭生产的全过程遍布井上井下，并且大部分在井下，生产组织的复杂性造成成本管理非常困难。

二、煤炭企业成本管理与控制中存在的问题

成本管理是国有煤炭企业管理的重要内容，是衡量和提高企业管理水平的有力手段，在企业管理中起着举足轻重的作用。从目前的情况来看，国有煤炭企业的成本管理水平普遍较低，高成本、低效率的运营，一直是困扰国有煤炭企业发展的大问题，主要表现为以下几点：

(1)成本管理控制理念尚未根植于企业。煤炭企业对成本管理的认识不足突出体现为三种情况，一是不能正确处理投入与产出的关系，企业的成本管理机构形同虚设，导致企业在成本管理上存在诸多弊病。二是部分煤炭企业虽然注意加强其成本管理，但往往只是将成本控制当做权宜之计，而没有意识到市场竞争归根到底是成本的竞争，没有将成本控制作为企业管理的永恒主题，在当企业效益好时忽视成本管理，当企业效益不好时才

作者单位：郑煤集团财务资产部

会想到成本控制。三是还存在部分煤炭企业对成本管理的实质认识肤浅,认为成本管理的目的仅限于降低成本,降低消耗、节约费用成了降低成本的基本手段。

(2)成本管理控制体系不健全。当前,煤炭企业虽然建立了成本管理方法体系,但仍停留在传统的成本核算和简单的成本分析上,而对先进的、科学的方法运用较少,尤其是对成本管理没有依据市场信息变化的情况进行科学的预测、分析和决策,采取相应的应对措施,远不能适应现代管理的要求。

(3)成本控制的范围和深度不够。目前,煤炭企业主要是围绕成本构成要素来进行控制,而因企业外部因素对企业成本的影响考虑不周。从深度上看,往往只重视煤炭生产过程的节约,而忽视建设、采购、销售、储存等过程中的节约。从广度上看,成本控制落实不够,控制措施事后核算多,事中控制协调和事前预测决策少,管理措施多,技术措施少,致使成本控制措施不力。

(4)技术革新速度慢,一定程度上造成成本消耗过大。技术管理是非常重要的环节,为企业创造的巨大效益或者是对企业资源的浪费通常是不易觉察的。当前国内很多煤炭企业的技术管理都是按照传统的模式,使得技术管理沦为鸡肋,不受企业管理层的重视。同时,技术管理也不受目标成本的控制,形成了技术设计就是成本需要的局面,设计和效益缺乏有效的衔接。

(5)政策性因素造成成本控制难度越来越大。一是2006年起煤炭行业实行采矿权、探矿权有偿使用;二是2008年煤炭产品增值税改革,销项税由原来的13%调整为17%;三是2010年开始征收矿山环境治理保证金;四是近几年各地地面塌陷标准大幅提高;五是煤炭价格调节基金调整到10元/t。另外,一些政策即将出台,一是资源税改革,由目前的从量征收改为从价征收,预计由4元/t提高到售价的5%(如果煤价为400元/t,则吨煤征收20元);二是可持续发展基金,目前,该项基金已经在山西省实施,按山西动力煤标准测算,增加吨煤成本13元。这些已经执行或即将执行的政策在造成煤炭成本大幅上升同时,也给企业成本管理与控制带来很大压力。

(6)新一轮资源整合将给大型国有煤炭企业成本控制带来更大困难。大型国有煤炭企业作为兼并主体,负责整合所辖区域的30万t以下小煤矿,按照上级"真控股、真投入、真管理"要求,被整合煤矿将全方位纳入兼并主体的管理。而被整合煤矿由于规模小,在生产经营管理上的极其落后,会计核算尚不健全,成本管理与控制更无从谈起。

三、加强煤炭企业成本管理与控制的几点意见

(一)树立现代化企业成本管理控制理念

在现代企业管理中,管理理念的创新至关重要。成本管理理念的创新,就是要摒除过去那种上级下达成本降低指标,企业落实、分解、完成指标任务的陈旧做法,树立与市场经济相适应的、能激发与调动各方面积极性的成本管理新观念,并将先进的成本理念融入到具体的管理过程以及员工的思想意识中。

(二)建立健全成本管理控制体系

1. 建立成本管理控制组织体系

成本控制系统必须与企业组织机构相适应,即企业预算是由若干分级的次级预算组

成的。煤炭企业的成本控制须由决策层负责决定、管理层负责控制、执行层负责落实这三个层面形成完整的成本控制组织系统。

（1）决策层。组建集团公司层面成本管理委员会，委员会成员由成本分项管理部门参加，负责不断完善成本控制的基础工作，组织制定和修订生产过程各个环节消耗等定额标准，并负责在外环境条件进行分析测试的基础上，进行成本决策，确定最佳成本目标以及制定成本控制一系列战略措施。

（2）管理层。组建以矿长为首，由技术、质量、企管、计划、物资供应和财务等职能管理部门人员组成矿级层面的成本管理组织，负责拟定供成本决策使用的最佳成本备选方案，分解成本目标，制定和落实成本控制的技术组织措施以及监督、考核成本控制计划执行情况，并负责按消耗分析成本控制目标偏差的原因，并提出纠偏意见。

（3）执行层。组建以基层区科或连队等核算单位的贯彻执行成本目标的组织体系，吸收成本核算员、材料员等参加。负责分解到本核算单位的成本控制子目标，制订贯彻落实组织措施。在保证安全生产、完成计划生产任务的前提下，努力完成或超额完成各自的成本控制目标。

2. 建立成本控制信息系统

成本控制信息系统是责任会计基于信息技术下的，负责计量、传送、报告成本控制使用的相关信息的成本责任会计信息系统。

（1）健全责任会计体系。责任会计体系是企业会计体系的一部分，是实施成本控制的重要手段。主要包括编制责任预算、核算预算的执行情况、分析评价和报告业绩三个组成部分。企业预算通常是由各职能部门分别编制的，要形成企业的总预算，在企业总的目标要求下，加以统筹平衡。

（2）实现成本信息化实时控制。通过再造会计流程和健全责任会计体系，打破传统的时间和空间概念，将业务流程、会计流程、管理流程，有机融合并嵌入信息技术环境。建立起成本信息化实时控制系统，有效地加快时间量、实物量、货币量的交流和传输，对成本控制过程进行实时对比和实时分析，据此干预企业的经营业务。

（3）实行预算控制制度，强化目标成本管理。结合企业的利润目标和亏空目标，制定出所属各单位合理、可行、科学的成本控制目标和成本计划。为调动各单位降低成本的积极性，可以根据产量变化规律实行弹性目标控制成本，也可以按照企业目标成本来进行制定，力求使预算在目标成本控制的基础上做到准确无误。

（4）严格激励机制。成本控制必须和有效的激励机制紧密结合起来，才能达到预期的目的。煤炭企业一方面要严格考核，另一方面实行彻底的成本否决权。为鼓励努力降低成本，在完成目标成本的基础上再有降低再嘉奖，而且到年底再根据成本降低额计提效益奖；反之扣发奖金。

（三）加大技术创新工作力度

控制成本的目的，是确保成本有一定幅度的下降，但成本降低达到一定限度后，再使成本下降将会很难。如果不是通过技术创新等最大限度地提高生产力，成本很难持续下降，管理上若有松懈还有可能出现成本反弹。因此，要加大创新工作力度，向技术、管理、工艺要效益。

（四）抓好直接人工费的规范管理与合理控制

全面推行劳动定额管理，完善人工费量化考核标准。特别强调，凡是生产作业量可计算的生产环节和生产岗位都实行劳动定额管理，劳动定额的制定和执行要有客观可比性与可核查性。针对单位工资分配与生产成本和劳动成果挂钩不够直接的，将工资总额和经济效益挂钩、将个人收入与生产成本和劳动效率直接挂钩。

（五）不断提升企业经营管理水平，减少政策性增支因素影响

在做好各项成本管理控制的同时，煤炭企业还要不断提升经营管理水平，加大企业修旧利废、回收复用力度，提高材料物资的综合利用效率；加强煤炭质量管理，提高煤炭产品的售价；强化资金管理，降低资金使用成本；盘活闲置资产，提高资产使用效率等。

（六）落实"真管理"，提升资源整合矿井管理水平

一是坚持财务验收刚性原则，对纳入合并的资源整合矿井，除安全、生产进行验收外，对其财务工作也要进行验收，凡不能满足进行完整会计核算和成本控制的单位坚决不予验收通过；二是根据会计委派制度，向其单位委派优秀财务管理人员；三是对资源整合单位进行 3 个月或半年辅导期建设，派遣高级财务管理人员进行财务以及经营管理指导。

煤炭资源整合中的财务风险浅析

任慧娟

近年来，国家及地方各主要煤炭生产省份积极推进煤炭企业之间的兼并重组，鼓励国有大型煤炭企业集团整合地方煤炭资源，以促进煤矿企业安全生产和煤炭工业健康发展。笔者结合当前煤炭资源整合的紧迫性，从煤炭资源整合的地位及方式方面，指出了在整合前期、中期及后期过程中，财务风险的规避以及整合失败后的补救策略。

一、煤炭资源整合的意义

近年来，我国各主要煤炭生产省份均按照《国务院关于促进煤炭工业健康发展的若干意见》和《煤炭工业发展“十一五”规划》的总体部署，积极推进各地煤炭企业的并购重组。煤炭资源整合是由政府主导的，煤炭资源整合采取了两种方式：对于非法煤矿，由政府通过行政手段进行关闭，并无偿整合，这种方式体现了强烈的政府意志，可以看做是政府行为；对于合法煤矿，则在政府的引导下，由企业自己决定运用产权交易等手段进行整合，虽然这一过程中政府干预不可避免，但它的基础是市场，应视为一种市场行为。从本质上说，煤炭资源的有偿整合，属于公司并购和改制的法律范畴开展煤炭资源整合，功在当代，利在千秋，对大型国有煤炭企业来说更是难得的发展机遇，通过整合，国有煤炭企业扩大了资源占有量，增强了发展后劲。

二、煤炭资源整合的形式

煤炭资源整合的方式有两大类：一类是不改变企业产权的整合方式，如托管和租赁。托管和租赁虽然规避了企业并购中的敏感问题和操作难点，但是由于这两种方式在法律上没有严格的程序界定，而且没有实现所有权和经营权的完全分离，因此属于过渡性的改制方式，在实际执行过程中容易变形，不但不能实现资源整合的目的，而且容易导致后续一系列的法律纠纷，因此在此次资源整合中，这两种方式的适用范围不会很广泛。另一类是改变企业产权的整合方式，如并购。并购的内涵非常广泛，一般是指兼并和收购，兼并又称吸收合并，指两家或者更多的独立企业公司合并组成一家企业，通常由一家占优势的公司吸收一家或者多家公司。收购指一家企业用现金或者有价证券购买另一家企业的股票或者资产，以获得对该企业的全部资产或者某项资产的所有权，或对该企业的控制权，故可进一步分为资产收购和股份收购。从本质上说，并购是企业的一种投资行为，是企业进行资本运作的一种形式。此次资源整合的主要目的之一是实现国有资本在煤炭领域的控制。

作者单位：河南神火集团有限公司

三、财务整合中的风险来源

(一)因被整合方产权原因可能发生的并购重组风险

由于所有制和体制的历史变革,煤炭企业特别是地方中小煤炭企业的性质和经营方式纷繁复杂,加上国家相关法律法规不够完善,导致出现了很多中小煤矿的实际投资人和名义产权人不一致的情形,再加上煤矿被承包、甚至多次转包等,使得煤矿企业的权益之争不可避免地凸现出来。为此,并购方在收购兼并前,应谨慎审查该煤矿企业的企业法人营业执照、采矿许可证、安全生产许可证、矿长安全生产资格证、煤炭生产许可证、矿长资格证。依照法律规定,证照上的主体应该一致的,就必须是同一个主体。此外,并购方在审查相关产权主体的同时,还应当重点关注其矿权或股权是否设定了质押权,如果设定了质押权,就必须依据所设定的质押权、解除质押的具体情况来确定下一步的工作。对此,并购方还可以在相关整合重组协议的"陈述与保证条款"中予以明确约定。

(二)因被整合方相关权证缺失、作废可能发生的并购重组风险

由于有些地方中小煤矿企业管理混乱、法律意识淡薄以及相关政策因素的制约,使得这些中小煤矿生产企业缺失国家法规政策所规定的、开办煤矿所必须具备的相关权证。根据相关规定,开办煤矿生产企业必须"五证一照(六证)"齐全,并且企业法人营业执照是在其他权证齐全后最后才可办理的。因此,并购方在与对方接触后,应让对方提供相关权证的原件予以审查,必要时,可到相关权证颁发机关进行核实。购方对于权证缺失、作废的情形,并购方应根据国家相关规定来确定相关证照能否补办,然后再决定对策。否则,并购方在搞不清对方权证状况就冒然接盘,很容易处于进退两难的境地。

(三)因国家和地方政策调整可能发生的并购重组风险

收购兼并地方中小煤矿企业,即整合地方煤炭资源,作为并购方的国有大型煤炭企业,必须先吃透国家和地方有关煤炭资源整合方面的政策法规,哪些是允许和鼓励的,哪些是限制的,哪些是禁止的,对预计整合的地方煤炭资源的整体规划是什么,国家和地方的这些整体规划对并购方的整合有无实质性的影响,是否会给并购方的整合带来政策性的风险。

(四)因被整合方及其周边资源情况可能发生的并购重组风险

就煤炭资源整合方而言,一般都属于国有大型煤炭企业,整合地方中小煤矿的目的就是增加自身的资源保有量,扩大煤炭生产规模,增强企业的竞争力。基于这一整合目的,并购方在选择被整合对象时,必须详细了解其相关地质资料,必要时还应到相关政府部门查阅档案,对其地质储量、可产储量、周边有无空白资源、周边其他煤炭企业的基本情况等都应尽量详细掌握。

(五)因被整合方复杂的债权、债务关系可能发生的并购重组风险

许多中小煤炭企业,由于历史的、经济的、管理的原因,其债权债务关系比较复杂,有的甚至可以用混乱来形容。在并购方对此类煤矿进行整合时,如果采用股权收购的办法,对被整合方真实的债权债务关系必须摸清,在摸清的基础上还必须理顺,针对各种不同的情况,依据相关法律法规的规定,采取相应的处理措施。此外,对相关债权债务要和对方进行必要的核实,对其签订的相关债权债务协议要进行认真审核。对一些复杂的"借贷关系”，并购方应严格依据相关法律的规定界定其性质，在确定性质的前提下和对方重新签订相关整合协议。

（六）因被整合方故意隐瞒公司相关资料、债务情况等可能发生的并购重组风险

有的地方中小煤矿在被整合过程中，为了抬高其相关被整合资产或股权的评估价值，故意隐瞒或虚设以往的一些对外负债，并购方由于对被整合方的债务情况没有全面掌握，或者没有在整合协议中进行明确约定，或者约定的内容不合法，或者没有履行债务转让的相关法定程序等，都会使自己在接盘后面临无法预计的债务偿还风险。对此，首先并购方在整合过程中应尽量充分掌握对方的债务情况，其次在和对方签订整合协议时，应在协议的“陈述和保证条款”以及“违约责任条款”中，明确约定“如果出现任何其他未经披露的负债，被整合方承担全部损失”。或者，并购方可以在协议中签订专门的免责条款来规避风险，也可就此设立担保条款，在并购方向对方支付款项时扣留一部分资金作为或有债务的担保。

（七）因被整合方职工安置问题可能发生的并购重组风险

在并购地方国有或集体中小煤矿项目中，往往会涉及职工安置、补缴保险费、经济补偿等问题，对此，并购方应根据《中华人民共和国公司法》、《中华人民共和国劳动法》和《中华人民共和国劳动合同法》等相关法律法规的要求，通过与对方依法协商，妥善处理相关问题。职工安置方案、补缴保险费的金额和方案需取得当地政府的认可，拖欠的工资和经济补偿金要依法处理，这些是关系整合后企业和谐、稳定生产的关键。

四、财务整合中风险的防范措施

（一）整合前进行周密的财务审查

主要包括对并购企业自身资源和管理能力的审查和对目标企业的财务审查，一是为并购企业的运行提供可行性分析；二是通过审查可以及时发现被并购企业财务上存在的问题，以利于在整合过程中有的放矢，提高办事效率。

（二）整合后进行严格的财务控制

整合前的财务审查是保证财务整合成功的前提，整合后的财务控制是保证财务整合有效实施的基础，整合后的财务控制一般包括四个方面，即并购企业责任中心的控制、成本控制、现金流转控制和风险控制。

（三）加强财务管理，财务人员实行委派制

加强对整合矿井的财务人员管理是财务控制的关键，首选方式是实行财务人员委派制。集团公司财务人员被委派后，全面负责被整合矿井的会计核算和财务管理工作，掌握着被整合矿井经济运行的第一手资料，对矿井管理者的行为信息有着充分的了解。同时，委派财务人员的人事和经济利益独立于矿井管理者的控制之外，可以客观公正地提供包含矿井管理者行为的真实信息，便于各股东客观真实了解被整合矿井生产经营状况。

（四）制定并购整合失败的补救措施

并购后企业如果不能实现财务上的协同效应，将对并购的成功及并购后企业的发展造成严重影响。因此，并购前企业应制定出有效的财务措施，一旦出现财务整合失败就可以从容应对，以免造成更大的损失。这些财务措施包括：

（1）套利出售。并购方在完成并购后，妥善处理被并购企业财产，可将不符合经营战略的资产出售，以抵消筹资所引起的债务。

（2）果断撤资。并购后，如果出现某些预料之外的情况，使得并购整合的结果与原来设想制定的战略规划差距较大，或者因企业生存环境发生变化使并购目标不能实现，企业应果断撤资，以降低财务风险，避免持续下去造成更为严重的损失。

综上所述，煤矿企业之间兼并重组是煤炭市场发展的趋势，也是国内严峻的煤炭安全生产形势所迫。对煤炭资源整合主体的国有大型煤炭企业来说，这既是企业做大做强的历史性机遇，也是市场经济对其智慧和胆略的考验。为此，在历史机遇面前，并购企业必须以大智慧、大魄力、大谋略来争取这次兼并重组地方煤炭资源的全面胜利。同时，并购企业又必须审慎对待，充分估计可能遇到的风险和困难，只有这样才能在这场兼并重组地方煤炭资源的战役中取得预期的效果。

煤业集团公司财务成本控制问题研究

高　琳　杜　涛　王艳丽

当前,经济危机给煤业集团带来的影响逐渐扩大到方方面面,生产布局不能适应市场的需求变化,规模扩大后调控能力减弱,技改资金投入不足导致产品质量下滑,提高产能而忽视管理,因经济危机的影响导致结算方式的变化,而给营运资金的有效管理带来困难等,都给企业的经营与管理提出了新课题。

一、煤业集团成本管理存在的问题

(1)应对煤质变化的措施较为单一,改善质量的追加成本不断增加。目前国内的质量成本管理尚属起步阶段,在理论和应用上都存在很多问题。企业对质量成本的概念认识不清,不能设置科学合理的质量成本科目,无法准确核算质量成本,对质量成本数据利用不充分,没有将质量成本管理的宗旨落实。近年来市场对煤炭需求的不断增加,促使煤炭企业加速原煤的生产,限于煤层地质条件的制约,煤质下滑严重,但市场需求量的增长,迫使煤炭价格又不断走高,从而形成了质量与价格的巨大反差,一方面给下游产业的生产成本带来了巨大压力,另一方面也限制了煤炭在市场上的价格继续提高。

(2)单纯追求产量而忽视管理的现象有所抬头。由于煤炭市场需求旺盛,单纯追求产量而忽视管理的现象有所抬头。成本管理的松动影响了整体效益的提升,加之材料价格的上涨,也增加了控制成本上升的难度,对成本管理提出了新的难题。

(3)外欠货款和结算方式的变化,影响营运资金成本。由于经济危机向实体经济蔓延,工厂开工不足,电力行业亏损严重,冶金行业产能过剩,支付能力下降,出现欠账,不但影响到营运资金的正常周转,且财务费用也高居不下。

(4)成本管理系统间协调力度不够,影响管理效能的发挥。成本管理各系统间仍存在条块分割,计划、安全、开拓、通安、企管、财务等职能部门缺乏必要的沟通和协调,职能不渗透,信息不共享,全面预算管理没有实现边缘交叉管理,管理职能传递不足,监控在部门之间出现空档,因此成本后翘现象严重,给后期管理带来压力。

(5)与成本管理相配套的激励和约束机制仍有待完善。与成本管理相配套的激励与约束机制力度不够,对于确实在管理中推行超前管理并取得了好的经验,收到了好的效果的作法,由于激励机制不完善而无法广泛地推介和支持,挫伤了经营单位的积极性;而对于一些从本单位利益出发未严格落实和执行集团公司经营管理指令的单位,由于约束机制不完备,导致事中不能及时有效地加以纠偏,使之回归到正确的管理中来,事后也不能通过严格的处罚而提出警示。

作者单位:永煤集团洛阳龙门煤业

二、完善煤炭企业成本管理的对策

煤业集团应在实施过程中不断地探索创新成本管理的新思路如下所述。

(1)推行“定额管理”,实现核算到班组。对煤炭生产的三大主材试行“定额管理”,即按煤炭生产的不同工序的工作量测定三大主材的定消耗量,以有价小票的形式领发三大主材用量,核算各班组每月完成工作任务所耗费的材料总价,并与班组的工资、奖金挂钩,超出定额按一定比例扣减工资或奖金,节约时也按一定比例给予奖励。培养工人的成本意识,养成工人节约的习惯,为以后推行全面成本管理打下了基础。

(2)完善预算管理,确保经营指标的完成。创新管理机制,完善全面预算管理,加强成本与资金管理,确保各项经营指标的全面完成。根据效益优先、积极稳健、权责对等的要求,开展煤业集团和矿厂(处)两级全面预算管理。扩大预算范围,落实预算指标,全面提升煤业集团的整体经济效益和经济运行质量。各单位财务部门结合本单位实际情况,以下达的指标为基础,做好预算分解工作,尤其是成本、利润、经费指标,按成本项目、按职能部门分解下去。继续贯彻“以成本管理为中心”的成本管理理念,落实全员全过程的成本管理,构建以质量和成本为主线,以全方位多层次的绩效浮动分配制度为重点,以管理信息化为手段,形成全员参与、全过程控制、全方位考核落实的成本管理新机制,确保各项财务经营指标的全面完成。

(3)细化产品目标成本,促进资源优化配制。首先是不断完善成本管理制度。实现煤业集团资源的有效配置,有效提高企业效益。所谓目标成本,是指企业在生产经营活动中某一时期要求实现的产品成本额度。它是企业要努力实现的成本目标,含有计划的性质。但目标成本不同于计划成本。计划成本是以上年实际成本和上级的要求为基础确定的;而目标成本是根据产品的市场价格和目标利润等制定的。成本降低的目标不能制定得过高,也不能制定得过低,应该根据公司的实际情况,并以同行业最好的成本水平为基础制定切实可行的成本目标。其次,分析与达成降低成本目标有关的公司内外部环境与条件。再次,加大对基层单位考核力度。对财务经营指标完不成的单位,加大财务经营指标与货币资金预算挂钩考核力度,从工资指标及货币资金等多方面对其进行考核挂钩。一方面总结基层在成本管理中成功的经验,在全公司范围内进行宣传推广;另一方面查找基层在经营管理过程中存在的薄弱环节,制定针对性措施,督促其整改落实。在材料费管理方面更加精细化,生产单位材料费实行按天计算,按天控制。由企管科根据调度室提供的前一天产量进尺完成情况,按照材料费消耗定额,计算出各单位材料费计划,按天考核,与工资指标等额挂钩。最后,在工资管理方面实行办事人员委派制及定期轮岗制。办事员由组干科集中管理、办事员工资由矿统一标准统一支付,明确办事员的责权利,减少工资支出方面的漏洞。

(4)通过强化产品的质量成本管理,提高市场竞争力。质量管理是确定质量方针、目标和职责,并在质量体系中通过诸如质量策划、质量控制、质量保证和质量改进等使其实施全部管理职能的所有活动。而质量管理在其中处于重要地位。质量管理是随着生产的发展和科技的进步而逐渐形成和发展起来的。通过强化指标约束进而加强成本管理。财务指标的制定是多个相关部门综合意见的反映。在制定指标的过程中,充分考虑各单位的实际情况，并征求相关部门的意见，经过反复测算，体现指标的科学性、合理性，制定相关办法，实现资源的有效配置，提高企业经济效益。

(5)业绩考核由利润为中心向成本为中心转变，确立成本效益考核的指导思想。煤业集团业绩考核逐步由以利润为中心向以成本为中心过渡，从以考核“三大主材”的定额消耗量开始，逐步扩大到辅助材料的定额管理；从单一的原煤生产成本考核，扩大到地面经营单位的全面成本考核。考核的形式也由固定的定额形式延伸为浮动成本的考核，使考核更细致、更灵活。从仅对生产成本的管理，扩大到质量成本的管理，创新了成本管理的新思想，最终形成了全面成本管理的体系。在不断推出新的成本管理措施的同时，也在不断地丰富成本管理理念，不断地加强与薪酬管理的有机结合，建立并完善以成本管理为中心的绩效考核体系，促进企业管理水平的不断提升。

煤炭企业财务预算控制及成本控制研究

王 娜

一、煤炭企业财务预算控制

煤炭企业实施全面预算管理是一项全新的系统工程,既不能以偏概全、以点带面,更不能蜻蜓点水、半途而废。要想在竞争中求得生存,企业只有苦练内功,注重制度创新,管理创新。以科学预测为前提,以销售预算为起点,进而延伸到生产、成本和资金收支等经济活动的各个方面,是企业内部管理控制的一种主要方法,也是企业实现内部资源优化配置,提高企业经济效益的先进而科学的管理方法。

(一)财务预算控制的内涵及其重要性

全面预算管理是对企业内部各部门、各单位的财务及非财务资源进行分配、考核、控制,以便有效地组织和协调企业生产经营活动完成既定的经营目标。所谓"全面",一方面是指预算管理贯穿企业业务活动的全部过程;另一方面是指全面预算管理需要企业上下所有员工的共同参与。预算与预测有密切的关系。预测是预算的前提,没有预测就没有预算,通过预测并编制有效预算是防范风险的一项非常重要的措施。市场经济越发达,市场风险越高,也就越离不开预算以及预算管理。

(二)财务预算的内容

全面预算体系包括利润指标预算、资本性支出资金预算、货币资金收支预算、资产负债预算、现金流量预算等。

利润指标预算包括销售收入预算、产品成本预算、材料成本预算、工资成本预算及财务费用预算等。要求根据资产经营管理考核目标,在确保完成主管部门分解下达的经营目标的基础上,正确测算生产、销售情况加以编制,各月利润预算测算尽可能平衡,避免大起大落。

资本性支出资金预算包括资本性支出来源预算和资本性支出预算。资本性支出来源主要包括当年计提的折旧、税后利润、专项基金等。资本性支出项目则主要包括股权投资、债权投资、科研支出等。资本性支出项目的安排要坚持量入为出的原则,项目资金来源不能留有缺口。

货币资金收支平衡预算包括货币资金收入、货币资金支出、货币资金结余、货币资金融通四部分。

资产负债预算主要侧重于有关财务指标的控制,如使资产负债率、应收账款周转率、流动比率、速动比率等指标达到上级要求,资产负债预算应制约其他预算的编制。

作者单位:郑煤集团郑银矿业公司

现金流量预算根据利润预算、资本性预算支出及相关资料编制，包括经营活动、投资活动及筹资活动的现金流量。

（三）财务预算的实施模式

1. 财务预算的编制

财务预算的编制主要采取以下几个步骤：

（1）财务部门将预算计划及实际执行情况，预算表式下达各部门。

（2）各部门根据生产、销售预测，结合下达的预算表式要求和本部门的实际需求填报本部门的各项预算数。

（3）财务部门根据各部门上报资料进行分析、汇总。

（4）对需要修改的数据与各部门进行协调。

（5）将最终的预算结果上报上级部门批准。

（6）将批准结果分解下达。

2. 财务预算的执行和调控

财务预算执行即预算的具体实施。预算执行环节主要应做好预算执行情况的真实、完整的记录，有效进行有关预算信息的收集与反馈，借助高效的预算核算系统，有利于及时发现问题，采取对策，并为下一步是否进行调控提供依据。

预算调控是指预算执行过程中的协调以及日常控制职能，是预算协调、预算调整、预算监控等职能的总称。预算协调包括两方面的含义，一是在预算执行过程中，对利益冲突的协调；二是对预算的实际执行与预算目标差异不大时进行微调，其效力主要是维持全面平衡。

3. 财务预算的考评

在预算结束之后，需要对预算实际执行情况进行预算考评。预算考评的主要目的一是通过分析评价，掌握预算的运行状况、成绩、存在的问题及环节，从而为堵塞漏洞、纠正偏差提供思路；二是提供分析评价，对预算执行结果进行评价并兑现奖惩，而且为下一轮预算管理确定预算目标提供重要依据。

二、煤炭企业成本控制

（一）目前煤炭行业成本控制存在的问题

（1）目前煤炭企业大多依赖煤炭产量的提高来降低单位成本，没有树立市场竞争观念，没有充分认识外部市场需求决定企业命运。没有考虑到增加部分成本可带来企业效益的快速增长，忽视内涵式扩大再生产。

（2）成本核算两极分化严重。没有形成真正的成本核算分析，只重视工资、材料、电力成本分析，没有重视其他成本项目的核算分析，适应外部会计要求核算的多，围绕内部管理需要核算的少，致使成本核算不能很好地为制定成本控制方案和措施提供依据。

（二）煤炭企业成本控制的特点

由于煤炭企业属于地下开采业，成本构成复杂且变化大，具有特殊性。一是煤炭受地质条件影响，地质构造的复杂程度对煤炭生产成本有直接影响，生产中辅助费用高。二是受地质构造影响，不同的采煤工艺、机械化程度等都影响到成本水平。三是职工薪酬中的工资、福利费成本占比重较大。

成本控制的特殊性决定了煤炭企业降成本、挖潜力的大头在井下。一是应把好技术设计关,优中选优,降低成本,提高效益。二是大搞回收复用和修旧利废。

(三)煤炭企业成本控制的特点

(1)煤炭成本控制具有全面性、连续性和系统性的特点。

煤炭企业成本控制的全面性表现在它对企业生产经营的整个过程、每个环节都要实施控制。成本控制对企业生产经营过程的控制是连续进行的。企业的会计工作是建立在各种假定基础之上的,持续经营假设是一项重要的会计原则,成本控制所需要的信息也是连续不断的;成本控制的系统性表现在它是从系统的角度进行控制的,统筹兼顾、相互联系、协调平衡各方面的关系,从整个企业的角度进行控制的。

(2)成本控制所要反映和控制的对象是能用价值表现的经济活动。凡是能用货币表现的生产耗费都是成本控制所要反映和控制的对象,实施的是直接控制。成本控制也有不是实施直接控制,称之为间接控制。不直接干预企业机构设置,而是通过编制成本费用预算的方式,减少管理预算,从而间接促使企业精简机构,降低费用,达到间接控制的目的。

(四)煤炭企业成本控制的对策

(1)提高基层成本管理意识,建立基层成本核算制度,树立成本控制观,把经济性与技术性结合起来,成本分块落实到基层矿井、区队,形成全员自主控制,构筑成本管理纵到底,横到边的群控网络,确保企业利益目标的实现。

(2)从源头治理,严把设计关。使煤矿运输、通风、排水等系统顺畅合理,井巷工作量、维护量最少,材料消耗最优化,设计是第一关,也是最关键一关。

(3)强化目标成本管理,确保成本指标控制的科学性。结合企业利润目标,制定出合理、可行、科学的成本控制目标和成本计划。并按企业组织机构逐级分解,归口管理。并落实到基层部门和责任人。分解后的目标应具体化、数量化,力求合理、准确。

(4)建立成本分析制度,实行重点指标全程跟踪式管理,严格考核目标成本与激励机制相结合,真正体现奖罚分明,按劳取酬的工资分配原则。

(5)安全成本应作为煤炭企业成本控制的重点,煤矿生产由于受特殊的地下作业环境影响,因而安全上的投入在成本中占相当大的比例,主要包括保证性安全成本和损失性安全成本。一般来说,保证性安全成本支出越多,安全生产的保证程度就越高。因此,必须结合煤矿规模、地质条件及实际生产情况,合理确定设备型号、支护形式、安全保障系数及安全生产目标,以实现最佳成本。要实现这一目标,必须对安全成本进行有效的单独控制。

当今的市场竞争是实力的竞争,人才的竞争,产品服务、质量的竞争,也是成本的竞争。所以加强企业预算控制、成本控制,是提高企业效益的基础,煤炭企业管理要转变传统狭隘的成本观念,充分运用现代的先进成本预算、成本控制方法,加强成本竞争力,迎接挑战,进一步提升企业管理水平和经济效益。

企业应收账款管理存在的问题及对策探讨

——以河南龙宇能源股份有限公司机电制修厂应收账款管理为例

马俊华　杜海军　辛绍峰

随着企业规模的扩大和客户的增多,在对客户销售产品、提供劳务时,给予客户一定额度、一定期限的赊销,是企业促进销售的重要途径和手段。但由此引起的应收账款的管理、清欠是非常重要的,“回款难”也使得很多企业“头疼”。河南龙宇能源股份有限公司机电制修厂实践中对应收账款管理做了有益的创新尝试,源头控制、跟踪回款、多措并举,取得了很好的效果。

一、企业应收账款存在的特点、原因

随着市场经济的日趋完善,商品经济的快速发展,“商品过剩”成为市场竞争的一个产物,也造成众多商品由卖方市场转入买方市场,供大于求已成为诸多行业的常态。为了打开市场,赢得较好的竞争环境,先行占领市场,抢占较多的客户资源。许多生产厂家除了依靠提高产品质量、降低产品价格、提供良好的售后服务外,给予客户赊销成为重要的销售方式,这也是应收账款形成的原因。具体到河南龙宇能源股份有限公司机电制修厂(以下简称“机修厂”),情况如下:

(1)机修厂是河南龙宇股份有限公司的下属单位,主要向煤炭行业提供制造类产品(刮板输送机、皮带输送机等)和维修业务(液压单体支柱、采煤机、掘进机等)。机修厂的法人单位是河南龙宇能源股份有限公司,河南龙宇能源股份有限公司财务部设置机修厂财务科,进行独立会计核算。

(2)河南龙宇能源股份有限公司是河南煤业化工集团有限公司永煤集团控股有限公司(以下简称“永煤公司”)的控股子公司,机修厂的客户主要为河南煤业化工集团有限公司下属的煤业公司。大多数客户一般在挂账后才付款,也就是销售实现与客户的回款有时间间隔;由于部分客户距离机修厂所在地较远,不便管理;部分客户的资金相对紧张,需要逐步回款;一些客户对售后服务要求较高,他们往往给机修厂的产品销售和维修产品设定一定期限的质保期;近年来机修厂不断调整优化产品结构,新产品不断上市,为了使得新产品尽快得到客户的使用认可,前期销售需要给客户一定的销售优惠,允许给予客户先使用产品后付款也是重要的拓宽销售渠道途径。这些客观情况就造成了应收账款的现实存在。

(3)机修厂应收账款的总体特点是新产品的应收账款额相对较大;新客户的应收账款账龄相对较长;距离机修厂所在地较远的客户应收账款的账龄较长、总额较大;还有客户中新建矿井、煤业公司的应收账款账龄较长。

作者单位:河南龙宇能源股份有限公司

二、企业应收账款存在的问题

应收账款分类管理是基础,及时催收欠款是关键,发挥销售人员对应收账款催收工作的积极性是重点。在我国企业中,追求片面的销售规模上升,市场占有率增大而忽视风险防范意识,造成应收账款不断攀升,账龄老化,而回款远远低于销售总额,最后使企业面临发展困境。

(1)应收账款广泛存在,诸多企业应收账款总额逐年递增。据有关调查资料统计,全国85%以上的企业存在应收账款,很多企业的应收账款由于回款不及时,盲目赊销,应收账款清理不及时,造成应收账款总额不断攀升。

(2)客户的前期资信调查不足,对客户没有建立必要的信用标准。很多企业,为了及时销售产品,用尽办法找客户;有了客户,没有进行相应的资信调查,签订合同也尽量"迎合"客户;客户增加订单后没有对前期的欠款及时清理,导致欠款额不断增加。

(3)应收账款管理清欠责任制不明确,内部协调机制不健全。规模较大的企业,应收账款一般有财务部门进行应收账款核算,业务员忙于跟踪订单生产和发货,不关注客户欠款和回款,不能较好把握应收账款情况。部分企业甚至由谁负责追索客户的欠款还不能理清,造成了应收账款的居高不下。

(4)坏账回收工作成为"难题",一个企业的销售人员很难做到始终不变,形成坏账的责任业务员调走后,其他的业务员多数不愿意接收回收困难的坏账,造成坏账的账龄越来越长,回收越来越不可能,坏账的金额越来越大。

三、应收账款管理的实践探讨

大额、长期的应收账款必将影响企业正常的生存发展,造成增加企业资金成本、虚增经营成果、增加经营风险等诸多危害,为此必须要建立有效的应收账款管理模式,加强对应收账款风险的防范与控制。在此以机修厂财务科的应收账款管理模式为例,将实践中的做法和效果进行分析。

(一)应收账款管理创新实施前情况

销售部业务员对各自分管的客户应收账款余额了解不够清楚,业务员自设台账仅反映发货事宜,没有客户欠款信息,向客户要求回款时需要向财务科打电话询问,对客户的欠款账龄把握不够清晰,对客户没有明确欠款警戒线设置。机修厂财务部门给客户开具的增值税发票不能及时传递到客户手中,客户挂账滞后,发票流转责任制界定不明晰,一旦丢失很有可能产生相互推诿现象。由于销售部人员变动,几个形成坏账的欠款,销售部大都对欠款不知情,更谈不上去要款,最终坏账账龄不断增加。

如何做好应收账款的日常管理、风险过程控制,做好应收账款的清欠责任和监督机制,建立财务部门与销售部门的协调机制是机修厂财务科的实践探索重点,遏制应收账款风险形成、加快应收账款回收节奏是机修厂财务科实践创新的目标。

(二)应收账款管理的具体措施

机修厂应收账款管理要求为:销售部是应收账款清欠责任部门,销售部应收账款管理执行"谁经办、谁催收、谁负责、销售部门领导负管理职责";财务科是应收账款监督部门,做好应收账款的风险提醒,深化应收账款分析,协调销售部门做好客户信用等级认定和信用额度设置。

机修厂不断创新应收账款管理措施,做了很多有益的尝试。实践中形成了"应收账款入账环节的严格审核,销售发票流转登记,入账后定期的'客户索引'对账。应收账款数据分析基础上的风险管理建议"的工作思路,具体做法如下:

(1)应收账款入账前,销售部门应当把销售货物的出库单、销售合同(或者销售结算书)、销售部门为客户设定的信用等级和欠款警戒线交至财务科,财务科根据销售合同、销售货物出库单、销售部门为客户设定的信用等级和信用额度、客户账面的累计应收账款余额后,同时查看合同中关于价格、回款期限、违约责任等相关约定,审查是否符合应收账款入账条件。

(2)可以以应收账款入账的,财务科应当为客户开具销售发票;开具的发票立即在"发票交接登记本"登记,把客户名称、财务科开具发票日期、销售部签领发票人、签领发票日期等信息登记,由销售部门签领后将发票交至客户,财务科设计制作"发票回执单",建议销售部为客户办理回执单,这样发票流转过程责任就能清晰化。

(3)建立定期与客户对账机制。根据机修厂客户状况,一年定期与客户全面对账4次,并由对账双方加盖财务专用章,形成合法的对账依据,同时为建议销售部门调整客户的信用等级提供可靠依据。对于客户逆反对账的,永煤公司内部客户对账要积极依照永煤公司财务部文件支持,外部客户要在供货前要求客户必须完成对账行为。要求为了提高对账效果,实践中财务科采取对客商进行编号,对账使用索引方式,增加对账的财务数据纵向可比性,有助于客户的回款跟踪和风险程度分析。

(4)做好应收账款数据分析基础上的风险管理建议,财务科每月月初向销售部门提供上月应收账款账龄统计表、回款统计表、超期回款客户明细表、应收账款余额统计表等相关统计表的基础上坚持提出风险管理建议书,确保业务部门全面把握应收账款数据信息,风险状况,有的放矢地做好回款工作。

(5)做好应收账款账龄分析,启动坏账专项清理计划。应收账款账龄分析要科学规划,对于应收账款多次累加形成的,回款原则上先抵消形成在前应收账款,账龄超过一年的,财务科会进行账龄警示提醒。对于已经形成坏账的,财务科协调督促销售部做出"坏账专项清理计划书",让销售部对坏账清理有目标。

(6)完善销售业务员激励制度,做到正向激励和负向激励共存。应收账款如果仅仅有回款的正向激励,忽视超期回款的惩罚机制,业务员很容易养成盲目扩大销售量,收取客户的分期付款的首付,对难催收的质保金等尾款兴趣不大,就会使得客户的应收账款余额不断增加,继而可能形成坏账。如果业务员自己的尾款合同期内没有回收,其他业务员可以请求代为催款,报厂销售部门、劳资科、财务科批准后,回收尾款成功的,将适当提高回款激励比例。

(7)财务科往来会计对销售部业务员实施飞信群管理,与客户财务人员通过QQ好友沟通服务。财务科取得客户财务人员的QQ号码,方便与客户对账,发现不一致的立即通过飞信反馈给销售部业务人员,及时解决。

四、应收账款管理成效

通过每月月初提供给销售部上月的“应收账款余额统计表”,消除业务员对应收账款余额的模糊不清,反复电话咨询财务部门,给客户按照合同要求回款的含糊的现象。业务员就能“心中有数”,“有理有据”向客户争取回款。

另外,通过完善销售业务员激励制度和客户的信用管理,从源头上遏制应收账款风险形成。一旦客户超过信用额度,立即对客户进行限制供货,清欠欠款措施,使得业务员积极清欠客户超期回款,切实防范坏账形成。

机修厂财务科的应收账款管理探索,是在永煤公司财务部门的统一部署,财务科积极落实,机修厂销售部门、劳资部门分工合作的结果,随着应收账款的继续加强管理,效果会更加明显,实现应收账款的风险达到可控目标。

浅谈煤炭企业基本建设的财务管理

秦明晓

一、概述

随着经济的增长，近年来，煤炭企业基本建设项目日渐增多，目前许多企业忽视了基本建设项目财务管理与监督，为提高基建项目建设的经济效益和社会效益，各单位必须从建立健全内部控制制度、加强全过程财务管理发挥财务管理和财务监督的作用。

二、煤炭企业基本建设财务管理方面存在的问题

(一)概预算审查不严，“三超”现象严重

“三超”即建设项目概算超计划、预算超概算、决算超预算。形成的主要原因：一是项目没有严格按照批准的可行性报告开展设计工作，编制设计概算，使概算一开始就超计划；二是人为压缩概算，有的项目开始为能申报上，或为减轻税费负担，人为压缩概算、预算，一旦项目批下来，又把摊子铺开；三是跨度时间长，造成设计时的成本与现行实际投资成本相差较大。

(二)会计核算不规范

会计核算是财务管理的一部分，准确无误地计量工程成本、核算各种费用，才能正确地对固定资产进行计价。当前，由于投资的多元化，会计核算牵涉到各种投资主体，再加上财会人员业务素质的参差不齐，造成了会计核算的不规范。主要存在的问题有以下几点：

(1)项目建设成本核算不完整。目前，一些煤炭企业基本建设项目资金来源渠道很多，主要包括国债资金，企业自筹资金以及银行贷款等。在工程施工过程中，出资方不是把资金拨付到建设单位而是直接拨付到施工单位，没有给建设单位履行拨款手续，建设单位无法取得入账的原始凭证，不能进行账务处理，因此造成归集核算的建设成本不完整。

(2)实物交付使用与资产入账脱节。基本建设项目中形成的资产从工程竣工后就直接投入使用，目前许多单位的资产未采取暂时入账的方法，而是等基本建设单位的财务决算审批后再以核准数入账。从工程竣工到财务决算上报审批同意至少需要大半年时间，有的甚至一到两年，这期间的资产管理存在真空阶段，造成实物交付使用与资产入账脱节。

(3)建设单位管理费支出不规范。按照基本建设单位会计核算的要求，对建设单位管理费应实行总额控制，据实列支。有些单位的此项费用超预算较多，挤占建设成本，有

作者单位：河南煤化集团鹤煤公司九矿

的单位按计提金额列支,有的单位却是从别的账户列转支出,违反了建设单位管理费的使用规定。

三、煤炭企业基本建设的全过程财务管理

加强对基建项目的全程控制为有效抵御和防范基建项目财务风险,各单位应全面增强风险防范意识,加强对基建项目的全程控制。

(一)项目立项和筹备阶段

(1)加强对煤炭企业基本建设项目经济效益的预测,建立一套完整的评价分析指标体系相关部门应根据当期的市场调研等资料。通过分析与评价,对项目进行可行性研究,以确定项目所需资金及其来源,预测建设项目计算期内的财务状况,测算项目建成投产后的获利能力和贷款偿还能力,从而全面反映项目投资收益,制定合理的预算计划。尤其应使财务部门积极参与基建项目的预算编制审查工作,对定额套用的正确性、费用计取的合理性进行严格审查。

(2)建立健全招投标管理体制。各单位应在基本建设项目招投标过程中通过成立专门的招标领导小组和专家库等,对参与竞标企业的财务状况进行分析评价,优先选择财务状况好、履约能力强的承包商。每个项目的招标文件在发出前应由单位各部门会签,各部门应根据自身的专业水平判断和本专业有关部分的条款并进行审核,提出专业处理意见争取在合同签订前与承包商就相关问题达成一致。

(3)签订科学的项目合同,让财务、法律部门参与合同会签过程。在签订合同时,应组织基建、财务、审计、施工等有关人员逐项研究分析合同条款,认真审核相关财务条款,使合同条款覆盖整个工程项目,合理确定工程预付款、质量保证金的比例及支付条件,明确合同价款支付方式,对有关付款条件、违约处理等条款提出合理化建议,以最大限度降低项目风险。

(二)项目施工阶段

(1)强化基建资金监管。煤炭企业应通过建立有效的资金运行机制,强化基本建设资金监管,实现建设资金的合理安排和使用。企业必须对基本建设资金实行专户储存、专款专用。企业应定期开展内部审计,审核项目价款结算的手续是否完备、结算审批程序是否规范,审核结算凭证的合法性和真实性,防止高估冒算和虚报冒领,提高资金使用效率。企业应严格按工程进度拨款,财务部门要以进度结算单为依据,严把支付关口。

(2)严把费用开支关,强化概预算控制。煤炭企业应严格执行各项费用的开支标准和范围,对企业管理费等费用性支出实行预算控制,保证所支付的款项是依据经过合理性、合规性和合法性审查的投资计划、工程预算和经济合同、用款计划等资料核准的,将日常费用开支严格控制在预算范围之内,防止挪用、挤占和浪费基建资金。

(三)竣工决算阶段

(1)对工程决算实行造价审计控制。基本建设项目完工后,财务部门应会同相关部门及时清理各种物资、材料、设备、债权债务,在规定的期限内及时编制竣工决算,并报请有关审计部门进行审计,做到工完账清。企业应对基本建设项目决算实行“初审”、“终审”制,通过初审检查施工单位所报送原始资料的真实性、完整性,支付凭证的合法性、合

规性、手续的完备性及数量、单价、金额的真实性;终审由单位审计部门通过选择有资质的中介机构对项目造价进行审计,并出具审计报告,作为财务人员进行结算的依据。

(2)及时登记交付使用资产,及时清理债权、债务,防止资产流失。项目完工后,应及时组织验收、办理竣工决算,并办理登记交付使用财产手续,保证基本建设投资形成的资产能够完整、真实的反映在单位财务账上,确保单位资产的保值增值。

(四)规范会计核算

会计科目的设置是基建财务的基础,一个合理的构架更利于项目的财务管理。会计科目、单项工程辅助核算应与工程概算设置一一对应,这样才能准确地核算单项工程成本,才能够区别哪些是概算外工程,为工程竣工结算提供全面、准确的依据,避免超计划、超预算。建立健全基建业务内部财务管理制度,包括预概算编审制度、核算制度、内控制度、报表制度和竣工财务决算制度。财务人员依据各项制度深入到工程管理中,贯穿项目预概算编制审核、资金筹集、工程成本控制直至竣工决算全过程,以项目概算内容为指导,避免出现工程施工与财务"两张皮"的现象。

四、结论

对于煤炭企业基本建设要做到建立健全完善的内部控制制度,提高建设项目财务管理与监督的工作质量,保证项目资金监管有章可循,有法可依,提高建设项目会计核算质量和财务管理工作水平。要按照制定的各项制度定期和不定期对建设项目的资金管理、工程进度、工程质量等进行检查,并对现存的内控制度进行评价,不断完善内部控制制度。通过加强煤炭基本建设项目的财务管理,提高建设项目管理水平,才能给煤炭企业带来最明显的、直接的经济效益。

入企业合并成本，即进行资本化处理。以发行债券或权益性证券进行的企业合并所发生的费用比照同一控制下企业合并中类似费用的处理原则进行处理。非同一控制下企业合并进行过程中发生的间接费用，应于发生时费用化处理，直接进入当期损益。

沿用案例一，假设乙公司、丙公司合并前不处于同一控制下，根据非同一控制下企业合并对直接费用的会计处理原则，兼并重组日，乙公司相关会计处理如下（单位：万元）：

借：长期股权投资	6 080
贷：无形资产	3 000
银行存款	1 080
营业外收入	2 000

四、两种类型企业合并费用的会计处理比较与分析

（1）两种类型企业合并过程中发生的各项直接相关费用（以发行债券或权益性证券进行的企业合并所发生的费用除外）的会计处理有所不同。在同一控制下企业合并情况下，该部分费用直接进入当期损益，应进行费用化处理。而在非同一控制下企业合并情况下，该部分费用构成企业并购成本，应进行资本化处理。但是在目前兼并重组过程中，部分企业未能严格按照不同企业合并类型的处理原则进行处理。在非同一控制下的企业合并的情况下，也将上述费用进行了费用化处理，造成企业兼并重组的长期股权投资初始成本核算不准确、无法正确核算对被兼并重组企业的投资收益率、多列支当期费用、少记当期所得税费用等情形。不仅不利于真实、准确反映企业的财务状况及经营成果，还可能产生一定的涉税风险。

（2）两种类型企业合并对直接费用中的债券或权益性证券发行的费用会计处理相同，即调整债券的初始计量价值或权益性证券的资本溢价（股本溢价）及留存收益，都未直接进行费用化处理。在一定程度上能缓解企业兼并重组当期的成本费用压力，有利于提高企业进行兼并重组的积极性，但应认识到其实质上并没有增加企业当期的净现金流量。此外与发行权益性证券相关的费用，在权益性证券发行无溢价或溢价金额不足以扣减的情况下，应当冲减盈余公积和未分配利润。但至于如何冲减盈余公积和未分配利润，是按照提取盈余公积比例对应冲减盈余公积、未分配利润，还是先把盈余公积（未分配利润）冲减，盈余公积（未分配利润）不足以冲减的部分再冲减未分配利润（盈余公积），企业会计准则中并没有明确说明。

（3）两种类型企业合并的间接费用会计处理相同，即均于发生时直接进行费用化处理，计入当期损益。

总之，对于企业兼并重组中发生的各种费用的会计处理，首先要分析兼并重组费用的具体性质，然后根据企业兼并重组的类型，依据同一控制下的企业合并和非同一控制下企业合并中对相关费用的处理原则，做出正确的会计处理。

探析煤炭企业预算管理

牛　林　张　雁

预算管理是企业利用价值形式在科学的市场预测基础上,对企业未来的内部生产经营活动所进行的规划、控制与协调。预算属于计划的范畴,但又不等于计划管理。同时,预算不等于预测,预测是一种事先的估计,而预算是以企业生存的市场为导向,在市场经济背景下企业内部通过合理、科学的预测,对企业生产经营进行全面的统筹规划。预算一经确定,管理过程就是预算控制过程。

近年来,全面预算管理作为企业现代化的管理模式被众多企业所重视和接受,并把企业全面预算管理作为企业加强集权管理,实现集团公司对分公司内部控制的重要手段和作为开展集团化管理的突破口。但在实际工作中,由于我国处于现代企业制度的建立阶段,在全面预算管理的推进中存在着一些认识和实务上的误区和盲区,其科学性和合理性有待改进。比如预算管理与企业战略脱节、缺乏预算管理组织体系保障、在预算控制和考评等方面都未给予应有的重视等,使得这项工作达不到预期效果。如何有效的综合运用企业的各项经济资源,如何使企业各部门、各环节统筹规划、协调行动,最终实现企业长期发展战略目标,是企业预算管理需要研究和解决的问题。

一、煤炭企业实施预算管理的目的与意义

(一)有利于实施企业集团管控

实行企业预算管理以集团公司的战略目标为依据,把集团的战略目标通过更为细化的经营计划和预算管理转化为清晰的具体数据,落实到分、子公司的具体经济活动和计划当中。集团公司的战略目标在预算的分解和编制过程,使各分、子公司对集团的战略有了更为理解和清楚地认识,从而实现各自对集团战略目标实现的贡献程度,达到全方位沟通战略目标的目的,使集团公司的战略不再是高高在上、空泛无力的口号。

全面预算管理以对集团公司内部架构与业务流程的研究和重组为前提。通过对集团内部机构调整和组织的理顺,集团总部和下属企业分别被划分为不同层次的责任中心,并以此为基础来分配各自权利和责任范围,可以形成集团内部层次清晰、分工明确的管控体系,使得集团公司在每个期间将各自分、子公司的运行状况,通过内部管理财务系统、规范统一的信息报告体系,逐级汇总反馈,保证信息通畅,以实现对战略目标实施情况的有效、及时监控,从而保证煤炭企业集团战略目标的实现。

(二)有利于成本控制和绩效评价

通过实施预算管理,煤炭企业的成本管理可实现由粗放型向精细化方面转变,通过采用预算管理、目标管理等方法,明确预算目标、细化控制项目、加强责任考核,使成本控制

作者单位:义马煤业集团股份有限公司财务部

得到不断完善,以此达到成本控制的目的。与此同时,根据煤炭企业预算管理目标,结合各级部门领导岗位的责、权、利,把预算目标设置成相应具体的指标目标,形成用制度安排岗位,按岗位确定人员的机制。从而可以实现宏观预算管理的具体操作量化,将各级部门岗位的薪酬与指标完成情况挂钩。通过定期或不定期检查考评各业务单位、职能部门和员工个人所承担的经济责任与工作任务的完成情况,确保煤炭企业战略目标的实现。由此,预算管理在实现成本控制的同时也为考核评价职能部门和员工个人的工作业绩提供了依据,实现了煤炭企业的有效绩效评价。

(三)有利于增强企业竞争力和抵御风险能力

通过实施预算管理,煤炭企业可更好地增强时间效率观念,更好地协调价值链、供应链之间的管理和联系,发现管理中的错漏之处,从而可不断改进各项消耗资源的工作环节,挖掘煤炭企业资源潜力而实现经济效益。尤其是针对可能出现的情况,提前建立完善的预算管理体系,制定预防措施,加强预算信息跟踪,对产生的偏差及时反馈,分析产生偏差的原因,制定相应的措施加以改进,有利于煤炭企业竞争力及抗风险能力的提升。煤炭企业通过实施全面预算管理,可使其内部控制更加精细,治理机制更加完善,从而实现集约化、精细化的现代化管理模式,有利于增强其竞争力和抵御风险能力。

(四)有利于实现长期规划和短期策略相结合

煤炭企业为了维持稳定及可持续的发展,长期规划是其努力的必备目标。而长期规划的战略实现,又是通过短期目标的实施而得以完成的。预算管理正是通过在煤炭企业长期规划的战略指导下对总体业务发展方向及经营目标作出规定和细化,以谋求各项业务工作协调稳步发展,在一定时期内达成既定计划的具体措施。通过预算管理,可以使长期规划与短期目标更加有效地结合。

二、煤炭企业预算管理的内容

(一)业务预算

业务预算是煤炭企业日常经营管理活动所发生的各项费用的预算,包括销售费用预算和管理费用预算。主要涉及企业损益表、预计资产负债表、预计现金流量表等。煤炭企业业务预算主要根据市场调研、预测和矿井生产能力,确定本年度的企业的各项业务运作费用。它既涉及短期利润最大化,又涉及长期市场价值最大化。

(二)资本预算

资本预算又称为专项预算,一般是在当煤炭企业发生重大的、长期性的项目投资活动时编制,如矿山厂房设备的购置、改建、扩建、技术更新改造、资源的开发和利用以及煤炭企业并购等。它具体包括长期投资预算、筹资预算、长期投资项目投资收益预算等。

(三)销售生产预算

煤炭企业销售预算通常主要都是由销售收入预算和销售回款预算两部分内容构成。其中销售收入预算包含销售数量、销售单价、销售收入总额。而煤炭企业生产预算则主要揭示出煤炭企业生产、销售、存货间的协调关系,明确了生产活动的总过程。煤炭企业生产预算主要包括直接材料预算、直接人工预算、制造费用预算。当煤炭企业完成了这三项预算的编制工作后,便可以据以计算产品的单位生产成本,并汇总形成产品单位生产成本预算。

三、煤炭企业预算管理存在的问题

(一)预算管理与企业管理相脱节

目前,煤炭企业编制的预算管理常常出现与企业实际管理相脱节的现象。这主要是由于预算管理在编制过程中,尤其是在销售生产预算的编制中,往往把焦点集中于企业的短期活动,仅仅重视既得利益的获得,忽视了企业长期战略规划,使短期的预算指标与企业的长期战略目标脱节,造成各期编制的预算衔接性差,预算的执行无助于企业长期战略的实现。

(二)预算管理缺乏有效控制

在煤炭企业中,各个业务部门是策略规划实现的载体,是实现具体目标的终端。为了获得运作资源或是顺利通过考核,它们会在一定条件下有意低估或是高估既定成本价值,使得预算与实际价值之间出现不合理的差异,损害企业的整体预算效果。尤其在煤炭开采过程中存在着各种预测不到的地质条件和安全问题,更使虚报煤炭预算成本有了"合理"的理由。但在现行的管理体制下,对预算管理的执行仍然缺乏有效的监管和控制,使得业务部门的虚报在煤炭行业比较普遍。

(三)预算指标不明确

预算管理的核心在于对企业未来的行动进行事先安排和计划,通过对企业内部各部门单位的资源进行分配与控制,获得既得利益,实现长期战略的活动,是一项需要各部门、单位进行紧密配合的工作。而目前煤炭企业普遍存在预算管理工作完全由财务部门单独完成,仅仅依据财务报表进行简单的增减变化预测,从而致使各项指标的制定含糊其辞,甚至是经纬不分的现象。如把预算管理简单的理解为财务行为,仅仅关心账面数字,而不是深层次的业务统筹及目标量化。

四、煤炭企业预算管理的应对措施

(一)预算管理与企业管理相统一

预算管理与煤炭企业的生产经营活动紧密相连,这就必然要求全面预算管理与企业管理相统一,符合企业内部各个部门生产经营的客观实际,与各个部门的生产能力、技术水平和员工素质等客观因素的具体执行指标相适应,不能过高或过低,以确保预算管理的合理有序执行。

(二)确保有效预算管理的控制实施

控制是预算管理最强有力的保障,只有把监管控制始终贯穿预算管理的执行过程其中,才能完善煤炭企业的治理机制,确保预算的正常执行。如通过预算监控机构、协调机构、反馈组织,分别负担着预算监控、预算协调与预算反馈等职能,以此确保有效预算管理的控制实施。

(三)明确预算管理指标,建立完善预算管理体系

明确预算管理指标,建立完善预算管理体系,形成责、权、利相结合的机制,这是通过实行刚性管理,强化财务控制与考核,确保全面预算管理真正发挥管理功能的必然之路。

煤炭企业可通过战略目标的具体落实和进一步量化，形成不同层次的明确预算指标，通过预算调研、编制、执行、监控、协调、反馈、奖励，以建立完善的预算管理体系。

虽然预算管理是一种行之有效的管理制度，但并非所有成功的预算管理模式都是普遍适用的。煤炭企业在进行预算管理时应当结合企业自身特点，在实践中总结经验，进一步改进和完善这种管理体系，因地制宜、量力而行地推行全面预算管理。

新会计制度的执行对企业经营会计核算影响的研究

张凤梅 李国武

财政部2006年2月15日正式发布的包括1个基本准则和38个具体准则组成的39项企业会计准则体系。新会计准则体系的建立,顺应了我国经济快速国际化和市场化的需要,实现了会计准则体系建设的新跨越和历史性突破。新会计准则的变化,虽然长期来说不会影响企业的内在价值,但相关会计处理原则的改变,会造成企业在一定时期内价值的改变。这些改变将不同程度的影响到企业经营者的决策和会计人员的核算,对企业经营、会计核算产生重大影响。

一、新会计制度对企业经营成果的影响

无论企业是以利润最大化为企业目标,还是以价值最大化为企业目标,其核心就是必须产生利润。比较新旧会计准则体系,38条具体准则中很多会计处理方法的改变,都会影响到企业利润。从而影响到企业的经营行为,具体影响因素如下所述。

(一)可能使企业业绩得以提升的因素

(1)长期股权投资。原准则规定,初始投资成本与被投资单位账面价值出现差额时,作为股权投资差额列示,并按不低于10年的期限摊销。新准则规定,当初始投资成本大于被投资单位可辨认净资产公允价值的(属商誉,不列示),不调整初始投资成本,小于被投资单位可辨认净资产公允价值时,其差额计入当期损益,从而使当期利润增加。

(2)投资性房地产。原准则规定,固定资产按历史成本计量并计提折旧或摊销。新准则规定,对于投资性房地产,应以成本模式为基准计量模式,在满足一定条件中,也可采用公允价值进行计量,采用公允价值计量时,不需计提折旧或摊销,可以期末的公允价值为基础调整其账面价值,公允价值与原账面价值之间的差额计入当期损益,在房地产市场空前繁荣的当前,对房地产或投资房地产的企业比较有利。

(3)无形资产。新准则规定,对企业内部研发项目,在研究阶段的支出,应于发生时计入当期损益;在开发阶段的支出,具备一定条件时应确认为无形资产。这样就减轻了研发费用较高的企业在开发阶段的利润压力。此外,在无形资产摊销年限上:原准则规定,如果合同及相关法律均未规定有效年限的,摊销年限不超过10年。新准则规定,对于使用寿命有限的,应在使用寿命内系统合理摊销;使用寿命不确定的无形资产,不应摊销。这样,企业对其无形资产寿命是否可确定及寿命多长的判断拥有自主权,这将有利于利润提升。

作者单位:张凤梅,郑州煤电公司东风电厂;李国武,郑煤集团平陆中泰矿业公司

(4)非货币性资产交换。原准则规定,以换出资产的账面价值与相关税费之和作为换入资产的入账价值,这样,在没有补价的情况下,就不产生损益。新准则规定,以公允价值和相关税费之和作为换入资产的入账价值,换入资产的公允价值与换出资产的账面价值的差额可计入当期损益。虽然新准则增加了非货币性资产交换的限定条件(商业实质),但由于非货币性交换中对商业实质的判断存在一定的弹性。而且,在发达的市场条件下,公允价值比较容易确认,但是在市场不充分的情况下公允价值的确认,可能成为企业的一个利润点。如上市公司SST华发与母公司的资产置换盈利千万元。

(5)债务重组。原准则规定,支付的对价与重组债务的差额应计入资本公积。新准则规定,以现金清偿债务的,债务人应将支付的现金与债务差额,确认为债务重组利得,计入当期损益。以非现金资产清偿的,债务人应将非现金资产的公允价值与债务的差额,确认为债务重组利得,计入当期损益。转让的非现金资产公允价值与其账面价值的差额,确认为资产转让损益,计入当期损益。将债务转为资本的,重组债务的账面价值与股份的公允价值之间的差额,确认为债务重组利得,计入当期损益。这样,不仅支付的对价与债务的差额,可以计入当期损益,而且通过评估等方式,可使所转让的非现金资产公允价值增加,并将公允价值与其账面价值的差额计入"资产转让收益"。这样,债务负担严重的企业可通过债务重组的方式使利润增加。

(6)借款费用。新准则扩大了可以资本化的借款费用的范围,一是由专门借款扩大为一般借款;二是由固定资产扩展到存货、投资性房地产等。这对房地产企业、生产周期长的制造企业是比较有利的。

(7)政府补助。对于与资产有关的政府补助,原准则规定,先作为负债,待项目完成后转入资本公积。新准则规定,应系统地在一定期间内作为收益处理,从而使当期利润增加。

(8)企业合并。新准则对合并企业是否属于同一控制,分别规定适用于权益法或购买法,并就商誉的处理做出规定。购买法中,作为支付对价的资产的公允价值高于其账面值的,其差额可计入当期损益,造成利润上升。同时,原准则规定合并价差逐年摊销,新准则规定商誉不进行摊销,而是予以减值测试,这样是否发生减值以及减值幅度大小依靠企业主观判断,有利于利润上升。

(9)金融工具确认和计量。原投资准则规定,短期投资按成本与市价孰低计量;新准则规定,对于交易性金融资产,应按确认的公允价值计量,公允价值的变动计入当期损益。此外,新准则规定,符合条件的衍生金融工具不再是仅在表外列示,而是进入表内计量。根据我国目前证券市场空前繁荣的情况,这对于持有大量证券资产的企业和金融行业都是利好。

(二)可能使企业业绩下降的因素

(1)固定资产。新准则下,固定资产的初始确认将考虑弃置费用因素,这对煤炭、石油、有色金属等承担矿区废弃处置义务的行业将产生较大的影响,即增大固定资产的初始确认金额,从而增加正常年度的折旧金额,减少利润。

(2)股份支付。企业为获取职工和其他方提供的服务而授予权益工具时,如是授予后立即行权的,则在授予日以权益工具的公允价值计入相关成本或费用,从而使企业利润减少。

(三)对企业业绩造成不确定性的因素

(1)存货。新准则取消了移动平均法和后进先出法,对原采用该类方法的企业而言,改变存货计价方式,将对商业企业等存货较多企业的存货成本产生较大影响。

(2)生物资产。新准则要求对采用历史成本计量的生物资产的使用寿命、预计净残值和折旧方法进行定期复核,适应了生产性生物资产使用寿命、价值实现方式多变的特性。但此规定使企业业绩的波动性加大。

(3)资产减值。新准则规定,应对企业合并所形成的商誉进行减值测试、不再摊销。因企业重组而有大量企业合并所形成商誉的企业,在期末测试时,若连带资产质优商誉减值会较小,将会出现对当期利润的积极影响,即小于按直线法摊销的金额时,当期利润增加;反之,则减少。

以上的影响在企业,特别是上市公司的首年执行时,表现得尤为突出,企业管理者应针对上述因素,结合经营业务对其利润升降做出正确判断。虽然在调整过程中会引发权益、利润的改变,不会真正改变企业正常的经营业绩,但是利润的非正常变动过大将对企业产生一定的影响。所以,每一个的企业管理层都应正视新企业会计制度对企业经营管理的影响,确保企业健康快速的发展。

二、新会计制度对会计核算的影响

新会计准则充分考虑了中国特殊的经济环境和会计环境,修订了若干业务核算准则。这些核算准则的修订使会计核算更为复杂。

此外,由于具体会计准则、会计制度、财政部的各种补充规定等多个法规同时存在。也使会计核算更为复杂。在核算中以谁为准?它们之间是什么关系?如具体会计准则和会计制度有冲突怎么办?这些问题在进行会计核算时必须弄明白。如浦东发展银行,按照国际惯例应该计提45亿的八项减值准备,按照国内的惯例只能提3亿,经过调整以后,大华会计师事务所认为最大限度为提32亿,这就是具体操作方法的差异造成会计核算的复杂度增加。

总之,新会计准则的出台给企业带来了较大的挑战,一方面使会计准则的技术难度系数加大、会计核算更复杂;另一方面实施新准则对企业的影响不再局限于财务报告过程,还将深入到经营活动的许多方面。企业管理层应把它作为内部控制体系、财务会计信息体系和业务流程体系改进的切入点,使企业的经营活动更符合我国的现实环境。

第三篇 会计委派、内部控制、提高会计信息质量

试论煤炭企业重组存在的财务风险及防控措施

李建超 郭永强

从内容结构上看，大型煤炭企业兼并重组遇到的风险主要是对整合矿井的定价、并购融资与支付。特别是早期大型煤炭企业集团整合资源、兼并重组中小煤矿阶段，受到资源价值增值过快、矿业权价款过高等条件限制，造成兼并重组工作无法正常进行。企业自身也存在着很大的经济压力。所以在现行的对小煤矿兼并重组活动中，并购方对目标企业的资产收购以及为实施收购而采取的融资和支付等行动，是决定兼并重组能否成功的关键，也是导致财务风险产生的主要因素。

一、煤炭企业重组并购过程面临的财务风险

（一）资产定价风险

定价风险一般说的是小煤矿存在的各种价值风险，其实际上是价格评估不合理导致的一类风险。通常是因重组方和评估机构在评估小煤矿的资产价值和获利能力时，过于高估而造成出价大于自身能承受的范围，导致投资失败的问题。无论小煤矿现在的经营状态有多好，只要重组方估价过高则会给成本回收造成困难。导致定价风险的因素主要有：①资源价格风险。近几年来，随着煤炭价格的逐步上扬，让小煤矿老板普遍认为占有煤炭资源就等同于占有财富，未开始整合以前就有为了以高价出售煤矿，不惜通过哄抬地区煤价等手段，变相提高煤矿的转让价格。②实物评估风险。兼并重组之前要对小煤矿的实物资产进行实地评估，虽然重组方强调以实有、实用、实际的原则为价格确定的基础。但仍有可能在实际评估中出现诸多问题，导致了评估结果难以达到理想的状态，影响了重组后的正常生产经营。因此，定价风险不仅是当下重组过程的重要风险，而且一旦发生，就容易给重组后的生产经营造成更大风险。

（二）资产权属风险

1. 资产出售的授权问题

由于许多小煤矿都是合伙经营，但在重组过程中，资产收购转让协议基本是对准小煤

作者单位：郑煤集团嵩阳煤业公司

矿的实际控制人,因此在签订和履行资产协议之前,必须要求相关资产的出售方出具其内部股东会决议、合伙人会议决议(根据小煤矿组织形式而定)等决议文件。只有如此,才能确保该协议不因对方相关决策程序而存在瑕疵。

2. 转让资产的权属问题

采矿权的权属问题。小煤矿的采矿权是否存在被司法机关查封、是否存在提供质押、是否有其他权利人对采矿权提出权利主张、采矿权的各项手续是否齐全、应缴纳的采矿权价款等行政费用是否足额缴纳等。

其他财产的权属问题。对于其他财产权属问题,要审查其获取该财务的程序是否合法,该财产是否还有其他权利人或共有人,被重组煤矿取得该财产是否已经支付了足额对价,应办理的产权登记手续是否已办理完毕,是否已经取得必须的权属证明,相关资产是否设定担保等。

3. 资产转让税收问题

小煤矿向重组方转让采矿权、矿口及其他资产,按照现有税收政策,资产出售方需要缴纳营业税、增值税等,如何处理该部分税收问题,在重组过程中应当予以高度重视。因为被重组小煤矿经营中长期采取现金交易,纳税意识淡薄,其是否愿意承担该部分税收,对于交易的安全性至关重要。虽然从法律上讲,小煤矿是纳税义务人,但作为重组的主体以及交易的相对方,必须慎重考虑交易中的税收问题。

4. 资产转让手续问题

由于采矿权及相关资产的变更需要办理登记手续,并且会产生一定的费用。为此,就必须在资产收购协议中就办理权属变更手续的责任方和费用的承担进行明确约定,以免产生不必要的纠纷。

(三)重组方融资风险

当前,大型煤炭企业在融资过程中可采取的方式包括自有资金、借款、发行债券、寻求长期战略合作等,每种融资方式都会给重组方筹集到理想的资金。但在融资期间也会遇到各种财务风险,这主要受两方面因素的影响:①融资能力。这对于兼并重组能否顺利运行有关键性作用,这是因为大型煤炭企业内、外部的资金渠道按时足额的筹集到资金,对企业兼并重组的成败有决定性作用。内部融资资金成本少,但在企业经营决策失误及市场经济变动时将给企业造成很大的流动性风险;外部融资限制条件多,并极有可能分散企业的控制权。②融资结构。融资结构涉及的内容为企业资本中债务资本、股权资本结构。融资结构对整个企业的风险控制有重要意义,若控制不当则会带来巨大的资金风险。若并购之后的经营收益无法达到最佳状态,而现实经营利润率低于负债利息率后,企业很可能出现利息支付风险和按期还本风险。若融资结构以股权资本、寻求战略合作伙伴为重点,则说明把企业控制权转移到新股东上,不仅造成重组方在重组后企业中控制力的减弱,还会对作为重组主体的大型煤炭企业造成经济利益上的受损。

(四)支付风险

煤炭企业重组遇到的支付风险主要出现于其在支付过程中的失误,通常是说与资金流动性有关的风险。这类风险常常和融资风险、债务风险等存在较大的联系。因此,实际兼并重组过程中,由于所收购资产的价值较大,如何支付收购价款、支付期限的长短以及资金来源、逾期付款的责任都可能形成风险的来源。重组方采用不合理的现金支付，不仅容易造成的资金流动性风险，给企业下一步的生产经营带来较大困境，影响现有煤炭生产的有序进行。更严重的是，如果不能合理保证兼并重组后，企业从小煤矿获取足够的现金流，用以偿还各类租赁费用和收购价款，将会直接引发重组方的债务危机，将重组方拖至无法偿还到期债务、从而破产的危险境地。同时，从小煤矿的角度看，如果无法从重组方得到对其利益的现时补偿，就很容易造成对兼并重组进程的抵制，降低成功并购的概率。

二、预防并购阶段财务风险的措施

（一）价值评估

重组方在于小煤矿商讨收购时要充分掌握其各项资料，如财务资料、业务资料等，这样可以保证并购过程的稳定进行。对小煤矿价值准确评估也是很重要的一个步骤，因企业并购中双方的动机和看待问题的角度不一样，选择的价值评估方法也存在差异。虽然现在由重组方确定评估机构，但小煤矿的实际控制人还是会依据自己的评估方式和评估方法，确定自认为比较合理的资产价格，从而造成双方确定的资产价格存在较大的差异。因此，重组方需考虑采用合理的方式构建定价模型，或者构建多个定价模型，将最终资产转让价格不仅确定下限，再确定一个合理的上限区间，从而为实际并购活动中资产价格的最终确定留出必要的余地。这不仅有利于兼并重组过程中的资产定价的风险防范，也有利于双方的价格谈判，顺利推进兼并重组。

（二）财务评价

财务评价是为了掌握足够的并购信息，对小煤矿兼并重组后的具体经营情况准确评估，让重组方能选择更加科学的方式进行兼并重组。财务风险评价工作最重要的就是盈利能力评价。从损益表内容里将收入金额减去各项成本费用、上缴税金后等，最后的金额大小便是企业的利润，扣减项目的多少能体现出企业不同的经济信息。在这里，有两个方面需要特别注意：一是成本费用的确定，单独采用小煤矿或是大型煤炭企业的现行成本，对兼并重组后的煤矿盈利能力进行评价都是不合适的，尽可能使用于财务评价的成本费用接近于重组后的实际成本费用。二是现金流的影响，重组方必须对兼并重组后从小煤矿获取的现金流进行合理评价，确保将企业财务风险控制在合理范围以内。

（三）资产交接

确保资产交接完整、手续严谨不仅是防范资产收购风险的重要手段，更是兼并重组后小煤矿良好运作的基础，因此在资产交接过程中必须遵循以下原则：

（1）现场交接原则。所有的资产交接必须现场进行，交接人员必须到现场查实交接资产的状况与转让协议、评估报告所描述的状态是否一致，不能够仅仅进行书面交接。

（2）实物与清单相符原则。在进行资产交接时，必须确保实物与双方资产交接清单上所列的资产相一致，若发现不一致之处，应当及时向对方提出并向重组方报告。

（3）权属证明完整原则。在交接过程中，要注意不仅资产交接完整，而且资产的权属证明及其他附随资料应当一并移交，如发现权属证明不完整的，应要求对方予以补办，确实无法补办但对资产使用影响较大的，协商降低资产收购价款或要求对方提供必要的担保。

(4)资产过户手续完整原则。对于需要办理资产变更登记手续的,重组方应当及时要求对方在合理期限内办理过户手续,以避免出现权属不清或权属争议的情形。

(四)支付方法

在支付过程中要选择合适的支付方式,这样可以避免资金的不合理使用,维持企业正常的生产秩序和财务秩序。在支付过程中需要把企业的支付方式设计为现金、债务、股权等多个方式。首先是可以通过外部融资、寻求战略合作伙伴等方式筹集资金,实现对兼并重组小煤矿的控制;二是对小煤矿现有资产的收购,除采取现金支付的方式外,尽可能采用租赁、负债的方法,减少重组方现金的支出;三是尽可能地延长收购价款的支付期限,减轻重组方的还款压力。

三、结论

综上所述,煤炭企业兼并重组不仅是大型煤炭企业集团在执行政府的相关政策,而且对煤炭企业集团自身而言也具有重要的战略意义。它是一项复杂的、系统的、长期的工程,只有重视并规避重组过程中可能产生的财务风险,才能迅速完成整合重组,不断提高企业核心竞争力,使煤炭企业更加稳健快速发展并取得更大的经济效益。

对国有企业集团内部担保的风险控制

齐金伟

在现代企业融资过程中，企业之间的担保业务已经十分普遍。随着近年来担保诉讼案件的增加，企业担保风险的防范，越来越受到企业管理层的重视。尤其是国有大型企业对外部单位提供担保，基本已经具备完善的制度和密切的监管，拥有良好的互保关系，但是实际情况是一些拥有众多下属子公司的国有大型企业集团，尤其是煤炭企业，对内部子公司的担保比例要比外部大得多。虽然利益和风险都在集团内部，仍然存在一定的风险，应该受到足够的重视，做好内部控制。

企业办理担保业务的一般流程通常包括受理申请、调查评估、审批、签订担保、日常监控等流程。财政部五部委联合制定的《企业内部控制应用指引第12号——担保业务》也有详细的规定，财政部的解读中还给出了适用于一般担保业务的业务流程图。在实务操作中，可能有部分环节没有具体的标准或者执行不到位，就会降低担保业务内部控制的效力。下面仅就在实际担保业务流程中经常遇到的问题，重点阐述如何做好国有企业集团公司内部担保的风险控制。

一、对子公司的担保风险应与出资比例相匹配

在集团型企业集权型与分散型相结合的管理体系下，子公司往往都具有独立融资的能力，没有提供担保的权力。母公司为子公司融资担保既是很自然的事情，也是很普遍的事情。特别是对于一些财务状况欠佳、资金紧缺的子公司，母公司的担保也成为现有的唯一的维持其血液通畅的途径。母公司不仅承担主要出资义务，还要承担其债务风险。

对于全资子公司来说是没有异议的，对于控股子公司，由于有外部股东的存在，相对来说母公司承担的责任似乎不成比例。这与共享收益共担风险的合资原则相违背。因此，国有企业一般会规定对子公司的担保金额不得超过控股比例，也就是说按照各自出资比例进行担保。然而实际执行过程中往往有很多困难。一方面，参股股东的担保能力问题。参股股东是民营企业的例子也并不少见，实力不够雄厚的，在银行那里担保能力得不到认可。另一方面是，参股股东的意愿问题。对于一些出资比例很小的参股股东，生产经营中没有决策权，大多时候是只追求分享收益，没有多大兴趣去参与公司事务，当然更不用说承担风险了。

对担保风险的防范不只是在管理上，更重要的是在制度上。按比例提供担保是个原则，应该体现在子公司成立之初的合作协议中以及公司章程中，按章办事，谁也无话可说。倘若由于各种客观原因而不能按比例提供担保的，可以采取反担保措施，以保证、抵押、质押等有效可行的形式。实际操作中真正能够按比例提供担保的情况并不多，因为每个子

作者单位：中国平煤神马能源化工集团有限责任公司

公司的情况都不一样。所以能否提供有效的反担保措施就变得很关键。最容易操作的是保证反担保，完全依靠参股股东的信用，对于资信比较好的公司比较适用。资产抵押是风险最低的方式，但是操作起来比较复杂，适用于资质不是很好的单位。股权等权利质押方便操作，但是反担保责任不易实现。

二、对子公司担保应制定合理科学的担保限额

财政部对《企业内部控制应用指引第12号——担保业务》的讲解中提到，在完善担保政策和相关管理制度时，需要明确担保的对象、范围、方式、条件、程序、担保限额和禁止担保的事项。其中担保限额不仅包括担保人整体可提供担保的最高额度，还包括对各担保对象的担保限额。对于国有企业来说，外部单位一般都是与本集团有着密切业务关系或者互保关系的国企，双方之间都有互保金额的约定。对于内部子公司来说，由于单位众多、情况复杂，合理确定对各子对公司的担保限额就显得尤为关键。否则，容易形成子公司滥用母公司担保的情况。

担保业务基本上是伴随融资而生的。企业融资一般是处于两种需求，生产经营性的流动资金需求和项目建设资金的需要。我们可以从这两个方面来分别确定担保限额。

（一）流动资金需求的担保限额

企业在一个期间内处于一定的生产规模和资金周转速度，对流动资金的需求应该是有定量的。对此中国人民银行发布的《流动资金贷款管理暂行办法》有一个对流动资金需求量的测算可以作为参考。

营运资金量 = 上年度销售收入 ×（1 - 上年度销售利润率）×
（1 + 预计销售收入年增长率）/营运资金周转次数

公式是有理论假设的，所以说并不是万能的。实际应用中，我们需要考虑一些其他影响流动资金需求的因素，如行业地位、发展阶段、企业类型等因素。对于公式中所涉及的数据，还需要剔除一些非生产性的因素，比如说应付账款中的工程款。另外对于公式测算出现异常的情况，需要特别对待。

（二）项目建设资金需求的担保限额

项目的筹建、资金来源应该是有专业部门去核定，按照年度或者一定期间去制定项目计划，并按计划去实施。作为担保经办部门可以作为参考来确定其担保限额。

三、对担保申请人的资信调查和风险评估要落到实处

在受理担保人的担保申请后，必须对担保申请人进行资信调查和风险评估，调查和评估的结果有时直接决定了担保的与否。当然如果调查不深入、评估不全面，仅限于表面数据，流于形式，会导致企业担保决策的失误，不能防范为“带病”企业提供担保的风险。

对于外部单位来说，需要进行实地、现场的调研，最好聘请专业的评估机构或者专业人员进行调查与评估。在实际业务中，也可以通过银行等金融机构的评价来获取真实的信息作为辅助。但是，也需要考虑信息误导的风险。

对于内部单位，由于生产、财务等业务直接受集团总部的控制，没有必要经常性的进行评估调查，不过这有赖于集团内部的信息共享。但是对于新增项目贷款担保等还是需

要进行项目的实地考察。集团内部子公司经常需要担保的，应该建立一套资信评估数据库。这套数据库应该包含子公司的资本构成、资产规模、盈利能力、负债结构、信用记录等内容，按月或按季度定期更新。

四、对担保业务审批权限的划分应该更明晰、更灵活

担保作为重要事项，《中华人民共和国公司法》《中华人民共和国担保法》等相关法律并没有明确规定应该由哪一级机构去审批，通常是由董事会或者董事会授权的部门去审核。

大型国有企业由于组织机构繁杂、事务众多，权利机构不一定能随时召开会议议事。担保业务的申请也需要逐级上报，逐级审查，尤其是集团内子公司的担保申请，不仅申报时间长，数量也多。如果不分金额大小、风险程度全部通过董事会去审批，很可能会影响融资进度甚至融资结果，并造成工作效率低下，实际业务难以展开。所以企业可以根据自身的需要将担保业务按金额或者风险程度划分给不同级次的审批机构。

一般来说，公司的股东会是最高权利机构，其次是董事会。可以将重大担保事项呈报股东会审批，一般担保事项呈报董事会审批，小额担保报董事会授权部门来审批。当然，前提是确定担保重大与否的界限，分成不同的阶段，交由不同级次的权限部门去审核。

审批权限的合理划分，应该考虑企业自身可承受风险的能力，可根据净资产的一定比例去划分，或者按照风险在外部还是内部划分，或者综合二者，也可以根据企业自身情况考虑其他因素。

五、应该加强对于担保合同开始履行后的日常监控

担保合同签订后即开始生效，企业的担保责任和担保权利进入法律意义上的实际履行阶段。如果对担保合同的履行情况疏于监控或监控不当，被担保人发生重大异常事项时才引起注意，就很有可能会导致延误处置时机，加剧担保风险。目前存在的普遍问题是重合同签订，轻后续管理。因此，做好对担保合同执行情况的日常监控，及时、准确、全面地了解掌握被担保人的经营状况、财务状况和担保项目运行情况，最大限度地减低企业担保风险，实现企业担保权益，是一项艰巨重要的任务。

企业应制定专人定期检测被担保人的财务经营情况，定期收集数据，可以从用财务分析的角度，选择有效的担保风险指标，对担保业务建立一套健全有效的担保风险预警机制，同时对内部子公司的建立风险评估档案，作为是否继续提供担保的一个依据。可以将企业担保风险分为担保数量风险、担保时间风险、担保质量风险和被担保单位财务质量风险。担保数量风险从某项担保业务的金额可能对企业造成的影响结合企业的承受能力进行分析，常用的是以净资产 10% 作为临界值。担保时间风险的分析：一方面期限越长，风险越大，一般来说一年以内的担保风险比较容易被接受；另一方面，一旦逾期，就直接触动了警戒线。担保质量风险方面可涉及的指标有是否涉诉、是否连带责任、是否互保、是否连环担保、是否抵押、是否质押等。担保单位财务质量风险从被担保单位经营管理水平特别是现金生成能力的角度进行预警，经常使用的指标有资产负债率、销售净利率、盈余现金保障倍数、现金流动负债比和未抵押资产占净资产比重。

企业可以结合本单位的具体情况，选择不同的风险指标，或者采用不同的标准。确定相关风险指标的参考值（临界值）时，可以参考行业标准或本单位历史数据统计分析结果或者财务预算等信息资料。根据指标计算结果与参考值进行比较时，可以根据出现触动警戒线的指标数量设定多级次的风险等级。另外，在对各单项担保业务进行警情分析的基础上对企业层面的整体担保风险进行量化，从而发出警报。

关于煤炭资源整合中财务管控风险的几点认识

史鉴坤

近年来,我国为了更好的利用煤炭资源,更方便煤炭企业的管理,对煤炭资源整合的力度日趋加大,煤炭资源整合现已成为煤炭企业发展的必然趋势。

煤炭资源整合是指以现有合法煤矿为基础,对两座以上煤矿的井田合并和对已关闭煤矿的资源储量及其他零星边角的空白资源储量合并,实现统一规划,提升矿井生产、技术、安全保障等综合能力;并对布局不合理和经整改仍不具备安全生产条件的煤矿实施关闭。

在煤炭资源整合的过程中,财务部门有着至关重要的地位和作用,这主要体现在财务部门在企业资源整合中的风险管控。

一、煤炭资源整合中面临的财务风险

(一)缺乏有效的财务预算机制

随着市场经济的发展,我国的经济运行机制与企业体制都发生了深刻的变化。企业与国家、企业与企业、企业与金融机构、企业与职工之间的关系也发生了显著的变化,必须逐渐地按照市场经济规律与等价交换的原则运行。

在随着市场经济不断发展的情况下,煤炭行业的财务管理机制也更加的趋于完善,但我国的煤炭行业财务管理的发展还需一个过程。特别是煤炭预算机制还不成熟,近年我国对煤炭资源的整合力度越来越大,这就对财务管理的要求更加严格。而在煤炭资源整合的财务管理中,完善的财务预算机制是一个重要前提,是指导资源整合财务筹划的前提,是增加煤炭企业资源整合中的管控风险的能力。

现代企业的财务活动已成为连接市场和企业的桥梁和纽带,不再是简单的资金收付活动,而是包括资金筹措、投资决策与日常管理等多项内容在内的十分复杂的活动,这就要求煤炭企业的财务预算机制进一步完善。

(二)前期资源整合准备工作中的财务风险

(1)前期财务信息收集存在的风险。在煤炭资源整合过程中,整合方往往对整合的目标煤矿的财务风险估计过于乐观。往往对整合煤矿的资源储量、盈利能力、资产负债等情况不甚了解,以致无法准确地判断目标企业的资产价值的盈利能力。

(2)因信息收集所产生的定价风险。因为对前期被整合煤矿信息收集不足,也从另一方面提高了煤矿资源整合中的定价难度,从而导致并购后的整合难度。在并购过程中,被整合方往往有可能提供虚假财务信息,导致中介机构提供的财务信息质量失实,从而对前期被整合煤矿产生错误定价,造成严重损失。

作者单位:河南煤层气集团贵州中祥能源有限公司

（三）整合资源过程中的财务风险

采用杠杆收购产生的风险。杠杆收购财务风险的来源主要归结为两个方面，即资本结构变动风险和经营变动风险。而其具体体现在还本付息风险和再筹资风险。煤矿资源整合过程中，如果整合方资金不足，可能会采取此种方式进行整合。煤炭资源整合运用杠杆收购目的在于通过负债获取并购中所需要的资金，并期望在并购后获得财务杠杆利益，这样很显然使并购方的财务风险会急剧加大。对于通过负债获取资金的资金成本很高，而杠杆收购必须需要高的回报率才能使整合方获益，在对被整合矿井资金流量不确定性的情况下，这样会导致企业因负债过高，资本结构恶化产生严重后果。

因前期整合所产生的巨额负债，整合后企业会面临资金的严重压力，对企业整合后的资金流动带来严重不利。往往因需偿还杠杆收购产生的利息及本金造成企业资金短缺，短期融资面临困难。在流动资金不足的情况下，容易降低了企业对外部环境变化的快速反应和适应调节能力，增加运营风险，如果企业资产负债率过高，也就给企业带来短期融资的压力，滞后企业发展。

二、煤炭资源整合中财务风险的防范对策

（一）实行精密的财务预算机制

随着煤炭企业财务活动性质的转变，对企业财务活动的管理提出了更高的要求。现代企业的财务管理，不仅要对不同的投资方案进行比较和选择，还要为企业的生产经营活动筹措资金，以及对资金的日常运用进行管理。企业能否有效地预算所需资金的金额，是否能有效地筹集资金，并将其配置在适当的地方等，这些煤炭企业财务活动的有效与否关系到一个企业的生存与发展。

在煤炭整合时期，更应该有一个精确的财务预算指导整合阶段的财务工作，减少煤炭企业整合阶段存在的风险。有了精确预算为基础，减少煤炭企业在整合过程中不必要的费用成本，更有效地利用资金，减少企业整合过程中的风险。因此，在煤炭企业资源整合中，迫切需要建立一个与市场经济体制、现代企业财务活动性质相适应的财务管理预算机制。根据成功企业的经验，预算管理是市场经济条件下，现代企业实施财务管理的有效机制，有效地提升财务部门财务管控风险的能力。

（二）要关注财务报表以外的资源，防止财务信息失真

财务报表无法反映目标企业的全部情况，特别对于一些或有债务、或有事项都无法真实、全面的反映，而这些情况却往往会对目标企业的价值评带来非常重要的影响，成为企业并购财务风险最为关键的因素。这样对相关信息的对称了解就显得特别重要。

会计师事务所作为煤矿整合过程中的中介机构扮演着重要角色。中介机构使用原始信息的质量是资源整合过程中至关重要的财务信息环节，这就要求中介机构提供高质量的财务信息，对被整合方的债权债务做出全面分析，从而对被整合企业未来收益能力做出合理的预期。

（三）采用杠杆收购所产生的风险防范

为了防范杠杆收购带来的财务风险，收购方必须在收购之前对目标企业的负债能力，收购后出售资产的可能性和企业创造现金流的能力进行审慎评估，合理确定企业能够承

受的负债比率水平。为此,杠杆收购需要有稳定而充足的现金流量,良好的经营前景与升值空间。在资金不足情况下,整合方可以变卖交易出售非核心部门资产迅速获得偿债资金以支付一部分借款,也可以在日常的经营过程中提取偿债资金,尽量避免或减轻因缺少流动资金给企业带来的财务风险。

三、结论

煤炭资源整合是我国煤炭行业一项重大战略调整,财务部门作为企业的核心部门,在资源整合中起到至关重要的作用,而企业的财务状况对整合的成功与否影响很大,且整合必然涉及资金的筹措。在煤炭资源整合过程中,只有详细地对财务风险进行准确的评估、分析,才能有效的进行财务风险管控,使煤炭企业得到长远发展。

会计电算化档案的管理

丁晓冬

会计电算化档案是档案资源不可缺少的组成部分,是单位开展经济管理活动的基础信息和重要依据。随着现代科技的发展,电算化会计运用和发展对会计环境产生了巨大的影响。当前,加快改变旧的档案管理模式,适应时代要求,已成为目前电算化会计档案工作急待解决的新课题。笔者论述了会计电算化档案的特点,就目前会计电算化档案的管理中存在的问题,提出了相应的对策和改进方法。

一、会计电算化档案的特点

会计电算化档案,就广义而言是指存储会计数据(各种凭证、账簿、报表)和程序的软盘及其他存储介质,系统开发运行中编制的各种文档以及其他会计资料,同时辅之以打印输出的各种纸质资料。而狭义的会计电算化档案只包括前者,即保存在存储介质上的会计档案。会计电算化档案一般具备以下几个特点:

(1)会计电算化档案比传统会计档案具有更广泛的内涵。它除了包括打印输出的纸质资料外、主要是指电算化会计系统中的所有系统软件、会计软件程序及其全套文档资料。

(2)会计电算化档案较传统会计档案有更多的存储形式且对存放条件要求更高。它一方面以打印输出的纸质资料的形式存在,另一方面主要以电子数据存储的形式存在,包括存储在计算机硬盘上系统正在使用的档案资料和存储在存储介质上作为备份使用的档案资料。后者受存储介质质量、存放环境和存储有效朗等因素的影响很大,保存不当容易遭到破坏。

(3)会计电算化档案较传统会计档案易于修改,且不留痕迹。

(4)会计电算化档案必须借助于一定的环境才能再现在使用者的面前。会计电算化档案的调用需要一定的软硬件环境。存储在存储介质上的会计档案必须在特定的计算机硬件与软件系统环境中才可以使用。因此,应正确界定会计电算化档案的内容,并充分认识会计电算化档案的新特点,以便正确处理会计档案工作。

二、现阶段会计电算化档案管理存在的问题

(1)有关人员认识不到位,致使会计电算化档案管理内容不全。自开展会计电算化以来,我国实现会计电算化的单位虽然数量很多,但其投入运行的时间多数不长。因此,许多单位的相关人员,对会计电算化档案的内容认识不清,缺乏对会计电算化档案管理的经验,致使本单位会计档案缺失不连续的现象出现。

作者单位:河南工程学院

（2）电算化档案管理制度不完善，导致会计电算化档案损坏严重。实现会计电算化后，会计档案的内容增多了，对环境的要求也提高了，而很多单位却没有认识到这些变化，认为会计电算化仅仅是数据处理工具的变化，认识不到会计电算化环境下对会计档案保存带来的新要求和新改变。这些情况都造成了会计电算化档案的人为破坏。所以说储存介质不良和保密技术不健全及电算化档案保存意识淡薄导致会计电算化档案被自然破坏、人为修改等原因导致的损坏现象也十分严重。

（3）电算化会计档案管理缺乏专门人员。会计电算化档案是一种专门档案，涉及会计和档案管理两个方面的专业知识。会计电算化档案管理人员既要懂会计专业知识，又要懂得档案业务知识，并能负责财务部门立卷归档工作。但不少单位都缺乏会计电算化档案管理专门人员，大都以一般会计人员兼任。

三、会计档案工作改革的具体思路

（1）更新观念，实现观念新型化。必须要抛弃传统的会计档案工作观念，不仅要会保管，还要会开发、会利用、会分析、会服务。会计电算化档案管理应采用现代化、信息化、标准化的工作手段与方法，全方位、高效率的满足不同信息需求者的需要。

（2）走现代化、标准化、信息化之路。要实现从档案的整理、归类到入档、档案信息的输入、查询到修改、档案资料的汇总、统计到分析全过程的档案工作业务一体化流程。标准化是实现会计电算化档案的科学管理的重要组成部分。

（3）健全组织，实现组织系统化。会计电算化档案工作组织系统化是指采取有效的组织方式，将会计档案工作运行系统内的各个要素以及各个主体的单位行为有机地组织起来，使之成为一个具有内在联系的、能够协调运行的系统。

（4）培养人才，实现人才素质化。会计电算化档案工作的改革与创新不仅要求档案管理人员具有优良的个性品质、合理的创新意识与创新能力，还要懂得会计档案管理的专业知识，熟悉会计电算化基础知识，具备计算机的实际应用能力。只有高素质的会计档案管理人才，才能保证会计电算化合理、高效的为财务工作服务。

四、改善会计电算化档案管理工作应采取的对策

（1）增加会计电算化管理的硬件投入，防范档案管理事故风险。存放会计电算化档案的场所，应具有防尘、防磁、防潮等必备的硬件条件，对电子信息的归档、查询等应建立明确的程序和授权批准制度。为保证会计电算化档案信息的安全，要制定防范计算机病毒的措施。由于目前财务系统及操作平台升级频繁，更新新的财务软件时，必须在备份老财务数据的同时，将以前软件依赖的低版本的系统环境及电子数据等一并保存下来，保证能够随时查到历年数据。

（2）强化财务档案管理人员素质。档案工作要适应不断发展的新形势需要，人员素质是关键。一开始就要挑选文化素质高，工作能力强的人员负责档案管理工作，并保持人员相对稳定和连续。同时对档案人员进行多途径、多形式的培训教育，不断更新他们的知识结构。坚持岗位练兵，边学边干边提高。对档案管理人员的培训要不断深入，使其要有时代意识。一个高素质的财务档案管理人员既要及时了解并熟悉国家的各项财务法规、

方针、政策，严格贯彻执行和遵守会计法等相关法律，强化法律意识，提高自身修养，又应掌握时事政策、财政税务、电脑操作等相关知识。

(3)加强会计电算化档案的管理与保存工作。会计电算化档案保存应参照《会计档案管理办法》的有关规定执行。对于因备份形成的会计电算化档案，因其是存储在各类型的存储介质上的，在做备份时应采用双份备份法，即每份数据做双份备份，并将其分开存放在不同的地方，同时注明形成档案的时间。建立会计电算化档案定期备份制度，会计电算化档案管理人员应定期将会计数据备份到存储介质，并设立备查登记簿，提供备份时间、数量、保管方式等备份细节信息，同时由于存储介质的特殊性，管理人员必须对这些会计电算档案进行定期检查、复制，以防止会计信息损坏。

五、会计电算化档案管理工作展望

会计电算化档案作为会计档案的一部分，它与传统形式的会计档案相互配合、密切联系。如果说传统形式的会计档案是会计电算化档案的基础，那么会计电算化会计档案就是电算化独特的个性，它代表着未来会计规范化、现代化的发展方向，因此要充分发挥会计电算化强大功能，必须做好会计电算化档案管理这一基础会计工作。

煤炭企业财务风险防范与控制研究

朱双莲

财务风险客观存在于企业财务管理工作的各个环节，当前，随着国际金融危机对实体经济的影响持续加深，企业发展速度明显放缓，企业经济效益下降，营运资金紧张，财务风险加大，生产经营形势严峻。企业要在现行条件下，提高财务风险意识，建立各种风险预测和分析体系，找出导致财务风险的原因，采取有效措施进行财务风险管理，力求把财务风险降到最低限度。总的来说，企业财务风险管理的目标是：了解风险的来源和特征，正确预测、衡量财务风险，进行适当地控制和防范，健全风险管理机制，将损失降至最低程度，为企业创造最大的收益。

一、财务风险的概念及特征

（一）财务风险的概念

企业的财务风险是指在各项财务活动过程中，由于各种难以预料或控制的因素影响，财务状况具有不确定性，从而使企业有蒙受损失的可能性。企业的财务活动贯穿于生产经营的整个过程中，筹措资金、长短期投资、分配利润等都可能产生财务风险。根据财务风险的来源可将财务风险划分为筹资风险、投资风险和外汇风险。

（二）财务风险的基本特征

在财务管理工作中，只有充分了解财务风险的基本特征，才能采取针对性措施，防范和化解财务风险。企业的财务风险主要有以下几个基本特征：

（1）客观性。即财务风险不以人的意志为转移而客观存在，企业进行的各项财务活动存在着两种可能的结果，要么实现预期目标，要么无法实现。这就意味着无法实现预期目标的风险客观存在。

（2）全面性。即财务风险存在于企业财务管理的全过程并体现在多种财务关系上。资金筹集、资金运用、资金收回、资金积累分配等财务活动，均会产生财务风险。

（3）共存性。企业的财务风险与风险收益共同存在，且成正相关关系，即风险越大收益越大。在决策时如何进行选择取决于企业的风险偏好。

（4）不确定性。即财务风险虽然可以事前加以估计和控制，但由于影响财务活动结果的各种因素不断发生变化，因此事前不能准确地确定财务风险的大小。

二、财务风险的成因

财务风险存在于财务管理工作的各个环节，不同的财务风险产生的具体原因不尽相同。

作者单位：郑煤集团供电处

(1)企业资金结构不合理,负债资金比例过高。在我国,资金结构主要是指企业全部资金来源中权益资金与负债资金的比例关系。由于筹资决策失误等原因,我国企业资金结构不合理的现象普遍存在,具体表现在负债比率过高。这样企业就面临着严重的到期还本付息的压力,企业偿债能力不足,由此产生财务风险。

(2)固定资产投资决策缺乏科学性导致投资失误。在固定资产投资决策过程中,由于企业对投资项目的可行性缺乏周密系统的分析和研究,加之决策所依据的经济信息不全面、不真实以及决策者决策能力低下等原因,导致投资决策失误频繁发生。决策失误使投资项目不能获得预期的收益,投资无法按期收回,为企业带来巨大的财务风险。

(3)对外投资决策失误,导致大量投资损失。企业对外投资包括有价证券投资,联营投资等。有价证券投资风险包括系统性风险和非系统性风险。由于投资决策者对投资风险的认识不足,决策失误及盲目投资导致一些企业产生巨额投资损失,由此产生财务风险。

(4)企业赊销比重大,应收账款缺乏控制。由于我国市场已成为买方市场,企业普遍存在产品滞销现象。一些企业为了增加销量,扩大市场占有率,大量采用赊销方式销售产品,导致企业应收账款大量增加。同时,由于企业在赊销过程中,对客户的信用等级了解不够,盲目赊销,造成应收账款失控,相当比例的应收账款长期无法收回,直至成为坏账。资产长期被债务人无偿占用,严重影响企业资产的流动性及安全性,由此产生财务风险。

(5)企业存货库存结构不合理,存货周转率不高。目前我国企业流动资产中,存货所占比重相对较大,且很多表现为超储积压存货。存货流动性差,一方面占用了企业大量资金,另一方面企业必须为保管这些存货支付大量的保管费用,导致企业费用上升,利润下降。长期库存存货,企业由此产生财务风险。

三、控制财务风险的对策

(一)搜集财务信息资料

企业应建立财务信息网络,保证及时获得数量多、质量高的财务信息,为企业进行财务报表分析提供数据,为正确进行各项决策和风险预测创造条件。企业收集和整理有关预测风险的资料,包括企业内部的财务信息和生产技术资料、计划和统计资料,企业外部的市场信息资料和同行业中竞争对手的生产经营情况的资料。

(二)进行财务报表分析

在掌握信息资料的基础上经常进行财务报表分析,分析企业的收益性和获利能力,资产的流动性和短期偿债能力,融资结构和长期偿债能力。企业经营者要将此比率控制在适度的水平上,既要考虑风险又要考虑收益,审时度势,做出最优决策。

(三)建立财务预警分析体系

所谓财务预警分析,就是通过对企业财务报表及相关资料的分析,利用数据化管理方式和财务数据,将企业已面临的危机情况预先告知企业经营者和其他利益关系人,并分析企业财务危机发生的可能原因和财务运营体系中存在的问题,以提前做好财务防范措施的财务分析体系。

一个有效的财务预警系统具有以下职能:①预知财务危机的征兆。②预防财务危机发生或控制其进一步扩大。③避免类似财务危机再次发生。有效的财务预警系统不仅能及时回避现存的财务危机，而且能通过系统详细地记录其发生的缘由、解决措施、处理结果，并及时提出改进建议，从而提供类似情况的前车之鉴，更能从根本上消除隐患。

（四）结合实际采取适当的风险策略

（1）建立了风险预警指标体系。企业对风险信号监测，如出现产品积压，质量下降，应收账款增大，成本上升，要根据其形成原因及过程，制定相应切实可行的风险管理策略，降低危害程度。其中控制风险策略可进一步分类为按控制目的分为预防性控制和抑制性控制。预防性控制指预先确定可能发生损失，提出相应措施，防止损失的实际发生。

（2）风险转移法，包括保险转移和非保险转移。非保险转移是指将某种特定的风险转移给专门机构或部门，如将产品卖给商业部门，将一些特殊的业务交给具有丰富经验技能、拥有专门人员和设备的专业公司去完成等。保险转移即企业就某项风险向保险公司投保，交纳保险费。

（五）加强财务活动的风险管理

筹资活动是一个企业生产经营活动的起点，管理措施失当会使筹集资金的使用效益具有很大的不确定性，由此产生筹资风险。企业筹集资金渠道有两大类：一是所有者投资，如增资扩股，税后利润分配的再投资。二是借入资金。此外，还有资金组织和调度风险、经营风险、外汇风险等。

企业财务活动的第三个环节是资金回收。应收账款是造成资金回收风险的重要方面，有必要降低它的成本。对于应收账款管理在以下几方面强化，即建立稳定的信用政策，确定客户的资信等级，评估企业的偿债能力，确定合理的应收账款比例，建立销售责任制。

收益分配是企业一次财务循环的最后一个环节。收益分配包括留存收益和分配股息两方面，留存收益是扩大规模的来源，分配股息是股东财产扩大的要求，二者既相互联系又相互矛盾。由此形成了企业收益分配上的风险。

综上所述，企业要建立财务危机预警指标体系，加强筹资、投资、资金回收及收益分配的风险管理，实现企业效益最大化。

煤炭国有企业财务风险控制研究

肖竹君

一、引言

企业集团是社会化大生产高度发展和市场经济达到一定程度的产物，其基本架构是母、子公司的组合。母公司与被控股的子公司之间是以资本关系为基础而产生控制与被控制的关系是煤炭企业集团重要特点之一。企业集团财务管理内容繁杂，涉及面广，加之煤炭资源在市场上增值较快，矿业权价款高，市场前景良好，为此煤炭企业集团的财务风险控制就显得尤为重要。

二、企业财务风险控制的基本概况

（一）企业财务风险概述

企业财务风险是企业财务活动中由于各种不确定因素的影响，使企业财务收益与预期收益发生偏离，因而造成蒙受损失的机会和可能。企业的财务活动作为一个完整的系统，在筹资、投资、资金回收、收益分配活动环节中都有可能产生风险，称之为企业的财务风险。企业财务风险的本质是在资本投入生产后收益达不到预期结果的可能性，是资本价值形态转换的风险。

（二）企业财务风险控制

企业财务风险是现代企业面对市场竞争的必然产物。财务风险处理不当是产生财务危机的根本原因。因此，企业要根据自身情况采取回避风险、控制风险、转移风险和分散风险等策略防范财务风险，降低和化解财务风险。

三、煤炭国有企业财务风险存在的问题

（一）煤炭国有集团型企业普遍存在的问题

煤炭国有集团型企业普通存在的问题有：

（1）资金监理不到位，资金使用效率偏低。由于集团企业内部多级法人的管理体制等因素，造成了资金管理的分散。同时，集团公司各企业因规模实力、产业结构、行业特点等多种综合性因素造成集团企业整体不同程度资金短缺。

（2）企业内部控制、监管、考核不力。各级法人企业对其所属企业重大经济活动事前控制乏力，事后审计监督或不力或难以挽回已经发生的经济损失，缺乏清晰的可操作性强的考核办法，缺乏全过程的财务控制。

作者单位：平顶山天安煤业股份有限公司二矿

(二)企业集团推行财务总监委派制面临的问题

1993年《中华人民共和国公司法》颁布，开始逐步建立现代企业制度国有企业集团则应运而生了财务总监委派制度。该制度在公司治理、内部控制、投资管理、保证资金安全等方面发挥了十分重要的作用。但近几年财务总监委派制度的实施仍存在以下问题：

(1)由于赋予了财务总监对企业经营决策干预的权力，财务总监因其个人认知偏差，过多否决其认为不当的决策，在一定程度上降低了企业的运营效率。

(2)委派方出于“委派成本”的考虑，将财务总监薪酬的全部或部分交由被监督企业支付，这样使其在“监督”过程中会不自觉地倾向被监督企业的利益，削弱其客观公证性。

(3)财务总监任职者大多从原有的财务经理岗位上选拔，他们习惯于服从、执行企业领导层的指示，缺乏“监督者”的素质。

(三)企业预算及预算执行情况中存在的问题

集团企业逐渐认识到了预算管理的重要性，也根据预算管理办法结合自身实际情况制定了预算管理制度，集团所属企业同时也依据预算管理制度编制了财务预算，但企业预算仍存问题。

(1)预算编制方法不科学，企业往往在编制的时候是简单的设定某一指标、单一增长率，对短期指标进行简单重复或加减运算，而不能真正将预算指标按责任部门进行横向分解。

(2)预算编制往往又成为了财务部门的职责，财务部门在编制预算过程中需要销售、投资等方面的数字，但有关职能部门认为预算与己无关，而没有进行详细测算。

(3)对于预算指标的控制相对薄弱，预算编制完成后既完成了“任务”，更缺少对预算执行过程实施有效的监控。

(四)企业集团内部审计中存在的问题

最近几年中，在国有集团大中型企业中大多强化了内部审计的建设工作，但是集团企业的内部审计工作在制度化、规范化等方面还存在许多问题：

(1)部分企业领导对开展企业内部审计的必要性缺乏认识，主观上对企业内部审计工作不够重视，内部审计的内在需要没有真正从企业表现出来，内部审计体系建立困难。

(2)一些企业虽然设置了内部审计机构，配备了人员，但因内部审计制度不健全，业务不规范，内部审计业务具体操作性或不强或过于专业化，内部审计的作用未能充分发挥。

四、煤炭国有企业财务风险控制措施

(一)集中管理资金

资金集中管理，建立合理的资本结构，营造良好的筹资环境。针对资金管理中普遍存在的突出问题，集团企业的许多子公司都认识到加强资金集中管理，防范资金安全，提高资金使用效率越来越成为集团公司财务控制的核心。

(1)实行资本性资金集中管理。目前各企业生产经营的业务特点决定了其资金的分散性质，由集团公司对所控制企业实行资本性资金集中管理是防止资金流失，提高资金利用效率的一个行之有效的管理办法。

(2)强化资金预算控制。集团公司可以根据子企业的生产经营特点及其成本控制特性进行预算控制:①预算的编制要采用从下到上的编制方法。②要求各级预算编制单位科学地编制销售、业务支出、管理费用等"基础"预算。③各类预算一经确定,即成为公司内部组织经营活动的法定依据,一般不要随意更改。

(3)加大资金安全控制力度。资金控制的好坏将直接影响到资金的安全,建立健全资金内部会计控制制度,可以将监督关口"前移",从而保证安全有效的运用资金。如建立资金业务岗位责任制,保证资金业务不相容岗位相互制约和监督。对资金支出建立严格的授权审批制度,明确审批人的权限、责任。明确经办人办理资金业务的职责范围和工作要求。建立资金业务的监督检查制度,明确监督检查机构和人员的职责权限。

(4)考虑推行资金的有偿使用。要化解资金分散、使用效率低的难题,企业占用集团公司资金的行为须计算资金的时间价值,核定内部资金占用成本,使集团内部资金也遵循有偿使用的原则。

(二)加强内部控制

加强财务内部控制制度建设,建立财务风险预警机制,构筑防范财务风险的屏障。

(1)要建立完善的风险防范体系。就要抓好企业内控制度建设,明确企业财务风险监管职责,建立和规范企业财务风险报表分析制度,同时也要充分发挥社会中介机构在财务风险监管中的积极作用。

(2)企业需建立实时、全面、动态的财务预警系统,对企业在经营管理活动中的潜在风险进行实时监控。以企业的财务报表、经营计划及其他相关的财务资料为依据,利用财会、金融、企业管理、市场营销等理论,采用比例分析、数学模型等方法,发现企业存在的风险,并向经营者示警。

(三)完善财务总监委派制

集团公司内的财务总监委派制符合《中华人民共和国公司法》规定,是公司法人治理结构的组成部分,是企业内部约束机制和管理机制的组成部分。

(1)明确财务总监的职责。适度分离财务总监管理职能,制定财务总监的具体工作细则。其工作重点应偏移到监督企业的日常财务活动、了解公司投融资计划,掌握企业资产质量状况、收益情况及预、决算方案,监督上缴企业收益,达到企业最终管理现实的要求。

(2)强化财务总监的独立性。为保证财务总监工作的客观公正性,财务总监的全部薪酬,应该完全由委派方支付,且财务总监的待遇与所在企业的经济效益应当无关,以保证其实行会计监督的独立性。

(3)财务总监委派成本分析。实施财务总监委派制的"成本"无疑是受人关注的,但相比较其在防止资产流失、监督企业生产经营状况、财务收支管理等方面所发挥的作用,这项"委派"投资无疑将获得超额回报。

(四)加强内部审计控制

企业集团通过内部审计,可以及时发现和纠正子公司所存在的问题,增强内部控制意识。内部审计的重点放在其重大的投资项目运转,财务收支情况等资产的真实性,以及资产能否保值增值等资本运作的有效性的审计上,积极发挥内部审计的作用,推动精细化的内部审计管理。

(五)进行多角经营,分散投资风险

将企业筹集来的资金投放于多个项目,这样就能使各个盈利和亏损程度不同的投资项目互相弥补,减少风险。

(六)制定合理的风险政策、保持良好的财务状况

企业经营管理者应该实时监控企业财务状况,及时制定合理的风险防范政策,及时收回各种款项,同时制定合理的资金使用计划,保证企业正常运转对资金的需要。

五、结论

实践证明,只有积极采取适合企业实际情况的财务控制措施,在具体工作中将财务控制制度、措施根据具体情况不断加以调整、完善,在分散经营的情况下发挥财务控制的作用,各子企业才可以在集团公司的控制下发挥其积极作用,使整个企业集团充满活力,各项资产高效运作。

煤炭资源整合及财务管控风险研究

申小丑

随着我国经济的快速发展，煤炭企业的科学发展问题引起了社会的高度关注。经过近几年的发展，煤炭资源整合工作已进入实质性的操作阶段，这意味着煤炭经济的集约化、现代化、规范化水平的有效提升。煤炭资源整合进程中，企业面临着诸多的风险和挑战。现结合煤炭企业资源整合的具体情况，分析煤炭资源整合中面临的财务管控风险。

一、煤炭资源整合的概念

煤炭资源整合是指以现保留的合法煤矿为基础，通过两座以上的煤矿的井田合并、联合改造，以及已关闭煤矿的剩余资源及其他零星边角资源进行整合，或对布局不合理和经整改仍不具备安全生产条件的煤矿实施依法关闭，并按照现代企业制度的要求，明确产权关系。鼓励以国有重点煤炭企业为主体，对地方中小型煤矿以收购、控股、兼并、参股、联营等方式进行整合和改造，实现低成本扩张，推进大集团、大公司战略实施，最终实现资源统一规划，全面提升矿井生产、技术、安全保障等综合能力。

二、煤炭资源整合的形式

煤炭资源整合的方式有两大类：一类是不改变企业产权的整合方式，如托管和租赁。托管和租赁虽然规避了企业并购中的敏感问题和操作难点，但是由于这两种方式在法律上没有严格的程序界定，而且没有实现所有权和经营权的完全分离，属于过渡性的改制方式，在实际执行过程中容易变形，不但不能实现资源整合的目的，而且容易导致后续一系列的法律纠纷。因此，在此次资源整合中，这两种方式的适用范围不会很广泛。另一类是改变企业产权的整合方式，如并购。并购一般是指兼并和收购。兼并又称吸收合并，指两家或者更多的独立企业、公司合并组成一家企业，通常由一家占优势的公司吸收一家或者多家公司。用现金或者有价证券购买另一家企业的股票或者资产的所有权、控制权，故可进一步分为资产收购和股份收购。从本质上说，这种行为，是企业进行资本运作的一种形式。此次资源整合的主要目的之一是实现国有资本在煤炭领域的控制，并购将成为此次资源整合的主要方式。

三、煤炭资源整合、财务管控风险的来源

一项完整的整合活动通常包括目标企业的选择、目标企业价值的评估、整合可行性分析、整合资金的筹措、出价方式的确定。上述各环节中都可能产生风险，焦煤集团在资源整合过程中，面临着如下几个方面的财务风险。

工作单位：河南煤化焦煤集团财务处

（一）前期调查财务风险

并购中，如果并购时支付过多，并购方将面对因高负债而引起的财务结构恶化。任何一例并购活动均不可避免地涉及大量资金的运用，任何一种资金来源渠道都存在潜在的风险。企业采用融资方式完成并购后，将分别面对各自的问题，处理不当，将引发并购的失败。所以，做好前期调查有效地规避资源整合中财务风险的发生。

（二）定价风险

在确定被整合煤矿企业后，双方最关心的问题莫过于合理地估算目标企业的价值并作为成交的底价，这是整合成功的基础。对非国有企业为主体的整合行为而言，定价包含两个步骤：一是被整合企业的价值评估，二是价格谈判。价值评估主要是通过第三方机构（通常为注册会计师事务所）进行，以保证被整合企业价值评估的合理性、公正性。焦煤集团公司作为国有煤矿企业，在整合过程中，国有资产监督管理委员会对整合价格进行限定。被整合煤矿企业的估价取决于中介机构所使用原始信息的质量，而信息的质量又非常依赖被整合煤矿的配合。也就是说，目标企业价值的评估风险根本上取决于信息不对称程度的大小。在集团公司整合过程中，被整合煤矿企业的部分资产可能封闭于井下，由于长期停产、停风、停电等原因无法下井，事务所无法进行实地核查。部分被整合煤矿会计资料不完整，账簿设置不规范，基础资料不能作为评估依据。这些问题都会造成评估不准确，形成定价风险。

（三）融资风险

如何利用企业内部和外部的资金渠道在短期内筹集到所需的资金是关系到整合活动能否成功的关键。资源整合对资金的需要决定了我们必须综合考虑各种融资渠道：集团公司自有流动资金、向金融机构申请短期贷款、中长期营运资金贷款、中期票据资金、委托贷款资金等。如何选用合适的筹资方式，是集团公司要面临的融资风险。

（四）支付风险

集团公司目前支付资源整合资金的方式主要是现金支付。现金支付工具自身的缺陷，会给整合带来一定的风险。首先，现金支付工具的使用，是一项巨大的即时现金负担，公司所承受的现金压力比较大，可能导致资金链的断裂。另外，资源整合资金支付程序不合规范，将会给集团公司带来支付风险。

四、财务整合中存在风险的影响

财务整合中存在风险的影响主要有：

（1）不能发挥财务管理在公司运营中的重要作用。任何一个企业，如果没有一套健全高效的财务管理体系就不能健康成长。财务体系被破坏到一定程度，最终必将导致企业破产或被并购。

（2）不能发挥企业并购的“财务协同效应”如前所述企业之所以并购或重组，主要是追求财务协同效应。财务协同效应是由于税法、会计处理等内在规定的作用而产生的一种纯资本性效益。这些都需要在财务整合的基础上得以实现。

（3）财务整合不力。整合方对被整合方的生产经营实施有效控制并做出及时、准确的决策其重要前提是具有充分的信息。财务具有信息功能，也是并购方获取被并购方信息的重要途径。但一般而言,并购双方的会计核算体系、定额体系、考核体系、财务制度等并不完全一致,并购企业客观要求统一会计口径,才能实施有效的控制。而财务整合非常复杂远远超过财务报表的合并。

五、整合中财务风险的防范措施

为了在整合过程中有针对性地控制财务风险的影响因素,降低财务风险,集团公司采取下列具体措施。

(一)进行周密的财务审查

整合前进行周密的财务审查主要包括对并购企业自身资源和管理能力的审查和对目标企业的审查。审查的目的一是为并购企业的运行提供可行性分析,二是通过审查可以及时发现被并购企业财务上存在的问题以利于在整合过程中有的放矢提高办事效率。

(二)改善信息不对称状况,降低定价风险

由于整合双方信息不对称状况是产生被整合煤矿价值评估风险的根本原因,因此在整合前应对该煤矿进行翔实的审查和评价。实践中,集团公司与会计师事务所、被整合煤矿密切合作,对该煤矿的产业环境、财务状况和经营能力进行全面分析,在此基础之上的估价较接近真实价值。被整合煤矿的资产盘点中,要求原矿方代表、集团公司资源整合组人员、资产评估机构、中介审计机构四方签字;对无法下井核实的资产,如果原矿方可以提供翔实的原始资料,评估机构做出可以评估的决定后,方可评估,否则应推迟这部分资产的评估。通过采取以上措施,最大程度降低了定价风险。

(三)从资金筹集方式、时间上合理安排,降低融资风险

集团公司确定了整合资金需要量以后,就应着手筹措资金。目前集团公司向金融机构申请了一定规模的授信,用以满足资源整合资金的需求。集团公司根据实际付款需求,分批分段提取授信规模内的贷款,保证了资源整合资金支付的同时,避免了集中提取贷款带来的集中还本付息压力,降低了企业融资风险。

(四)规范资源整合资金支付流程,降低支付风险

集团公司将资源整合项目的进展分为几个阶段,并根据进展情况决定整合资金支付事宜。

1. 实物资产

(1)未出具资产评估报告、审计报告的,集团公司不予支付任何价款。

(2)资产评估报告、审计报告经焦煤集团公司领导组审核的,并且按资产转让协议(合同)支付价款的一定比例。

2. 资源价款

(1)已签订合法有效的采矿权转让文书,但采矿权主体未变更为我方资源整合主体的,支付资产转让协议(合同)价款的一定比例。

(2)已签订合法有效的采矿权转让文书,且采矿权主体变更为我方资源整合主体的,支付资产转让协议(合同)价款的一定比例。剩余资产及资源价款待资源整合项目手续完善后再予支付。通过执行上述资源整合资金支付规定,集团公司将资金支付风险控制在最低限。

(五)整合后加强财务整合,降低财务风险

财务整合是实现整合主体企业对目标企业的有效控制的途径,更是实现整合战略的重要保障。主体企业对目标企业的生产经营实施有效控制,并做出及时、准确的决策。整合双方的会计核算体系、定额体系、考核体系、财务制度等并不完全一致,因此整合主体企业客观要求统一财务口径,才能实施有效的控制。

(1)财务管理目标导向的整合。财务管理目标既是一个重要的财务理论问题,也是一个不容忽视的财务实践问题。财务目标的确定直接决定了各种财务决策的选择。在财务理论中,利润最大化目标受到了普遍批评,股东财富最大化与企业价值最大化成了目前比较常用的财务管理目标。由于整合双方的财务目标在很多情况下是不一致的,因此必须予以整合。

(2)财务制度体系的整合。财务制度体系整合是保证整合后企业有效运行的关键。财务制度整合包括投资制度、融资制度、固定资产管理、流动资金管理、利润管理、工资制度管理、财务风险管理等方面的整合。

(3)财务组织机构的整合。财务组织机构是由科学的机构设置、合理的人员分工、明确的岗位责任、完善的会计工作制度有机组成的。财务机构是企业进行财务管理工作的职能机构,建立财务机构是做好财务工作的组织保证,也是保证财务制度实施的重要条件。在设计财务组织机构时,一般应遵循下列原则:执行国家有关制度,设置岗位,实现不相容职务的分离、必要的牵制和监督制约;财务机构要与单位的规模和管理要求相适应;应能提高工作效率;应注意内部分工明确具体。岗位责任制是一种行之有效的制度,应按照事事有人管、人人有专责、办事有标准、工作有检查的原则来设计。

(4)会计核算体系的整合。会计核算体系的整合是统一财务制度体系的具体保证,也是主体企业及时、准确获取被整合企业信息的重要评价口径的基础。账簿形式、凭证管理、会计科目等必须统一,以利于进行运营业务的整合。

(5)绩效评价体系的整合。这是指整合主体企业对财务运营指标体系的重新优化和组合,这一评价体系是提高被整合企业经营绩效和运营能力的重要手段,包括偿债能力指标、资产管理指标、盈利能力指标等。这些指标水平,不同的企业有不同的标准,整合后的企业应结合双方实际将这些指标体系经过整合在集团公司进行推广。

总之,资源整合是一项非常复杂的系统工程,整合过程中的每一个环节都不能忽视,否则会直接或间接带来财务管控风险,并影响到整个整合的成败。集团公司在进行整合的时候,应做好充分的准备,对整个整合过程中的财务风险进行科学的分析和估计,并对可能的财务风险进行防范,促成整合的成功。

平煤股份在完善财务预算控制方面的探索

魏耀东

近年来，平顶山天安煤业股份有限公司计财处（以下简称“平煤股份计财处”）按照集团公司的要求，积极推行财务预算管理，对加强成本控制，提高企业效益，全面完成集团公司下达的成本、利润等指标方面取得了一定的效果。但是平煤股份计财处在财务预算的运行控制过程中也暴露出总部控制手段单一、控制力不强、预算指标完成不理想等问题，这些问题亟须进一步完善。平煤股份计财处在下达2011年财务预算指标时针对以前年度在财务预算运行控制过程中存在的问题，就进一步完善财务预算控制方面进行了有益探索。

一、2010年以前财务预算管理的做法及存在的主要问题

（一）财务预算管理在以前年度的做法

平煤股份计财处每年10月开始做手，按照集团公司要求对本公司及所属各单位下一年度的财务指标进行测算，报经集团公司同意后，于次年年初下达该年度的财务预算指标。其中，分公司下达目标成本指标，子公司下达利润和目标成本指标，经费单位下达创收和经费指标，以上简称“主指标”。同时对所有单位下达应收款压减指标、储备资金占用指标、产成品及在产品占用指标以及业务招待费、差旅费、会议费和办公费等四项费用控制指标，以上简称“辅助指标”。考核时对辅助指标完成情况的奖罚与主指标挂钩，主指标的完成情况与单位工资指标和领导者年薪挂钩。

（二）财务预算在运行中存在的主要问题

由于财务指标的完成情况在集团公司对单位工资绩效考核和领导者薪酬考核中只是设置考核要素的一部分，在财务指标完成难度大时，基层单位就不再过多的从控制成本提高煤质增加效益上去多做工作，而是从容易完成和获取奖励的指标着手，来弥补财务指标未完成受到的扣罚。突出表现在一是基层单位成本超支严重；二是对只下达成本指标未下达利润指标的分公司，分公司对煤质、售价不关心，只重视产量，而忽视质量，出现煤质差，售价低，效益差的情况。平煤股份公司计财处虽然在兑换资金、审批工资指标等方面与成本完成情况进行挂钩，但控制手段仍显无力，严重影响了预算指标的完成。

二、平煤股份计财处在进一步完善财务预算控制方面的探索

为保证安全生产，2011年度集团公司严格控制基层单位超能力生产。2010年集团公司煤炭采选业生产原煤近5 000万t，而2011年核定的原煤产量计划为4 600万t，产量将下降近400万t。在产量下降的情况，如何保证企业效益不下滑，职工收入不降低。财务

作者单位：中国平煤神马集团梨园矿

人员也要转变观念，针对集团公司2011年面临的经营压力和平煤股份在以往预算执行中存在的问题，改变由传统的靠规模扩展的“外延式”增长逐步向靠内部挖潜的“内涵式”增长转变，进一步完善财务预算控制，力图通过财务政策的引导来提高企业的效益。

(一)对于仅下达成本指标的改进

针对原先对分公司只下达成本指标不下达利润指标，使分公司只重视产量，忽视质量，因而造成企业效益下滑的不利局面，平煤股份计财处在下达基层单位2011年财务指标时采取了以下措施：

(1)对分(子)公司既下达成本指标，同时下达利润指标，扭转分公司只重视产量、成本，而忽视煤质，造成煤质差、售价低，影响企业效益的不利局面。

(2)对既生产主焦煤或1/3焦煤又生产非主焦煤或1/3焦煤的单位，为了鼓励生产矿调整产品结构，加大入洗煤量，多生产产生效益高的1/3焦煤和主焦煤，在下达原煤成本时，将主焦煤或1/3焦煤成本与非主焦煤成本分别下达，并拉大差距，增加生产矿生产主焦煤或1/3焦煤的成本，将下达的1/3焦煤和主焦煤的生产成本与非主焦煤成本的吨煤成本差距有原先的30元提高到50元。

(3)为进一步调动各生产单位加强煤质、选煤管理的积极性，促进公司煤炭质量的稳定提高和精煤产量的持续增长，提高企业效益。通过提质增收，保证预算指标的完成。从2011年起对生产矿生产原煤实行“标煤”管理，具体做法如下所述：

①动力煤质量考核。以下达的计划发热量为准，对实际产量进行质量折吨，按折吨量计算成本。

计算公式：

$$\text{折吨量} = (1 + 1.1 \times \frac{\text{实际完成发热量} - \text{计划发热量}}{\text{计划发热量}}) \times \text{实际产量}$$

$$\text{总成本} = \text{折吨量} \times \text{基础成本}$$

单批发热量低于计划发热量500 kcal/kg以上，再下浮当批实际产量10%。

对高出计划发热量200 kcal/kg以上时，不再高折产量。

②入洗煤质量考核。以下达的计划灰分为准，对入选煤量进行质量折吨，按折吨量计算成本。

计算公式：

$$\text{折吨量} = (1 + 1.1 \times \frac{\text{计划灰分} - \text{实际灰分}}{\text{计划灰分}}) \times \text{入选煤量}$$

$$\text{总成本} = \text{折吨量} \times \text{基础成本}$$

单批灰分超过计划灰分6个百分点时，当批实际产量再下浮10%。

对低于计划灰分3个百分点以上时，不再高折产量。

③每月计财处按生产矿实际生产量加减折吨量得出考核产量对生产矿成本进行考核。

(二)对于生产矿成本超支严重的改进

针对生产矿成本超支严重，平煤股份计财处控制手段单一，控制力度不够的情况，在2011年采取了严格控制资金支出的办法。

从2011年开始，各分公司在计财处另外开设一个内部结算专户，专门用于办理本年度发生的经济业务。该账户实行余额控制，结算中心存款余额不得出现赤字。为保证各分公司生产经营的正常开展，平煤股份计财处每月月初按照计划目标成本下拨各分公司资金，用于各分公司的支出，月末待目标成本考核后，差额部分连同次月计划目标成本于次月初一并拨付各分公司。各分公司的销售收入不再由运销公司转入各单位，而转入计财处。

各分公司原在计财处开设的内部结算账户，用于办理以前年度的往来结算。办理支付业务时，必须向计财处提供应付账款、其他应付款明细表。原账户与新开设账户分别核算，不允许混淆使用。

各子公司结算仍按照原结算办法执行。但2010年年末的资金结余仅限于办理以前年度的资金结算，从2011年起，每月资金支付应控制在当月目标成本以内，无特殊情况超出部分原则上不予办理结算。

各单位在编制月度资金预算时，必须结合公司下达的生产经营计划、目标成本，考虑付现及非付现因素，对本单位各项经营活动所需资金情况进行全面认真分析，合理编制资金预算。对于确因生产经营困难等原因造成资金收支失衡，内部存款余额不足，影响职工离退休金、工资、安全生产及公司扣收款等特殊款项支付的，须事前向公司提交贷款申请报告，经公司领导批示后，计财处予以办理内部贷款。

为保证预算指标的完成，除执行原有利润、成本指标的完成情况与工资指标、领导者年薪挂钩政策外，2011年在考核时，加大奖罚力度，对原煤生产单位、选煤厂超利或欠利的30%与目标成本挂钩。目标成本按节约或超支额度等额与工资指标挂钩，并按一定比例与货币资金预算挂钩。

企业财务预算控制及成本控制问题研究

李 惠

财务预算管理是企业管理的一项主要内容,它对于企业整体财务目标的实现具有重要意义。完善财务预算管理能够有效降低企业成本费用,提高企业经济效益,从而实现企业的持续经营和不断发展。笔者首先分析预算管理的内容和重要性,然后结合当前预算管理工作中存在的问题,提出了强化预算管理降低企业成本的若干对策和方法。

一、预算管理的几个基本问题

(一)预算管理的概念和内容

财务预算是在对企业现有情况进行预测和决策的基础上,对一定时期内全部经济业务事项所涉及的资金问题所作的具体安排。作为企业经营管理活动和制定落实内部经济责任制的重要依据,财务预算的制定必须立足于企业发展战略,并以各项业务和各类资本的实际情况为基础。

(二)预算管理的重要性

随着市场经济的不断发展,财务预算管理已不再局限于预算编制、执行和考评中的各种表格和数字反映,而上升为一种管理理念。可以说它的作用贯彻于企业经营的全过程,涵盖企业管理的方方面面。预算管理的重要性概括起来主要有以下几方面:①预算管理是建立现代企业制度的客观需要。在两权分离的企业管理模式下,为避免代理人方面存在的道德风险,必须建立有效的管理者激励和约束机制。财务预算管理能通过预算的编制、执行、控制和考评等环节,促使企业内部各方面经济利益的一致,从而降低企业内部的代理成本。②通过预算管理可以对企业经营活动的全过程进行管理和控制。财务预算管理能够通过预算编制、执行、控制和考评等环节,实现对企业经营活动的全面控制和协调,对于提高企业管理效率具有重要意义。③预算管理能够促进企业资源的优化配置。作为一种系统的管理机制,预算管理可以揭示企业产品成本在市场竞争中所处的优劣地位,从而对企业生产结构、技术结构和产品结构等进行优化和调整。

(三)财务预算管理与成本控制

预算管理是企业财务管理工作的一项核心内容,企业财务管理水平的高低在很大程度上取决于预算的执行情况。预算管理水平的高低通常能够反映企业的综合管理能力,健全的企业管理模式下,预算的执行都要按照既定目标进行。成本控制是企业财务管理的核心内容,财务管理体系是否能够高效运行,在很大程度上取决于预算管理水平的高低。而企业成本的高低,必须通过预算来进行控制和考核,因此可以说预算管理是企业成本控制的基础条件。总之,预算管理和成本控制工作是相辅相成,相互促进的,不断强化

作者单位:中国平煤神马集团电务厂

这两方面的工作，对于企业财务管理水平的提高至关重要。

二、预算管理中存在的不足

近年来，我国企业才逐步开始重视预算管理工作，并开始完善预算编制体系和执行体系。当前，财务预算管理主要存在以下几个方面的问题：

(1)缺乏完备的预算组织机构。目前，我国企业还未建立起科学完善的预算管理组织体系，导致对预算的编制和执行缺乏规范性和权威性，很多预算只流于形式而难以发挥其应有的作用。在实践中，很多企业的预算都是由财务部门编制并执行的。财务部门的职能定位决定了其对企业预算制定情况和经济活动较为了解，也就顺理成章的成为预算的编制者和执行者。但是，仅仅依靠财务部门来推进预算的执行，会在很大程度上影响企业内部各部门之间的配合，导致各部门在实践中没有切实执行预算，从而影响了预算执行的效果。

(2)预算管理程序不够完善，各环节普遍存在问题。首先，在财务预算编制环节缺乏对企业实际情况的考虑。目前，我国企业大多采用自上而下式的预算编制方式，这种方式很容易忽视各基层部门的实际工作需要，使得预算编制缺乏科学性，与实际经营活动需求不符。其次，在财务预算控制环节权限设计不明确。很多企业通常只进行预算的授权控制和审核控制，而对于预算偏差的调整修正方面还有所欠缺，导致个别预算执行部门随意更改预算目标。再次，编制财务预算缺乏全面的分析，导致很多企业无法客观的根据自身情况修正和优化预算管理体系。

(3)预算管理不符合企业实际需求。目前，我国企业所采用的预算管理模式往往并不适合企业自身特点，难以体现企业在其所处的行业和不同发展阶段的实际需求。随着市场经济的不断发展，企业生产经营环境中的各类影响因素更为复杂多样，在这种情况下，采用单一的成本预算方法，显然是不客观的，其势必会影响企业的整体预算编制和执行效果。

三、加强企业财务预算管理的对策

(一)完善预算组织机构，明确其工作职能

预算是涉及企业经营全过程，并与各个部门紧密相连的一项基础性工作。这就决定了要做好预算管理工作，必须建立一套全面的预算组织结构。首先，企业管理者要提高对财务预算管理工作的重视程度，发挥主导作用，营造良好的企业预算管理环境。其次，要在企业内部拟订财务预算的目标和政策，制定具体的预算执行措施和办法，组织财务预算的下达并协调预算编制和执行中的各类问题，促进企业财务目标的达成。此外，生产、销售等其他职能部门应树立先进的预算管理理念，切实做好与本部门相关的财务预算的编制和执行工作，从源头上控制企业成本。

(二)优化财务预算管理流程

由于每家企业的业务范围和经济情况都不尽相同，因此企业应从预算目标、内容、涵盖范围等方面综合考虑，根据自身的生产经营性质和部门人员构成，建立一套符合本企业经营活动的预算体系。首先，要结合企业实际情况制定科学合理的预算目标。在预算目

标制定之前，必须从企业发展角度出发，就企业各方面的发展进行深入细致的分析，并将分析结果量化的反映到预算指标体系中。其次，不断降低产品成本，提高企业市场竞争力。企业的产品和项目是否具有价格优势，在很大程度上取决于企业生产经营过程中所耗费的成本。实施有效的成本控制是企业预算管理体系的重要内容。因此，企业必须进行预算成本控制，对经营过程进行全面控制和监督，以便及时发现存在的问题和潜在的风险，使经营管理活动能够顺利进行，并通过预算控制反馈的信息进行预算的持续改进，促进预算目标的实现。此外，要建立完善的预算考核指标体系和预算激励机制。企业应当结合自身情况建立和完善财务预算考核指标体系，从而对各部门和个人的业绩进行全面考核，以便正确评价企业的整体经营情况。具体到实践中，有关部门要根据人们不同需求层次来采用不同激励方法，并通过将长短期奖励相结合的方式来促进企业长期战略目标的实现。

（三）完善预算执行过程

预算执行涉及企业各个方面，预算执行过程可以理解为企业各个部门责任分解和落实的过程。预算的各个主体和环节都必须明确落实到人，形成严密的逐级负责制，并将预算执行结果与个人收入体系挂钩，从而确保预算的执行效率。预算管理部门还应在每项预算在年终或项目结束后，对结果进行认真的分析和总结，分析出预算超支项目的原因，并提出有针对性的解决对策。

（四）充分运用信息手段降低成本

随着网络技术的不断发展，企业经营管理模式也随着发生了重大变革。在信息化时代，企业可以利用网络来提高企业内部管理的效率，实现财务各个环节的有效衔接，从而提高财务管理效率、降低成本消耗。企业在进行财务预算管理的过程中，可以充分利用网络信息技术获取真实全面的财务信息，并引入多个指标对企业财务情况进行综合分析，以便制定出更为科学的财务预算，进一步降低企业成本。

企业内部控制浅析

张秋娟

"有控则强,无控则弱"。内部控制是企业为实现战略目标,对经营活动中存在的风险予以管理的一系列规章制度。其已经成为公司治理的重要手段。它关系到企业经营管理能力、企业自身的竞争力的提高,必须建立与健全。

一、企业内部控制的作用

(1)统合作用。在一个企业中,虽有不同的作业单位,但要达到经营目标,必须全面配合,以发挥整体团队作用。内部控制正是基于这种指导思想,利用会计、统计、业务、审计等部门的制度、规定及有关资讯、报告等作为基本依据,以实现统合与控制的双重目的。

(2)制约与激励作用。内部控制着眼于各项业务的执行是否符合企业以既定的规范标准,使企业的各项经营活动做到活而有序,达到预期效果。由此可见,内部控制对管理活动能发挥制约作用;严密的监督与考核,能真实地反映工作实绩,并可以稳定员工的工作情绪,激发他们的工作热情及潜能,从而提高工作效率。

(3)促进作用。内部控制要重视制度设计、控制原则的应用,了解业务部门的实际工作动态,及时发挥控制的影响力,使之扬长避短,如期达到管理目标。

二、企业内部控制框架的构成要素

COSO内部控制框架是三维的。内部控制的目标(第一维)是合理确保经营的效率和效果、财务报告的可靠性以及对法律的遵循。内部控制由控制环境、风险评估、控制活动、信息和沟通及监控五个元素(第二维)构成。五个元素间相辅相成,联系紧密,且必须共同发挥作用才能为企业目标实现提供合理保证。此外,对于企业内的任何业务单位或经营活动(第三维),同样也需要五个元素共同作用,方能达到该业务单位和经营活动的相关目标。

(1)控制环境。控制环境提供企业纪律与架构,塑造企业文化和正确的价值观,并影响企业员工的控制意识和工作能力,是所有其他内部控制组成要素的基础。其具体包括:正直守德的价值取向、对员工胜任能力的关注、董事会或审计委员会、管理哲学和经营风格、公司组织结构、职权和职责的分配、人力资源政策及实务。

(2)风险评价。每个企业都面临来自内部和外部的不同风险,这些风险都必须加以评价,以找出有效的应对方法。评价风险的先决条件是制定目标。风险评价就是分析和识别威胁所定目标实现的风险。经济、法律及管理的环境等内外部因素不断变化,企业主动地发现和处理由于情况变化所带来的风险是很有必要的。

作者单位:郑煤集团财务资产部

（3）控制活动。控制活动是确保管理层的指令得以执行的政策及程序，是管理层识别和评估风险后，对控制这些风险所实行的针对性措施。政策通常回答必须做什么事情，而程序则回答具体应该怎样做的问题。控制活动包括授权审批、核结、关键绩效指标、资产安全控制及职责分离等各种类型。企业控制活动又可以分为人工控制和信息系统控制两大类。控制活动是各管制要素中数量最大的一类，因此企业控制活动的设计必须进行成本和收益的权衡。此外，控制活动应尽可能用书面方式予以规定和沟通。

（4）信息与沟通。内部控制的全过程都需要高质量的信息以及顺畅的沟通。高质量信息具有内容相关、正确、提供及时以及便于获取等特征。高质量的信息还应能够以适当的形式及时、准确地沟通至信息需求者。企业不仅应当致力于提升内部沟通的有效性，以便控制责任人能够履行其职责，还应关注与企业外部的沟通问题。外部沟通（如客户、供应商、审计师等）有助于管理层建立企业目标，向外传递企业理念和工作标准，并从外部了解内部控制的运行状况。

（5）监控。内部控制系统需要监控。监控是由适当的人员，在适当及时的基础下，评价控制的设计和动作情况的过程。这一活动由持续监督、个别评价所组成，其可确保企业内部控制能持续有效的运作。持续监督活动在营运过程中发生，它包括例行的管理和监督活动，以及其他员工为履行其职务所采取的行动。尽管持续监督程序可以有效地评价内部控制体系，但企业有时需要组织例外评价（即个别评价）以直接监视控制系统的有效性。

三、加强企业内部控制的措施

（1）优化内部控制环境。首先要做到加强体制改革，要建立统一、开放的市场体系，保证交易和竞争的公开、公平、公正；尽量减少对企业的直接干预，多以法律手段对企业进行间接管理和调控等，以优化经济环境。要加强法律建设，尽快填补法律空白，并不断完善制度之间的衔接与配套，以优化法律环境。提倡遵纪守法、客观公正、敬业爱岗等一系列的道德。其次要建立良好的组织结构，适当地注意实体内部权力与责任的划分方式，就可明确界定资、权、利，强化控制环境。再次要加强董事会的建设，使其真正发挥监督和控制经营者的作用，约束经营者的行为，使股东及其他利益关系人的利益真正得到保护。最后要以人为本建设良好的企业文化，培养员工忠实、勤奋的品质和良好的敬业精神，增强员工向心力和凝聚力。

（2）进行全面的风险评估。风险评估是提高企业内部管制效率和效果的关键。对于内部控制的研究不可能脱离其赖以存在的环境及企业内外部各种风险因素，而须从环境及其风险的分析入手。企业应该对内分析自身的优势与劣势，长处与短处，对外分析外界的机会和威胁，考虑自己的生存机遇。不仅企业在战略目标的制定过程中要进行风险分析，而且在企业日常的内部控制过程中也应该时时这样做，才能将内部控制目标达不成的风险降至最低。特别要注意的是，当企业内外部环境发生变化时，风险最容易发生，因此企业应加强对环境改变时的事务管理。最后，要善于转嫁风险，如购买保险等。

（3）实施有效的控制活动。企业建立内部控制体系要找到涉及业务的关键控制点，通过关键控制点的控制，设立良好的控制活动来降低风险，达到内部控制的目标，使企业的管理控制科学、合理、实用。另外，企业应建立一整套相应的激励与约束机制，加大对管理者和员工考核的执行力度，从而有效地保障内部控制制度的执行。

(4)完善信息传递与披露制度。准确、及时并最大限度地获取和运用来自企业内外部的相关信息，是实现有效内部控制的前提。完善信息与披露制度，可以解决委托人与代理人之间信息不对称问题，推动公司治理与内部控制良性互动，实现企业各利益主体之间的协调与制衡，以科学决策、高效经营，尤其是发现内部控制潜在的或显现的薄弱环节乃至企业存在的风险，可以及时采取相应预防或纠正措施。

(5)加强企业内部监督。为确保内部控制制度被切实地执行且执行的效果良好，内部控制过程就必须被施以恰当的监督。内部审计既是企业内部控制的一个部分，也是监督内部控制其他环节的主要力量。在内部控制的监督过程中，内部审计发挥着越来越重要的作用。然而，由于我国的内部审计人员向领导负责，且当前有较多企业轻视内部审计的作用，同时有不少企业在人员的编制上将企业内部审计人员由企业会计人员兼任，或是兼管某一业务，这就使得企业内部审计无法发挥作用。为此，一要合理定位内审机构，企业应在股东大会、董事会和总经理之下分别设立监事会、审计委员会和审计部，审计部的地位应高于其他职能部门。二要切实转变内审职能。随着企业内控制度的逐步建立，外部约束机制的不断加强，内部管理水平的稳步提高，由于会计电算化的普及，内审职能应从传统的查错防弊型转向现代的评价、服务和监控型。三要努力改进内审方式。内审方式应由事后审计为主转向以事中审计和事前审计为主，以切实加强对企业生产经营和管理的全过程进行全方位的监督和评价。

浅谈国有企业的内部控制

刘宏伟　谢新建

一、内部控制的背景及意义

近年来,全球范围内出现了不少严重的会计信息失真、经营管理失控的现象,其中许多是由于内部控制的失败而导致的衰败或破产。因此,无论是在理论界还是实务界,企业的内部控制都日益受到关注。关于内部控制方面的研究逐渐增多并逐步完善。健全的内部控制能有效防止舞弊,世界各国越来越重视企业的内部控制建设。国有企业作为我国企业的一个有代表性的群体,近年来也出现了许多经营失败的案例,其中一个很重要的原因就在于内部控制失效。因此,国有企业内部控制的完善与否和执行情况日益成为监管机构和投资者关注的焦点。为了加强和规范企业内部控制,提高企业经营管理水平和风险防范能力,促进企业可持续发展,维护社会主义市场经济秩序和社会公众利益,根据国家有关法律法规,2008 年 6 月 8 日财政部、证监会、审计署、银监会、保监会联合制定了《企业内部控制基本规范》,自 2009 年 7 月 1 日起在上市公司范围内施行,鼓励非上市的大中型企业执行。《企业内部控制基本规范》确立了我国企业建立和实施内部控制的基础框架,并取得了重大突破。

内部控制是企业经营管理的重要组成部分,自诞生以来为企业的日常管理和健康有序的发展起到了积极的作用。因此,我国国有企业的内部控制状况,也逐渐成为监管机构和许多投资者较为关注的焦点之一。企业管理者应该制定适合于本企业的内部控制制度,切实保证内部控制制度的有效运行,更好地加强企业管理,提高企业的经济效益。

二、内部控制的定义与要素

(一)内部控制的定义

国外对内部控制研究的起步比较早,最早定义内部控制的是 1936 年美国会计师协会和美联储发布的《独立公共会计师对会计报表的审查》。我国国内公司内部控制制度尚处于建设初期阶段。2008 年6 月 28 日,财政部、证监会、审计署、银监会和保监会联合发布了《企业内部控制基本规范》。《企业内部控制基本规范》指出:“内部控制是由董事会、管理层及其他人员在公司内进行的,旨在为经营的有效性、财务报告的可靠性、适用法律法规的遵循性提供合理保证的过程。”由此可见,内部控制是一个过程,它是一种帮助实现公司目标的手段,而不是目标本身;内部控制受到人的影响,它涉及公司的董事会、管理层及其他人员,内部控制的实现需要人的参与;内部控制只是提供合理保证,而不是完全

作者单位:中平能化集团蓝天化工

担保;内部控制帮助公司实现各不相同但又紧密联系在一起、相互影响的三大目标,即经营有效性、财务报告的可靠性和适用法律法规的遵循性。

(二)内部控制的要素

内部控制要素是随着内部控制概念的内涵与外延的不断发展而逐步完成的。我国《企业内部控制基本规范》规定,企业建立与实施有效的内部控制,应当包括的要素有控制环境、风险评估、控制活动、信息系统与沟通、监督等。

控制环境是内部控制其他各要素的基础。它设定了企业内部控制的基调,影响员工对内部控制的认识。控制环境主要包括对诚信和道德价值观念的沟通与落实。诚信和道德价值观念是控制环境的重要组成部分,良好的控制环境是实现有效内部控制的基础。它涉及管理层的价值观、对授权和职责的履行、设置明确且正式的政策和程序规范员工的行为、员工的胜任能力、组织人力资源的方式、董事会的关注和监督等方方面面,受到历史和文化的影响,又反过来影响人们对内控的认识。

风险评估是指管理层决定如何应对实现组织目标过程中遇到风险的过程。其包括识别风险、分析其发生的可能性及产生的影响,并估计组织所能承受的风险。由于经济、社会、行业、法律等环境随时都可能发生变化,因此风险随时都有可能发生。而应对风险的前提必须是向着实现企业目标的方向发展。

控制活动是指将一系列的政策程序付诸实施以使管理层的指令得以实现的过程。控制活动贯穿于整个组织的各个层面,包括授权、业绩评价、信息处理、实物控制、职责分离等。这一系列的活动可以按经营、财务报告和符合性三大目标进行归类,各自不同却又紧密联系在一起。归根到底,控制活动依赖于人的因素,因为活动都要由人来执行。

信息与沟通是指及时获取和沟通相关信息的系统。拥有顺畅的信息沟通渠道对于企业的正常运行十分有利,该系统必须提供一个向高层传递重要信息的渠道,以及从外部获取帮助和资源的渠道。

监督是指对不断变化的系统尤其是内部控制系统进行评估,以确保其如预期地有效运行。借助内部审计,管理层要持续对内部控制的运行情况进行监督,一旦发现内部控制缺陷,应当立即向高层报告。

三、内控失效的要素分析

(一)控制环境薄弱

内部环境是内部控制的核心,决定其他控制要素能否发挥作用以及如何发挥作用,并直接影响内部控制目标的实现。董事会和高层管理者决定了内部环境,内部环境提供企业纪律与架构,塑造企业文化和正确的价值观,影响企业员工的控制意识和工作能力,它是所有其他内部控制组成要素的基础。国有企业内部环境严重不足,主要股东、董事、高管对国有企业规范运作意识淡薄,三会运作不规范,董事、高管更换频繁,未能忠实勤勉地履行职务。

(二)风险意识不足

国有企业虽然已建立了风险防范机制和应急机制,但是执行不力。国有企业在对外担保的风险控制方面出现过较严重问题,发生过公司与大股东及关联方资金往来频繁和相关审批手续不完善等内部控制问题。公司因为对外担保的问题陷入债务危机,使公司主要资产被冻结或拍卖,经营处于停顿状态,这说明公司在风险防范机制方面存在严重不足。国有企业风险意识不高,还停留在计划经济条件下卖方市场的思想水平上,缺少科学有效的风险评估机制,风险控制方法落后,公司的内部控制侧重于事中和事后控制,而对风险的事前预测和控制涉及较少。

(三)控制措施不力

企业应当结合风险评估结果,通过手工控制与自动控制、预防性控制与发现性控制相结合的方法,运用相应的控制措施,将风险控制在可承受度之内。

四、提高内部控制效率的途径

(一)改进内部控制的治理基础,完善内部环境

(1)完善法人治理结构。按现代企业制度的要求,董事会、监事会、总经理应该各司其职,尽量杜绝董事长和总经理由一人担任的情况发生,建立两者之间的权利制衡关系,着重加强董事会的建设,充分发挥董事会的作用和潜能,以保护股东和债权人的利益。国有企业目前的独立董事制度存在较大的局限性,需要加以改进才能对加强内部控制起到有效的作用,这需要不断完善独立董事制度,理顺现有的管理体制,加强独立董事的作用。对于独立董事制度的具体组织形式应借鉴市场经济发达国家的成功做法,同时结合自身实施中的经验来不断加以完善,使其真正能达到优化公司治理加强内部控制的效果。

(2)强化高管人员的内部控制意识。企业高级管理人员的内部控制意识对企业内部控制环境有极大的影响,在某种程度上可以说决定了企业的内部控制环境。

(二)强化风险意识,加强风险管理

企业在开展风险评估时,应当准确识别与实现控制目标相关的内部风险和外部风险,确定相应的风险承受程度,在抓好企业风险评估的基础上,通过企业各部分、各层面和各部门的有效的控制活动,从而实现对各种风险的监督和管理。企业应当结合不同发展阶段和业务拓展情况,持续收集与风险变化相关的信息,进行风险识别和风险分析,及时调整风险应对策略。董事、监事、经理及其他高级管理人员应该强化风险意识,避免因个人风险偏好给企业经营带来重大损失。

(三)完善相应的内部控制措施

控制活动是确保管理层的指令得以实现的政策和程序。控制活动出现在整个企业内的各个阶层与各职能部门,涉及的控制对象包括人、财、物、产、供、销等各方面。

(1)加强财务控制。加强财务控制,企业应当按照不相容职务相分离的原则,合理配置财务与会计工作岗位,明确职责权限,形成相互制衡。根据经济活动的需要,分设不同的部门和机构,其组织机构的设置和职责分工应体现相互控制的要求,各组织机构的职责权限必须得到授权,并保证在授权范围内的职权不受外界干预。

(2)规范关联交易和对外担保。关联交易和对外担保活动容易被董事等高管操纵,危害公司的利益。因此,公司应严格控制关联交易和对外担保活动,对其进行全面的评估,规范关联交易和对外担保活动,建立健全对董事等高管违规情况的问责制度,减少董事等高管违规操纵的行为。

（四）建立完善的内部控制信息交流系统

信息和沟通是运行内部控制的关键所在，一个良好的信息和沟通系统，能使各部门之间、业务环节之间和员工之间相互协调。企业应当对收集的各种内部信息和外部信息进行合理筛选、核对、整合，提高信息的有用性。信息系统包括企业内部信息和外部信息企业可以通过财务会计资料、经营管理资料、调研报告、专项信息、内部刊物、办公网络等渠道，获取内部信息。外部信息可以通过行业、协会、组织、社会中介机构、业务往来单位、市场调查、来信来访、网络媒体以及有关监管部门等渠道获取。公司的所有员工应当充分理解和执行现行制度和程序，并确保相关信息传达到应被知晓的人员。要保证内部控制信息的及时传递，尤其重要信息应当及时传递给董事会、监事会和经理层。

（五）加强对内部控制的监督

内部审计部门是企业内部监督的重要部门，通过内部审计能够协助管理当局监督其他控制政策和程序的有效性，有利于内部控制制度的有效运行。企业应当根据企业内部控制基本规范及其配套办法，制定内部控制监督制度，明确内部审计机构（或经授权的其他监督机构）和其他内部机构在内部监督中的职责权限，规范内部监督的程序方法和要求。公司要建立独立的内部审计机构，提高内部审计部门的地位，这样才能保证内部审计的独立性和权威性，否则只能是形同虚设。同时，内部审计部门应定期或不定期地对内部控制进行自我评价，以便及时发现和解决内部控制系统中出现的问题。

综上所述，进一步加强内部控制的环境建设、提高风险管理水平、完善控制活动和信息沟通、加大监控力度，是公司在以后的内部控制建设中应该努力的方向。

浅谈煤炭企业财务控制体系的构建

郭海东

近年来,随着煤炭资源整合,集团公司的规模越来越大,各种形式的子公司、控股公司等多种企业组织形态并存,怎样构建适合集团的内部财务控制系统更是迫在眉睫。企业集团要在外部竞争中形成较强的竞争力,集团母公司必须根据总体规划要求对集团范围内的资源进行合理配置。由于企业集团内母、子公司关系是以资本为主要连接纽带的,集团子公司独立的法人地位以及集团内多层委托代理关系决定了只有从财务角度实施管理与控制,才能使企业集团真正成为一个经济利益上的整体。

一、构建集团内部财务控制体系

企业集团是各种资源的独特结合体,外部环境的不确定性和内部组织结构的复杂性要求在构建企业集团财务控制系统时应坚持以下指导原则:

(1)结合企业自身特点,着眼于管理创新,建立与企业集团本身相适应的企业财务控制系统。不同类型的企业集团通常具有不同的财务控制目标,企业集团应该构建与自身目标相一致的财务控制系统。对于投资控股型企业,财务控制系统应着眼于如何降低投资风险的同时,使投资组合效益的综合资本报酬率和净资产报酬率最大化;对于生产型企业,财务控制系统应着眼于提高全部资产的综合报酬率,通过集团内部不同资源的优化配置,实现整体资产报酬最大化。

(2)摒弃单纯财务观点,立足于整个集团生产经营活动多方位考虑。内部控制是由企业的董事会、经理层和其他员工实施的,为提高业务活动的效果和效率,增强财务报告的可靠性和有关法律、法规的遵从性,从而提供合理保证的一个过程。它并不是仅指财务控制或资产安全性控制或内部监督,而是为了使企业的经营依循既定的目标前进的过程,是一种动态的过程,贯穿于企业生产经营活动的始终。因此,为了能够充分发挥财务控制系统作用,应注重其他各种内部控制手段的协调和配合。

(3)构建企业集团内部财务控制系统,应兼顾各方面的利益,以实现各方利益的均衡。比如在控制系统构建的过程中,努力探寻母公司与子公司共处的平衡点,使内部各层的经营者都有努力实现组织目标的动力,解决集团母公司与子公司之间的利益冲突。

(4)将现代技术运用进来,充分利用现代技术手段,获取更多的财务信息,辅助实现企业集团财务控制系统的高效率运行。

二、企业集团内部财务控制系统的内容

根据企业集团管理要求和国内外成功企业集团的经验,要实现内部财务的有效控制

作者单位:郑煤集团财务资产部

和监督。企业集团应在坚持基本原则的基础上，结合集团自身特点，构建有效的财务控制体系，具体内容主要包括以下几个方面。

（一）构建以财务预算为重点的财务目标控制体系

财务预算控制，从其功能上看，是以期望利润为目标、以资金流量为纽带、以成本费用控制为重点、以责任报告信息为基础的一整套财务指标的组合。加强全面预算管理，可将企业集团的一切活动纳入严格的预算控制体系，把各企业的目标、业绩评价、激励与约束等各种控制手段融合到一起，成为渗透到集团产、供、销等各个环节的主要控制手段。

财务预算由总预算、专门预算和预算编制说明几部分组成。其中总预算反映企业资本营运和各项财务活动的总体状况，其表现形式为预计资产负债表、预计利润表和预计现金流量表，全面反映企业预计的资产负债、权益、损益。专门预算反映企业某一方面的经济活动，如分产品收入成本预算，产品成本预算，销售费用预算、管理费用预算、财务费用预算、投资收益预算、重大资本支出预算等。通过编制预算，集团公司可以全面掌握所属企业的生产经营过程，争取工作的主动权。

财务预算的编制应采用从下到上，层层汇总的方法，这样既考虑了子公司的意见，照顾了子公司的利益，又有利于企业集团公司从总体上把握子公司的经营活动。预算的整体性及全面性使子公司在实施的过程中需要相互配合和协调，提高管理效率，减少摩擦，增强凝聚力。财务预算一旦确定，并且层层分解下去，具体落实为责任预算时，便具有强制的约束效力，给子公司以明确的经营管理目标和各方的责权关系，便于子公司进行自我控制、评价、调整。

（二）构建以重大事项决策为重点的财务决策控制体系

为了保证整个集团发展战略目标实现和资本经管的安全，规避风险，减少失误，集团公司应建立企业重大资本与财务事项报批制度，即凡属重大资本与财务事项均需经集团总部作出决策后才能办理。企业重大资本与财务事项，包括重大投融资、对外担保、资产损失处理等。

（1）重大投融资。包括投资和融资，投资又包括股权投资和债权投资。集团总部必须严加控制。其主要措施是实行额度控制，即限额以上项目必须由集团决策。集团决策时，主要把握两点：一是投资项目是否符合集团战略发展规划和对该公司的经营方向定位；二是项目是否具有可行性，对于批准的项目，还要明确投资项目决策者和实施者应承担的责任。

（2）对外担保。企业对外提供担保，形成了或有负债。在现实中，或有负债形成现实负债之后，往往难以摆脱责任，从而造成资产损失。即使设法逃避连带责任，也会浪费很大精力，影响企业经营。因此，集团公司对担保事项应当建立严格的管理制度和责任追究制度。所属企业原则上不准对外担保，特殊情况需要对外担保的，要由集团决定。

（3）资产损失处理。资产损失，包括坏账损失、存货损失、股权投资损失、固定资产损失、在建工程损失、担保损失等。处理资产损失，应当按照以下程序进行：一是核实损失，基层单位应当取得足以说明损失事实的资料证据，对损失的资产项目、金额予以确认；二是查清责任，集团公司应组织人员对造成资产损失的责任进行检查，其中属于违法违纪行为造成的损失，应当按照国家有关法律、行政法规规定，对负有直接责任的主管人员和其他人员予以处分;三是企业按照国家有关法律、法规及内部财务管理办法规定审核核销。

(三)通过财务委派,构建财务人员控制体系

在一个公司内部,由于委托代理双方存在着信息不对称,因而经常产生有损所有者利益的逆向选择和道德风险问题。而董事会和监事会对经理人员的监控,往往是事后行为,因此监控的力度和效果是有限的。而财务委派制度可以解决经理人员“内部人控制问题”,并实施事前、事中和事后的全过程监控。子公司财务人员由集团公司委派并对集团公司负责。但财务委派人员同时又是公司日常财务管理的负责人,平时要在总经理的领导下,协助总经理工作。这样,财务总监代表股东打破了经理人员的权力的过度集中,能在日常工作中监控财务活动的全过程。

(四)构建以财务检查和内部审计为主的财务监督控制体系

财务监督控制系统主要由财务检查与内部审计两个方面构成,分别由集团公司财务部门和审计部门从不同角度对所属企事业单位执行财经纪律、财务收支和经营管理活动所进行的内部监督。其目的是及时发现问题和解决问题,保证企业集团按照既定目标平稳运行与发展。

(1)财务检查。主要由集团财务部门组织对所属单位进行的财务检查。检查重点是:国家财经法规、政策的执行情况;公司重大经营计划、方案的执行情况;大额对外付款、投资、借款、担保情况;固定资产的报废、报损、核销及出售情况;重要经济合同签订和执行情况;所属全资和控股子公司的财务运作和资金收支情况。财务检查可不定期进行,对于检查出的财务问题,要求纠正并限期反馈纠正情况;涉及个人责任追究问题,按规定程序进行处理。

(2)内部审计。审计在集团公司治理结构中有着不可替代的作用。集团公司对子公司进行内审的主要方法是:一是以强化集团资产控制为主线,建立审计网络;二是对子公司的一些重大工程项目、经济合同、对外合作项目、联营合同等进行单项审计;三是实行离任审计制度,审查和评价子公司责任主体的经济责任履行情况;四是定期或不定期地对子公司的内部控制机构的有效性进行评估,监督和完善子公司的内部控制制度。

集团公司通过对子公司的审计,可以及时发现和纠正所存在的问题,增强内部控制意识,发挥内部管理强有力的控制机制作用。

(五)通过财务报告和财务网络,构建财务信息控制体系

集团母、子公司间财务信息是否畅通,关系到整个财务控制系统的运行效率。无论什么控制都离不开真实、及时的信息,财务控制是一个动态的控制过程,要确保实现集团的财务目标,必须对各子公司进行跟踪监控,并不断调整偏差。财务信息控制系统应包括两个方面的内容:

(1)财务信息报告制度。母公司应制定子公司的财务报告制度,包括事前报告制度和事后报告制度。各子公司在进行重大经营决策前,必须事前向母公司报告。

(2)财务网络电算化。计算机网络技术的迅猛发展,为财务网络电算化提供了可能,为提高集团公司财务信息的有效性、真实性创造了现实条件。通过在集团内部建立大计算机网络系统,可将下属各子公司的资金流转和预算执行等都集中在计算机网络上,母公司可随时调用了解子公司的财务状况,实时监控各个子公司的经营情况,及时发现存在的问题，提高控制的效率和效果。

总之，加大监督力度，建立健全企业各项内部控制制度，对降低企业财务管控风险至关重要。

浅谈企业内部控制制度

夏　浩

在当今社会,影响企业经营的环境日益复杂,而且越来越不稳定,市场竞争更是日趋激烈,如何增强企业的竞争实力,使企业的利润最大化成为我们最关注的问题。内部控制制度则为企业提供了一个强有力的保证。河南神火集团,摊子大,建设项目多,特别是今年兼并重组44对小煤矿,建立健全内部控制制度显得尤为必要。

建立内控制度的目的是提高会计信息质量,保护资产的安全与完整,确保有关法律法规和规章制度的贯彻执行。它具有针对性、操作性强、可监督检查,也可防范经营风险,保证会计工作和经营管理工作规范有序运行,促进经营管理水平的全面提高。笔者着重从以下几个方面浅谈企业内部控制制度。

一、加强预算管理,防范经营风险,严控入账程序

在这方面神火煤业公司有很成熟的经验,值得其他企业借鉴。在预算方面,财务部成本科每月底匡算本月的利润,月终汇总将本月实际情况与预算对比分析,找出差距,找出原因,制定下一步对策,做好事前、事中、事后的控制工作。企管结合财务制定了切实可行的《企业目标责任书》,建立了从总部到基层单位的分级预算管理体系;制定了年度、季度和月度预算制度,设置了专门预算指标和报表,开展了以预算执行情况为主的经济活动分析。加强了对预算的跟踪检查和过程控制,完善了预算考核办法,加大了考核力度,预算管理工作取得了显著的成效。

在成本费用管理方面,积极开展区队成本核算,先以新庄、梁北矿为试点有条不紊地推行区队成本核算,不断建立和完善了成本费用指标考核体系,进一步落实和细化经济目标责任制考核。为了从源头上控制好成本,加强了物资采购的控制程序,进一步改革传统采购方式,大力推行询比价、招投标和网上采购等,大幅度降低采购成本。在材料的验收、入库、入账中严格把关,例如大宗材料、设备对方开具发票后,由采购部门主管领导、经办人签字认可后连同仓库会同有关部门监制的采购入库单、磅码单、质量检验单,移交财务部门由财务人员再依据合同办理入账工作。运费、回空费、装卸费、信息费等杂费入账工作一律凭据合同或者协议,新增费用必须经公司级主管领导批准后方可入账。具体账务处理:运费入账依据:发票、运费清单、合同或者协议、仓库会同有关部门监制的磅码单。回空费、装卸费原则上随同运费发票一起入账,特殊情况下,必须写清哪次车,哪批货,否则财务部门不予结算,超过合同数量5%的,必须经部门领导批准后方可入账。在内部控制程序上,一人依据发票、合同价格、拷贝仓库的入库单据将计划价调整为实际价格,由另

作者单位:河南神火集团有限公司

外一人负责审核、结算,生成记款凭证。谁管的账谁不对账,而是由另外一人负责对账,月终盘点,应付、应收等往来账及时向对方单位发函对账。另外,与体制改革与结构调整相配合,着力进行内部机构整合,实行扁平化管理,压缩管理层次,严格控制管理费用的发生,能分摊到人的费用都分摊到人,超支全罚,节约奖半,通过这样的控制方法,费用不断降低,尽可能的减少酌量性生产成本。

二、研究制定企业《内部控制手册》

研究制定企业《内部控制手册》,内容涵盖股份公司投资、生产、经营、安全环保和财务管理等主要过程。每个流程都以该项业务目标为目的,对执行过程中的责任、授权及不相容职务分离进行初步的规范,将如何控制风险的理念贯穿到流程的每一步骤、每一控制点,旨在通过自我约束、自我控制,将各种风险降至最低。实行授权管理,在采购、成本、费用、销售、资金、投资、资产、关联交易、编制会计报告、表外事项管理、信息管理、统计、安全环保、监督与检查等方面,明确从股东大会到董事会、董事长、总裁班子成员、总部各事业部与职能部门到分公司各层面的授权原则与权限划分标准,对股份公司授权实行统一管理,从而有效地控制相关风险。全面实施内控制度既能使公司总体运行状况良好,又能起到防范风险、保护国有资产、规范管理、保证财务信息质量的作用。结合企业内部控制制度的制定与实施,企业的内部经营与管理控制、财务审计、财务稽核、信息分析、物资采购、工程建设等方面的制度和程序也都得到了改进。

三、建立完善的以 ERP 为主线的信息化建设

建立完善的信息化建设,神火集团公司采取多种有效的措施,积极推进以 ERP 为主线的信息化建设。该系统成功上线后,可以在物资采购及仓储管理、产品销售监管、生产经营动态分析、成本控制等方面提供非常有价值的信息,能够实现物流、资金流、信息流“三流合一”无缝集成,对采购、生产、成本、库存、分销、运输、财务、人力资源等方面进行规划,以达到最佳资源组合,取得最佳经济效益。利用 ERP 可从以下几个方面进行成本控制。

(1)采购成本,就是要把整个采购过程公开化、透明化、制度化。利用计算机网络,把不同供应商的报价收集在一起,企业的领导很容易地调出同一产品不同供应商的报价,同时,建立起对不同供应商的同一产品的质量统计分析,由企业的检验部门、技术部门、供应部门做质量检验。

(2)生产成本,目前煤业公司采用的用友 ERP 供应商所提供的软件主要是控制废品率、次品率和物料的耗费。首先,对于控制废品率先要设定一个废品率,要有一个计划指标,如果实际废品率在计划成本控制之下,则符合要求。而控制次品率的方式就是利用 ERP 明确哪个人在哪个时间段生产了哪批产品,以明确该生产者的责任,加强责任心。其次,是利用 ERP 控制物料耗用。有了物料需求计划,各个环节都有详细的物料清单,对于将要生产多少产品,需要多少原料很明确,可以有效地避免生产环节的物料浪费。

(3)库存成本,利用 ERP 可以解决从原材料库存、半成品库存到产成品库存整个库存环节的成本控制问题,有了 ERP 使得及时生产系统在生产环节和库存管理的应用成为可

能。

(4)销售成本,利用ERP进行销售成本控制也遵循了计划和控制的原则。不仅可以更有效地控制和管理应收账款,还可以对销售网络中各网点的库存结构进行动态管理。

(5)生产环节的资金运作也可利用ERP进行管理。可以较好地确定在什么时间购进什么原材料或产品,使得提前的时间刚好够用,并且所支付利息的时间尽量缩短。

总之,神火煤业公司根据自身的情况,分阶段、分级别地使用ERP工具。即使不能达到零库存的境界,至少也在不同程度上控制成本。从2010年来,尽管我们也利用ERP进行管理,但还仅仅停留在财务和人力资源的管理上,神火煤业公司还应采取多种有效措施,积极推进以ERP为主线的信息化建设。

四、建立健全内部审计制度

建设一个系统化和规范化的内部审计机构可以有效地对经营成果进行评价、改进企业的风险管理、控制,还可以增加企业的价值和改进组织的运作,从而帮助企业实现目标。因此,神火煤业公司的内部审计监督应从本企业的实际出发,把审计的重点放在内部控制和经济效益上,内部控制是企业建立自我调节、自我约束、自我监督的一种管理控制系统,是现代企业管理的重要组成部分。现代审计的一个重要特征就是对内部控制进行评审并在评审的基础上进行抽样审计,按照调查、测试和评价的方法,可以查出管理上存在的问题,找出问题的症结,进一步确定审计的重点,从而促进企业健全和完整内控制度,使生产经营有序进行。

要改进以前的审计方法,提高审计质量,随着企业经营活动的多元化和企业管理的现代化,单纯的事后审计方法,已不能对企业的经营活动作出全面、科学、准确地评估,必须采用事前、事中、事后审计相结合的方法,对企业投资前的投资方案进行全面细致的调查研究,从中选出技术先进、经营合理、投资少、风险小、效益好的方案作为投资决策的依据。因此,事前审计的重点是对投资决策、可行性论证,以及资金来源等方面进行审计。事中审计侧重于对项目的管理特别是责任成本管理进行审计,并对项目阶段性效益进行认定。事后审计主要是对整个项目的考核与评价。采取"三结合"的审计方法,能及时发现项目实施、管理过程中多个环节可能出现的问题,以便采取有效的措施,确保项目效益及企业价值的最大化。

改善内审人员的结构,提高内审人员的素质,大多数内部审计人员是从财务部门分离出来的,独立性差,并且缺乏与生产、经营、管理相关的知识和经验。从目前现代企业制度的要求上考虑,在选拔内审人员时仅仅具备财务知识是不够的。还需要配备相应的工程技术、企业管理、法律以及计算机等方面的专业技术人员。因此面对新的形势和发展趋势,神火煤业公司的内部审计必须加强内审人员队伍建设,不断提高内审人员的素质。

五、资金管理上以风险控制为重点,有效防范债务风险

通过加强企业借款规模控制、债务结构调整、扩大集团财务和煤业内部银行(结算中心)资金结算范围、推行关联交易封闭结算、加强资金管理等措施,有效防范债务风险。在强化资金的集中管理方面,公司根据自身管理体制的实际情况,在总结资金、债务管理

经验的基础上，制定下发《集团公司资金管理暂行办法》，在神火集团公司内部全面推行了资金预算管理和银行借款规模控制制度，同时，加大所属企业资金集中统一力度。各直属单位通过建立内部银行或内部结算中心，对本单位的全部货币资金进行统筹运作，做到统一开户、统一收支、统一调度、统一内部结算的“四统一”，从而促进了资金的良性循环与集中管理。

特别强调的一点是要加强对财务会计“人”的控制，要从企业高层人员至财务全体人员进行全员职业道德和业务培训。防微杜渐，切断一切犯罪的外因和诱因，及时掌握财务员工的思想行为状况，发现异常及时进行沟通与思想教育，把犯罪的念头扼杀在萌芽状态。要及时通过思想教育使员工把劲都用在企业发展上。拥有了这样的员工队伍，拥有了这样严格的内控制度，神火煤业公司将在发展壮大上纵横驰骋，所向披靡，战无不胜。

浅析会计信息化环境下强化企业内部控制的措施

乔振清　张秋娟

内部控制是企业进行现代管理的一种必不可少的手段。会计信息化的发展使企业内部控制的内容、方式都发生了很大变化。如何在会计信息化环境下，建立与完善良好的内部控制体系，保证企业正常运转，是一个必须要解决的问题。

一、内部控制的影响

（一）扩大了内部控制的范围

传统的内部控制主要局限于企业内部的查错防弊，而会计信息化条件下的控制范围相应扩大，其中包括对系统开发过程的控制、数据编码的控制以及对调用和修改程序的控制等。另外传统的内部控制侧重于对企业的管理，而在会计信息化环境中，企业面对的不再是一个独立的、封闭的环境，它要与互联网上的众多企业进行频繁的电子交易活动，形成企业与企业之间、企业与客户之间、企业与政府之间共享受资源的局面。

（二）改变了内部控制的方式

传统的手工会计方法应用结构控制法，通过职能的分割与人员的分工以及对会计业务的相互稽核关系或者多重反映来形成有效的内部控制。会计信息化系统是按照计算机及网络数据处理系统组织起来的，记账、算账、报账全部由电子计算机自动完成，主要处理过程不须人工干预，使得会计控制更为复杂，要求更加严密，原有的内部控制措施逐步由相应的程序功能代替。这种数据处理的集中性使传统的组织控制功能减弱，与此相适应，会计部门常常划分成数据（信息）收集组、凭证编审组、数据处理组（包括数据输入、处理、输出）、财务管理组、系统维护组等。

（三）改变了内部控制的重点

在传统的手工会计环境下，内部控制主要放在人员之间的相互牵扯上，而实施信息化后，由原来的证实相符、证账相符、账账相符以及人员与岗位之间的牵制制度等控制方式，转变为以原始数据输入控制、会计信息的输出控制、人机交互处理的控制、计算机系统之间连接控制为重点的控制方式。

（四）加大了内部控制的风险

会计信息化提倡开放，目的在于为会计与有关各方建立有机联系创造条件，以推动会计发展的变革，提升企业管理水平。开放表现为软、硬环境的开放，从内部控制的角度看，硬环境的开放是内部控制风险增大的一个重要方面，是指在技术、管理制度、标准等方面的开放，具体表现为网络及通信设施、融合开放集成思想的软件、会计信息交换的标准等

作者单位：郑煤集团资产部

为建立会计信息系统与社会和其他管理信息系统的联系提供技术支持。会计信息一直被视为商业秘密，但是，没有哪一种加密技术绝对安全，不法分子有可能通过编制计算机病毒、进行搭截侦听、口令试探、篡改会计数据、解密文件等手段，使内部会计控制措施失效。正是由会计信息化控制技术的复杂性，加大了系统的控制风险。

二、在会计信息化环境下，建立与完善内部控制体系

（一）完善内部控制规范和制度

完善内部控制需要科学合理的会计控制规范。科学合理的会计控制规范既是企业加强内部控制建设、进行内部控制评价的标准，也是推动企业内部控制建设的法律保障。现行的规范整体上未涉及内部控制的环境问题，控制目标中也未包含内部控制的企业价值最大化经营目标等。职能部门应充分研究和借鉴国际先进经验，建立一套操作性强、适用广泛的内部控制标准体系。信息化系统的实施对内部控制体系产生了广泛而深远的影响。它不仅仅是简单的软件系统及其网络的使用，还应该配合企业内部业务流程和企业内部管理体系，特别是内部控制体系才能体现其应用价值。会计信息化环境下，企业原有的内部控制活动和组织结构扁平化，改变了企业的业务流程、工作流程等。信息化系统中内部牵制是指在对具体业务进行分工时，不能由一个部门或一个人来完成一项业务的全过程，必须要建立科学、严密的内部控制体系。会计信息系统的权限控制始于系统初始设置阶段，即通过系统管理员对工作人员、工作范围等进行设置。要做到业务决策人员与经办人员权限设置全面分离制约，将业务授权、业务执行、业务记录、业绩检查等权限很好的分离，重大事项的决策和执行的分离制约。

（二）重组业务流程

信息技术使企业业务流程与信息流程融合在一起，如果企业的业务流程仍然保持手工环境下的状态，必然造成信息系统与业务流程之间存在许多冲突，从而使企业生产经营管理出现低效率，而且会形成内部控制的弱点，产生许多问题。因此，要提高企业内部控制的效果，首先必须从根本上重新考虑并彻底重建企业的业务流程，使企业能最大限度地适应以顾客、竞争、变化为特征的现代企业经营环境。业务流程控制与信息流程控制成为企业内部控制系统设计的重要内容。在企业流程控制中，企业业务流程必须与信息流程相协调，并针对组织内部控制目标的要求，对业务流程和信息流程的各类风险进行评估，确定风险重要程度。依据风险的重要程度确定业务流程与信息流程的关键控制点，建立控制模型，设定控制参数与控制程序，并将其嵌入到信息系统中，形成人机结合、业务活动与信息处理结合的内部控制系统，这样在企业经营过程中，信息系统就能动态跟踪业务活动的信息，自动监控这些活动所产生的数据是否在控制范围内，预测发展趋势，实时输出预警信号。组织成员也能依据这些作业点的反馈信号及时制定正确决策，有效控制企业的经营活动过程。

（三）建立健全内部控制风险评估体系

企业实行会计信息化后，提高了运作效率和速度，同时由于新技术的应用，对传统的管理方式产生了冲击，不可避免地进一步加大了企业的风险。其具体的风险可表现为经营风险、管理风险、环境风险等。针对这些风险，企业管理层应实施有效的风险评估制度，

采取适当的行动来管理对财务、经营等有影响的内部和外部风险，并对所确认的风险采取必要的措施。其包括：明确规定每个用户的安全级别和身份标识，并分别定义具体的访问对象对系统的操作控制权限，加强系统操作控制；定期对系统的硬件和软件进行检查、维护和升级，并对检查过程中出现的问题进行记录，以确保系统的安全和系统运行的效率，加强系统维护控制；加强信息化会计档案管理的控制，防止会计信息的泄漏或丢失。

（四）加强和完善内部控制监督机制

首先，加强内部审计，设立内部审计部门并定期或不定期地对企业的会计信息系统进行审计。会计信息化的应用对内部审计提出了更高的要求。内部审计应包括：一是对会计资料定期进行审计，会计信息化系统财务处理是否正确；二是审查系统数据与书面资料的一致性；三是监督数据保存方式的安全、合法性，防止发生非法修改历史数据的现象；四是对系统运行各环节进行审查，防止存在漏洞等。其次应引进并强化外部监督机制。发挥政府在建立内部控制方面的作用，有利于内部控制的有效进行，特别是在企业管理层会计控制观念薄弱的情况下，更应该依靠政府的威慑力。若企业管理者未能按照有关规定执行企业内部控制制度，违反相关规定的要依法惩处，追究法律责任。同时，还应确保内部控制制度的有效实施，特别关注企业内部控制制度的有效实施，因为它对企业财务管理目标的实现和企业的财产安全有重要和直接影响。

（五）建立良好的信息沟通系统

一个良好的信息沟通系统能够提供全面、及时、正确的信息，并在有关部门和人员之间进行沟通，使企业管理者及时掌握营运状况，有助于提高企业运行的效率和效果。首先，信息化战略性计划应当与公司的整体战略紧密相关。管理当局应对信息系统的开发工作高度重视，并给予支持，确保各职能部门与信息系统高度耦合。其次，各部门应按控制系统的需要识别使用者需要的信息，在此基础上收集、加工和处理信息，并将这些信息及时、准确地传递给企业内的相关人员，使他们能够顺利履行其职责。最后，通过内部控制框架的构建，完善公司的法人治理结构，建立健全会计及相关信息的报告负责制度，使企业内部的员工能够清楚地了解企业的内部控制制度，知道其所承担的责任，并及时取得和交换他们在执行、管理和控制企业经营过程中所需的信息。

（六）加强人力资源管理

在信息化环境下，单位加强内部控制的一个重要方面就是加强对人力资源的管理。对于内部控制而言，人力资源管理的目标主要是保证和提高员工的素质和品行。信息化环境对员工的素质提出了更高的要求，员工不但要熟悉更多的业务流程，而且还要熟悉信息系统的操作方法。由于信息系统的程序设计员、系统管理员等人员对信息系统具有巨大潜在破坏力，因此要求这些人员具有更高的道德品质。企业应该通过完善的人力资源管理来保证员工尤其是与信息技术相关的人员的素质和品行。要对他们进行合理且有效地管理，建立良好的绩效评价机制、激励机制以及约束机制，使拥有知识的员工获得合理的报酬，实现知识创造财富，留住了解重要信息资源的人才，防止人才流失以及相应的信息资源流失。

浅议煤炭企业会计委派制

任志红

一、河南煤炭企业会计委派制实施的背景

河南省自2004年率先在全国进行大规模的煤炭资源整合。2008年开始对6家大煤企进行重组。如此大规模、大范围的资源重组和整合，对财务管理工作及财务人员来说也是一项挑战。由于整合的地方矿井会计管理体制和监督制约机制不健全等原因，会计信息失真是当前的突出问题。各大煤业集团对各重组单位也纷纷派遣财会人员对被重组单位实施监管，会计委派制在煤炭资源整合中迅速发展并有效实施。

二、煤炭企业会计委派制的作用

（一）遏制滋生腐败

煤炭企业重组整合矿井的会计机构负责人及会计人员由单位直接任命的情况下，会计机构负责人往往不得不听命于单位领导的指令，从而失去了会计监督的独立性。而实行会计委派制强化了会计监督，由于会计人员代表委派主体监督所在单位的会计行为和经济活动，其职权相对独立，从而保证了监督职能的发挥，能够有效地遏制腐败现象的滋生。

（二）保全国有资产

实行会计委派制，有利于加强国有资产管理，防止国有资产流失。通过会计委派制加强管理，健全各种内部控制制度，能有效地监督企业日常经营活动，国有资产流失，保障国有资产的保值增值。

（三）强化整合重组集团主体总体管理职能

实行会计委派制，有利于强化整合主体的全面管理，有利于实施统一的会计核算制度，有利于实施统一的财务管理，有利于提高财务报表的准确性与真实性。

（四）保证会计信息的完整性及真实性

实行会计委派制，有利于加强会计监督，发挥会计人员的职能作用，提高会计信息质量，根治假账现象。实行会计委派制强化了会计基础工作，保证了会计资料的完整性和真实性，有效地解决了会计信息失真问题。

（五）提高会计队伍整体素质

实行会计委派制，有利于提高会计人员的业务水平，规范会计人员的职业道德。集团总部委派管理机构可以采取公开招聘，竞争上岗，优胜劣汰的用人机制，彻底打破会计工

作者单位：郑州鹤煤煤层气有限公司财务资产部

作的铁饭碗，从而增强了会计人员的竞争意识和风险意识，促进其整体素质的提高。

三、实行会计委派制的形式

总起来说会计委派制的模式多种多样，诸如会计核算中心模式、财政集中支付模式、向企业委派会计机构负责人或总会计师模式、企业集团内部实行会计委派制等。煤炭企业多采用的是企业集团内部实行会计委派制。

四、会计委派制存在的问题和不足

（一）与会计委派制相关的配套制度不健全

会计委派制是项复杂的系统工程，需要同时加强相关的配套制度建设。要加强单位会计控制，前提是建立健全内部控制制度成为单位管理者的内在要求。这需要与相关措施配套进行，如健全和有效执行原始记录管理制度、会计账务处理程序制度、内部牵制制度、财务收支审批制度、成本核算制度和内部审计制度等。而只推行委派制，单独改革会计人员的管理体制，往往会流于形式，难以发挥作用。

（二）会计委派制反追求监督，忽视了管理和激励

会计委派制片面追求会计监督企业，忽视了会计管理职能的作用，削弱了参与企业经营的激励机制。

会计的职能有核算、监督、预测、分析、决策等，而由于委派制使会计人员独立于被委派单位之外，而其工作又侧重于进行会计监督，势必会造成委派会计人员开展管理会计工作、参与企业管理的积极性不高，影响会计管理职能的全面发挥。

（三）缺乏有力的委派会计管理机构

实行会计人员委派制后，企业集团财务管理部门对会计的管理由分散型变为紧密型，与会计人员的关系由业务指导变为业务领导。为适应这种变化，迫切需要健全的管理机构做大量细致的管理工作。

（四）委派人员的工资福利等待遇的问题

企业经济效益有好坏之分，则其所属的会计人员待遇也应有差异。被委派财务人员，有的赋予财务总监或会计主管等相当于单位副职领导人的地位，虽然地位提高了，但与地位相适应的待遇问题却出现了矛盾。委派会计人员的工资和奖金和福利待遇还不如原来单位的高，严重影响了外派会计人员的工作积极性和主动性。

五、做好会计委派制工作的对策

会计委派制固然有许多不足之处，但总体看利大于弊，我认为要重点做好以下几个方面的工作：

（1）解决委派会计的管理主体问题，加强对委派会计的相关制度建设，从组织和制度上确保会计委派制的顺利实施。

（2）制定与会计委派相配套的管理制度。首先制定委派会计的档案管理制度。其次制定委派会计的任用和考核制度。

（3）委派会计的定期培训制度。会计主管机构每年对委派会计人员进行至少两期一周以上的业务知识、政治思想及组织协调能力等方面的培训，不断提高委派会计的思想水平和业务能力。

(4)委派会计的回避制度和定期轮岗制度。对委派者和经营者有亲属关系或经济利益关系的，必须实行委派回避制。单位的会计负责人每三年进行一次轮岗交换，一般的会计人员也应视情况进行定期轮岗。

(5)委派会计的离任审计制度。委派会计在被委派单位任职期满时，务必进行离任审计，以客观、公正地评价委派会计的工作情况。另外，要利用社会审计的力量对会计人员进行监督，如每年委托注册会计师对委派会计的业务进行审查。

煤炭企业会计委派制是会计管理体制的一种新的尝试，要在实践中不断加以完善。随着煤炭企业的不断发展壮大，管理制度的不断完善，会计后续教育的不断加强、独立审计制度的建立及不断完善，一定可以促进煤炭企业的会计工作迈上一个新台阶。

浅议选煤厂如何做好成本控制

赵　勇　刘　峰　樊军恒

选煤厂生产是典型的多步骤、多产品生产过程，从原煤调入到产品外运是不间断的，属大批量、连续性作业。生产步骤或生产环节主要由受煤、筛分、洗选、浮选、储存、装运等主要环节构成。因此，做好选煤生产成本分析，将有利于成本控制和内部考核，提高选煤厂经济效益。笔者就选煤厂生产成本构成项目进行分析，并提出控制选煤生产成本的方法。

在集团管理模式下对选煤厂的加工费成本指标由集团公司统一测算、制定，统一考核，考核结果与效益工资挂钩，增加或减少工资总额。面对加工费成本管理模式，选煤厂要按照下达的经营计划指标，首先对加工费构成项目按照固定和变动项目进行区分，然后对各构成项目按照事前预测、事中考核和事后分析的原则进行管理，最终确保完成集团公司的成本指标，实现成本最优化和效益最大化。

一、选煤厂加工费成本项目分析

从选煤厂加工费构成项目分主要有以下几个方面，即材料费、职工薪酬、电力成本、折旧费、修理费和其他支出项目。以上项目又可以细分为固定项目和变动项目，其中职工薪酬、折旧费属于固定项目，材料费、电力成本、修理费和其他支出项目属于变动项目。以2008～2010年近3年数据为基础，从各构成项目所占加工费的比重分析，职工薪酬所占比例为46%、材料费占17.92%、电力成本占13.32%、折旧费占7.26%、修理费占7.26%、其他支出占8.24%。

（一）固定项目——职工薪酬和折旧费

只所以将职工薪酬作为固定项目主要是考虑每年年初集团公司为强化集团对工资分配的调控和管理，确保工资总额与经济效益紧密挂钩，充分发挥工资对促进生产和提高效益的经济杠杆作用，保证职工工资的正常发放，保持单位之间合理的工资关系，对所属各分、子公司都下达了工效工资基数。以此基数为基础和相应的提取比例确定社会保险费和附加费的提取。因此，一般认定职工薪酬为固定项目，但不绝对固定，当各项经营指标超额完成集团计划时允许相应增加超额工资。

按照《企业会计准则第4号——固定资产》规定，企业应按月计提固定资产折旧，当月增加的固定资产，当月不计提折旧，从下月起计提折旧，当月减少的固定资产，当月仍计提折旧，从下月起不计提折旧和计提折旧方法一经确定，不得随意变更。依照此项准则规定，每年年底增加和减少各项资产后，下年度各月折旧费均一致。因此，折旧费也为固定

作者单位：平顶山天安煤业股份有限公司田庄选煤厂

项目，一经计算确认后各月不得改变。

（二）变动项目——材料费、电费、修理费和其他支出

选煤厂材料消耗主要由定额材料、限额材料和低值易耗品构成。定额材料又具体由介质、浮选油、絮凝剂和氯化锌组成，此块费用在整个材料费的比重（仍以近3年的数据为基础）占到58.8%，其中介质和浮选油又占定额材料总额的97.47%。由于定额材料是随原煤入洗量的变动而变动，因此在材料控制上此项是重中之重，应准确合理安排各消耗定额。限额材料和低值易耗品的管理采取总量控制的办法，核定全年消耗量。

电费是由国家电力部门核定电价，根据实际生产用电量计入生产成本的，近年来随着电价的持续上涨，因此要制定科学合理的消耗定额，减少损失浪费。另外是要采取避峰用电，降低电费成本。但当企业生产任务量大，满负荷生产时，调荷避峰生产难度就会加大。

对修理费控制，主要通过加强对设备维护保养，减少返修率，控制维修次数，提高设备利用率，降低维修费用。

其他支出项目虽然所占成本比重不高但是在实际管理中确是最繁琐也最不容易控制的项目，因此在管理中一定要细致合理的统筹安排。

二、各项成本项目的预算——事前控制

美国著名管理学家戴维奥利曾指出，全面预算管理是为数不多的几个能把组织的所有关键问题融合于一个体系之中的管理控制方法之一。全面预算又由经营预算、投资预算、筹资预算和财务预算等组成。在此作为分公司的选煤厂主要以经营预算为目标。

当集团公司下达各项经营指标后，首先要通过深入调研，然后制定科学合理的成本控制目标，同时制定成本执行计划，通过成本闭合管理的方式将各构成项目预算的细化指标分解落实到各生产环节、各归口管理车间、班组直至个人头上，形成“人人头上有指标，千斤重担大家挑”的全员成本管理局面。

在具体工作上，首先可按照以上固定和变动成本项目性质的不同，首先确认固定成本项目所应负担的成本额度，然后采用倒算的方法确认变动部分成本总额。在变动成本部分中采取先紧后松的原则，对占成本比重较大的材料和电力成本项目制定科学详细的消耗定额，如介质消耗和浮选油的耗费，按照近3年的消耗水平，其中介质2008年2.77kg/t、2009年3.41 kg/t、2010年3.61 kg/t；浮选油分别是0.68 kg/t、0.68 kg/t和0.58 kg/t。如果单从各年耗费趋势简单分析而制定当年的消耗计划，介质消耗是上升的趋势，浮选油是降低的趋势，但通过到车间实际调研和技术部门的咨询，技改后设备综合能力提高，新增设备TBS粗煤泥分选机后提高了0.5 mm以下的精煤回收能力，同时增加了介质的回收能力，介质消耗将大大降低，因此我们制定了0.28 kg/t的定额指标。浮选油方面随着生产矿的深层次的开采，原煤灰分的提高，增加了浮选系统的浮选压力，由此在制定单耗时考虑此项因素的影响维持了去年的水平。

对于修理费和其他支出项目，采取自下而上，然后合理统筹的办法制定各项成本资金。所谓自下而上就是首先由各有关部门车间上报预算，并详细说明所需预算的详细情况，最终由财务、企管部门按照权重的原则，上报各主要领导平衡后制定详细的资金计划，再下发到各基层和部门使用。

通过对各成本组成项目的详细分析、测算,制定合理有效的考核依据为下一步的成本管理奠定基础。

三、成本项目的考核——事中控制

"三分战略、七分执行"企业战略制定得再好,如果得不到有效实施,终不能将美好蓝图和愿景转变为事实,甚至可能因实际运营背离战略目标而导致经营失败。因此,严格成本考核和奖罚是完成目标成本不可缺少的环节。成本考核要本着实事求是的原则,分清责任,以促进成本的降低为宗旨。同时严肃成本考核,做到节奖超罚,用物质利益手段来激励工作。

选煤厂在各项考核中材料费执行按照年度预算指标分月上报使用计划,为保证消耗均衡,当月计划内材料需当月消耗,严控年末突击消耗。每月财务、企管、审计、供应部门要对各车间实际消耗进行核查,同时对车间小仓库进行盘点,存在大量已领未耗情况的次月核减相应材料计划。对完不成计划消耗率的单位,实行等额罚款,直接与当月效益工资挂钩。对于因原煤入洗量相应影响材料费的选煤、维修等车间执行随入洗量浮动考核。定额材料部分执行单耗考核,月度兑现,介质、浮选油超支或节约每正负 0.01 kg,与当月车间工资材料部分考核基数 4% 和 1.33% 挂钩。

修理费与其他支出项目按照预算额度执行,建立费用支出预警台账,严控预算外项目的资金支付。对于突发项目或大金额的支付需由部门或车间提出申请,严格按照资金审批程序,由厂主要领导审批。每月将各项考核结果与效益工资挂钩并向全厂公布,提高考核结果的透明性,充分反映考核结果的客观公正。

四、成本分析——事后控制

财务分析是以财务报告及其他相关资料为主要依据,对企业财务状况和经营成果进行评价和剖析,是评价财务状况、衡量经营业绩的重要依据,是挖掘潜力,改进工作的重要步骤,从而为改进企业财务管理工作和优化积极决策提供重要的财务信息。

每季度都根据财务数据,对各成本构成项目采用趋势分析法和因素分析法进行分析,从而反映经营情况。但项目分析不能仅限于数字的分析,如 2010 年 3 季度介质消耗与计划和同期比都大幅增加,通过成本差异法计算仅能反映出耗用量上涨增加的成本和价格上涨增加的成本,无法准确反映问题的所在。通过与生产车间共同深层次的分析,对供应厂家的介质进行分析,对比安庆介质、武荡山介质和湖北枝城三家介质配比的使用情况,从中发现是由于介质内在品质无法融合,导致近期单耗上涨。通过此次深层次的分析,确定了最优的配比方案,为后期的采购提供了最优方案,从而为今后供应部门的采购提供决策依据,也有效地保障了加工成本的完成。

通过分析查找影响加工费的原因,不仅为企业管理层对今后的经营决策提供依据,同时也为财务管理部门完善循环预算成本管理的数据积累提供资料。

通过对影响加工成本构成的分析和合理运用成本预算管理的方法,确保了选煤厂完成集团公司下达的经营指标和实现成本最优化及效益最大化。

谈煤炭企业并购的财务风险及防范

李　娟

煤炭企业近年来发展迅速，煤炭企业间兼并重组、直接收购相关行业企业实现自身的的产业链构建等现象频繁发生。2010年以来，河南省大力推进小煤矿兼并重组。6大国有大型煤炭企业都成为兼并重组的主体。煤炭企业通过收购兼并可以使各项经济资源得到优化配置整合，有助于我国煤矿企业较快实现自己的发展战略，迅速成为大型的煤炭企业集团。如何在兼并重组过程中采取相应的措施防范财务风险，已经成为并购企业必须考虑的因素。现通过对企业并购存在的财务风险进行深入的分析，来探讨如何防范并购中的财务风险。

企业并购的财务风险，是指在一定时期内，为并购融资或因兼并背负债务，而使企业发生财务危机的可能性。企业并购是高风险经营活动，风险贯穿于整个并购活动的始终，其中财务风险是企业并购成功与否的重要影响因素。

一、企业并购中主要存在的各项风险

（一）定价风险

定价风险主要是指被并购目标企业自身存在的价值问题对并购企业带来的潜在风险。目前我国资本市场还不成熟，评估指标体系不健全。并购缺乏一系列行之有效的评估指标体系，主观因素对并购影响大，评估价值不能客观反映并购资产的真正价值，从而导致并购风险较大。在煤炭企业实际并购过程中，还有很多企业存在故意隐瞒损失信息的情况，或者夸大自身的价值和收益信息，使得相关重要的定价信息得不到充分、准确地披露，从而使并购重组后的企业面临各种巨大的潜在风险。目前，许多国有大型煤炭企业集团在兼并整合重组小煤矿企业的过程中，面临巨大的资金压力。此外，对被兼并重组煤矿还需投入大量的资金用于煤矿的技改，以达到国家的安全生产标准。以上这些问题都使企业面临巨大的财务风险。

（二）融资风险

融资的风险主要有以下几种：

（1）不同融资方式的影响。企业并购融资一般有内部融资和外部融资。内部融资资金企业可以自由支配，筹资压力小，且无须偿还，无筹资成本费用，可以降低财务风险，但仅仅依靠内部融资，会加大企业资金紧张程度，造成运营困难，增加财务风险。外部融资包括权益融资和债务融资。权益融资由于我国资本市场不十分发达，我省煤炭企业也缺乏资本运营方面人才，且采用权益融资会对企业的股权比例有所影响，故很少采用权益融

作者单位：义煤集团财务部

资，相对来说债务融资采用较多，而且成本要低一些。但是目前省内煤炭企业由于近年扩张较快，企业本身负债率已经很高，再借款能力有限，或即使举债成功，并购后企业由于负债过多，资本结构恶化，在竞争中处于不利地位。二是债务到期要还本付息，企业财务负担较重，如果安排不当，企业就会陷入财务危机。

(2)融资方式是否与并购动机相适应。这里的"并购动机"是指并购企业打算暂时持有还是长期持有目标企业。如果企业进行并购只是暂时持有，待适当改造后重新出售，以赚取其中的差价，这就需要投入相当数量的短期资金才能达到目的。这时可以选择资本成本相对较低的短期借款方式，但还本付息的负担较重，企业若安排不当，就会陷入财务危机。如果为了长期持有目标公司，就要根据目标企业的资本结构及其持续经营的需要，来确定收购资金的具体筹集方式。因此，并购企业应针对目标企业负债偿还期限的长短，维持正常的营运资金，使投资回收期与借款种类相配合，合理安排资本结构。

(3)融资的结构是否合理 。包括企业全部资本中债务资本与股权资本的结构配比。企业内部的融资结构是否合理，是影响融资风险的一个主要因素。当并购后的实际经营利润率小于并购时产生的负债利息率时，并购企业就可能产生利息支付风险和按期还本风险。另外，一些企业的融资结构是以股票所有权资本为主，对外发行新的股票意味着将企业的部分控制权转移给了新股东。如果普通股发行数目过多，企业原来的老股东就可能丧失对股票的控制操纵权，会使企业部分老股东的利益受到损害。

(三)支付风险

我国的大多数企业，尤其是煤炭企业常用的商业支付方式主要包括现金支付、换股并购和混合支付等方式。支付风险主要是指在并购过程中与资金的流动性和股票所有权的稀释有关的并购资金在使用支配中存在的风险，其表现在两个方面：

(1)采用现金支付方式产生的资金流动性风险以及由于资金流动性过大而最终导致的债务风险。

(2)股权支付面临被稀释的风险。其一方面稀释了原本存有的股票所有权；另一方面也为公司上下的资本运营带来大大小小的风险。

(四)并购整合中的财务风险

在企业的并购活动中，由于并购企业与目标企业之间经营理念、组织结构、管理体制和财务运作方式的不同，在整合过程中不可避免地会出现摩擦，如果未能妥当处理将不仅抵销并购所带来的利益甚至会侵蚀原有企业的竞争优势。

企业并购中存在制度性风险、固有风险和操作性风险。制定制度的目的是减少与决策相关的预期的不确定性进而降低风险。然而，正是由于制度相对稳定，影响期长，一旦制度制定与客观规律相违背则会对风险产生较大影响。为此，这种把由制度而引发的财务风险称为制度性财务风险。

二、企业并购中财务风险的防范

通过对企业并购中的价值评估、融资活动和整合中的财务风险的系统分析，表明企业并购是一项高风险的产权交易活动(其中又以财务风险最为突出)。因此，要用事前和事后控制进行财务风险防范，应用事后控制以减轻财务风险，从而提高企业并购的成活率。

(一)企业并购财务风险的事前控制

企业并购财务风险事前控制的重点是谨慎选择并购目标企业：

(1)明确自己的实力和立场。企业除了要重视对目标企业价值的评估，还应当对自身实力，特别是资金实力进行客观分析和评价，减少不现实的盲目乐观和对自身实力的夸大。另外，应该意识到并购活动是一种战略行为，也是一种经济行为。企业应遵循市场化原则，不能以行政命令的方式，或为了获得政治资本，兼并一些债务负担重、冗员多或历史包袱尚未解决的企业。领导者应站在促进企业发展的立场，从理性角度来进行决策。

(2)并购前的财务评价。大型企业为了最大限度地避免在并购重组过程中向被兼并的企业支付与实际不符的高昂费用，就要对目标公司的每一个财务项目进行详细和全面的审查以及科学的专业评价。首先是对该企业的股本分布结构展开调查，调查是否存在几个大股东共同属于一个权利系统实际控制公司的情况。其次，对目标公司的市场价值进行评判和分析，一个企业在市场上的价值是多少直接影响到大企业所花费的收购成本的高低。欲进行收购行为的企业应事先确定被收购企业自身所提供的财务报告信息是否能准确反映该企业真实的财务状况，通过对该企业的资本产出、负债情况统计及提供的其他信息的详细审查，对该公司的财务状况进行全面系统的分析。

(3)合理安排并购的融资方式。采取多种融资手段。企业在制定融资决策时，应视野开阔，积极开拓不同的融资渠道，做到内外兼顾，以确保目标企业一经评估确定，即可实施并购行为，顺利推进重组和整合。同时注意将资本结构控制在一个相对合理的范围内，既包括企业自有资本、权益资本和债务资本之间的比例关系合理，也包括债务资本中的短期债务与长期债务的比例关系合理等。在这个前提下，再对债务资本组成及其期限结构进行分析，将企业未来的现金流入和偿付债务等流出按期限组合匹配，找出企业未来资金的流动性薄弱点，然后对长期负债和短期负债的期限、数额结构进行调整，力求资本成本最小化。准确的预测本企业和被并购的目标企业中可以利用的自有资金的数量和在市场上的活跃时间，对于合理安排资金的使用项目和范围，优化企业的资本结构和并购后的融资计划起着很关键的作用。

(4)采用灵活的并购方式，以减少现金支出。主要方式包括：①抵押式并购。将被并购方作为抵押，向银行申请相当数量的可用于并购的贷款。②承债控股并购。当被并购方的债务主要来自银行贷款，并且其无力偿还的条件下，通过与银行商定，由并购方独立承担偿还的义务，银行还允许把债务作为资本金划转到被并购方的股本之中，从而达到控股地位。③折股分红式并购。当被并购方的资产大于债务时，并购方不需要购买被并购方的剩余资产，而是通过与被并购方的所有者或资产管理机构进行协商，以入股形式把被并购方的剩余资产加入到并购方中去，并根据所占份额分取相应的利润。

(二)企业并购财务风险的事后控制

(1)建立财务预警管理系统。并购企业在整合期内，由于财务波动和财务风险发生的频率较大，极易造成并购企业的财务危机。因此，并购企业应该适时地建立科学的财务预警管理系统，做到未雨绸缪。财务预警管理系统是把并购企业在整合期内的财务管理失误和财务过程波动以及由此引发的财务风险和财务危机作为研究对象，并对其进行监测，管理失误行为，确保企业管理状态的良性发展。应识别、评价、预测、预控，不断矫正不良财务发展趋势。

（2）企业分拆——剥离和分立。剥离是指公司将其现有的某些子公司、部门、产品生产线、固定资产等出借给其他公司，并取得现金或有价证券的回报。分立是指公司通过将母公司在子公司中所拥有的股份，按比例分配给现有母公司的股东，从而在法律上和组织上将子公司的经营从母公司分离出去。在分立过程中，不发生现金交易，不存在股权和控制权向第三者转移的情况，现有股东对母公司和分立出来的子公司同样保持着他们的权利。不明智的并购会给企业造成灾难性的后果，而剥离和分立可以帮助企业纠正一项错误的兼并，减轻并购的财务风险。当企业在整合的过程中，发现情况与预期有很大出入，被并购方业绩不佳或正在亏损、并购方不堪利息重负、公司股价下跌等财务状况不稳定时可以考虑将此类子公司或部门剥离、分立出去。

总之，煤炭企业要谨慎对待兼并重组中的细节问题，多方位考虑问题，采取多种措施来防范可能出现的财务风险，最大限度避免财务风险的发生，确保企业成功并购，最终实现企业科学跨越和可持续发展。

浅议实施全面预算管理的重要性

王莹莹

市场经济讲求的是优胜劣汰，机遇越多，竞争就越多，如何在激烈的市场竞争中取得一席之地，进而实现企业的发展目标，离不开高效的管理做支撑。现代企业的竞争说到底就是管理效率的竞争。全面预算管理作为一种有效的管理方法，在发达国家得到了有力的验证，国内企业也越来越意识到管理的重要性，特别是集团化企业，纷纷施行全面预算管理，随着预算管理优势的进一步凸显，相信全面预算管理作为行之有效的财务管理手段之一，必将得到全面的推广。下面，以平顶山易成新材料股份有限公司为例，作以简单阐述。

一、全面预算的优势

(一)目标明确，易于实现

全面预算从公司的发展战略目标入手，对企业生产经营的全过程进行细化分解，针对各个环节制定目标，将宏伟的大目标划分为一个个具体的小目标，从心理上更利于理解和接受。如同登山运动，你只告诉他要到达海拔 5 000 m 的顶峰，或者你根据他自身的条件，为他制定每 1 小时的行程，取得的效果显而易见是不一样的。

全面预算由于涉及采购、生产、销售每个环节，结合各部门的职责制定了具体可行的努力目标，如同为攀登者规划发展行程，将目标与实际工作紧密结合，易于理解，便于操作，更有利于目标的实现。

(二)责任到人，落实到位

全面预算管理，是全员、全过程、全方位的控制管理，预算目标的分解下达实际上是向员工阐明公司发展现状，发展规划及面临的优势和不足的过程，可以看作是员工逐级承诺的过程，同时也是建立必须遵守的行为规范的过程。每个人都有一定的主观能动性，尤其是当他明确了自己的职责，了解到他在公司整体发展所处的地位，他便会将内心的责任感、归属感和主人翁精神最大限度地落实到实际工作中来，进一步激励他投入工作，忘我奉献，可以提高工作和管理的效率。

由此可见全面预算管理是一种低成本、高效率的管理方式，对于高速发展的企业有着重要的意义。易成公司现在处于发展的快车道，如何抢抓国家发展新能源产业的机遇，实现百年易成的目标，需要高效的经济运行效率和科学的管理手段。我们通过深入思考，借鉴先进的管理理念，在 2011 年“十二五”规划的开局之初，着手制定了《全面预算管理办法》，结合 2011 年度生产经营计划，对全年生产经营指标进行划分。

作者单位：平顶山易成新材料股份有限公司财务部

二、实施全面预算的必要性

(一)全面预算管理是现代企业发展的必然要求

伴随着市场经济的蓬勃发展,企业的经济活动日渐丰富,纷纷走向集团化、规模化发展的模式,资金筹措、项目建设、投资决策、并购活动在企业发展中变得频繁,随着企业财务活动内容的多样化,对企业财务管理提出了更高的要求,进一步提高了施行预算管理的必要性和迫切性。

近年来,国际国内对以太阳能为代表的新能源的认识逐渐提高,在新能源产业激励和补贴政策的刺激下,光伏产业发展迅猛,我公司目前正处于行业快速发展、集团着力培育新能源产业、公司急需高速发展的关键时期,发展快速,规模不断扩大,产销等各项主要经济指标连创新高,如何保持稳定、快速的发展势头,圆满完成发展规划,与集团公司同发展,共跨越,需要一个好的管理机制做保障。因此,我们在充分借鉴成功企业先进经验的基础上,施行全面预算管理办法。

(二)全面预算管理是管理前瞻性的重要体现

企业要想在激烈的竞争中立于不败之地,必须对发展和市场具有前瞻性的规划及管理,通过预算将企业目标与面临的市场环境进行对接,使各项计划的预期目标同可能变化的周围环境和经济条件保持一致,充分考虑可能出现的种种问题后所制定的目标和应对措施必然是有效的,可以充分调动各职能部门的计划、组织、控制和协调职能,实现企业资源的优化配置,保证计划的实施效果,有效地降低经营风险。

纵观易成公司18年的发展,其由小到大的蜕变,从弱到强的转变,由2008年的营业收入16.08亿元,到2009年的28.8亿元,再到2010年的40亿元,易成公司的每一次跨越,都离不开对市场的准确把握和前瞻意识。因此,实行预算管理是顺势而为,是前瞻意识的再次体现。

三、实行预算管理应注意的问题

中国有句俗语:“凡事预则立,不预则废。”对于我们来说就是要实施好全面预算管理制度,搞好企业预算管理并在管理中产生效益,是栽培公司长青之树的必要根基。要将预算的效率得到尽可能大的发挥,需要注意以下问题。

(一)制定的目标要符合实际

制定的目标既要与市场需求等外部环境相适应,又要充分考虑公司内部的实际情况,与实际的生产能力、机器设备、技术水平、员工素质等相匹配,还要与公司的战略目标和发展规划相协调,既不能脱离实际情况,又要有一定的激励作用,需要一个科学的目标,一个“跳起来才能够得到”的定位。

结合易成公司实际来看,我们作为集团公司的一分子,化工板块的旗帜单位,首先考虑集团公司的发展需要,并结合市场供求以及上年度经济运行的整体情况,目前现有的产能规模、生产耗用水平以及费用构成比例,制定出2011年收入实现40亿元的预算目标,并以收入预算为起点,依次进行材料采购预算、生产预算、成本预算以及各项期间费用的全面预算。

(二)提高预算的执行效率

再详细的预算如果仅仅停留在纸面是毫无意义的,只有加以执行才能体现它的意义。为了保障全面预算管理可以有效执行,首先要细化预算,将预算的责任、指标、考核标准等各方面进一步细化,并分解到企业运行的各个环节,落实到各分厂、车间、职能部门乃至每一名职工,使他们具有明确的目标。同时又在过程中通过考核和制度流程加以约束,从主观到客观建立全方位的管理模式,杜绝任意违规现象的出现,降低偶然事件发生的可能性,提高预算执行的效率。

易成公司在预算管理过程中坚持“上下结合、分级编制、归口管理、综合平衡”的原则,对预算指标进行细分,制定每月预算,包括产量、销量、收入、成本、费用等各项指标,划分责任部门,强调职责范围,将预算执行效果与绩效考核挂钩,最大限度地发挥各职能部室的工作积极性和创新性,提高预算的可操作性和执行效率,以确保全年各项经营指标的圆满完成。

(三)将成本费用纳入预算管理的重点

整体来说预算管理的可控点和管理重点在成本费用方面,在市场供求稳定的情况下,成本费用与企业获得的利润是成反比的,也就是说尽可能降低成本费用可以让企业得到更多的利润,而成本费用由于自身的灵活性,往往有比较大的压减空间。因此,要不断加强和完善成本费用考核机制,打破以往可控成本和不可控成本的惯性思维,将福利性支出等考核的“盲区”纳入预算考核体系;加强费用的管理,遵循节约的原则,使一切经济活动均受控于预算,真正发挥其约束作用,杜绝预算外费用发生。

易成公司在预算制定过程中,重新审视每一项成本费用支出,充分体现了“全要素成本都是可控的”理念,按照“谁分管谁负责,谁主管谁联责”的经营原则,促使各部门由被动加强成本费用管理变为主动加强成本费用管理,严格控制各项支出,达到全面降低成本费用支出,保障利润目标顺利实现的目的。

全面预算是对全局的整体把握,也是具体到各环节的细化管理。它既体现了决策层的谋划意图,又落实到职工个人的工作目标,是整体与细节的统一,也是自上而下的一致。科学、有效的预算管理,可以合理配置各方资源,提高经济运行质量,对于企业而言具有不言而喻的意义。

信息集成系统在煤矿成本管理中的应用

关　飞

近年来，煤矿在国家能源需求不断高涨的带动下，随着采煤工艺的改进，产量不断攀升，全国产量由2000年的近10亿t增长到2010年的33亿t。由于受井下生产点多、面广、战线长、环节多等复杂地质条件和不同程度的水、火、瓦斯、冒顶、断层、煤尘的影响，安全投入逐步加大、成本控制的难度增加。部分煤炭企业只重视安全和产量指标，缺乏投入产出的效益认识，经济结构发展方式实行粗放式管理。

为此，新安煤矿为了最大限度地降低成本，着重在企业管理的各个环节上，充分利用现代化信息技术。早在1998年就建立了财务局域网核算，2001年建立了供应链管理。特别是2008年，利用ERP网络平台，建立了人力资源、预算管理和完善的责任成本考核制度，使成本管理延伸到了班组。这使企业在生产经营过程中所发生的一切经济活动都在适时监控之中，如实的向管理部门提供了精确的数据，为成本创新管理打下了坚实的基础。

一、传统信息系统在成本管理中存在的问题

传统信息系统在成本指标对比分析中缺乏工作量（产量、进尺等）、材料回收复用、修旧利废、吨煤消耗量等综合性指标统计，没有横向（班组、区队）与纵向（上月比、上年比、历史最优比）对比分析。缺乏预算下达与预算执行对比分析。成本对标中如何树立标杆，激励的依据在哪里等，已成为煤矿成本管理迫切需解决的问题。

二、信息化智能分析系统的内涵

在实现ERP强大的数据自动处理中心功能的基础上，新安煤矿信息化对标智能分析系统，以ERP数据为基础，以OA办公网为平台，以Word、Excel等为载体，以信息化和制度化结合为手段，自动生成树状型结构数据库，实现了数据精细，分析有理，奖惩有据的强大功能，从而为领导决策提供了重要依据。

三、信息化智能分析系统在新安煤矿的应用

通过反复的论证，我们做出了模拟软件，成立了研究开发领导小组，详细地制定了研究经费和工作计划，拟定了可行性研究报告和实施方案，得到了上级领导的有力支持。

（一）系统运行环境和技术支持

系统采用国际流行的B/S架构；采用排名全球第一的Apache服务器软件；它以TCP/

作者单位：义煤集团新安煤矿

IP、广域网互连、路由、防火墙和网络管理技术为核心，利用世界上应用最广泛的 Web 应用组合 AMP(Apache、MySQL、PHP)配合开放的 XML、AJAX 等技术，建立了一个安全可靠、开放的成本管理决策信息资源管理平台。

客户端采用浏览器模式使信息管理系统的易用性更强，系统的结构见图 1。

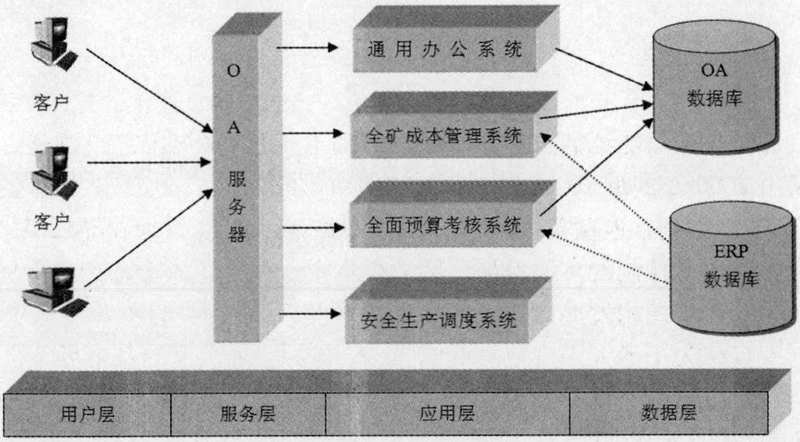

图 1　信息系统结构

通过调研，我们以信誉良好、技术过硬的中国兵器集团总公司开发的 OA 办公系统为平台，以功能强大的已经运营成熟的 ERP 核心数据为基础、同时兼容 Word、Excel 网络版，为各级管理层查阅、分析、决策、指导提供了极大便利。

(二)信息化智能分析系统包含的内容

信息化智能分析系统的模块分为领导查阅、预算考核填报、工作文件交流(可在线编辑、留言、指导等)、导入 ERP 数据、填报权限设置等模块。

信息化智能分析系统分为矿—系统—科(队)—班组四个级次，每个级次都做到了以制度化、信息化为支撑，事前有指标预算，事中有控制，事后有考核分析。实现了有授权的远程登录、在线编辑、查询使用。上万种材料明细、修理费、工资、电费、材料回收复用、修旧利废可按区队、班组从 ERP 服务器中按月实时自动取数。建立了树型结构，可达到矿至班组综合指标(工作量、成本投入、回收复用)的预算、执行、考核、分析，为矿领导、科队建立核算分析数据库。在信息化智能分析系统中，各单位利用 Excel、Word 编辑成本预算下达及预算分析文档资料后，上传到 OA 系统中生成成本分析系统，为矿提供翔实的分析数据。见图 2 和图 3。

全矿指标侧重于适时报表分析考核，矿长、业务矿长、财务科、企管科等，严格权限分配。主要指标包括完全成本、材料成本、支架、坑木、油脂、利润、工资、电费等；系统指标侧重于成本大类、材料大类、吨煤指标分析考核；区队指标侧重于工作量(产量、进尺)、材料投入、电费、工资等指标分析考核；班组侧重于工作量、材料投入、材料修旧利废、回收复用等指标分析考核。数据库的建立使横向(各区队、班组之间)、纵向(上月、历史同期之间)、标杆之间有了强大的对比基础。

(三)信息化智能分析系统的保障体系

(1)修订、制定完善的制度是实现信息化智能分析系统的关键。2011 年，我们修订完

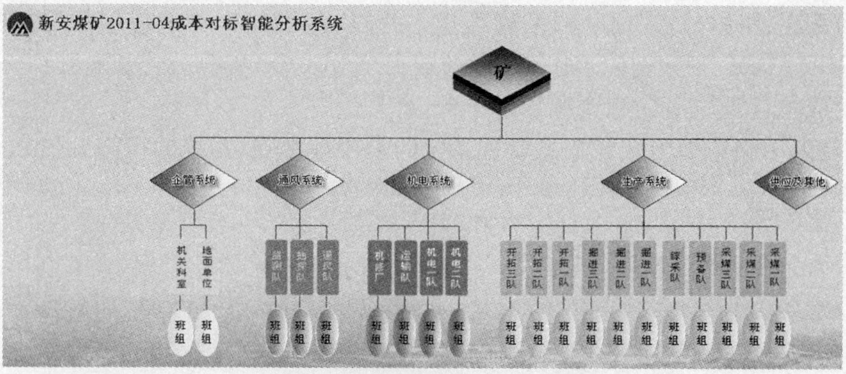

图 2　信息化标智能分析系统组织架构

新安煤矿掘进三队 2011-03全面预算分解考核(材料明细)

序号	项目名称	调整后预算		实际发生		节(+)超(-)	回收量	回收额	奖(+)罚(-)
		数量	金额	数量	金额				
一	产量		0			0			
二	进尺		150			150			
三	材料		247279.93		643546.73	-396266.8	0.00	0.00	-6757.02
四	修理费		26000		26071.00	-71			
五	电费		134900		115520.00	19380			
六	租赁费		50000		26370.35	23629.65			
七	职工薪酬		0		744048.21	-744048.21			
	其中：工资		329907		596093.58	-266186.58			
八	其他费用		0			0			
附件文档：	掘三队工资分配方案及管理制度.doc 掘三队三月份全月全面预算总结会.doc 掘三队三月份上旬全面预算总结会.doc								
附件选择：	+添加附件 ｜ 从文件柜和网络硬盘选择附件								

图 3　信息化智能分析系统预算分解考核

善了《全面预算管理办法》、《目标成本分解管理办法》、《材料现场管理办法》、《专项资金管理办法》、《新安煤矿资金管理办法》等。管理办法以指标对标为主线，按照创新发展的要求，结合信息化建设，把各项考核制度与 ERP 成本对标有机地结合在一起，建立了较为完备的信息化智能分析系统制度体系。

(2)下达成本预算指标。根据集团公司 2011 年下达的生产任务计划，新安煤矿将预算指标依次按系统、业务科室、区队、班组进行层层分解，实行责任承包控制，全矿材料费按吨煤由经营中心承包，修理费按吨煤由机电科承包，电费按吨煤电耗由机电科承包等。区队超预算可从系统预备费中解决，系统超预算可从矿预备费中解决。动用矿预备费必须由主管矿长签批等。

(3)分析整改成本管理措施。每月 10 日左右召开一次由管理矿长、生产系统科长、机电系统科长、通风系统科长、财务科长、企管科长等科室参加的经济活动分析会，通报上月经济运行指标，并进行现场考核与工资挂钩，总结经验并指出存在问题及需要改进的地方。

截至 2011 年，召开由信息化专家、矿长、全矿区队长、科长参加的网络信息化研讨会 10 余次，共提出问题 30 余条，现场解决 20 余条，大大改进了工作效率。

为做到材料的闭合现场管理，制定了材料现场管理办法。对“三钢”材料实行编码管理，回收复用按有关交接手续登录到信息平台，需升井修理的在地面交接，不需升井的在井下车场交接，回收复用数据以 ERP 自动生成到成本对标智能分析系统为准，将原来回收一根支架奖励 1 元提升到建立 3 元，极大地提高了全员参与节支降耗的积极性。

四、信息化智能分析系统在新安煤矿取得的实效

通过基于信息化智能分析系统的推行，提高了企业内各单位业务运作效率；树立了全员参与成本管理的观念，优化了新安煤矿成本管理流程，加强了煤矿的内部控制，成本费用控制观念由过去的“花了算”转变为“算着花”，有效的促进了节支降耗活动的开展。

在成本控制和节能降耗方面，1 ~ 3 月回收复用矿工钢 1 942.33 根、道轨 520 m、管子 294 m，共计 165.73 万元。降低了碳排放量，以实现“绿色经营”打下坚实基础。

实施信息化智能分析系统前，物料码放混乱，材料丢弃现象普遍，材料浪费严重。实施以后，按照信息化智能分析系统制度建设要求，全面预算管理与岗位价值精细管理标准，对各单位、各岗位一律实行材料、配件费用定额包干，材料管理实现了计算机编码，责任到人。原来没有人愿用的旧道轨、旧管子，现在都抢着用；堆积如山的旧背木，区队也根据工作实际用在井下；原来随手乱扔的旧螺丝、旧道钉、旧道夹板也重新回到节约箱，以便下次再用。以综采队为例，1 000 mm 新皮带用到皮带集中巷，皮带磨损变窄达到 800 mm 后，改为 80 皮带继续使用，80 皮带不能使用后转给机运队做道垫，做到物尽所用，变废为宝。

实施信息化智能分析系统前，生活用电方面存在不按表计量、多扣或少扣电费、私自收取现金、无表用电、人情电、关系电、允许他人使用违章用电器具等行为；生产用电方面，存在设备“大马拉小车”和长时间空运转现象。推行责任成本管理后，用户和井下工作面均装电表计量，2011 年外转电回收率达到了 100%。电费实行全员风险抵押金管理，每一度电耗与每个职工的经济利益挂钩，用电单位认识到“避峰填谷”的重要性，尽量避免大功率设备在供电尖峰及高峰期运行，日常检查也尽量安排在供电尖峰期，井下主排水泵、各盘区大泵及地面水源井大泵等也严格按照峰谷分时供用电管理规定执行。2011 年一季度企业用电比计划节约 44 万 kWh。

实行绩效考核后，有效的管理机制激发了职工工作的主动性、积极性和创造性，最大限度地提高了企业经济效益和职工个人收入，实现了效益、公平、合法三大目标。其一，从产出角度来看，绩效薪酬给企业带来了最大效益，从投入角度来看，绩效薪酬有效地控制了成本；其二，绩效薪酬，体现了分配公平、过程公平、机会公平的原则；其三，绩效薪酬符合集团公司各种规章制度，适合新安煤矿特点。以预备队为例，2011 年一季度生产原煤 15.31 万 t，比上年同期增加了 1.84 万 t，消耗材料 122.11 万元，较上年同期减少了 14.49 万元，全队职工薪酬比上年同期增加了 177.49 万元。

从新安矿信息化建设实际经验看，实现新安煤矿 OA、ERP - NC、ERP 生产调度、安全质量、井下定位、CAD 设计、全员绩效考核等信息集成系统，建立三维结构，实现远程登录、实时查询、在线编辑等网络功能是可行的。我们要充分发挥成本信息工作的主观能动性，艺术性、创造性地认识、分析、研究相关成本信息化管理问题，不断提升管理理念，严格执行预算，完善各项成本对标管理制度，加强考核。统一企业绩效管理，实现全员、全过程信息化考核。采用“走出去、请进来”的灵活方式，力争财务信息化管理达到行业先进水

平，在获得煤炭行业管理创新一等奖的基础上，夯实网络信息化成本管理基础，为新安煤矿打造“义煤江南”、“数字矿山”，为集团公司实现“科学跨越”、“低碳发展”、转变经济结构发展方式做出应有的贡献。

煤炭企业财务风险控制研究

许海琴

近年来,我国煤炭企业在不断对外扩张,进行资源的重组和整合。但是企业的扩张需要大量的资金,煤炭企业的建设周期很长,所以财务的风险也会变大。笔者分析了煤炭企业财务的现状以及面临的风险,提出了建议来防范和降低财务风险,研究企业财务风险可以达到扩张煤炭企业的目的。

根据"十二五"发展规划,要优化煤炭企业,建设大型的煤炭基地,培育大型的煤炭企业,整合中小型的煤炭企业。但是煤炭企业是高危的行业,投资数量大,建设的周期长,所以财务风险也很大。当前,我国大型的煤炭企业重组的资金多数都是来源于贷款,财务风险的问题更加突出。面对这样复杂的情况,财务活动就有很多不确定性的因素,可能会有收益,也可能会有经济损失。所以,研究煤炭企业财务风险控制有重要的意义。

一、煤炭企业财务面临的风险及成因

在煤炭企业扩张和重组的过程当中,很多因素与企业的前途有很直接的关系,财务风险的因素就是一个很重要的因素。煤炭企业财务的状况会影响煤炭企业的发展,如果企业没有一定的防范措施,就会面临资金流的断裂,最终的结果就是企业倒闭。集团公司的管理层通过对财务风险进行评估,及时发现企业中的财务问题,并且采取相应的措施来改善经营管理,来规避财务风险的扩大。煤炭市场竞争激烈,随时都有可能由于决策的失误导致财务风险,但是财务风险也是可以防范的,如果能够把财务杠杆利用好,就可以达到获取效益的目的。

(一)煤炭企业面临的财务风险

我国煤炭企业面临的财务风险有:

(1)预算控制方面的风险。目前多数的煤炭企业都存在预算超支的现象,项目的投资预算不够全面,缺少投资的计划,内部资金的控制力弱,缺少适合煤炭企业客观发展的资金分配方法。

(2)应收账款方面的风险。煤炭企业的销售量随着需求的增多而上升,一些企业不注重货款的回收,造成了大量的坏账损失。

(3)项目融资方面的风险。金融机构为了适应股份制改造的需求采取了货款审批、治理结构等很多措施,这都使得融资的难度增加,而且短贷长用也增加了融资的工作量。

(4)资产损失的风险。一些企业的产品结构不够合理,库存多,导致了资金不能合理利用,企业效益低,加大了资金成本,增加了财务风险。

(5)对外投资的风险。由于煤炭企业的收益率很低,企业管理部门的职责不清楚,投

作者单位:焦作煤业集团赵固(新乡)能源有限责任公司

资管理不到位,基本上没有人考虑收益,这也增加了财务风险。

(二)煤炭企业的财务风险形成的原因

煤炭企业的财务风险形成的原因主要有以下几点:

(1)煤炭企业有它自己独特的地方,安全生产带来的隐患很大,还有不能控制的瓦斯和煤层的赋存条件。这些都给安全运用带来了很大的困难。如果发生了安全事故,会有大量的现金流出,造成巨大的损失。

(2)煤炭企业投资的外部环境。企业与地方关系及企业与税务机关关系,会增加大量的资金支出。我国大型煤炭企业一般为国有性质的特点,其企业经济类型和发展历史决定了其经营的复杂性,与政府的关系更为密切。企业经济效益与地方经济发展的关系非常密切。企地关系、企税关系处理的好坏,无形中会直接影响煤炭企业的资金压力。如赔青费、塌陷补偿费等,及搬迁如果与当地关系沟通不好就会产生大量的经济损失,出现不安定因素,造成不能生产,影响产量及企业效益,增加了财务风险。

(3)煤炭企业资金密集,大量资产都是固定资产,所以企业的信用政策比较宽松,与此同时,煤炭企业的资金管理就很困难,资金周转困难造成了企业没有足够的现金,很容易引发财务的风险。

(4)现金流转的速度会影响煤炭企业的正常运营,影响了材料的采购以及工资的发放等很多问题,经营的风险加大,进一步扩大了财务风险。

(5)负债经营是煤炭企业运营的重要方式,是煤炭企业财务风险的根本原因。财务风险随着负债融资资金的提高而加大,如果不能及时归还债务,就会增加煤炭企业破产的风险。煤炭企业的经营范围额广,多元化的经营策略可以分散经营风险,是同时也会增加管理的难度,尤其是一些大型的煤炭企业,投资失误很常见。如果煤炭企业盲目转型为其他产业,就很容易导致经营的失败,使得煤炭企业丧失了生存与发展的动力,陷入困境当中。

二、煤炭企业财务风险控制的对策

(一)提高煤炭企业对外部环境变化的适应能力

为了防范财务风险,煤炭企业要认真研究企业的外部环境,把握外部环境的变化规律,并且制定多种措施来提高煤炭企业对外部环境变化的适应能力,降低外部环境的变化对煤炭企业的财务系统造成的风险。煤炭企业应该完善财务管理的体制,配备高素质的财务工作人员,强化财务的管理,使得煤炭企业能够有序运行,防范外部环境对企业财务造成的风险。煤炭企业应该建立自己的行业指标,比如说经常用到的流动比率、现金流动倍数、资产负债率等。用这些指标来健全风险评估的报告,做到及时分析,及时解决,加强财务风险的管理。

(二)调整筹资方式

煤炭企业在实现目标的时候,高层管理人员要首先分析财务管理的现状以及变化情况,调整筹资的方式。虽然煤炭企业不能对财务管理的环境施加影响,但并不是对外部环境的变化就无能为力。我国市场经济发展迅速,企业的筹资方式越来越多,在并购当中煤炭企业可以根据自己的实际情况来选择适合自己发展的筹资方式。例如吸收直接投资、利用上市公司发行股票，或适当利用留存收益、向银行借款、利用商业信用、发行公司债券、融资租赁、杠杆收购等方式。这样可以通过权益资金和负债资金有效调整企业的资产负债率，防范财务风险，从而提高企业对财务管理环境变化的适应能力和应变能力，以此降低因环境变化给企业带来的财务风险。

（三）完善煤炭企业财务风险控制机制

建立财务风险预警机制，财务风险预警机制是财务管理人员预测未来的指标，根据预警系统的信号显示的功能，财务管理人员可以发现财务运行系统当中存在的问题，并且及时做出应对的措施。财务风险预警机制可以嵌入企业的资源规划（ERP）系统，使之与煤炭企业的生产系统、销售系统、采购系统相互通联、资源共享。这样，不仅可以缩小管理的幅度、降低信息的不对称性，而且还可以有效利用资源、节约成本、提高效益。事前控制就是在决策之前，要正确权衡可能的风险以及收益，通过客观的分析来制定出各种应对措施，从而保证出现意外事件的时候企业能够从容应对。事中控制是对财务管理工作过程的控制，通过各种规章制度来防范经营活动当中风险的发生，运用各种审查机制和监督机制来及时调整煤炭企业的投资和融资行为，从而规避风险。事后控制是煤炭企业要能够及时总结财务风险管理的经验，用来指导未来的财务管理工作，避免同一问题再次发生。

总之，煤炭是我国的主要能源，在国民经济当中占据了很重要的地位。虽然随着我国社会的不断进步，煤炭企业也取得了很大的发展，煤炭安全生产条件有很大改善，推动了我国社会的发展。随着我国市场经济的深入，煤炭企业的竞争越来越激烈，企业不仅要加强财务的管理，还要完善财务风险控制的体系，从而保障煤炭企业能够健康发展下去。

第四篇 审计工作

试谈煤炭施工企业项目部经理责任审计

贺 岚

施工企业经济效益的来源是工程项目部创造的效益,项目部经理是决定此效益的关键角色。对项目部经理的审计,既是对项目部经理任职期内各项指标完成情况及其真实性、合法性、合规性的经济责任审计,同时也是对项目部经理的党风廉政建设责任审计。

实施经济责任审计,是对行政负责人任职期间其所在企业资产、负债、权益和损益的真实性、合法性和效益性及重大经营决策等有关经济活动,以及执行国家有关法律法规情况进行监督和评价活动。实施党风廉政建设责任审计是对党风廉政建设情况以及应负的党风廉政建设责任进行评估。

一、施工企业项目部经理审计的程序

项目部经理审计实施过程具有一般审计项目共有的实施程序。即下达审计通知书、制定审计方案、组织实施审计、编写审计报告、交换审计意见等。控制审计质量和降低审计风险必须严格按审计工作规范程序实施审计。

(一)审计前期阶段

审计部门一般按照年初审计计划的安排或领导的委托,进入审计前期准备阶段。主要有以下内容:

(1)收集相关资料。内部审计人员都比较了解内部单位的基本情况,绘制表格进一步了解具体情况。具体做法是,编制工程工期完成情况调查表、工程款回收调查表、工程项目成本情况调查表、项目部经营承包指标调查表、项目部安全情况说明等。收集的相关资料包括述职述廉报告、内部承包合同、接任前和接任后会计报表,任期内单位和个人获得的荣誉,职工收入及在册人员名单。以供审计实施时参考。

(2)拟定审计方案。通过收集有关资料,制订审计工作方案确定审计重点。内容包括审计目的、审计的主要内容、审计方法和方式。

(3)撰写《审计通知书》。其内容有审计依据、审计时间、审计范围、被审计单位做好

作者单位:中平能化集团安装处

有关资料的准备工作等，在通知书后附相应的要求，如审计应提供的资料清单、被审领导干部述职报告内容要求等。

(4)下达审计通知书。准备工作完成后，审计部门在实施审计前3个工作日（个别情况例外），向被审计单位送达审计通知书，同时抄送被审计的项目部经理本人。

（二）审计实施阶段

(1)审前预备会。审计组成员一般由由审计、纪委、经营管理、财务、工程管理、安检等部门组成，由审计组负责人主持召开审计进点会，听取项目部经理的业绩报告，讲明审计目的和要求，并要求被审计单位对所提供的有关资料作出承诺。实际操作过程中，设置了任期经营目标完成情况承诺表，并要求项目部负责人对表中的项目作出承诺。其内容包括任期实际完成工作量及实际上报工作量、已领出未消耗材料、已消耗未办理领料手续的材料、成本费用是否真实、有无未入账的成本费用、有无挂账的成本费用、有无需要说明的问题等。

(2)审计查账阶段。这个阶段的审计方法同其他专项审计一样，可以采取审阅、核对、盘点、调查、函证、分析等手段。审计人员既要进行账面审查，还要注意收集账外证据，以便客观地反映被审计单位的整体经济事项。发现问题及时向财务总监汇报。

（三）审计终结阶段

审计结束后，审计部门应向委托人出具审计报告。对项目部经理责任审计的评价事项是审计报告的重要组成部分，也是审计成果的综合体现。审计人员评价时应注意几个方面：①评价的范围不能只局限在经济责任范畴，应包括对工作业绩、组织能力、管理水平，以及廉洁自律情况的评价。②评价要客观公正，一切从实际出发，以有关的法规为准绳，以事实为依据，实事求是地作出评价。③评价突出重点，抓住主要问题，不事无巨细，否则会影响审计报告效果。④评价用词要谨慎，注意用数字指标对比评价。⑤划清责任界限，即任期内和任期外经济责任界限，故意责任和过失责任的界限，直接责任和主管责任的界限，主观原因和客观原因的界限。

审计报告在送达之前应征求被审计的项目经理所在单位和个人的意见。审计部门对审出的违反财经法规的问题，认为需要给予处理、处罚的应在法定职权范围内作出审计决定。

二、施工企业项目部经理责任审计的内容

对项目部经理的审计，既是对项目部经理任职期内各项指标完成情况及其真实性、合法性、合规性的经济责任审计，同时也是对项目部经理的党风廉政建设责任审计。在审计时应从以下几个方面入手，即内部控制制度、成本核算的审计、工程结算以及工程项目的工期、质量、安全等方面的审计，从而对项目部负责人的管理绩效作出评价。

(1)内部控制制度审计。在审计时注意项目部有无管理失控，有无因管理不善而影响工期和效益，项目部是否按各项内部控制制度来开展各项工作。要注意项目部制定的一些内部控制制度是否符合现场实际情况。如企业规定财务出纳与财务账目不能一人兼管，材料的采购、验收、保管、发出不能一人兼管。审计中若发现这些问题应及时提出审计建议，以完善内部控制制度。

(2)分包工程的审计。随着施工项目的不断扩大,施工工程逐步向管理型转变,会将部分工程分包给其他施工队伍。这就要求在审计时应注意以下问题:①分包合同的订立,审查分包合同是否是有效合同,内容是否完整,立项是否清楚,对分包工程的单价、数量、总造价、质量、工期、结算方式、违约责任等有无明确规定。②分包工程的管理和监督,审查分包单位的资质,严格按合同规定对分包单位计价结算,审查工程量的审签情况,审查分包决算,审查分包工程中执行财经纪律的情况。

(3)材料费的审计。施工企业材料费占工程成本的50%~60%,控制了材料支出,就有效控制了成本。所以抓好材料成本的审计是降低成本增加效益的关键。对材料审计主要从以下几个方面着手,即材料有无少进多出或挪作他用等现象;有无材料消耗异常的项目,并查明原因;期末材料的盘点是否真实准确;是否存在利用开具的虚假发票处理其他费用,人为加大工程成本的情况。

(4)机械费、其他直接费的审计。机械费的审计时应注意机械台班统计资料是否完整、真实,机械使用是否充分,有无因操作失误而造成机械费超耗浪费,费用分摊是否准确、合理。其他直接费的审计时应注意直接费的开支是否有节约支出的具体措施,是否严格控制,有无违反规定随意扩大开支范围,提高开支标准,乱挤乱列成本的现象,费用摊销是否按施工企业成本核算的要求合理摊销。

(5)人工费及现场间接费的审计。人工费审查时应注意考勤资料的真实、准确,人工费的核算是否规范,工资、奖金的发放与效益和劳动生产率是否合理,有无不按规定多发工资,巧立名目发奖金,有无违反规定将其他费用列入人工费,使人工费超支加大。间接费审查主要查看项目部是否有压缩支出的措施,各项指标是否分解包干使用,费用支出有否超标准等。

(6)对工程结算、工程款回收的审计。工程价款收入支出是否真实,工程结算是否符合规定,验工计价是否及时,手续资料是否完备,有无拖欠工程款现象。工程款回收是指工程进度款的回收。主要审查项目部是否及时上报工作量报表,内容包括已完工程量的价款及索赔的价款,是否对资金的回收情况进行分析。

(7)安全、质量、工期的审查。审查施工进度是否按计划进行,是否存在只抓进度而放松工程安全和质量管理,有无违规操作而导致安全质量事故的发生,造成经济损失。

三、施工企业项目部经理责任审计存在的风险

(1)审计计划具有不确定性,审计人员的知识结构较为单一。单位存在有时委托责任审计较为集中,有"扎堆"审计现象,造成审计人员力量不足,形成不能全面实施审计,同时也存在潜在的审计责任和风险。

(2)审计评价统一难。虽然目前进行经济责任审计的程序、内容有了法规依据,但在审计实践中评价标准体系还不能完全适应实际工作的需要,存在一定的随意性。如何客观、准确、具体地对企业项目部经理责任任期内经济事项进行评价,一直困扰着审计人员。特别是在一些量化指标方面缺乏一个较为系统准确的评价标准,在审计评价过程中,审计人员难以规范操作。

(3)审计结果利用难。经济责任审计结果的利用不够,审计结果运用不理想是当前

经济责任审计工作中普遍存在的问题，是各级政府及审计机关存在的共性问题，同时在企业内部审计中也存在。审计中发现和反映的一些重大违纪违规问题由于受各种因素的影响，有关责任人没有得到及时的查处，没有与干部的升迁、奖惩紧密相联系，影响了审计结果的运用，审计监督的作用没有得到有效发挥，审计结果公告制度也没有真正得到建立，审计影响力受到了削弱。

四、规范施工企业项目部经理责任审计的主要措施

(1)建立必要的协调工作机制，确保经济责任审计工作有序开展。加强联系和配合，组织工程技术、经营计划、机务物资及审计部门本身等多部门参加的联合审计组，是实施项目审计的有效方法，同时也是进行项目审计的内在需要。

(2)树立审计质量意识，提高审计工作质量。审计人员要增强审计质量控制意识，在审计现场实施过程中，对取得的相关审计证据进行反复分析、判断和归纳，决定取舍，对不符合要求的审计证据应进一步现场取证确保审计质量，增强审计证据的准确性和可靠性。

(3)合理评价领导干部经济责任。经济责任审计评价对象具有针对性，其评价内容具有特殊性，评价结果是对干部考核任用的重要参考，更具有严肃性。为了使项目经理评价有理有据，应突出真实性、合法性、效益性原则，效益性目标应明确界定。评价时应以客观的事实为依据，坚持定量与定性相结合的考核原则。要突出重点，注重绩效，从实际出发，独立、客观和公正地区分领导干部的直接责任与间接责任、主观责任与客观责任、前任责任与后任责任、集体责任与个人责任、故意责任与过失责任，确保审计评价客观、公正，切实提高经济责任审计评价的科学性和合理性。

(4)发挥经济责任审计的监督作用，注重审计结果利用。注重审计结果的运用，，不仅有利于领导干部的考核与任免工作的开展，而且最重要的是能够满足企业对领导干部进行有效监督、防范和揭露腐败的需要。因此，内部审计要加强与纪检监察、组织人事部门的工作联系，扩大经济责任审计的影响力，适当范围向企业公告审计结果，以取得审计一人、教育一片的目的，切实发挥经济责任审计的作用。

项目经理经济责任审计是一个较复杂而全面的专项审计，涉及预算定额、工程技术和财务、税收等方面的相关专业知识，对审计人员的业务素质要求较高。目前内部审计人员结构、素质难以适应，传统的财务收支审计只是项目审计的一部分，而对影响施工成本的组织方案、材料物资供应、施工机械的配置与调度、分包工程成本等重要因素的审计，没有相应的专业人员参与很难达到一定的深度。鉴于此，企业在开展经济责任审计时应组织工程技术、经营计划、机务物资及审计等多部门参加的联合审计组，是实施项目审计的有效方法，同时也是进行项目审计的内在需要。

新形势下履行内部审计职能问题研究

高　洁

正确认识并且履行内部审计职能，是在新形势下建立内部审计制度的关键，对完善企业机制、加强经营管理和提高经济效益有着积极作用。笔者对新形势下内部审计的职能和作用进行了研究，总结了如何履行好内部审计职能的具体措施。

内部审计职能是为了满足企业发展和经济环境的需要而产生的，受企业自身情况和所处外部环境所决定。它也会随着所处的内外环境的变化而发展。随着市场经济竞争日趋激烈，要求企业对自身越来越严格，致使内部审计在企业中的地位也越来越重要，履行内部审计职能也被看做是实现企业经营目标的有效手段，同时也是企业进行内部日常活动，如采购、生产、销售等有效控制和监督的重要方式。

一、新形势下内部审计的职能

内部审计是通过对企业内部经济活动的监督、评价，来帮助企业完善经营管理，为企业的需要提供咨询服务。在新形势下，笔者认为内部审计职能可以分为以下 4 个方面：

（1）内部审计的经济监督职能。经济监督是内部审计的基本职能，它是指以经济法规和制度规定为依据，检查和评价被审计单位的财务收支及其他经济活动是否合法、遵规守纪，判断其会计资料和其他相关资料是否具有真实性、可靠性和完整性。监督企业所属各经济责任人是否按既定的目标、方针、政策、制度、计划、预算等要求，认真履行其应承担的经济责任，并揭露营私舞弊、违法违纪、损失浪费、贪污盗窃以及管理中存在的其他弊端。当发现审计对象在履行经济责任中有违法违纪行为时，必须揭露其行为，追究其经济责任，以达到加强经营管理、严肃法规和制度、提高经济效益的目的。

（2）内部审计的经济评价职能。经济评价职能是在经济监督职能的基础上派生出来的另一个重要职能。经济评价职能是指通过审核检查，评定被审计单位的计划、预算、决策、方案是否先进可行可靠，经济活动是否可以按照既定的决策和目标进行，经济效益是否达到了既定目标，内部控制制度是否已经达到健全完整的要求，根据相关信息提出具有针对性的意见和合理建议，指出关键问题所在，促进企业完善自身的经营管理。

（3）内部审计的服务职能。服务职能是相对经济监督职能提出来的。由于企业内部审计具有独立性和权威性，因此它可以客观、独立地对企业整体或者局部管理方面薄弱的环节和各种陋习提出整改建议，供董事会、管理高层和相关债权人决策时咨询和参考，为促进各层次管理当局改善管理、提高效益和提供决策服务。

（4）内部审计的内部控制职能。控制职能，是通过审计的其他职能对企业的影响间接开展的。内部审计可以通过审计工作的独立监督和评价，衡量其他内部控制是否健全

作者单位：河南神火集团有限公司审计部

和适当,它是对其他内部控制的再监督与控制,同时还可以发现管理上的弊端,督促改正,促进良好控制环境的建立和完善。

二、履行内部审计职能的作用

现代企业制度下内部审计的职能,不同于我国计划经济体制下的内部审计职能。它是为企业的发展而服务,但不是一家企业,而是所有企业借以保证现代经济社会环境向合理、健康、良好的方向迈进,所以企业履行内部审计职能的作用,侧重于表现为公众性,而不是单一的私利性。

(1)保护企业资产的安全和完整。目前,我国企业资产存在不同程度的流失现象,所以保护企业的资产安全和完整尤为重要。内部审计可以专业化的对企业内部控制执行情况进行评估和提出完善意见,有效防止各种贪污舞弊和转移企业资产的行为,达到保护企业资产安全和完整的目的。

(2)确保企业经营遵纪守法。内部审计机构监督审查会计处理业务和企业各部门遵守执行国家经济法规和规章制度的情况,将监督审查结果汇报给管理层,管理层领导可以根据汇报的情况,及时纠正和防止各项违法违纪行为的发生,确保企业的经营活动遵纪守法。

(3)保证会计信息的真实性、可靠性、完整性。会计信息失真是许多企业普遍存在的问题,不利于企业根据会计信息制定正确的决策,也不利于企业掌握真实的经营状况。内部审计可以使经济业务与会计处理在相互联系、相互制约的情况下进行,做到内部互相监督,防止做假会计账务,编制虚假财务报表。

(4)有利于提高企业经济效益,实现企业经营目标。内部审计部门对企业的管理流程、经营风险和战略目标都有着全面的了解,因为自身部门具有独立性和权威性,所以能够客观的为企业经营决策提供有效的意见和建议,为企业高层提供咨询服务,协助企业经营方针的制定,监督评价其落实情况。这样就能调动各部门积极性,提高企业经济效益,实现企业经营目标。

三、新形势下如何履行好内部审计职能的具体措施

履行好内部审计职能,是需要企业管理者和具体负责人员共同努力完成的。把企业发展目光放在远处,积极响应国家经济制度的要求,认真、负责做好每一工作环节,避免任何疏漏出现,完全保证内部审计工作有效开展,正确认识、履行和接受内部审计职能发挥的作用和实施的结果。

(1)建立完善内部审计机构。健全内部审计机构的前提是企业要有完善的法人治理结构,树立内部审计机构的独立性和权威性,将内部审计机构直接置于董事会或是监事会的领导下,与其他职能部门相分离。只有确定了内部审计机构的地位,才能更好地履行内部审计职能。

(2)完善内部审计工作内容。内部审计工作的重点在时间上应从事后审计转向事中、事前审计,以防止和预防即将要发生的违法违纪、串通舞弊、浪费企业资源的行为。在工作内容上,从违规违纪审计转向内部控制审计和绩效审计,为企业内部生产资源优化配置

的科学决策发挥咨询服务作用。监督和评价内部控制制度执行情况并做工作总结报告提交给企业最高管理层。对于监督内控管理制度执行过程中发现的问题，提出合理性整改意见，加强风险防范，降低风险几率。

(3)保障审计人员的独立性。在新形势下，现代化的先进企业可以聘请外部审计人员来执行内部审计工作，由于外部审计人员不受企业自身多种因素的影响，就能对企业财务信息的真实性、合法性进行客观的审计。建立激励和约束机制，对内部审计人员的工作和业绩进行监督和考评。同时，也要保持审计人员的流动性，定期更换审计人员，减少各种关系的影响和压力，这样更能提高内部审计的工作效率。

(4)提高内部审计人员综合素质。首先，内部审计人员不但要精通财务知识和审计知识，还要熟练掌握生产经营、企业管理、法律、税务和计算机等多方面知识，并且具备良好的职业道德操守。只有拥有扎实的专业知识和良好的道德品行，才能有较高的客观综合分析能力，提高内部审计水平。其次，要加强内部审计人员的培训和考核，只有这样才能让内部审计人员不断提高自身综合素质和职业判断能力，同时企业要注意培养和吸收优秀的内部审计人员，组成具有较高素质和较强职业能力的内部审计团队。

总之，内部审计职能是随着企业的自身情况和外部环境的变化而不断完善的，明确目标，改变自身，以适应发展。在新形势下，企业必须要重视内部审计的作用，明确内部审计的职能，使内部审计工作立足和满足于企业经营管理的需要、社会经济环境的健康发展。正确履行内部审计职能，才能加强企业经营管理，提高企业经济效益。

新形势下内部审计的职能及履行途径

陈淑华

内部审计对企业管理起着不容忽视的作用,有监督和为管理服务的职能,把握、利用内部审计的职能,是适应新形势的要求。内部审计要抓住其对企业管理控制深入了解的优势,给内部审计以合理的定位,通过改革内部审计的组织形式、健全内部审计机构等方式来发挥内部审计的作用。

一、新形势下内部审计的定位

现代企业的行政指挥系统结构集中了行政指挥、决策以及监督三个系统。现代企业的决策机构是董事会,对股东大会直接负责。内审机构如果设在董事会,内部审计的独立性和地位都比较高,灵活性更强,同时还为投资者服务,使管理层进行独立的评价与监督更加方便。但是每件事都经过董事会,不便于内部审计工作的开展,工作效率受限。可以设置审计委员会直接领导企业,由执行董事和内审负责人组成,负责安排审计项目,制定政策来指导内部审计工作。随着市场经济和现代企业制度的不断发展,内部审计人员的任用要求就变高了,除了精通财务还要懂经营管理、懂法律和工程技术等。这就要求内部审计系统积极的招贤纳士,提高内审人员整体人员的素质,来适应新形势下发展的需要。

自从我国加入WTO,内部审计的内容转向经营管理审计和经济效益审计的方向。内部审计方式,对评价内控制度为基础的审计模式进行突破,审计上发展逐步的转向事前和事中的审计,达到全程审计的效果。在进行内部审计时辅助计算机应用,运用现代化的审计手段,是对内部审计人员的迫切要求。从内部审计的实务可以看出,由于审计具有鉴证职能,以审计有关经济组织财务报表为出发点,就要求社会审计组织需要发表审计意见。由于审计的监督职能,审计机关就有监督企业资产的使用情况和财政资金的任务。由国际内部审计协会得知,内部审计可以做出独立评价,通过组织内部对各种经营活动分析,确定是否贯彻了既定的程序以及政策规定,是否达到企业目标。因此,内部审计源于管理权的审计,职能定位于经济评价,为企业内部管理服务。通过发挥内审的职能,促进企业各方面制度的建立和完善,使企业管理强化,提高企业的经济效益。

二、新形势下内部审计的职能

新形势下的内部审计职能的发展伴随着人们认识事物和具体实践的不断深入。对企业内部的经济活动进行监督和评价,引导企业改革、提高其经济效益,这是内部审计的基本职能。内部审计同样能对涉及企业管理方面的弊端提出建议,来促进企业管理层改善

作者单位:河南矿业建设(集团)有限责任公司

管理。经济监督职能主要是指依据财经法规和制度规定，检查和评价企业单位的财务收支等经济活动，来判断企业单位会计以及其他资料的真实准确性、财务收支和其他经济活动的合法有效性，以及是否存在违法和浪费现象，以此督促被审单位。新形势下企业扩大了经营规模，经营业务也越来越复杂，经营方式灵活多样，生产经营系统交错复杂，管理层不会直接控制各经营环节或者经济活动，审计监督机制就变得很有必要。监督企业依照制定的计划、政策、制度等的要求承担经济责任，并揭露经营管理中的弊端，从而使企业控制和企业管理加强。

内部审计归根结底还是为了企业的管理服务，内部审计人员并不参与企业日常的经营管理活动。所谓管理职能的履行，主要是指实际加入管理的运作，参与具体的管理，发挥了管理的作用。内部审计人员不能参与业务控制程序的各项工作，在日常业务控制实施时需回避，在管理部门要求内部审计人员做非审计工作时要目标明确。内部审计不能代替管理部门，也无权控制业务管理工作。内部审计人员主要负责内部控制制度的运行情况，以便及时向领导汇报。

三、新形势下内部审计的履行途径

（一）改革内部审计的组织形式和管理体制

内部审计的基本特征是独立性，这个基本特征能使审计机构更好地开展业务。企业增强内部审计的独立性，需改变内部审计的组织，内部审计独立性的关键是独立于被审计部门。只有被审计单位负责人的支持，其内部审计性才能得到保障。内部审计管理体制需要进一步的改革，把其隶属关系搞明确，工作内容上，使风险的防范能力增强，工作时间也要转向事中、事前审计。内部审计的监督职能可以健全企业的内部控制，使企业的经营管理得到改善、财经纪律变得规范，最终提高企业的经营效益。所以，建立的企业内部审计制度体系与现代企业制度相适应就显得十分重要。一是根据审计独立性来改善隶属关系，从而在一定程度上改变现在实行的企业内部审计领导由企业领导者担任的局面。二是成立企业内设的监审工作委员会，主要是关系到进一步深化企业内部审计管理工作。三是创新内部审计工作体系，产权主体领导内部审计工作，这样一来，内部审计机构的行政职能就可以转变为根据单位需要自动设置。四是进一步推行内部审计人员委派制度，这样企业内审计机构的相对独立性才能得以保持，改变内部审计不能担当大任的现状。

（二）健全内部审计机构和完善内部审计制度

内部审计机构必须要与现代企业制度的法人治理结构相符，独立设置审计部门，审计机构与其他职能部门分离，可以直接向审计委员会汇报工作。从法律和制度上对内部审计人员资格及执业行为做出规定，保证内部审计工作的顺利开展。完善内审工作体系和制度，执行原则是审计全面、重点突出。强化全方位的监督、注重服务质量，内部审计规范体系进一步建立健全。用比较规范的审计制度对审计行为进行约束，对审计质量进行控制，使审计理论进一步健全。所以，在实际工作中，应逐步完善审计工作程序，对审计计划做出良好的策划方案，在事前、事后的每一个环节上下工夫，做到环环相扣。对内部审计人员的职业道德做出严格的规范，监督内部审计人员自觉遵守国家审计准则，按照既定的目标做好事前调查、事中跟踪、事后评估。内部审计人员把事后报告转移到事前，全方位拓展内审工作，在秩序上要延伸全过程，把工作重点延伸至重大经营项目作，在事前做出风险性预测报告和可行性方案，事中进行跟踪评价，看项目实施的各方面是否合理、有效。

（三）加强内部审计队伍的建设，提高内部审计人员专业水平

高素质的内部审计人员是新形势发展的需要，建设既懂管理又晓政策的内部审计队伍势在必行。此外，现代审计要求内部审计人员精通的知识面非常广阔，不但专业水平过强，而且综合素质比较高，这才是提高其综合分析能力的关键所在。对于内部审计人员的培训和考核力度加强，在经济高速发展的新形势下，通过各种教育培训来逐步提升企业内部审计人员的职业判断能力和综合素质。企业也要经常组织专业技能培训，这种培训具有针对性，主要针对内部审计工作中存在的薄弱环节，来为内部审计人员创造学习深造的条件，使内部审计队伍的综合素质不断提高。培养审计人员成为维护企业安全与科学发展的卫士，更好地服务于企业的经济活动。业务技术过硬和政治素养都过硬的的内部审计队伍才是内部审计工作的保障，使内部审计机构在现代企业管理中发挥的作用越来越大。

第五篇 其 他

试论集团型企业财务人员组织化管理

余清海 赵小松

集团型企业提高经营管理水平,离不开健全的规章制度、完善的组织架构和高效的执行力,但归根结底都是依靠人员这个关键因素来完成各项工作任务的。作为企业经营管理一部分的财务体系,掌控着涉及企业经营核心机密的数据、指标,为保证企业健康安全持续发展,提升财会队伍整体质量,加强财务人员管理就显得尤为重要。市场形势的复杂多变,企业经营范围的扩大及其健康发展,都需要大量具备专业知识、有良好职业操守的财务人员。因此,加强财务人员管理也就势在必行。

一、财务人员组织化管理的含义

集团型企业管理财务人员过程中通过统一的规章制度、严密的组织流程、先进的文化理念等方式,配以人性化的辅助措施,集中对所有财务人员进行过程控制,包括人员招聘、调配、选派、考核、绩效、教育、培训等事项,使人员管理工作每一步骤都有章可循,在协同中实现人员管理目标,逐步形成健全的财务人员组织化管理体系。

二、财务人员组织化管理所处的宏观环境

人员管理是新企业内部控制规范的重要组成部分,对财务人员实行组织化管理是内控建设的重要延伸。传统的内控观念,多在于集中控制、相互约束,但执行起来,缺乏有效监督。这种重制定、轻执行,重企业、轻员工的观念具有滞后性与保守性,势必制约企业的长远发展。尤其是在后金融危机时代,大力推进内控体系建设,根本出发点和落脚点在于促进企业又好又快可持续发展。而企业的发展归根结底都是依靠人员来完成的。

现代企业管理理念告诉我们,企业发展应加强人性化管理,注重人的发展和人的需求,努力培养员工共同的价值观意识。在制度执行上不仅有约束性规章,而且也应有激励性条款。只有一切从人出发,以人为本,才能实现企业与员工的双赢,实现人的发展与企业的发展和谐统一。

作者单位:中国平煤神马集团财务资产部

三、加强财务人员组织化管理的客观条件

集团型企业经营范围涉及面广,下辖单位众多,从事财务工作的人员数量庞大,加上财务工作专业性较强,而且涉及企业经营核心机密。因此,对财务人员只有加强组织化集中管理,才能提高管理质量与效率;只有具备扎实的理论和业务素质,才能准确处理每笔经济事项;只有良好的思想道德水平,才能有效防止财务舞弊,保证财务报告的真实性。

财务工作的专业性、特殊性,要求集团型企业对财务人员实行组织化管理,协调和正确处理各种利益差别,在维护、平衡各种利益关系中不断求得新和谐,从而激发各方面的积极性和创造力,提升整体管理水平。

四、集团型企业实现财务人员组织化管理的途径

(一)制度建设要规范,措施执行要到位

财务人员组织化管理,要求不断加强制度的完整性建设,达到覆盖企业所有财务人员,使得相关制度能够贯穿于财务人员招聘、选派、考核、任免的全过程。

完善制度建设的同时,要紧抓制度的落实执行,要引入外部审计加强对制度执行的监督,从而有效防控管理风险漏洞,避免出现制度被束之高阁的现象和偏离于制度执行之外的形式主义。

我国大型企业财务人员管理模式多以控制约束性规章为主。这些规章虽具有重要的现实意义,但远非人员管理的真谛。绩效考核和激励机制等人性化的辅助措施,也是加强财务人员组织化管理的重要内容,是约束性规章的有益补充,其在风险防控和激励人员方面的功能,决定了其不可或缺的作用。中国平煤神马集团制定和实行了有关加强委派人员管理的《会计委派管理办法》、《会计委派考核办法》以及严格的财务人员准入制度(包括对人员的学历教育、专业知识、实践经历、道德品质等要求),对财务人员实现全程动态管理。另外,对有突出贡献的单位、人员以先进称号和物质奖励等形式进行激励,提高财务人员工作积极性以及创新能力。以制度来规范财务人员日常工作,强化员工有益行为,为财务人员尽职履责提供良好的制度环境。

(二)明确组织目标,建立层次化管理体系

财务人员组织化管理要求首先明确组织目标:职能定位清晰实际、治理结构科学合理、管理模式严谨有效。针对初、中、高不同层次的财务人员制定具体的、有针对性的措施,全员管理、全面覆盖、重点区别对待,使人员组织化管理严密、科学、合理,进而提高组织运行效率。具体可以按以下措施实行:

(1)对一般财务人员的管理,注重培养人员的工作积极性、执行力、爱岗敬业精神、人际沟通能力和知识水平的提升,从而为带动企业财务人员整体素质的提高打好基础。

(2)积极引进财务专业大学毕业生,以派任务、加担子、多轮岗的形式重点培养初、中级业务骨干,加强人才队伍梯队建设;营造尊重知识、尊重人才的工作氛围,激发人员工作积极性,做到以事业、待遇、情感相结合的综合管理。

(3)高级财务人员应强调具备全局性的思维、对行业发展的把握、较高的政策解读以及决策判断能力等,要本着“公开、平等、竞争、择优”的原则,公开选拔、择优上岗。会计

委派人员述职考核制度，是对高级财务人员行之有效的管理方法，其主要是从客观评定（包括会计核算、基础工作、资金资产、指标体系等），主观评价（履职能力、述职报告等）两方因素，对委派人员进行综合考评和监督管理。中国平煤神马集团对会计委派人员制定了科学的任免程序，并对委派人员的绩效考核、薪酬发放等事项进行严格管理，明确规定委派人员实行定期轮岗，并要求原则上在一个单位任职不得超过3年。

（三）利用信息化手段，对财务人员的全程动态管理

充分利用信息技术便捷迅速和长期保存的特点，建立财务人员信息数据库，对财务人员诸如性别、年龄、职称、学历等因素归集、筛选、整理、分析、存档；通过严格的审核，对收集的信息去伪存真，保证信息的相关性、可靠性、连续性及完整性，最终为企业对财务人员实现组织化管理提供决策依据。

目前集团中高级财务人员仍然比较匮乏、男性从业人员比例较低，因此集团制定了一系列措施，加大对中高级人才的引进、培养，增加男性从业人员比例，以适应煤化企业自身特点和企业不断发展的需求，力争使集团财务人员队伍结构更加合理，运行更加顺畅。

中国平煤神马集团依靠会计人员管理系统对财务人员进行更加全面、科学、客观的管理，为集团选拔、任用、交流符合岗位要求的优秀财务人员提供有效信息；管理系统也为每名财务人员明确能力素质要求，搭建自我发展平台，最终为集团建立一支结构合理、素质过硬的财务团队而服务。

（四）重视员工思想交流，注重职业道德建设，培育价值观文化

企业应重视财务人员思想交流，加强宣传和沟通，使得全体财务人员了解企业财务管理方式。特别是对企业财务理念的领会；企业应重视财务人员职业道德建设，加强监管，使企业财务人员经得住诱惑，形成风清气正、廉洁守法的价值观文化；企业应营造尊重、理解、关爱财务人员的氛围，挖掘财务人员潜能，为财务人员开拓创新提供空间和发展机会，增强财务人员的责任感、认同感、使命感，使财务人员自身价值在企业发展中得到充分体现。

中国平煤神马集团在联合重组后，汲取双方财务文化之长，促进双方财务文化融合，确立了具有自身特色的财务价值观，即诚实守信、廉洁奉公、求是勤勉、尽职尽责、业务精湛、服务热情。通过定期举办财务负责人、财务科长以及一般财务人员座谈会，加强领导与员工间、员工与员工间的沟通交流，形成上下同心、共谋发展的良好氛围，为集团财务人员组织化管理提供文化理念保证，为财务管理整体目标的实现而奠定基础。

（五）鼓励加强业务学习，努力构建知识型团队

市场形势的复杂，货币政策的趋紧，企业融资难度的加大，资产规模的扩张，以及企业整合中遇到的众多难题，都要求企业重视财务人员理论知识的不断夯实、更新。注重财务人员专业素质的培养，以解决企业发展中出现的各种各样的问题。企业应全面掌握财会队伍整体能力结构与其业务发展的匹配程度、财务人员个人业务水平与其岗位要求的适应程度，并据此分析和设计有针对性的员工培养方案和企业培训计划，提升员工队伍的整体素质，促进企业发展战略目标的实现。与此同时，集团在加强了对原有的会计从业资格考试、会计专业技术资格考试、高级会计师考试管理的同时，积极组织财务人员参加会计知识大赛、信息技能大赛，鼓励财务人员相互交流学习经验、学历深造、撰写发表论文等。

五、集团型企业实行财务人员组织化管理的意义

财务人员组织化管理的核心就是始终将人的发展融入到组织管理运行当中。集团型企业实行财务人员组织化管理,可以使管理者站在全局的高度对财务人员加强监管,动态关注人员结构,全面衡量、评价企业财务人员素质;可以使管理者科学选拔、统一调配财务人员,保证人员队伍结构合理、均衡发展,做到人尽其才,促进人才交流良性循环,发挥规模带动作用,提高人员管理水平;可以实现财务人员对财务人员的专业管理,避免不懂财务专业特点的门外汉管理模式,使集团财务管理有的放矢,更有针对性,从而有效解决企业机构冗杂,组织运行效率低下等问题;可以提高集团财会人员整体协作能力和风险防范意识,引导和规范财务人员日常行为,防止财务舞弊,形成财会队伍的团队向心力、凝聚力,促进企业健康稳定持续发展。

六、结论

财务人员组织化管理强调,在继承以控制为主的传统观念的同时,应配以人性化的辅助措施,突出“以人为本,人才为先”的原则,开辟多种信息渠道,加强对人员管理过程的监督,确保人员管理途径畅通。应坚持惟才是用,注重思想道德水平,形成“优者用、能者上、平者让、庸者下、劣者汰”的用人机制,培养和使用一批业务扎实、目标远大、责任心强、忠诚度高、敢于创新的复合型财务人才,最终实现企业财务管理水平提高与员工自身发展的双赢。

浅谈在新税制下大型煤炭企业综采综掘设备的内部管理模式

赵运通　陈晓凌

“工欲善其事,必先利其器”。近年来,大型煤炭企业综采机械化水平不断提高,重型设备投入逐年递增。为充分发挥机器设备的效能,有效调配设备,提高设备资产的运营效益,许多煤炭企业多采用经营租赁模式来实现综采综掘设备的内部管理。自从 2009 年 1 月 1 日起实施《中华人民共和国增值税暂行条例》(中华人民共和国国务院令第 538 号)以来,经营租赁综采综掘设备的管理模式受到了冲击。其主要表现在:是提高资产运营效益还是享受国家税收优惠政策?为此,笔者以中国平煤神马能源化工集团有限责任公司(以下简称“中平能化集团”)为例,浅谈大型煤炭企业综采综掘设备在新税制下将采取何种方式来实现税收与设备管理的双优化。

一、中平能化集团综采综掘设备管理现状

为了加强综采综掘设备的管理,自 20 世纪 80 年代以来,中平能化集团设立分公司——中平能化集团租赁公司(原平煤集团租赁公司),对公司内所有分公司、子公司性质的生产单位所需用的机采、开掘、机电、通风、瓦斯等综采综掘类设备实施全面经营租赁。该公司实行独立核算,自主经营。采取统一论证、统一选型、统一计划、统一购置、统一大修、统一调剂、统一处置的“七统一”的管理模式。至 2010 年末,租赁公司账面综采综掘设备资产已达到 47.6 亿元,拥有支架近 8 000 架(合 70 套设备),有效保证了集团公司 63 个综采工作面的安全生产。优化了公司综采综掘设备资源配置,充分发扬了设备效能,减少了资金重复投入,为提高公司资产运营效益做出了贡献。

二、新税制下对现行经营租赁管理模式的影响

(1)新税制下,增值税的征收由生产型向消费型转变。企业购置的与生产相关的设备增值税进项税额可以全额抵扣。而租赁公司购入的租赁设备,虽然也应用到生产经营中,但按照现行的税法规定,属非增值税应税项目,需按照“服务业——租赁业”税目征税。其所购入的机器设备增值税进项税额不能抵扣。根据租赁公司每年租赁给关联子公司、区域化分公司设备金额约 40 000 万元,税额 6 800 万元测算,公司因执行新税制将直接增加增值税 17%,营业税 5%、城建税和教育费附加 2.64%,扣减少缴所得税因素 4.25%,合计增加税负 20.39%。按照设备原值测算,当年多缴税款 8 156 万元。扣减设备资产计提折旧在未来 10 年期间少缴所得税 1 700 万元,整个租赁事项,将最终导致企

作者单位:平顶山天安煤业股份有限公司

业多缴纳各项税款6 456万元。

(2)如果取消经营租赁模式,改为由生产单位自行采购,此项行为属于增值税应税项目,进项税额可全额抵扣。而且由于租赁公司不再收取租赁费、营业税及其相关税费都将减少,单独从税收的角度来分析,此种方式缴纳税款最少。但是从煤炭行业设备的管理角度考虑,长期的管理实践已经证明,租赁公司作为一个从事内部租赁的专业化公司,不仅拥有母公司雄厚的资金支持,而且在综采综掘设备的管理上从采购、维护、修理到处置均配备了生产单位所不能比拟的专业技术人才及技术支持。多年来,其已形成了一套规范、高效、机动、灵活的内部管理机制,其经营租赁模式为集团公司带来了较大的资产运营效益。所以,为了少缴纳税款而全部放弃经营租赁模式是不可取的。

三、如何在新税制下探讨新的综采综掘设备管理模式

如何革新综采综掘设备的管理模式,寻求税收政策与设备高效管理的最佳契合点,笔者谈谈自己的看法。

(一)采取以售代租的方式实现综采综掘设备的管理

所谓以售代租,是指由使用单位提交需求计划,租赁公司统一采购入账后,与使用单位订立附有管理服务条款的《资产让售合同》并出售给使用单位。当该单位不再使用设备时,租赁公司可优先购回,让售其他第三方。此种以售代租的方式,属于增值税应税行为,让售双方的增值税额都可以抵扣。租赁公司只需按《资产让售合同》的约定内容管理设备的日常维护及修理,保证设备资产的良好运转。但是,这种管理模式同时存在其优缺点。

1. 存在的优点

(1)降低了税收负担。以售代租方式,不仅解决了因经营租赁无法抵扣增值税进项税额的难题,而且当假定依据账面净值作为设备互相让售的标准时,对整个中平能化集团来说不涉及所得税的影响,只针对租赁公司提供的管理服务缴纳营业税,与经营租赁相比,大大减轻了税负。

(2)较好地实现了综采综掘设备的集中管理。以售代租的方式,虽然资产的产权不归属租赁公司,但实物的管理实质上仍是由租赁公司来主导,设备的购置、调配、维护、修理以及最终的处置,都是由租赁公司负责实施。这较好地实现了综采综掘设备的集中管理与调配。

2. 存在的缺点

(1)操作流程繁琐,设备账面价值不断变化。当设备多次调剂履行旧资产让售程序时,让售双方必须频繁签订《设备让售合同》,企业将重复缴纳印花税。并且对于让售的价格,理论上,内部关联方之间的资产让售,采用行政命令的方式,不考虑设备的资产公允价值,以设备的账面净值进行让售。但现实操作过程中,中平能化集团下属子公司股权结构复杂,多为控股公司,特别是中平能化集团控股子公司——平煤股份公司是上市公司,其与母公司之间的旧资产让售属重大关联交易,双方的交易行为、交易价格必须遵循公开、公平、公正的原则,其价值的确定必须按照公允价值进行交易。也就是说需要聘请中介机构进行资产评估,同时,交易行为还必需提交议案审议通过后方可执行。资产的公允

价值与财务账面价值不可能一致,价格的差距不仅加大了财务部门核算的难度,并会带来账面资产缩水、所得税纳税影响等一系列负面效应。

(2)行政命令的痕迹过多,不利于设备管理工作的可持续发展。以售代租的方式下,生产单位只是设备的名义拥有者,设备实物的管理部门仍然是租赁公司,这种账、卡、物管理的不统一极易造成大家都管理又都不管理的混乱局面。特别是设备资产让售时,双方往往因为设备的完好程度、设备的价值问题争执不下,最终集团公司管理层只能通过行政命令的手段来协调解决,违背了市场运作规则,不利于设备管理的可持续发展。

(3)部分使用单位无力购买综采综掘设备。煤炭企业的大型综采综掘设备价值昂贵,通常一个年产 100 万 t 的矿井布置一个综采工作面就需要综机投入 5 000 万 ~6 000 万元,而部分使用单位资金有限,特别是刚完工投产的矿井,根本没有能力一次性购入整套的大综设备。

(二)采用融资性售后回租方式实现综采综掘设备的管理

融资性售后回租是指承租方以融资为目的将资产出售给经批准从事融资租赁业务的企业后,又将该项资产从该融资租赁企业租回的行为。2010 年 9 月,国家税务总局颁布了一项特殊税务优惠政策,即《国家税务总局关于融资性售后回租业务中承租方出售资产行为有关税收问题的公告》,该公告规定:"融资性售后回租业务中承租方出售资产时,资产所有权以及与资产所有权有关的全部报酬和风险并未完全转移。""根据现行增值税和营业税有关规定,自 2010 年 10 月 1 日起,融资性售后回租业务中承租方出售资产的行为,不属于增值税和营业税征收范围,不征收增值税和营业税。""根据现行企业所得税法及有关收入确定规定,自 2010 年 10 月 1 日起,融资性售后回租业务中,承租人出售资产的行为,不确认为销售收入,对融资性租赁的资产,仍按承租人出售前原账面价值作为计税基础计提折旧。租赁期间,承租人支付的属于融资利息的部分,作为企业财务费用在税前扣除。"我们可以以该公告为契机,依据中平能化集团内部市场平台,以租赁公司为纽带,模拟售后回租融资性租赁的外部市场规则实施内部的售后租回融资性租赁业务。先由生产使用单位直接购入综采综掘设备,再与中平能化租赁公司签订《售后回租》协议,约定在出售设备的当天同时租回设备。此种管理模式有以下优缺点:

1. 存在的优点

(1)解决了因经营租赁无法抵扣增值税进项税额的难题。融资性售后回租业务,作为设备实际使用人的承租方,能够取得购买设备的增值税专用发票,增值税进项税额可正常抵扣。同时,会计准则、税法中都规定融资性售后回租业务中,资产的出售环节不确认销售收入,不需要对租赁公司开具增值税专用发票,也就是说增值税进项税额不需转回。

(2)缓解使用单位资金压力,调节资本结构。融资性售后回租,使设备使用单位可以根据本公司的资金状况,与租赁公司灵活协商支付租金的方式与金额。有效解决了部分使用单位资金紧张无力购买设备的局面。同时,还可以实现使用单位表外融资,优化其资产负债结构。

(3)提高了综采综掘设备的管理效率。从设备管理的角度来考虑,引入融资性售后回租方式,等于引入了外部融资租赁业的先进管理模式,可大幅提高设备出租率及设备的使用效率。由于设备由使用单位直接购买,资产的产权也最终归属本单位,可充分调动使用单位的积极主动性，在设备的选型、配备以及技术参数指标等方面将更加慎重。到货验收环节必然会严格把关，设备的实物保管以及设备的到期报废处置都将比在经营租赁方式下更有成效。而租赁公司只需做好按期收取租赁费及设备的日常技术支持服务等工作，不必担心设备使用过程中的完好率、出租率等问题。这也是融资租赁业务区别于经营租赁的优势所在。

（4）实现合理避税。从税收的角度来考虑，虽然租赁公司因租赁收入的增加多缴纳了营业税及其相关税费，但设备使用单位可享受到国家税务总局颁布的《技术改造国产设备投资抵免企业所得税暂行办法》投资抵免所得税的税收优惠政策以及《国家税务总局关于融资性售后回租业务中承租方出售资产行为有关税收问题的公告》融资性售后回租业务的税收优惠政策；从整个集团公司的角度来考虑最终实现了合理避税。

2.存在的缺点

（1）不适用于金额较小，周转周期较短的设备。融资性售后回租业务只适用设备金额较大，不能轻宜移动，租赁时间较长的综采综掘设备，对于金额较小、周转频繁的小型设备实施的意义不大。

（2）会计核算较为复杂。融资性售后回租业务的会计核算与经营租赁相比复杂的多，并且要求会计人员必须拥有一定的职业判断能力，这就要求企业必须不断提高会计人员的业务素质。

通过以上分析，可以看出，无论是经营租赁、以售代租，还是融资性售后回租，都有自己的优点与缺陷，那么中平能化租赁公司如何才能取长补短并合理运用新税收的杠杆，最终实现税收与设备管理的双优化呢？

笔者认为，中平能化集团租赁公司应在集团公司统一论证、统一选型、统一招标管理的基础上，根据综采综掘设备的不同使用特点灵活采取不同的管理模式。对于大型的、不易移动的、设备价值较大的如掘进机、皮带机、刮板运输机等设备，可采用售后回租融资租赁方式。对于小型的、设备价值不大的如乳化液泵站、气动注浆泵等设备，应根据设备使用周期进行管理。当设备处于良好运营初期时，实行以售代租的管理模式，当设备使用年限将至，价值较低时，租赁公司购回后可以以经营租赁的方式实施管理。对于确系周转调配频繁，价值又不高的如液压支架、馈电开关等设备，可以仍采用经营租赁的方式进行管理。

放眼未来，中平能化集团租赁公司在做好内部纵向发展的同时，还可以利用本公司成功的人才、技术、管理优势，以资产为纽带，以中平能化集团品牌效应为依托寻求横向的发展，积极与周边的煤炭企业联络，进行设备的对外租赁。引进资本多元化，引入外部融资租赁，降低集团公司财务风险，开创租赁业务新纪元。同时实现企业设备资产价值运营效益最大化，为整个集团大煤炭发展战略服务。

论企业财务制度与财务文化建设

马跃强

企业财务文化是在一定的社会经济、政治、文化等环境的影响下，通过企业财务管理部门的长期培养和倡导，由企业财务部门和全体职工在长期理财活动中，共同创造出来的理财成果和理财精神成果表现形态的总和。财务文化是企业文化的表现之一，它具有历史继承性和渐进性。任何一个企业，只要存在它就会有自身的财务文化体系。财务文化的出发点和落脚点应该是企业的财务管理的改善，企业的财务管理领导应该是财务文化的培养者和倡导者，企业的财务管理专家应具有一定的权威，他们决定着企业财务文化的发展方向。

一、制度与文化的内在关系

（一）制度到文化是一种升华

制度的本质是人类利益博弈的一种均衡。从制度的发生过程看，制度体现的是一种博弈，是不同利益主体相互博弈的结果。从制度的功能看，制度为人们的行为提供了一种准则，并进而使人们形成不同的行为预期，并提供了不同的激励。从制度的具体表现看，制度体现为人类合作的一种共同知识。

所谓文化，广义指人类在社会历史实践中所创造的物质财富和精神财富的总和。狭义指社会的意识形态以及与之相适应的制度和组织机构。作为意识形态的文化，是一定社会的政治和经济的反映，又作用于一定社会的政治和经济。随着民族的产生和发展，文化具有民族性。每一种社会形态都有与其相适应的文化，每一种文化都随着社会物质生产的发展而发展。社会物质生产发展的连续性，决定文化的发展也具有连续性和历史继承性。

制度是企业的成文规定，每个人必须遵守，而且极有可能涉及罚则。制度的制定通常是管理的需要，企业制定相应的制度供内部作业使用。但我们常常也会发现：制度制定后，常常仍有很多“意外”情况发生，因为制度无法全面覆盖到企业运营需要的地方。除此以外，不难发现，制度有时候执行很困难，同样的罚则却会因为人的不同而改变。诚然，管理是“人的管理”，管理是“人在管理”，所以会发生很多“不公平现象”。而这些不公平现象一旦发生，有两种现象产生，即员工对公司规章制度的漠视与公司管理的混乱和标准的沦丧。所以企业需要一些勇气来保证制度的执行和维护。当然，制度制定时的谨慎和正确是非常重要的。制度制定不应该是草率的、片面地，更不应该是因为个别现象而寻找的强硬解决办法。制度满天飞的企业，其实没有真正的制度。一个新制度的产生，应该是经过论证的，是企业朝着正常方向前进的必不可少的保障。可以没有完善的制度，但是不

作者单位：义煤集团财务部

可以有任意变动的制度。朝令夕改,最终会迷失制度制定的真正含义和标准。

当然,并不是企业的任何管理空间都需要制度的存在。随着企业的发展,企业文化在企业的软性管理中的作用日益重要。企业文化就是企业的核心价值观和员工的行为习惯。如果员工都有"爱我公司,勇创第一"的意念,那么员工的行为定然会朝着企业的发展方向前进,又何须制度约束?而企业文化的建设并不是一蹴而就的,它需要长时间的凝练和积累。但是企业文化的萌芽却离不开高层管理者的管理理念和管理行为。因为这些是形成企业员工行为方式标准的源泉。要形成良好的企业文化,保证企业的持续发展,必须从正确的制度开始。因此,制度到文化是一种升华。

(二)制度到文化是人的行为由被动到主动

制度文化是文化的重要组成部分,是塑造精神文化的根本保证。精神所倡导的一系列行为准则,必须依靠制度的保证去实现,通过制度建设规范人们的行为,并使精神转化为人们的自觉行动。制度文化是精神文化的基础和载体,并对精神文化起反作用。一定制度的建立,又影响人们选择新的价值观念,成为新的精神文化的基础。企业文化总是沿着精神文化到制度文化再到新的精神文化这一螺旋上升的轨迹不断发展、丰富和提高。作为企业文化中人与物、人与企业运营制度的中介和结合,作为一种约束企业和员工行为的规范性文化,企业制度文化能够使企业在复杂多变、竞争激烈的环境中处于良好的运转状态,从而保证企业目标的实现。

企业竞争是人才竞争,是制胜关键。但文化才是真正的关键。文化似胶如漆,是纽带将人才凝聚连接在一起,否则一盘散沙。人才并不必然构成生产力,"人才+好的文化"才是生产力。既要重视人的身体和智力,又要重视价值观的培养。制度并非条条框框,而是人们内心活动的潜规则。制度的精神重于形式。制度是文化的显件,文化是制度的隐件。企业内人与人如果缺乏诚信,友爱与合作的文化,靠制度防范是不起作用的。内耗型文化损害经济增长,科技是生产力,文化也是生产力。

二、企业管理制度与企业文化

(一)企业的发展需要企业管理

企业管理是由企业的管理人员或管理机构对企业的经济活动过程进行计划、组织、领导、协调、控制,以提高经济效益,实现盈利这一目的的活动的总称。可见,企业管理是企业发展的前提,企业发展是企业管理好坏的评价标准。

(1)企业发展需要先进的企业领导。先进的企业领导能够为企业发展指引方向、目标与步骤,为企业发展谋划措施,为企业发展组织人、财、物力,能够及时解决企业发展中遇到的重大问题。先进的企业领导知道把领导企业发展作为自己的第一要务。

(2)企业发展需要广大员工共同努力。广大员工不仅是企业发展战略决策的执行主体,而且应该是企业不同层次发展的决策主体。企业中方方面面的决策很多,企业领导不应该也不可能独揽所有决策权力,而应该积极动员并热情鼓励广大员工投身于企业发展。广大员工只要拥有一定的创新权力、承担相应创新责任、享受应得的创新利益,那么企业发展将获得强大动力。

(3)企业发展需要发展战略。企业发展战略是对企业发展整体性、长远性、基本性谋略。整体性发展、长远性发展对企业具有重大意义。

(4)企业发展需要创新意识,尤其需要企业领导的创新意识。没有创新就没有发展,而没有创新意识就没有创新行为。

(二)企业管理是企业管理制度到企业文化的发展

企业文化实质是以文化为手段,以管理为目的。它渗透于企业管理的体制、激励机制、经营策略之中。企业的经营理念和企业的价值观是贯穿在企业经营活动和企业管理的每一个环节和整个过程中的。在管理理论的基础上发展起来的企业文化理论,将企业管理从技术、经济、制度上升到文化层面,是管理思想发展史上的创举,给企业管理理念和实践带来生机和活力。企业中的管理实践变革,必然带来对传统生活方式的变革挑战,企业文化要随之改变,创造支持变革并使变革维持下来的企业环境。企业是人的组织,只有企业的价值观和行为方式改变了,企业才能实现真正的变革创新。社会处于不断发展变化之中,企业的管理实践在不断地受到变革创新的挑战,企业的员工追求的意义和价值也在变化。企业文化要适时地做出变革,从管理变革中发展企业文化,创造出产生更高工作满意度和价值的企业生活方式。

三、财务管理制度与财务文化

(一)财务管理制度到财务文化的升华

在市场经济条件下,企业要想顺利组织生产经营活动,获得盈利,就必须加强财务工作。在现代企业制度中,企业是市场经济中独立的法人实体和市场竞争主体,这就要求企业将财务管理置于企业管理的中心地位,更新观念,转换机制,实现由财务制度到财务文化的升华,促使企业目标价值的实现。

财务管理制度就是要求一定范围内的成员共同遵守和按一定程序办事的财务规程和规范。一提到财务管理制度,我们往往把它定义为财务行为规范或规则,财务管理制度的变革也就是要改变规范或规则。由于过分强调财务管理规则的重要性而忽视其效果,最后走进了制定财务管理规则,修改规则,再制定规则的怪圈。其实财务管理制度应当成为人们对于财务行为规则的“共享的信念”,即人们如果不相信给定的财务管理规则,那么就不能说有了财务管理制度。如果人们不把企业的财务管理制度当一回事,那么那些成文的财务管理制度就不构成制度的一部分。同样,经常看到从外部引进的财务管理制度往往很难得到有效的实施。

财务管理制度是在博弈中形成的,其变化是人们对博弈规则的“共享的信念”发生变化的结果。人们“共享的信念”真正发生变化应该是相当缓慢的过程。财务管理制度的变迁常常就是文化和财务文化的变迁,在这个过程中文化的、历史的、政治的、法律的因素都将发挥作用。

企业财务文化则是指在企业文化的影响下,企业财务部门和全体员工在长期理财活动中共同创造出来的理财物质成果、理财制度成果和精神成果表现形态的总和。外延包括财务物质文化、财务制度文化和财务精神文化。它是一个多层次、多方面的复合体,同时也是企业文化中影响很大、有显著特点而又丰富多彩的一部分。

(二)企业财务文化的功能

1. 帮助对企业的认知

借助于符号系统的记录,人们可以了解和认识企业财务管理的历史、现状,了解和认识与其他企业的差异,考察自身财务管理的具体运行过程,探求企业财务管理的运行机制和发展规律。只有了解了一个企业的财务文化,才算真正认清了企业财务管理的真面目,也只有对一个企业的财务文化进行全面而深入的研究,才能真正把握住企业财务管理的精神实质,才能采取相应的措施,完善企业的财务管理系统。

2. 加强企业内部凝聚

每个企业的内部都有一种或大或小的向心力、凝聚力,这是文化凝聚功能的具体体现。企业财务文化系统存在着一种双向辐射现象,一种是内辐射,产生向心力,发挥凝聚功能;一种是外辐射,产生发散力,发挥融合功能。这两种功能相互作用,相互协调,相辅相成,是企业财务文化形态保持相对独立、相对完整,同时又在不断发展的内在规律之一。企业财务文化的凝聚功能首先是“凝”,即人们的心理状态在财务文化的作用下呈现出一致性和一体化状态。其次是“聚”,即由共同的财务文化活动所导致的原来并不在一起,甚至思想并不一致的人们,在企业这个特定的环境中、特定的时间内趋向同一种财务行为。

3. 企业财务文化的建立和实施

(1)财务文化建立的原则。企业集团要保持财务文化和企业文化、集团和成员公司财务文化的协调,必须遵守以下原则:①不冲突原则。即财务管理文化不与集团的企业文化发生冲突,成员公司的财务管理文化不与集团的财务管理文化发生冲突。②专业化原则。即财务文化要充分利用财务的专业特色,财务文化要充分利用财务的专业表现形式。③细分化原则。即在与企业文化不冲突的前提下,财务系统可以细分。

(2)财务文化的内容。精神文化是财务文化的核心,一般地说,它包括财务价值观,财务精神,财务人员的精神面貌、心理素质、理想、信念、作风等各种内在的精神现象。具体而言可以归纳为对财务管理内涵的认识、财务价值观、财务人员的使命、财务人员的职业道德、财务管理的基本原则、财务人员观念和成功的财务管理经验等。

(3)财务文化的推行。企业财务文化建设的重点就是要把这些财务精神文化明确描述出来,在企业范围内予以统一,并运用各种手段进行推行。我国理论界和实务界对财务与会计的含义、关系、职能、目标等基本问题尚未形成共识。但对于一个企业来说,必须在财务人员当中形成统一认识,即:①统一价值观。价值观是人们行为的重要心理基础,是企业文化和财务文化的核心,同时也是财务人员价值观和对企业价值观的专业诠释和具体化。②统一财务人员使命。使命是一个组织及其成员所承诺要承担的重大责任,是企业文化的一个重要组成部分。它鼓励和引导组织的活动与其长远的战略目标保持一致。财务人员的使命就是财务人员对所在组织承担的重大责任。企业的财务系统必须明确其财务人员了解其所承担的责任,增强责任感。③统一财务人员职业道德规范。道德就是对财务职业活动提出的特殊道德规范。④统一财务人员基本观念。财务人员的观念能够在很大程度上影响其财务管理行为,错误的观念会导致财务的错误行为,给企业造成损失。企业财务人员要树立创新观念、现场观念、成本观念、程序观念、服务观念等,使所有财务人员在正确的观念指导下,发挥积极作用。

会计信息失真之我见

亢建磊

随着生产力的发展和社会的进步，人们对于信息的依赖程度越来越高。会计信息质量在我国正受到越来越多的关注。会计信息失真不仅影响到国家宏观经济决策的制定，削弱宏观调控能力，而且可能导致企业微观决策失误或贻误战机，造成不可挽回的损失。因此，根治会计信息失真问题已是刻不容缓。笔者就会计信息失真谈一些自己的见解。

一、会计信息失真的表现

会计信息失真可以从三个方面理解：一是经济业务失真使得会计信息失真。有些企业单位为了达到某种目的采取虚列收入、乱挤成本费用、支出和财产损失、不及时记账等手段虚报利润或亏损。二是会计核算资料失真使得会计信息失真。有的企业负责人和会计人员为达到个人目的请客送礼、行贿、挥霍浪费等非法支出，采取打白条、伪造发票、收据等手段纳入合法支出项目中。三是财务会计制度不完善造成会计信息失真。有些企业的资产账面价值不按有关制度进行计价造成资产计价的伸缩性，不能如实反映企业资产占有数。

二、会计信息失真的危害

（1）企业会计信息失真增大了国民经济运行中的“泡沫”成分和不确定因素，不能真实反映国民经济运行中的实际情况，使国家不能正确判断当前的经济形势，从而造成出台的各项经济政策有可能偏离经济运行的正确轨道，导致决策失误。

（2）会计信息失真掩盖了企业的真实财务状况，不仅造成大量国家税收流失，还造成许多不良贷款，不利于金融风险的防范。

（3）会计信息失真首先加剧分配的不公，使分配进一步向个人倾斜，企业积累减少，发展后劲削弱。其次是给一些不法分子以可乘之机，进行贪污、贿赂、挥霍公款等，以实现犯罪。

（4）会计信息失真不能正确反映企业的财务状况和经营成果，不利于企业自我批评和决策，有可能使企业破产，职工下岗，造成社会不稳定。

三、会计信息失真的原因

（1）内部利益的驱动。我国经济体制改革以来试行了各种方式，其基本思路是将企业绩效与生产者收入挂钩，以求最大限度地调动经营者的积极性。但因某些客观原因不能实现预定的经营目标时，为了保护个人或小集体的利益不致减少或丧失，经营者自然会

作者单位：河南矿业建设（集团）有限责任公司

将目标转到篡改其经营业绩的财务资料上,通过作假账来达到预先确定的利润分配方式和比例目的。这种内部经济利益的驱动是带有普遍性的。

(2)外部监督机制弱化。在计划经济时代,尽管我国没有试行国家对企业的审计制度,但由于当时的企业经营者、国家政府经营部门、工商税务部门、财政部门都站在国家的立场上,形成了一套严密的监督机制。改革开放以来,不仅企业的生产者和经营者有了独立的经济利益,国家机构甚至包括地方政府,也有了自身的利益。这样以来,原有机制的服务功能就相应地弱化。为弥补监督机制不足,我国在20世纪80年代中期就全面恢复了国家的审计制度并辅以每年一度的财税大检查。但是仅靠这些手段还不足以遏制和纠正会计信息不实和由其造成的危害。

(3)制假、造假成本低廉。会计信息失真与制假、造假成本过低有密切关系。从实际情况来看,我国现行有关法律法规曾经对会计信息制假起到约束作用,但因制假、造假受到处罚的毕竟不多。首先会计师事务所即使是受到了处罚,其力度也不具备足够的威慑力。其次对于会计师事务所处罚较轻,违规成本较低,也对违规起不到震慑作用,受虚假会计信息误导损失惨重的投资者却难以得到经济赔偿,造假巨大的收益驱使会计师事务所置诚信和风险于不顾而去牟取暴利。因此,造假、制假成本低廉是会计信息失真的直接诱因。

(4)会计人员的综合素质较低。随着经济体制改革的深入,企业的改制工作、会计制度也随着不断的修正、补充和完善,对企业会计人员的要求也越来越高。而现有的企业会计人员素质难以适应,有的会计人员自身素质不高,对现行经济法律法规和企业规章制度理解不透,日常核算工作不符合规范。一些财会人员对会计理论缺乏系统学习,对新的经济业务和会计核算原则、方法认识不全、理解不透,在实际操作中经常发生差错,导致会计信息失真。有的会计人员未能恪守应有的职业道德,不能坚持原则,不正确履行职责。弄虚作假,忘记了自己的权利和义务。也在相当程度上使会计信息真实性失去了保障。

(5)会计基础工作薄弱。有些企业和单位无视《会计基础工作规范》的规定,会计机构设置不健全,会计人员配备不合理,岗位责任制不明确,会计交接手续不规范,缺乏有效的内部管理控制制度,会计监督机制不健全导致会计信息的失真。

四、治理会计信息失真的对策

会计信息失真已成为我国经济建设的重大障碍,因此必须下大力气治理会计信息失真这一社会现象,从而保证国民经济健康有序的发展。笔者认为治理会计信息失真应从以下几方面入手:

(1)加强和完善外部监督机制,充分发挥社会审计机构的监督作用。要加强财政、税务、审计部门的监督,对会计信息质量进行验证、检查、监督是国际通行的做法。各级财政、税务、审计部门要依法对企业加强财务检查和审计监督,在监督范围和监管内容上应有合理分工。各监管部门应认真搞好部门之间的协调配合,正确处理好监督检查的交叉、重复和执法疏漏的矛盾。

(2)加大处罚力度,增加造假成本。要加大惩罚力度,对于恶意造假者一定要加大惩罚力度,不仅要其付出倾家荡产、名声狼藉的代价,对造成严重后果的还要追究其刑事责任。使造假者付出的代价远远大于得到的收益。同时应加大对上市公司会计信息的稽查力度和稽查宽度，大幅度提高会计造假成本。

(3)加强对会计人员的培训，提高财务人员素质。会计人员是处理加工会计信息的操作员，应选拔政治素质高、业务能力强、遵守职业道德的优秀人员担任会计工作。为此，一定要加强会计人员培训，确保会计人员熟练掌握会计制度和准确掌握会计准则，按会计法律制度和会计准则的要求进行会计核算。

(4)加强会计基础工作，认真执行《会计基础工作规范》，发挥会计的核算、监督职能。按照《会计基础工作规范》的要求，规范整个会计处理过程并完善会计基础工作。通过完善各项会计基础工作，为会计信息报告打下良好基础。会计信息失真在源头就实施有效的预防和控制，并把制度落到实处、取得成效。

综上所述，会计信息失真表现形式多样，危害严重。治理会计信息失真是势在必行，要靠政府、社会各界进行长期艰苦的努力，从而使会计更好地为我国的社会主义现代化建设服务。

股权结构与上市公司业绩关系的研究

张福琴　冯朝霞

股权结构与上市公司业绩关系的研究已经成为社会的热点话题之一。作为公司治理的重要组成部分和基础,股权结构直接影响着各类决策主体参与决策的程度。它可以通过对公司治理模式的选择来影响上市公司的业绩。探究合理的股权结构对上市公司的健康发展、公司治理机制的完善、合理现代化企业制度的建立乃至整个国民经济的发展都有重要而深远的意义。因此,研究两者之间的关系,寻找改善不足之处的方法已经成为促进国民经济发展的途径之一。

一、股权结构与公司业绩概述

(一)股权结构的概念

公司股权结构亦称所有权结构,是指公司中不同类型的股东所持公司股份的比例及其相互之间的关系。

(二)公司业绩概述

公司业绩是指公司在一定时期内利用其资源从事经营活动所取得的成果。目前,能够反映公司业绩的变量主要有净资产收益率、总资产收益率、核心资产收益率、托宾 Q、市净率等。

(三)股权集中度与公司业绩的关系

股权集中度是指全部股东因持股比例的不同所表现出来的判断股权集中还是分散的数量化指标,是衡量公司的股权分布状态的主要指标。而不同的股权集中度对上市公司治理结构的发挥有着不同的作用,导致了不同的公司业绩。按照构成和并购可以将公司的治理机制细分为激励机制、监督机制、代理权竞争和并购四个层面,不同的股权集中度对公司的治理的影响是存在很大差异的。

1、股权集中度与激励机制

在股权高度集中的情况下,大股东可以凭借绝对控股地位直接派人或亲自担任公司董事长,参与公司治理的积极性很高。这种积极性在一定程度上导致所有权和经营权的分离程度偏低,公司的经营激励机制较强。

对于股权高度分散的公司来说,由于所有权与经营权高度分离,中小股东参与公司治理的成本与收益不对称,因此他们参与公司治理的积极性不高。在这种股权结构安排下,经理人可能出于自身利益的考虑,引发道德风险和逆向选择行为,公司的经营激励机制较弱。在公司股权相对集中的情况下,大股东拥有公司的相对控制权,一般情况下有参与公司治理的积极性,因而存在一定程度的激励。但是,由于他们对公司经营风险承担的责任

作者单位:郑煤集团财务资产部

有限，参与公司治理的积极性相应受到影响，自然激励程度也要受到制约。此种股权结构下的激励机制要复杂一些，要优于高度分散的股权结构而劣于高度集中的股权结构。

2. 股权集中度与监督机制

公司经营管理的监督机制，对保证公司的业绩提高和稳健发展，具有十分重要的意义，是上市公司经营发展的重要保障。而这种监督机制的有效性，很大程度上受制于公司的股权结构。当公司有绝对控股股东时，则该股东有动力也有能力监督公司的经营者。但是，在公司有绝对控股股东而其他股东均为小股东的情况下，小股东难以挑战控股股东的地位，逐渐丧失了对经理人管理活动的有效监督。因此，只有控股股东才能够拥有足够大的力量对他所任命的经理人进行监督。在公司股权高度分散的情况下，对经理人的监督便成了一个严重的问题。由于分散的单个股东的监督收益与监督成本不匹配使其缺乏监督的动力。在大家都不想付出监督成本的心态下，"搭便车"变得十分普遍，对经理人的监督仿佛是一个包袱。

3. 股权集中度与代理权竞争

代理竞争权是另外一种约束机制，经理人劳动市场的存在是促使经理人努力工作的重要原因。在公司股权高度集中的情况下，绝对控股股东在代理人的委派上有充分的甚至是绝对的话语权和决定权，不可能出现与其他股东的委派人在竞争中失利的情况，各个代理人之间存在着严重的不公平性。在这种情况下股东代理人的更换就会很谨慎、频率很低。因此，高度集中的股权结构不利于公司代理权的充分竞争，也不利于经理人的更换。

在公司股权相对集中的情况下，相对控股股东中单个股东一般都不具有对经理人的绝对决定权，使得代理权竞争程度较强。由于相对控股股东持有相对较多的股份，他们对经理人的经营状况和经理人的更换也高度关注。而且他们可凭借相对控股地位提出自己的代理人人选，并使之参与到代理人更换的竞争中去。可见，这种股权结构更有利于代理权的竞争，更有利于增强经理更换的压力。

4. 股权集中度与并购

并购是一种非常有效的外部公司治理机制，它可以导致合并后的公司价值大大高于收购公司与目标公司的简单加和，是通过公司控制权转移而对经理人施加的一种强制性市场约束力量。并购的频率和公司经理更换的频率是紧密联系的。

在公司股权相对集中的情况下，相对控股股东对待收购的行为特征具有两面性：一方面是收购的反对力量，会采取各种行动阻止收购。另一方面，如果相对控股股东是收购方，则可以减少收购成本，有利于收购成功。因为相对控股股东只要再增持少量股权就可以收购成功，加之其了解目标公司的各种情况，具有信息获得方面的优势，所以在收购价格的确定过程中处于有利地位。

(四)法人股比例与公司业绩的关系

法人股是法人经营自身财产的一种投资行为，投资动机在于获得投资收益、跨行业经营等。目前的法人股同国有股一样都不能在股票市场上自由流通，但是它有真正的持有者，不存在所有者缺位的问题。而且法人股股东的收益主要来自于上市公司的分红利息，他们不会有通过股价差额获取收益的想法。因此，法人股股东为了获得投资收益更有动力监督大股东和经营者，以求公司的经营管理有利于长远的发展。另一方面，法人股的资本不仅只有国家资本，还有民营资本和集体所有的资本。而后来两种资本的注入使得法人股东对经理人行为后果所承担的风险要大于国有股东所承担的风险，考虑到风险与收益的匹配，法人股东对企业经理人进行监控的积极性高于国有股东代表人，成为上市公司治理结构中的"积极监督者"。这种积极地投入对公司的经营管理起到了很大的作用，更加有利于公司绩效的提高。

（五）流通股比例与公司业绩的关系

流通股是我国目前唯一能够在证券市场上自由买卖的股票。在一个健全的资本市场上，流通股对公司的治理起着至关重要的作用，股价的波动将会直接影响到公司的市场价值。但是，目前我国上市公司股权比例中，流通股所占比例很小，流通股东是在公司治理中处于不利地位的中小投资者。所以，在重大问题的决策上，小股东的意见只有与大股东相符时才会被采纳，否则就会被拒绝。在这种形势下，加大流通股反而会阻碍公司业绩的提高，只有在全面改善流通股状况的时候才会出现有利于业绩提高的情况。

通过以上的分析研究可以得出以下结论：股权集中与上市公司的业绩呈"U"形相关，国有股比例、流通股比例与上市公司的业绩负相关，法人股比例与上市公司业绩正相关。

二、模型建立与研究方法

在研究方法上，笔者采用了描述性统计分析与多元线性回归分析相结合的方法来验证所提出的前面关于两者关系的分析，同时利用 Excel 进行处理，其回归模型为：

$$ROE = \alpha + \beta_1 SIZE + \beta_2 FOL + \beta_3 GROW + \beta_4 PER$$

式中 ROE——净资产收益率；

α——截距；

SIZE——公司规模，取上市公司总资产的对数；

FOL——财务杠杆，即上市公司资产负债率；

GROW——净利润增长率；

PER——各属性股权的比例，分别代表国有股比例（PS）、法人股比例（PL）、流通股比例（PT）。

模型以公司净资产收益率为因变量，以第一大股东持股比例、国有股比例、法人股比例、流通股比例等为自变量进行回归性分析。

在选取的上市公司样本中，利用回归模型统计出影响股权结构与上市公司业绩关系的数据，从这些数据中寻找各个变量之间的关系。在回归性分析中，主要从两个方面进行分析，即流通股、法人股、国家股与公司业绩的关系，第一大股东持股比例与公司业绩的关系。

实际上，业绩与各个变量之间呈现的是线性相关。法人股的线性系数为正数，它们之间呈正相关关系。与国有股、流通股之间形成的系数为负数，它们负相关。可以看出，净资产收益率与第一大股东持股比例之间存在显著的二次函数关系。也就是说，当第一大股东持股比例比较低时，公司业绩随着第一大股东持股比例的增加而下降；当第一大股东持股比例比较高时，公司业绩随着第一大股东持股比例的增加而增加。

由以上的回归分析可以得出:公司业绩与第一大股东持股比例、法人股东持股比例、财务杠杆正相关,与国有股比例、流通股比例负相关。

三、改善我国上市公司股权结构提高公司业绩的对策

我国上市公司的股权结构呈现出国有股高度集中且不可流通,可流通的社会股只占总股本的少数。在这种特殊的结构的影响下,我国上市公司治理不仅要面对管理者与公司股东的利益冲突还要面对控股大股东与广大中小股东的利益冲突。而且,我国股份制公司的股权结构形成并不是竞争的结果而是在我国政府政治经济思想的指导下逐渐形成的一种中国国内独有的现象。这种股权结构存在着许多不足之处,应该优化结构,提高公司整体发展水平,使之最终达到由少数"人格化"的股东联盟实现股权结构在中国经济下的合理配置。建议做到以下几点:

(1)形成股权制衡局面。通过股权分置、转让、置换等措施,减少国家股比例,合理分配法人股和流通股以及第一大股东中所占比例,努力形成代表不同利益主体的若干个法人或者自然人的群体股东,共同形成相对的股权制衡局面。对于第一大过股东的持股比例,要将其界定在能够促进公司业绩提高的合理范围内,而非过度的分散或者过度的集中。在解决这一问题时,我们可以将绝对控股的国家股第一大股东拆分成相对集中的有制衡能力的法人股和流通股。通过减持国有股使其比重降低,有利于优化股权结构,消除国有股产权不清的制度性弊病,造就适应市场竞争的经营机制。

(2)有意识的培养机构投资者,建立多元化的投资主体。机构投资者是指以投资公司债券和股票为目的的金融机构。其中,银行是众多机构投资者之一。除此之外还包括保险公司、共同基金、养老基金、风险资本投资公司等。它们在角色扮演中既是公司股东也是债权人。

在现代公司治理中股东是公司的所有者而不是经营的管理者,在公司治理问题中所做的决策往往是由管理者掌握的。在这种情况下公司就必须建立一种合理的机制,保障公司管理者与所有者对公司决策的影响达到相对平衡的状态,即加强监督控制。

(3)完善市场法制体系,重视对中小股东利益的保护。在建立一个合理的股票市场的法制体系的同时,还要从法律角度对中小股东的利益进行保护,使之合理的利益不受侵犯。因为只有在一个利益得到充分保护的市场环境之下,广大的投资者才有可能进行有秩序、高效率的交易活动,形成上市公司有效的股权结构进而实现资源的合理配置。只有建立起包括证券民事赔偿制度在内的一系列重要的规范市场交易,保护正当利益的法律制度体系,并使其得到真正意义的执行,才能从根本上遏制大股东和管理者出于自身利益的保护而损害中小股东合法权益的行为。

关于对煤炭企业兼并重组的思考

朱向国

在2010年8月25日的国务院常务会议上,强调要积极探索煤矿企业兼并重组的有效方式,支持符合条件的国有和民营煤矿企业成为兼并重组主体,鼓励各种所有制煤矿企业以产权为纽带、以股份制为主要形式参与兼并重组。兼并重组主体企业要担负起被兼并企业的安全生产责任,确保煤矿生产安全、平稳进行。

煤炭是我国的主要能源,煤炭工业健康发展关系到国家能源安全和经济安全。改革开放以来,我国煤炭工业发展取得显著成就,但由于一些非法开采和技术落后、缺乏安全生产条件的小煤矿大量无序开采,造成煤炭产业集中度低、资源浪费和环境污染严重、勘察开发秩序混乱、生产安全事故多发,制约了煤炭行业生产力水平的提高,延缓了煤炭行业结构调整与经济方式转变的进程。为提高煤炭生产集约化程度、安全生产和科技水平,有序开发利用煤炭资源,推动现代煤炭产业发展,必须按照安全、节约、清洁和可持续发展的原则,坚持政府引导与市场机制相结合,充分调动各方面积极性,推动煤炭企业兼并重组,淘汰落后产能,优化产业结构。

一、企业兼并重组小煤矿的重要意义

小煤矿历史上曾为能源供应做出过一定的贡献。但由于绝大多数小煤矿先天投入不足,保障安全生产能力差,造成沉疴难愈。据河南省煤矿安全监察局发布的2010年上半年全省煤矿事故简况显示:河南省小煤矿上半年共发生4起事故,死亡123人,死亡人数同比增加114人,占全省上半年煤矿事故死亡总人数的86%,百万吨死亡率达到12.08%,同比增加11.73%。河南省上半年发生的新密矿难、伊川矿难和平顶山卫东区兴东二矿矿难3起事故,都是因为小煤矿矿主冒险蛮干,违法违规组织生产造成的。

我国煤炭资源大省山西省近年来在解决小煤矿问题上下了不少工夫,但煤炭业粗放的发展模式没有得到根本改变,安全基础依然薄弱。为从根本上改变现状,调整、升级山西的煤炭产业,于2008年率先在全国启动了煤炭企业兼并重组工作。随着兼并重组小煤矿的推进,山西省煤炭工业经济的质量和效益不断提升,煤炭工业的可持续发展能力将得到明显增强,安全保障能力明显增强。国家安全监管总局、国家煤矿安监局发布关于2010年6月中旬7起煤矿较大事故的通报中,已经没有了山西煤矿的身影。

二、坚持"五真"原则,是兼并重组小煤矿成功的关键

为全面贯彻落实科学发展观,坚持以人为本、安全第一,以加快河南省煤炭基地建设为主线,充分发挥大型煤炭企业管理、技术、资金、人才优势,实施煤炭企业兼并重组,大力

作者单位:河南煤业化工集团有限责任公司财务管理部

培育发展大型现代化煤炭企业和企业集团,着力提高煤炭产业集中度,提升煤矿安全生产水平,促进河南省煤炭工业安全发展、节约发展、清洁发展和可持续发展。2010 年伊始,河南省煤炭业兼并重组全面提速。2 月 26 日,河南省政府正式公布《河南省煤炭企业兼并重组实施意见》,确定兼并重组主体,大力支持河南煤业化工集团等 6 家省骨干煤炭企业作为兼并重组主体,兼并重组小煤矿。郭庚茂省长在 7 月 8 日的河南省煤炭企业兼并重组工作会议上指出,经过前一阶段的努力,全省煤炭企业兼并重组工作取得了阶段性成果,进入了任务更为艰巨的实质性整合阶段。实质性整合的关键是资产整合,整合主体必须绝对控股即控股方的实际出资比例要确保达到 51% 以上,而且整合资金必须及时足额到位。

在河南省委、省政府安排部署煤炭企业兼并重组工作之后,河南煤业化工集团迅速行动,自觉把思想认识统一到省委、省政府的决策和部署上来。积极与产煤地政府对接,营造兼并重组的和谐氛围;明确主体企业,理清工作思路,以隶属的永煤公司、焦煤公司、鹤煤公司为出资主体,分别在安阳市、新乡市、济源市和鹤壁市设立了兼并重组区域公司。重组过程中,坚持阳光操作,确保廉洁重组;依法规范重组,兼顾各方利益;保障资金到位,严格安全监管;同时还优选"五职"矿长,配强管理人员,通过主动与煤矿出资人、地方政府及利益相关人协商,基本实现了被兼并煤矿、当地群众、地方政府和整合主体四方满意,取得了兼并重组工作的实质性进展。

在兼并重组小煤矿过程中,河南煤业化工集团坚持"真重组、真出资、真管理、真负责、真安全"的"五真"原则,扎实快速推进兼并重组,在已取得阶段性成果的基础上,目前正全力向实质性融合推进,务求重组取得实效。截至目前,列入河南煤业化工集团兼并重组名单的 58 处煤矿,除安阳市双富煤矿、九龙山煤矿关闭退出之外,其余 56 处煤矿的兼并重组已基本完成,证照变更、安全评估及复工复产准备工作正在紧张进行。框架协议签约率、资产评估完成率均达到 100% ,900 余名"五职"矿长及关键岗位管理人员已经进驻煤矿。

河南省副省长、河南煤业化工集团原董事长陈雪枫表示,兼并重组既是政治觉悟的考验,也是战略眼光的检验;既是应尽的社会责任,也是难得的发展机遇。在兼并重组过程中始终坚持"五真"原则,通过货币出资和资产、股权受让,实现对兼并重组煤矿资本层面绝对控股不低于 51% ,确保资金及时足额到位;对煤矿管理层面的实质控制,纳入集团的管理体系等。总结兼并重组的经验,其中最重要的是真投入,只有真投入才能理直气壮地行使对被兼并重组小煤矿的管理权,才能解决安全问题。

河南煤业化工集团坚持以"四个重在"为统领,严格按照"三具两基一抓手"工作要求,大力实施"两调整、两提高,两创新、两带动"战略举措和煤炭企业兼并重组战略,加快企业发展方式转变,企业核心竞争力和可持续发展能力显著增强。从重组之初的 2008 年到"十一五"末的 2010 年,集团公司资产总额从 733 亿元到突破 1 400 亿元,平均每天增加 1 个亿,约占河南省管工业企业总额的 40% 以上,是河南资产增加最快、最多的企业;营业收入突破 1 400 亿元,约占河南省管工业企业总额的 40% 以上;煤炭产量从 4 465 万 t到 7 401 万 t,增长近 1 倍;集团在全国大发展格局中的位次不断前移,在全国企业 100 强中排名由 2009 年的第 68 位前移到 2010 年的第 60 位;2010 年度以营业收入 1 469. 91

亿元进入世界企业500强,位列第446位。这是河南省诞生的首家世界500强企业,标志河南工业企业进入了一个崭新的发展阶段,对于提升河南工业企业的市场竞争力和社会形象、推进中原经济区建设具有重要意义。

三、兼并重组小煤矿中存在的问题及对策

(一)兼并重组小煤矿中存在的问题

(1)兼并重组小煤矿投入高、风险大,影响大型煤炭企业兼并重组的积极性。煤炭行业是高危行业。小煤矿装备水平低、开采工艺落后、安全生产基础差、事故发生概率高。大型煤炭企业兼并重组后将承担很大的安全生产压力。为提高小煤矿技术水平,夯实安全生产基础,需要投入巨额资金对被兼并重组小煤矿进行技术改造和产业升级,并购资金压力较大。

(2)根据国务院国资委《企业国有产权无偿划转管理暂行办法》,对地方国有小煤矿的兼并重组,需要进行国有产权的划转。但国有小煤矿的矿井普遍老化,开采方式原始,安全投入不大,企业包袱重,员工素质偏低,技术人员流失。

(3)兼并重组后企业文化和管理融合难度较大。如河南煤业化工集团兼并重组的煤矿分布在安阳、鹤壁、新乡、济源和禹州多个地市,点多面广,就目前被兼并重组小煤矿的现状看,认识不到位、制度不健全、人员素质较低、企业文化落后等现象十分普遍。要短期内把大型煤炭企业多年来积累和形成的科学的管理方法、先进的经营理念和优秀的企业文化融入移植到被兼并重组小煤矿中去,难度较大,需要有一个较长的过程。

(二)优化兼并重组小煤矿的对策研究分析

(1)为支持大型煤炭企业兼并重组小煤矿,国家应设立专项资金,支持兼并重组企业技术改造和产品结构调整。并充分发挥资本市场推动企业重组的作用,落实税收优惠,加大金融支持力度,完善矿权及土地管理政策。

(2)为促进兼并重组地方国有小煤矿,必须坚持发挥大型煤炭企业的主体作用,充分尊重企业意愿;坚持市场化运作,促进市场公平竞争,优胜劣汰;依法妥善解决资产债务处置和职工安置问题,维护企业、社会的和谐稳定。

(3)为加快企业文化和管理的融合,逐步提升兼并重组小煤矿的管理水平和档次。要求派驻兼并重组小煤矿各级管理人员,要把促进兼并重组小煤矿作为贯彻落实科学发展观,保持经济平稳较快发展的重要任务,进一步统一思想,正确处理局部与整体、当前与长远的关系,促进产业结构优化升级,加快转变发展方式,提高发展质量和效益,为被兼并重组小煤矿的可持续发展奠定坚实的基础。

关于兼并重组煤矿财务问题的探讨

赵文全

随着煤矿兼并重组步伐的加快,各种各样可能涉及财务方面的问题随之而来。实践中,笔者认为下列方面需要引起高度重视。

一、重视财务工作在兼并重组过程中的重要作用

煤矿兼并重组过程是一个系统工程,涉及不同专业、不同领域、不同部门,譬如规划、地质、技术、一通三防、排水、机电等。实践中,往往重视主体专业、部门的作用和意见,相对忽略财务部门、财务人员的作用和意见。但是,兼并重组过程中的资产核查、资产评估、资金运作、资产移交等工作也是十分重要且必不可少的,甚至有时是起决定作用的因素。特别是兼并重组过程中涉及的资产账册移交,资源价款清缴,各项税费补交,账务衔接等问题,都是财务部门、财务人员必须全程参与且必须积极发挥作用的地方,若监管不到位可能会给企业未来发展造成不可弥补的损失。

二、重视各种证照的持有及办理情况

虽然各种证照的持有及办理情况不是财务部门、财务人员主要负责的,但是往往因为各种证照的持有及办理不及时、不到位,造成企业被罚款、年检不通过、违法生产经营等情况的出现,直接影响企业持续、安全、稳定的生产经营。为此必须"六证"齐全,即必须具备采矿许可证、企业法人营业执照、矿长资格证、矿长安全资格证、煤炭生产许可证和安全生产许可证。实践中,要根据企业生产经营实际情况及时变更各种证照要素,不要因为各种证照要素变更不及时而影响企业正常生产经营,譬如企业法人营业执照要根据企业实际情况及时变更诸如法人名称、法定代表人、经营范围等内容。特别提醒的是中小煤矿一般因贷款受限,资金紧张,普遍存在边技改边销售情况,但营业执照上经营范围显示的却是对煤矿投资,明显违背了营业执照登记的相关政策。因此,经营范围一定要及时变更,一般在技改验收通过、"六证"办理齐全后,及时由对煤矿投资变更为从事煤矿生产、销售,否则可能会给企业带来巨大损失。

三、重视资产核查、资产评估、资产移交

目前参与煤矿兼并重组的被兼并重组企业,一般都是规模小、资源相对枯竭的中小煤矿,并且大部分是个人投资的煤矿。企业管理制度不健全,人员素质低,特别是各项财务管理制度不健全,财务核算不规范,财务资料不齐全,账册记录不真实,"白条"抵账等问题普遍存在。因此,必须聘请社会中介机构进行评估,核实资产,清查债务,而这一过程必

作者单位:河南地方永安煤业有限公司

须由财务部门、财务人员全程协助。只有认真做好资产核查、资产评估、资产移交，才能为企业未来健康发展创造坚实的基础。

四、重视煤矿兼并重组企业或有负债问题

煤矿兼并重组是一个艰巨、复杂的过程，被兼并重组企业往往因为各种原因，不能及时、全面、真实地提供与兼并重组有关的信息、资料、数据、合同、协议等，因此通过社会中介机构进行评估而出具的资产评估报告，未必能完整、真实的反映企业的资产、负债、所有者权益状况。因为被兼并重组企业是否存在未来影响企业生产经营、可能形成企业未来或有负债的合同、协议等内容不可而知（如果被兼并重组企业不如实提供），如与周边农村签订的已执行或未执行的各种合同、协议（包括口头协议、继承实事、履行惯例等），与客户或供应商签订的已执行或未执行的各种合同、协议等。因此，必须深入了解、积极沟通被兼并重组企业，采取登报声明等措施加以防范，并在兼并重组合同或协议中注明，因被兼并重组企业未及时、全面、真实地提供与兼并重组有关的信息、资料、数据、合同、协议等而引起的各种纠纷、或有负债等事项由原股东完全承担。

五、重视煤矿兼并重组过程中各项税费问题

社会中介机构进行评估而出具的资产评估报告，一般只对企业已经发生的、应由企业负担的各项税费进行了反映，未对被兼并重组企业停产或半停产期间的相关税费进行计提，也未对兼并重组过程中可能产生的各项潜在税费进行反映。这包括应由企业负担的，连带由企业负担的各项潜在税费进行反映，但这种停产或半停产期间产生的相关税费，及各项潜在税费未来可能会给企业带来损失。譬如煤矿兼并重组过程中产生的个人所得税需要兼并重组整合主体履行代扣代缴义务，被兼并重组企业是否已结清应缴纳的资源价款、矿产资源补偿费等。因此，必须在兼并重组合同或协议中注明，对煤矿兼并重组过程中可能产生的各项潜在税费，除非税收法规规定由兼并重组企业负担外，应由原股东完全承担。

六、重视煤矿兼并重组合同、协议签署的缜密问题

煤矿兼并重组合同、协议签署的是否缜密，是否符合《合同法》等相关法律法规规定，直接影响有关各方权利、义务的履行，是解决相关各方利益纠纷的法律依据。

相关各方必须严格执行已签署的煤矿兼并重组合同、协议，在平等、友好、协商的基础上共同解决生产经营过程中出现的问题。实践中，笔者认为煤矿兼并重组合同、协议在以下方面务必缜密：

（1）管理权问题。务必注明董事会领导下的总经理负责制，小股东不能直接参与管理，股东之间发生纠纷、矛盾等，必须通过召开股东会、董事会协商解决，不能以影响正常生产经营的方式解决。

（2）档案移交问题。企业正常生产经营存在连续性，各种技术资料、财务资料等档案资料必然存在持续性衔接问题，因此务必注明档案移交。

（3）或有负债问题。必须注明因被兼并重组企业未及时、全面、真实地提供与煤矿兼

并重组有关的信息、资料、数据、合同、协议等而引起的各种纠纷、或有负债等事项由原股东承担。

(4)潜在税费问题。必须注明可能产生的各项潜在税费,除非税收法规规定由兼并重组企业负担外,应由原股东承担。

七、重视财务制度建设问题

被兼并重组企业,一般都是规模小、资源相对枯竭的中小煤矿,并且大部分是个人投资的煤矿,企业管理制度不健全,人员素质低。因此,在兼并重组合同、协议签署后,应把制度建设提到日程上来,有组织、有计划、有步骤,按轻重缓急进行实施。譬如针对私有煤矿财务制度不健全,财务核算不规范,财务资料不齐全,账册记录不真实,“白条”抵账等问题,要出台《出纳岗位职责》、《会计岗位职责》、《货币资金管理办法》、《会计业务流程管理办法》、《财务审批制度管理办法》等,把财务制度、财务管理、监控体系建立起来,明确责任,循序渐进改变私有煤矿财务制度不健全,财务核算不规范,财务资料不齐全,账册记录不真实,“白条”抵账等问题。

八、建立财务人员委派制度,重视财务人员配备,加强财务人员培训

现实工作中财务人员不仅要面临集团公司、生产矿井的双重领导,还要面临来自其他股东的巨大压力。为摆脱财务人员左右为难、举步维艰的两难境界,必须建立财务人员委派制度。实行财务人员集中统一管理,与生产矿井彻底摆脱关系,以便财务人员按照集团公司的整体意志、采用统一的处理方法处理各种业务。

另外,必须重视财务人员配备,加强财务人员培训。目前,生产矿井一般配备1名财务主管、1名会计、1名出纳,如果只负责最基本的财务核算,人员配备是够的。但是,集团公司对生产矿井财务人员的要求不仅仅是最基本的财务核算,而是上升到财务管理的高度,各种数据、各项分析等要求上报的资料信息层出不穷,管控、考核等措施不断出台,俨然是按照国有大中型煤矿要求的,但人员配备却是按照私有小煤矿配备的,显然与企业的发展要求是不符的。况且,生产矿井财务人员日常不仅仅只负责财务核算,而且经常被领导安排其他工作,譬如与工商、国土资源等政府部门的沟通协调,劳资、统计、材料核算等日常业务的指导等。因此,建议生产矿井配备4至5名财务人员,以适应企业发展的需要。在配备充足人员的基础上,加强财务人员日常业务培训,实行集团公司统一的财务核算制度,使人人在处理相同的经济业务时,使用相同的核算方法,得到相同的核算结果。

关于实行内部市场化的思考

孟亚层

从计划经济到市场经济,中国的市场环境经历了很大的变化,公司营运的目的与目标也相对改变了。为了适应市场经济,企业的运作模式往往需要很大的改革。举例来说,河南金马重型机械公司由过去的国有经济改制为集团公司控股的股份制公司继而过渡到民营企业。过去,只着重于生产,将营销与销售工作留给集团公司,大部分的销售市场仅限于集团公司内部单位。为了有效地实施这样重大的改革,金马公司高层管理人员经过市场调研、实地查看、严推细敲后果断提出:在企业内部实行市场化运行机制。

为了实现从计划经济到市场经济的转变,高级管理层必须把新观念转化成明确的奋斗目标。管理层还应该发展一个以市场为导向、推动创新、不断学习求进的组织。为达到这个目标,管理层借鉴学习了海尔集团管理理念及"三机重工"先进经验等其他公司在市场经济体制下的运作经验,探索最佳的营运模式,并与企业内部各阶层分享这一研究成果。

一、总体部署

市场化运行的总体部署主要有以下几个方面:

(1)推行市场化运营。河南金马重型机械制造公司把所属 14 个生产基层单位作为市场主体完全实行市场化运营。下放自主经营权,各分公司之间所提供的产品及劳务,层层发包,相互间签订买卖和加工协议。公司财务部依照签订协议履行情况进行款项的拨付,打破了传统的计划管理模式,使每一个分公司都成为成本控制中心和利润中心。产品(配件)实行收购制,公司通过定单将产品发包给分公司,与分公司之间实行买卖关系,分公司依照市场价将产品卖给公司。公司对各分公司财务管理主要通过加强财务管理、控制资金流向等措施,积极引导,确保市场化规范运作。

(2)建立"横到边,纵到底"的内部市场价格体系。生产分公司和车间设立专人,对工资单价、材料单价、能源单价、修理费定额、内部租赁单价等项目及各类工作量进行测算、汇总,特别要重视建立产品价格体系,形成内部各项产品、劳务的结算价格,制定覆盖三级市场体系的内部市场价格目录,使价格无处不在,市场无处不在。

(3)完善目标利润考核体系。公司通过目标利润测算并结合各基层单位实际情况,对各分公司利润指标重新测定,并下达利润指标计划。公司要求各分公司经理层缴纳数额不等的经营保证金,保证金与单位利润指标挂钩,形成利益共享,风险共担,完不成利润的,由经营保证金抵补,保证金不足部分重新缴纳,有效提高了分公司经营者的生产积极性、工作主动性。公司有关部门每月对分公司经营情况进行综合考核,与当月单位工资总

作者单位:河南金马重型机械制造有限责任公司

额挂购。同时,通过内部审计部门和外审部门定期对各分公司经营情况进行审计,以确保经营的真实性。

(4)全方位控制成本。目标利润的实现是督促管理层及员工在生产中厉行节约、降低成本的重要体现。公司一改过去重生产不重成本的习惯作法,把成本作为生产经营中的第一任务,全员树立"大成本"意识,通过层层考核使每个员工树立起成本理念。各分公司经理为成本控制的第一责任人,明确责任,奖惩兑现。为了更好控制成本,要求各分公司对所发生的成本费用层层细分,各项指标分解到班组和个人,使班组成为真正意义上的成本控制体。员工成为成本控制的管理者。各分公司根据本单位的特点,逐步建立健全了成本管理及预算体系,做到了事前预测,事中控制,对每一项费用支出都有专人管理,做到心中有数;在月末,对当月成本支出做到认真分析,查找成本的形成和变动情况,纠正不合理成本形成的原因,挖掘降低成本的潜力,做到了事后分析。

(5)规范预算管理。加强销售合同签订和日常管理,对产品销售定价实行合同定立前的保本预算。公司成立了市场运营管理部,重点对产品定价、合同管理和产品发包等市场化运行过程进行指导和监督,要求市场运营管理部时刻把握产品的市场价,对产品的合同签订起指导作用,确保了产品与外部市场完全接轨。具体操作过程如下:一是销售部根据所承揽的活源向市场运营管理部报出销售预算,市场运营部经测算可行后通知销售部签订销售合同。二是市场运营部根据所签订的销售合同和工期,编写生产定单;技术部根据生产定单,编制工时定额和材料定额;生产计划部根据生产定单和定额,下达生产计划。三是物资供应部根据生产计划先立库,然后负责编制生产所需的物资采购预算。四是市场运营部根据公司各单位报送的资金收支计划统筹编制资金收支计划,由企管、财务、销售、生产、供应、劳资、技术、市场运营部等部门共同编制资金预算,所有的预算全部围绕资金预算展开。

二、产生的效果

市场化运作对成本管理是一种新的考验,它不仅改变了以往分公司仅考虑部分成本控制的传统作法,而且提高分公司统盘考虑全部成本控制的责任意识。自实行市场化运行以来取得了一定的成绩,归纳起来有以下几点:

(1)建立了竞争机制。没有竞争的内部环境必然导致缺乏活力,2008 年以来,金马公司建立健全各项制度,人事制度方面全面引进了竞争机制,科级以上干部的选拔任用,必须通过招聘并通过考评委员会的考评才能上岗;分配上拉开档次,生产工人由单位效益和个人完成产量、质量等因素来确定工资水平。完善人才激励机制,收入、生活待遇全面向科技人员、生产技术能手倾斜,目前,在金马重机已经形成了尊重知识、尊重人才的良好氛围。通过建立竞争机制,干部职工的积极性被调动起来,使过去的"要我干、要我学"变成了"我要干、我要学"。

(2)转变了干部职工观念。由于把职工的经济利益和本单位经营效益紧密地联系在一起,职工学会了算大账、算细账,自觉降低成本,效益观念、市场观念逐渐得到了确立。

(3)降低了成本。特别是在原材料上,以前对分公司实行计划考核,分公司每次按计划领用材料,多少不用考虑,成本控制在公司经理层、财务核算及技术部门,分公司的积极性调动不起来。现在每一个分公司都是一个成本控制中心，公司及技术部门仅起一个指导作用，把成本控制放在最前线，在一定程度上调动了降低成本的主动性。通过一段时期运作，降成本的效果初步显现。如从液压支架部分部件材料利用率分析中可以看到，在市场化前铆焊件材料利用率仅有75%左右，油缸件综合材料利用率仅达69%左右，部分部件最少的才达到40%左右。通过市场化运作后，各分公司全方位调动员工的创造性、责任感，材料利用率明显提高，材料利用率综合提高3%～5%，仅此一项每年将节约上百万元。又如在矿车制造中，矿机修造分公司从生产工艺、从材料及其价格入手，全方位降低成本，每台成本降低300～600元；又如铸造分公司在废钢利用上，从以前年度的1.3:1提高到现在的(1.1～1.2):1。

由于市场化运行机制的内在动力，金马公司在2010年各项经济指标创历史最好水平，实现了企业发展历程中的又一次大跨越。企业总资产规模由改制时的2.6亿元提高到目前的5.4亿元，实现利税3 836.9万元(其中税金2 403.96万元)

三、需要注意的问题

实施市场化以来，尽管在企业内部取得了一定的进展，但也产生出一些需要注意的问题，主要是以下几方面：

(1)实施企业内部市场化要与改革改制相结合。以前，企业内部各单位并不面对市场，市场机制的引进，必定要在组织结构上进行变革，其责、权、利在形式和内容上有了较大变化，因此在实施内部市场化时要进行相应的改革改制。

(2)实施内部市场化管理要建立相对固定的指标体系。指标体系是内部市场化的最重要基础，这个指标体系除要科学、合理、相对精确、与外部市场接轨外，还要相对固定，一年之内最好不进行大的调整。

(3)实施内部市场化管理必须与资产经营管理有机结合。不仅要把眼睛盯在成本、价格等方面，还要充分考虑与资产管理相结合，比如厂房、设备、办公室的价值，都应纳入价格体系中，纳入各单位的生产经营考核指标内。

(4)推行内部市场化应加强监管工作。监管工作主要指主管单位的指挥、协调和监督，必须严格市场价格与企业内部发包价的协调，同时也要发挥企业审计部门的作用，最大限度地杜绝漏洞。

关于煤矿资源整合中的问题探讨

李　伟　路建峰

当前,无论是中央或者是地方政府都迫切要求国有企业在煤炭资源整合过程中发挥主力军作用。尤其是将小煤矿纳入煤炭资源整合的重要范围,以达到煤矿本质安全和煤炭产业集约化发展的目的。但是在小煤矿整合时间紧、涉及面广、情况复杂的形势下,资源整合仍然是举步维艰。笔者就这一问题略陈管见,以期为对小煤矿资源整合工作提供理论借鉴。

一、小煤矿整合的现实背景

为破解安全难题,政府要求国有煤企兼并重组小煤矿,最终实现本质安全和规模经济的目的。要想达到这一目的,必须了解小煤矿整合的历史和现实背景。

(1)小煤矿在历史上为煤炭产业的高速发展发挥过积极作用。改革开放以后,国家对煤炭产业采取了"大、中、小煤矿并举"的鼓励性政策,极大地调动了地方和农民办矿的积极性,加上一系列有力的措施,为乡镇煤矿的发展创造十分有利的条件,掀起了大办乡镇煤矿的热潮。后来煤价逐步放开,乡镇煤矿利润更为丰厚,又给其发展增加了新动力。一段时间内,使小煤矿成为中国煤炭产业的重要组成部分,对煤炭产业的快速增长都起到了重大的推动作用。

(2)小煤矿的法人林立制度造成行业内部经济主体相互侵权及资源浪费。在小煤矿推动煤炭产业高速发展的同时,也出现了一个极为特殊的现实情况,小煤矿作为独立的法人普遍存在。现阶段中国的小煤矿基本上是私营出资、承包经营、地方行政管辖,同一行政区域内小煤矿属于竞争关系,形成多层次的"诸侯割据"。小煤矿的经营目标偏重于利润,对社会责任目标考虑的很少。有很多小煤矿依靠超范围开采维持正常经营,安全投入较少,生产成本较低,导致国有煤企在市场竞争中处于不利的竞争地位,加大煤炭产业内部的市场摩擦,导致煤炭产品价格偏低。从这个方面看煤炭企业组织程度低、分散经营导致资源浪费同时使竞争优势丧失。

(3)小煤矿的分散经营影响了煤炭企业的安全及经济效益。长期以来,我国很多小煤矿存在产量规模小、安全基础差、抗灾能力低、技术装备落后、生产管理粗放、人员素质较下、资源浪费严重等突出问题,对我国资源利用、经济发展和社会稳定带来的负面影响越来越明显。其主要表现在:小煤矿不符合国家淘汰落后生产能力和调整煤炭产业结构政策;小煤矿技术、工艺和设备比较落后,对矿井生产系统的优化产生不利影响,不利于提升小煤矿安全生产水平;小煤矿安全投入不足,安全教育体系不健全;劳动用工多以农民工为主,缺乏专业的技术管理人员,造成安全隐患发生的概率比较高。

作者单位:平顶山天安煤业股份有限公司朝川矿

二、小煤矿资源整合面临的问题及原因分析

随着中国市场竞争的加剧以及企业兼并重组步伐的加快,中国煤炭产业组织结构已出现逐步改善的趋势。但高度分散化的状况并没有得到根本的改变。小煤矿仍然游离于煤炭企业重组范围之外,煤炭资源整合的成效也极为有限,原因在于市场和政策层面。

(1)管理体制是根本性的制约因素。目前,小煤矿整合的重组进程过于缓慢,在诸多影响因素中,管理体制是根本性的制约。按原有和现行的管理层次划分,煤炭产业的管理至少可以分为三个层次。第一个层次是中央政府直接管理的企业;第二个层次是省级政府直接管理的企业;第三个层次是省以下政府管辖的小煤矿,这部分煤炭企业所占的比例是压倒多数的。每一家煤炭企业都有自己的上级主管部门,形成了以行政管辖范围为划分标准的、条块割裂的资源封闭与独立的煤炭企业管理格局。这种以行政主体划分的格局受各自利益的驱动,不但没有被市场竞争所打破,反而得到了一定程度的强化,从而使得煤炭企业的分化、合并、撤销、联合等产业改制重组行为在市场化的环境中步履更为艰难。

(2)相关者利益是现实中的主要障碍。受小煤矿资本构成的影响,小煤矿存在私人资本、乡镇资本和国有资本的交叉,导致地方和团体经济利益的协调比较困难;受行政区划和小煤矿背后无形的力量的影响,国有企业很难顺利实现跨地区、跨所有制的重组扩张;受经济利益的影响,许多资源枯竭的小煤矿靠偷采国有大矿的资源赖着活下去,给地方政府带来税收利益的同时,也满足了其利益共同体的需求;受安全责任和经济效益的影响,现有大型煤炭企业集团出于自身发展和安全责任考虑,在选择重组对象时,都是以经济效益为主要前提,而没能考虑煤炭企业整合的整体布局和长远利益。

(3)市场压力和政府推力依然不足。西方国家依靠市场的力量使煤炭资源自然集中,数家大企业在煤炭产业中的市场支配力较强。这些大企业主导地位的确立完全是市场力量作用的结果。相比较中国煤炭产业的现状,指望市场的力量来拯救煤炭市场的各自为战、产权林立的问题几乎难以奏效。从几年的现实情况来看,国内的大型煤炭企业的兼并重组基本上始于政府行为,而非市场的选择,政府依靠强行重组让国有煤企拿出上百亿的资金收购小煤矿,会使刚有转机的国有煤企包袱沉重,必然导致内部市场结构失衡和规模经济效益丧失。从煤炭企业自身而言,国内煤炭产业的一部分产品门类具有封闭型寡头结构的特征,一方面不能依靠有效的市场竞争去优胜劣汰,走"大鱼吃虾米"重组道路;另一方面又缺乏政府经济政策和法律规范的支持,使国有煤企兼并重组小煤矿的道路上困难重重,面对私有资本设置的重组壁垒苦于应付。因此,"市场无效、政府无力"的局面导致国有煤企兼并重组小煤矿资源陷入尴尬的两难境地。

(4)兼并重组模式选择的不确定。综观国内外的兼并重组模式,其发展主流主要有自主发展和完全开放模式。"自主发展"的道路,主要依靠内需,并要有一系列的保护,同时,政府要承担干预的高成本和社会稳定压力下的高风险;"完全开放"道路通过高效率生产形成较完善的市场竞争机制,小煤矿在市场竞争中逐渐失去竞争能力,自然走上大树底下好乘凉的发展道路。但是,当前小煤矿兼并重组的方式仍处于商讨争论之中,从托管经营到合作经营,从资产收购到控股投入,从"三真"管理到"五真"模式。这些具有特色

的整合模式其实在本质上难称得上真正意义上的整合,难以起到淘汰落后产能、提高生产效率的目的。仅仅是对安全责任重新划分,缺乏控制权和政府的保护政策,国有企业的先进理念很难融入小煤矿的经营管理,监管也会苍白无力。到底哪种方式能够适合小煤矿资源整合的现状,至今难以给出明确的答案。这种兼并重组模式的不确定性严重影响煤炭企业整合的进程。

三、推进小煤矿资源整合进程的政策建议

由于小煤矿是特殊经济时代产生的特殊企业群体,具有特殊的历史背景。近年来加强合法私有财产的法律保护也逐渐深入人心,单靠行政强制执行已经极不可能,必须要周密部署,制定合规合理合情的整合方案。

(1)积极制定政策法规引导,扶持国有煤企进行资源整合。小煤矿的产生有特殊的历史背景,涉及地方核心利益和部门利益,这就需要政府出台一揽子整合兼并政策,统一地方和部门的思想和行动,打破行政和部门管理限制和利益分割壁垒,完善资源整合的配套措施。为保护小煤矿私人资本财产投入,应建立健全经济补偿标准和补偿机制,鼓励小煤矿主动参与资源重组。从体制和机制上明确小煤矿在煤炭资源重组中的义务和责任;明确国有煤企在煤矿资源整合中的核心地位,从项目安排、资源价款、税收征缴、资源储量等方面,制定小煤矿整合部分税收优惠政策,扶持国有煤企进行资源整合,加快兼并重组进程。

(2)严厉打击非法开采行为,明确安全生产责任关系。管辖小煤矿的地方政府应加大打击非法开采力度,同时加强资源整合政策宣传,形成正确的舆论导向,防止所辖部门借兼并重组之机,谋取地方利益。根据矿场资源分布情况规划参与资源整合的主体,为国有煤企提供较为详细的煤炭资源储备情况,确保国有煤企在资源重组中国有资产不受损失。对实现控股的小煤矿,国有煤企是安全和生产责任主体,应承担安全和生产全部责任,地方政府对安全管理实行有必要的监管。改制后小煤矿必须依法生产经营,政府进行依法保护和监管,不得乱检查、乱摊派、乱收费。

(3)创造和谐的发展环境,简化资源整合审批程序。国有煤企与地方政府积极协调矿地关系的同时,应因地制宜制定与区域经济融合的发展战略,充分研究企业产业发展与地方经济、社会、文化、政策、资源、环境的融合度,防止发展中出现"水土不服"现象。有条件的煤矿可实行军事化管理,减少工农关系问题发生。地方政府应在矿井建设、运力匹配、采矿权出让、用地指标、资源价款等方面进行规范,简化资源整合矿井审批程序,缩短审批流程。

(4)建立法定评估机构,以先进文化引领矿井整合。国家应制定资源核查、资源论证、资源评估、资源审计等责任制度,按照"谁签字、谁负责"原则,客观出具煤矿地质储量和可采储量报告,对有形固定资产和采矿权价款等进行公正评估,依法办理法律手续,帮助整合企业防止国有资产流失。企业根据社会环境、自身特点加强文化建设,用全新的企业精神对内激励员工锐意进取,改善人际关系,培养核心价值观念,对外树立良好形象,提高企业知名度,拓宽发展思路。同时,借鉴小煤矿在劳动用工、工资管理、办事效率、责、权、利统一等方面的管理经验,解决机构臃肿、人浮于事等问题。

(5)合理选择重组模式,全力推进资源整合。国有煤企作为煤炭资源整合的主体,应尽职调查小煤矿当前所处的生产阶段。根据其生产经营的阶段,确定合理的重组模式。对于处于开采后期的小煤矿,不宜组建股份有限公司和有限责任公司,应以资产购买的方式受让小煤矿资产;对于处于衰老报废时期、经济效益低、井下条件艰苦的小煤矿,不宜组建公司,而应努力取得政府的支持让其破产与关闭;对于处于青壮年时期或刚建成投产、有发展潜力的小煤矿,应积极组建有限责任公司;对于极少数经济效益好、技术先进、负担轻、煤质好在市场中具有较强竞争能力的小煤矿,应先组建成有限责任公司,再考虑全资收购成为国有独资。小煤矿作为煤炭资源整合的客体,要强化时间意识、效率意识、责任意识和质量意识,确保尽快通过检查验收,尽快恢复生产,全面完成整合任务。

关于组建集团公司税务管理中心的设想

王运峰

河南神火集团有限公司通过多年的发展,已跨入中国企业五百强行列。集团公司的快速发展一方面给集团带来了新的发展机遇,另一方面也使集团财务管理日趋复杂,在税务管理上存在跨地域、多行业的涉税问题,各地税收政策不尽相同,同时,近两年来,不管是企业会计准则还是各大税种的相关政策法规都有很大的变动,作为企业无法回避税务问题,但从经验来看,税务问题在事前、事中和事后的应对方法不同,其得到的结果就不同。从集团公司目前的形势来看,很有必要加强对税务方面的统一管理,深化对涉税业务的在线指导和动态管理,实行集团公司税务集中管理。

综合来看,集团公司税务管理主要有以下几个方面:税务管理组织分工,税务登记、税务核算及纳税申报,税务报告及档案管理,财产损失申报和所得税汇算,税务审计及税务稽查,税务筹划,税务管理的奖惩办法。

集团公司税务管理的主要任务是:税务政策及法规研究,提供咨询服务,及时收集、发布税收法规,建立健全税务管理规章制度,研究会计、税务制度的差异并处理好二者关系;做好税务筹划,降低运营成本。

集团公司税务管理的基本原则:贯彻执行国家税收法规和财务规章制度;正确处理国家、企业及职工之间的利益关系;遵守国家税务政策,打造公司诚信纳税形象;维护集团公司的整体利益,协调好集团所属各公司与其所在地税务部门的关系。

一、税务管理组织分工

在机构设置上,可设立隶属于集团财务部的专门的税务管理中心。集团本部及各子公司应设立专职人员负责税务管理工作。

集团公司税务管理职责:制定和完善集团公司税务管理规章制度;制定审核各类经济业务的税务处理流程;服务、指导、协调、监督各单位的税务管理工作;对子公司的税务筹划工作进行论证并促进实施;建立与税务部门良好的沟通渠道,形成和谐的税企关系;负责集团本部的纳税申报及日常税务管理工作。

子公司税务管理职责:执行集团公司税务管理制度及流程,对本单位的各类经济业务进行税务审核;负责本单位的税务登记、税务核算及申报;负责税收优惠政策的运用及筹划;负责本单位税务管理的基础工作;对本单位各项经济业务涉税问题进行把关,在重大经济业务活动发生前与集团税务部门协商沟通和汇报,防止出现重大涉税问题。

集团公司和各子公司其他业务部门应配合税务管理中心制定业务流程中的税务处理流程,并执行税务处理流程的规定。

作者单位:河南神火铝业股份有限公司

二、税务登记、税务核算、纳税申报及发票管理

(一)税务登记方面

集团新设子公司办理税务登记前,应及时报告集团税务管理中心,由集团税务管理中心根据税收征管范围及税收优惠政策的有关规定,指导子公司选择合适的地区进行国、地税登记;子公司因经营场所变动需变更征管范围时,由集团税务管理中心指导、协调办理;子公司宣布歇业或清算时,原则上应先对清算过程中存在的税务问题解决完毕,再办理税务及工商注销手续。集团公司在对将要收购、兼并的公司考察或洽谈期间让税务管理中心人员参与对拟收购企业的税务状况进行摸底。

(二)税务核算及管理方面

集团本部及所属各单位应做好税务管理基础工作,依法设置账簿,根据合法、有效凭证记账。避免出现如兼营行为没有分开建账导致从高征税,核算不清导致核定征税,缺乏有效凭证导致企业所得税汇算调增损失。子公司应充分考虑税务成本,事前对发生的各类经济业务进行税务审核并积极进行税务筹划,事后对纳税情况进行分析并找出税收异常变动的原因,从而达到合理运用税收法规节约税收支出之目的。税收核算要严格按照税收法规和会计法规开展,当公司税收筹划涉及调整税收核算时,应按照税收筹划要求进行核算;对经济事项的处理涉及税法和会计法中不明确之处,或税法与会计法之间存在冲突时,应做出一个合理选择。

(三)纳税申报方面

严格执行纳税申报流程。集团公司及子公司税务会计每月依据应交税金明细账与相关涉税科目等资料填制纳税申报表,经主管领导审核无误后按规定上报,同时办理纳税申报手续。子公司需延期申报时,应按有关规定向税务部门办理相关手续并在集团备案。

(四)发票管理方面

严格按照发票管理办法及实施细则等有关规定领取、开具、接收和保管本单位的各类发票。在经济业务运行中,应按发票使用规定,根据经济业务的性质开具和取得合规的发票,严格杜绝跨期发票或过期发票列支成本费用;避免业务人员人为压票影响增值税抵扣和不能按期抄报税的情况。

三、税务报告及档案管理方面

集团本部及所属各单位应建立税务分析报告制度,加强税务档案管理,定期对本单位税收实现情况进行分析,建立本单位税负率标杆。当税负出现异常变动时,应及时分析并向集团税务管理中心提交税务分析报告。子公司应及时整理、装订本单位的税务报表,对每年所得税汇算中调整的明细事项,应建立台账进行管理;对每次国、地税稽查中出现的问题,要专项整理归档。税务人员工作调动时,应办理税务资料、档案的移交手续,按照会计法规要求,实施监交。

四、财产损失申报和所得税汇算

集团本部及所属各单位的各类资产损失(坏账损失,投资损失,存货跌价损失,固定

资产处理损失），在年终由集团税务管理中心负责收集清单，按公司有关规定报相应部门和领导申请核销，经批准后向税务部门办理审批手续；在对各类资产进行盘点的基础上，查明损失原因、分清损失的责任、完备损失的原始手续、资料，准确计算资产损失的计价金额，需做进项税转出的按要求转出。按国家税务总局规定，参与合并纳税的集团公司全资子公司，在年终时按照集团公司财务部统一部署进行所得税汇算工作，股权发生变动不再符合合并纳税条件的，应及时将股权变动情况报告集团公司税务管理中心。子公司进行财产损失申报、所得税汇算需聘请税务中介机构时应服从集团统一安排。各单位聘请中介机构作税务顾问，要将中介机构的基本情况、双方合作的业务范围、代理费用等有关事项报告集团备案。

五、税务审计及检查

（一）税务审计

原则上由集团税务管理中心统一聘请中介机构对各单位进行税务专项审计。集团公司财务部对审计过程实施监控，子公司审计过程中出现重大问题要及时与有关领导沟通；子公司税务审计报告必须经集团税务管理中心审核确认，正式审计报告要交集团财务部备案。

（二）税务检查

对子公司税务稽查事项的规定：对各级税务部门的纳税检查，子公司应积极配合；子公司财务主管为税务检查时的第一责任人，负责接受询问和解释，向税务部门提供的各类资料，应经本单位财务主管审核批准；在得知纳税消息或接到纳税检查通知书时，应及时报告集团税务管理中心，对本单位存在的税务问题应及早发现并提出解决方案。检查中，要积极与检查人员沟通，时刻关注整个检查进展情况，对涉及集团层面及内部交易的涉税处理事项，在了解事情全貌后给出答复。检查后应及时将稽查结果整理归档并交集团税务管理中心备案。税务检查结束后，子公司应积极取得税务检查结论草稿，并组织相关人员讨论，复核税务检查结论，并制定改进方案。

六、税务筹划

集团税务管理中心人员及所属各单位财务主管和税务会计应积极关注和学习各类税收法规，要认真研究各项税收优惠政策享受条件，在经济业务发展过程中积极取得享受税收优惠政策的各种申报材料。各单位开展的各类税务筹划，实施前应征求集团税务管理中心意见，经批准后同时将筹划方案提交集团财务部备案。集团税务管理中心应定期组织子公司讨论税收筹划论证会及举办讲座，提高税务人员税收筹划意识。

七、对各单位涉税事项的奖罚规定

集团公司对税务管理中心人员及所属各单位财务人员在税务管理工作中业绩突出的，应及时给予适当激励；对在不同年度的税务稽查中出现相同性质的税务问题，财务主管负主要责任，集团税务管理中心可根据具体情况给予经济考核；对子公司取得虚假发票，或者虚开发票、虚报、漏报税额，造成重大损失的，比照《中华人民共和国税收征管法》

的处罚标准,对单位进行考核,并对具体人员予以处罚;对各单位因涉税问题处理不当,影响集团公司整体形象及信誉的,将视性质严重程度,给予单位及相关人员经济处罚。

以上是根据集团公司目前的实际情况进行的设想,关于成立集团税务管理中心的具体意义、模式及管理形式等不再赘述。

国有大型企业并购重组研究

李晓辉

目前，我国经济是经济全球化背景下正在转轨的新兴市场经济。这一历史特点决定了并购重组在我国有着巨大的意义。近年来，国内企业并购数量与规模呈快速增长趋势。特别是国有企业改制的原因，国企特别是大型国有企业的并购和重组的发展非常迅速。从国有企业的角度讲，一方面，并购可以使国有资源的利用更有效率；另一方面，并购重组也是解决国有企业历史债务包袱的好办法。但是，国有企业的并购与一般的并购活动有很大不同，主要表现在国有企业在选择并购对象时并不是只考虑经济利润，而是综合考虑社会效益、国家宏观产业政策、促进地区经济发展和社会责任等各方面情况加以确定的。因此，国有企业并购的绩效在短期或者局部往往不能取得令人满意的效果。永城煤电控股集团有限公司（以下简称“永煤集团”）对洛阳轴承集团有限公司（以下简称“洛轴集团”）的并购与重组却是另外一番景象。并购的第二年就取得销售收入和账款回收的双丰收，而且经过5年多的重组发展，销售收入平均每年翻番，职工的人均收入大幅增长，取得了社会效益和经济效益的双丰收。

一、永煤集团对洛轴集团的并购与重组简述

我国的轴承工业经过改革开放实现了飞速发展，具备了较大的生产能力和较强的技术实力。洛轴集团1954年建厂，1958年正式投入生产，在计划经济下飞速成长，并于20世纪90年代达到鼎盛时期，是我国品种最全的轴承生产企业。但是在市场经济的大潮中，洛轴集团生产经营陷入困境，专业技术人员及管理骨干流失严重，职工情绪严重不稳，上访事件不断发生，2004年生产经营曾一度停产。经河南省政府多方努力，永煤集团入主洛轴集团，合资成立了洛阳LYC轴承有限公司（以下简称“LYC公司”），洛轴集团免于破产的命运。短短3个月的的重组，给洛轴带来了新的生机，新成立的LYC公司呈现出了良好的发展态势。然而这种“拉郎配”式的重组也给LYC公司埋下了很多隐患，由于洛轴集团债务重组一直未到位，LYC公司始终处于债务连带的状态下运营，2006年，洛轴集团重组陷入僵局。在中国轴协的干涉和凯雷并购徐工案的背景下，国务院调研组否定了外资并购。2007年，河南省政府明确永煤集团全面重组洛轴集团，已有50多年历史、曾经一度辉煌的洛轴集团实行政策性破产。

二、洛轴集团衰败原因分析

（一）营销体系僵化

洛轴集团营销系统与市场脱节，并且盲目扩张，管理混乱。随着市场经济的到来，轴

作者单位：洛阳LYC轴承有限公司

承产品所处的市场环境急剧变化,从原来的计划供应变为由市场说话。但洛轴集团并没有因为外部的环境变化而系统地改变自身以适应新变化,依然以“王者自居”,导致营销系统僵化、反应迟钝,进而使洛轴的产品贱价出售,使得公司亏损严重。在一片与“市场接轨”的口号下,洛轴集团斥巨资在上海等24个大城市建立销售子公司30多家,全部为自负盈亏的法人实体,均由洛轴集团销售处统一管理。作为洛轴集团一个职能处室的销售处管理起了众多资产高达数千万元的法人公司。在这种模式下,越来越多的业务员为取得好的“销售业绩”,开始贱卖产品,使得最终的销售价格竟低于出厂价。国企固有的弊端使得集团公司为了账面“漂亮”,将亏损全部纳入“应收账款”。子公司销量越大,洛轴集团的亏损就越大,这种‘自杀式’的销售方法一直持续到2004年。

(二)监管不力

洛轴集团内部管理失控,所有者缺位,经理层丧失了基本的信托责任,进一步加速了“洛轴大厦”的崩塌。每个子公司每年接受1~2次来自销售处或集团公司的不同级别的检查,每年无一子公司被轮空。但是各种各样的检查都流于形式,没有起到实质性的结果。每年在任的或者新上任的子公司经理,从来没有得到关于如何扭亏的反馈意见。另外,人际关系错综复杂,人情高于制度,“厂规不如文件、文件不如会议纪要、会议纪要不如领导意见”成为洛轴集团尽人皆知的口头禅。子公司每年平均可以按回款的一定比例作为人员工资、销售费用和办公经费等开支。但是,跟领导关系好的子公司可以得到高的回款额提留比例。

洛轴集团内部对各个级别领导监管的不力,有人在外面私设轴承销售公司,很低的价格拿货出去销售,个别领导在外开设公司,直接“截留”大量的客户订单。

(三)假货冲击

洛轴集团大厂之外,有很多小轴承厂分布在周边,产品销售时冒用洛轴LYC这个品牌。有些领导更是把自己小厂的产品通过洛轴集团的销售网络销售,或者直接把自己小厂的产品“卖给”洛轴集团。冒牌的产品堂而皇之披上了LYC的外衣,以正品进入市场。这些假货再加上外地小轴承厂生产的假货,进一步把洛轴集团拉进了深渊。

(四)财务黑洞

洛轴集团每月必须有7 700万元的现金才能维持正常运转。但是,销售方面每月的回款额不足6 000万元,而且每月的回款里面,只有4 000多万元是现金,剩下的不足2 000万元,是“磨账”(即实物抵账)得来的实物。“磨账”的实物普遍比其实际价值高估30%,销售员“磨账”要回来的账,也记入销售任务。“实物”大部分为车辆,在厂区内闲置。河南省国资委《调查报告》中指出“洛轴集团每年需1亿多元的新增银行贷款才能维持运转”,而这使得洛轴集团成了银行资金的无底洞,日积月累,银行负债高达24亿元。外部应收账款10亿元,实际能清欠收回的只有1亿多元,近9亿元的应收账款一部分已经过了民事诉讼时效,还有一部分是连票据都找不到的无头账。一个个没有引起重视的问题,使洛轴集团走向破产。

三、永煤集团并购成功的原因分析

企业并购是一个系统工程,并购后的重组更是具有重要意义和作用,永煤集团成功并购的主要原因如下：

(1)事前的深入考察。永煤集团在并购重组之前曾对洛轴集团进入深入考察，对洛轴的调研前后进行了半年之久，调研的人数到一百多人次。调研的重点主要是洛轴的问题及对策，集中在财务、销售和采购等几个方面，同时也确定洛轴的优势，包括品牌、市场和老员工的技术优势。

(2)洛轴原有优势的继续发挥。洛轴集团最主要的优势在于其品牌优势和技术优势，洛轴集团生产的轴承品种涵盖各种型号，是国内企业整合产品链最全的企业，同时又是神舟的供应商，具有良好的品牌和声誉。洛轴集团的员工长期从事一线工作，具有丰富经验和先进的技术，是洛轴集团的宝贵财富。

(3)资金的投入和设备更新。永煤集团入主洛轴后重要的举措就是投入资金更新设备，洛轴集团原有设备较为陈旧，多为20世纪50年代设备，严重影响产品生产和技术创新。永煤集团投入资金所更新的设备中，1/3为进口设备，全部设备达到国际一流，全国领先的水平，为生产经营打下良好基础。

(4)管理水平提高。针对洛轴集团原有管理方面的漏洞，永煤集团并购之后提出了“四统一”，即采购权、销售权、人事权和财权统一由集团决定。将原有设立具有法人资格的子公司，特别是销售公司撤销，在各地成立办事处。同时实现收支两条线，在公司内部打破裙带关系，实现人员能上能下。

(5)分清职能，细化管理。将原有计划财务部门分为财务部和经济运营部，明确各自的职能，财务部的主要职能是记账、报表、报税等工作，下设会计科、税务科、成本结算科、稽核科。而经济运营部的主要职能是计划和调配，包括统计、考评和价格管理，实现了责任明确和管理更加精细化。

四、洛轴并购事件的借鉴意义

(一)国企引进投资者的时机

企业并购是策略性的、技巧性很强的市场行为。企业并购不仅涉及并购方的业务战略、目标选择、并购成本及并购后整合等问题，更涉及时机问题，洛轴集团是在经营不下去的时候引进了重组的投资者。那么国有企业在引进战略投资者的时候，是应该“亡羊补牢式”的还是“未雨绸缪式”的呢？

很明显在洛轴集团“亡羊补牢式”引进投资者的时候，整个过程并不顺利，出现这个问题的关键就在于时机的选择。如果洛轴是在20世纪经营最好的时候未雨绸缪的引进投资者，洛轴将仍然会是行业的领军者。“未雨绸缪式”的引进战略投资者至少有以下两个优势：

(1)谈判地位主动。当一个谈判者自身拥有很优秀条件的时候，他将会拥有更多的谈判权。自然这个谈判者会有更大能力和概率为自己设定一个好条件，企业就可以为自己卖个“好价钱”。

(2)选择权大。当一个企业在未雨绸缪的选择引进投资者的时候，这个企业引进投资者的时间比较充裕，就可以更好地为企业引援工作做规划，可以更大范围地选择企业，更好地、更全面地考察战略投资者。选择权越大，成功的机会越大。

(二)国企财务透明化

国有企业是我国国民经济中的主力军。截至2007年底,我国国有及国有控股企业的资产总额达到了9.19万亿元。洛轴集团的衰败有很大原因就是财务的不透明。正是财务的不透明滋生了过多的腐败和无知,使得洛轴集团一步步走向了重组被兼并之路。这也是众多国有企业财务制度所共有的诟病,财务不公开,国有企业的所有者——全体国民,自然没有办法监督它的行为。

财务公开的具体实施方法可以根据上市公司的相关规则来公开财务。①考虑到很多国企原本财务的不规范,该项工作可以为企业预留了1年到2年的缓冲期。②财务公开应该具体化和细化,不能大而化之地公开。如一个国企公布了职工工资福利费用6亿元,但是并没有公布有多少职工、具体的工资结构,作为股东的公众自然不知道从何监督自己的企业了。所以,国企在公开财务的时候,应该以上市公司的制度为基础,抱着对股东负责的态度,来公开企业的财务,做到真正透明化。③设置必需的配套的惩戒措施。根据现代企业管理制度,建立必要的奖惩机制,负责人管理有方,经过公众或相关股东、股民同意,适当奖赏,如果负责人管理无方,则要有惩罚机制。财务不公开,容易埋下贪污腐败的伏笔;只有公开,才能达到最有效地监管。

国有企业资源整合中财务尽职调查研究与应用

高 宇 吕琼丽

一、财务尽职调查的背景

随着资源整合工作力度的加大,财务尽职调查工作在资源整合工作中的重要作用日益凸显。通过财务尽职调查工作的实施,能了解目标公司资产负债、内部控制、经营管理的真实情况,充分揭示其财务风险或危机,分析盈利能力、现金流等,对预测目标企业未来前景起到了重大作用。

尽职调查,是指投资人在与目标企业达成初步合作意向后,经协商一致,投资人对目标企业一切与本次投资有关的事项进行现场调查、资料分析的一系列活动。作为尽职调查最重要的一部分,财务尽职调查是指由财务专业人员针对目标企业与投资有关财务状况的审阅、分析、核查等专业调查。

二、财务尽职调查的重要性

财务尽职调查的重要性有以下几点:

(1)通过财务尽职调查,能充分揭示财务风险或危机,要切实弄清楚取得目标公司的控制权带来的财务风险,并制定防御财务风险的相关措施。

(2)分析目标公司的盈利能力、现金流,预测企业未来前景。

(3)了解资产负债、内部控制、经营管理的真实情况,是投资及整合方案设计、交易谈判、投资决策不可或缺的基础,站在财务的角度上判断投资是否符合战略目标及投资原则。

三、财务尽职调查的基本原则

财务尽职调查的基本原则主要有:

(1)独立性原则。项目财务专业人员应服务于项目组,但业务上向部门主管负责,确保独立性。

(2)谨慎性原则。计划、工作底稿及报告的复核,调查过程的谨慎。

(3)全面性原则。财务调查要涵盖企业有关财务管理和会计核算的全面内容。

(4)重要性原则。针对不同地域、不同企业要依照风险水平重点调查。

作者单位:河南煤化集团永煤公司

四、国有企业进行财务尽职调查的的具体做法

一般情况下,原始资料准备充分的情况下,调查者可以采取多样化的调查方法以得出尽可能全面、深刻的调查结论。但是,因在资源整合中,其拟被整合单位鉴于保护本企业的商业机密,不愿意提供真实翔尽的资料,因而调查者取得资料是十分有限。这就需要调查者选择有目的、高效的选择调查方法。

常用的调查方法有:审阅法、分析性程序、问卷调查法、分析法、审核法、访谈法及沟通法等。

(1)审阅法。通过财务报表及其他法律、财务、业务资料审阅,发现关键及重大财务因素。包括对被整合单位的基础资料的合法性检验,以及对财务指标的分析性复核,也可以用于影响财务结果各个因素的分析判断等。审阅法的主要手段是:查询和分析性程序,针对企业的基本情况、财务资料、企业内外部环境等资料实施的程序,以帮助调查者对企业基础资料合规性、完整性和有效性作出专业判断。

(2)分析性程序。对各种渠道取得资料的分析,发现异常及重大问题。如趋势分析、结构分析等。

(3)问卷调查法。在采用问卷调查法时,首先,调查者应根据对被整合单位的初步了解,设计一份有针对性的调查问卷,调查问题可以采用开放性和封闭性两种模式。其次,在预备调查阶段,应该如期完成问卷的设计和发放工作。最后,在收回调查问卷时,应当认真阅读调查内容,并将未填制完善的资料补充完善,根据内容的重要程度实施后续调查程序。

(4)审核法。在财务尽职调查过程中,往往需要对某些重要的交易记录,包括重要的法律性文件、交易合同或其他原始凭证的合法性进行适当程度的审查和核对,以得出较为准确的调查结果。虽不能在调查中保证调查结果最为完善准确,但是在调查中应秉承勤勉尽责的专业精神,尽可能取得相关资料,并根据所学专业判断其真伪性。

(5)访谈。与企业内部各层级、各职能人员,以及中介机构的充分沟通。

(6)小组内部沟通。调查小组成员来自不同背景及专业,其相互沟通也是达成调查目的的方法。

五、财务尽职调查的有效应用

(一)对被整合单位总体财务信息的调查

在进行财务信息调查时,首先需要了解的是被整合单位的一些基本财务情况,通过取得被整合单位的营业执照、验资报告、章程、组织机构图。财务调查人员可以了解被整合单位企业全称、成立时间、历史沿革、注册资本、股东、投入资本的形式、性质、营业业务等。同时要了解被整合单位的财务管理模式以及财务人员结构、会计电算化程度,企业管理系统的应用情况。

通过获得以上信息之后,还应对被整合单位的会计政策和税费政策进行全面了解,被整合单位现行会计政策、近3年会计政策的重大变化、现行会计报表合并原则及范围,近3年审计机构出具的审计报告披露的情况,被整合单位税费政策,包括税种、税率收缴部

门、优惠政策等。

（二）对被整合收购单位具体财务状况的调查

被整合收购单位的财务报表的可靠性会影响财务尽职调查结果的可靠性，而财务报表的可靠性与企业本身内控程序是否完善有关。因此，在进行尽职调查时应考虑内控程序的情况，如通过访谈、画流程图等了解被整合收购单位的内部控制程序，从而进一步了解其财务状况、盈利能力、现金流等。在对被整合收购单位的财务状况进行调查时，对货币资金除核实其真实性外，还应该关注是否有冻结资金的存在，对应收账款要进行账龄分析，近年的变化趋势及原因分析，要关注其是否被高估，同时调阅大额应收款销售合同。具体查询其他应收款的有关内容，评析会计处理是否合适，并做出合适建议供会计调整。对存货的调查，应查阅最近一次盘点记录，关注发出商品、分期付款发出商品，找出积压、毁损及过时等有变化问题的存货。确定提取的准备是否足够，查询存货的计算方法，确定计算方法是否合适。

国有企业在整合的资源中如果是煤炭矿井，就需要了解其工程项目预算、完工程度、工程项目的用途，是否存在停工工程等。同时包括转固的固定资产及购买的固定资产，审阅房屋是否有产权证，对机器设备则要查询是否有报废或者需要提取减值准备的机器设备。对无形资产的调查，则要分析无形资产的种类及取得途径，无形资产的寿命、计价依据。对银行贷款的调查，调查人员需要取得明细表，明细表中应该注明利率、还款期、抵押等情况。还应查阅贷款合同，了解是否资产抵押担保的情况，测算利息是否足额提取，并已入账。

对反映被整合单位盈利能力的销售收入及成本进行调查时，调查人员应着重分析近几年的销售收入、销售量、单位售价、单位成本、毛利率的变化趋势。对被整合单位的销售收入分析，可按照主要地区、主要产品等进行分类，综合上述分析，可以对被整合单位的过去和将来的盈利前景有所启示。对被整合单位的三项费用分析，应按照费用明细表分析费用处理的合理性和未来走势及变化。对被整合单位的现金流的调查，调查人员应特别关注经营净现金流，并通过一些比率的技术来检验经营净现金流是否满足融资活动的利息支出净额，并应结合资产负债表及利润表，寻找除销售收入以外是否还存在主要的经营资金来源，对经营净现金流的贡献如何。

六、财务尽职调查的流程

（一）事前工作

资源整合小组中的财务专业人员在接受任务之后至进入现场调查期间，应该做以下工作：①明确资源整合小组负责人；②与资源整合小组负责人进行沟通，了解被整合单位的背景、目的、总体计划、对财务尽职调查的期望；③初步了解情况后，应与部门主管就调查计划或思路进行沟通；④事先准备“被调查企业所需提供的资料清单”，并与资源整合小组其他成员（如律师、工程部人员等）沟通，避免重复索取资料。

（二）事中工作

资源整合小组成员到被整合单位之后，与其企业负责人员初步就尽职调查事宜进行沟通，调查人员应该做如下工作：①明确如何对接，此时应明确谁能够帮助解答财务问题，谁能确实帮助提供各种资料。②将"被调查企业所需提供的资料清单"交与被整合单位的主要负责人,并就资料是否能够完全提供以及提供时间沟通一致。③被整合单位资料可以要求分批提供,以缩短等待时间;④尽量获取被整合单位的电子资料,以及企业内部分析报表等,如提供资料不能满足需求,应通过资源整合小组负责人与被整合单位的负责人沟通。

(三)事后解决

调查人员取得被整合单位基本财务资料后,应该做以下工作:①审核被整合单位对外股权投资情况,确定调查范围,细化调查计划,与律师、资源整合小组负责人沟通;并通过资源整合小组负责人就子公司调查计划与目标企业沟通一致。②初步搭建报告结构,明确每部分要说明的问题及需要的资料;采用各种分析方法找出问题,与资源整合小组成员沟通后,选取主要问题列入访谈计划;针对某个问题,可以分别向财务人员和业务人员进行了解,一方面可以验证,另一方面了解不同视角。③现场调查结束之前,调查人员应处理以下未尽事宜:财务调查人员最终与资源整合小组其他成员应将调查中发现的主要问题以及企业的解释进行全面的沟通协商;整理资料,列出尚未提供的资料清单交被整合单位相关负责人员,由其日后提供;与被整合单位访谈人员保持良好关系,保留关键人员的联络方式,可帮助解决未尽事宜。

(四)聘请事务所

为保证尽职调查结果的可靠性、完整性,根据公司要求聘请审计及评估事务所进行审计及评估。聘请中介机构,应报相关部门审批。

(五)撰写财务尽职调查报告

根据调查的结果撰写内容详实的财务尽职调查报告,报告要充分揭示被整合单位的财务风险或危机,要站在财务的角度上判断投资是否符合战略目标及投资原则,为领导决策提供坚实的参考依据。

以服务为导向建设煤炭企业财务文化

赵　魁

近年来随着煤炭企业发展和壮大,跨区域的超大型企业集团不断组建,如何对多个企业联合组成的经济联合体进行有效的管理,成为习惯粗放管理的煤炭企业要面对的新课题。企业文化作为一种重要的企业管理模式,在提高企业竞争力、保证企业永续发展所起的作用已越来越多地被企业所认同。作为能源基础性行业的煤炭企业,粗放的管理模式得不到根本改变的原因就是在于文化建设的落后。一旦企业步入资源减少、行业景气度下降时,会给企业带来巨大的风险。解决煤炭企业精细化管理问题,只有转变管理观念,从文化建设上去改变财务人员和每一位员工的心态和行为方式,才能增加煤炭企业抵御风险的能力,为企业注入打造百年老店的活力。

一、煤炭企业财务文化建设概述

财务文化是财务管理思想的凝结和升华,它以管理财务人员为根本,不断提高财务人员的道德情操、业务水平、文化素质等,发挥其核心带头作用,通过营造企业理财氛围等方式,充分发挥财务管理的职能作用,实现财务管理的目标。

(1)诚信、和谐、以人为本是财务文化的基础,体现了财务的立业之本,也是财务管理的价值基础。只有建立在诚信、和谐、以人为本基础上的财务文化才能被企业员工普遍认同,形成有效的综合生产力,促进企业的发展。

(2)财务物质文化、制度文化、精神文化、服务文化是财务文化的四个基本方面、支撑点。它们相互依存,相互制约,相互渗透,构成一个多层次、多侧面、多方位的有机的财务文化体系。这四个方面是财务文化建设的主要内容和重点,综合地体现了财务管理以企业实际为基石,制度规范为约束和指导,精神文化为工作的源泉和动力,服务文化为财务目标和价值体现的文化体系结构。

(3)财务文化的向心力、融合力,产生教化、规范和变革等重要作用。企业中每一个成员常常处于财务文化的熏陶之中。人们在有意无意之中调整自己的财务行为和思想,不断变革企业的财务状况以及人们的精神状况和观念,扩大企业理财的思想领域。企业财务文化的活力来自于它的变革功能,丧失了变革功能的财务文化必将走向衰退。由这些因素融会、凝聚而形成的整体财务管理精神风貌形成企业强大的凝聚力、战斗力和综合生产力。

(4)煤炭企业财务文化的建设是一项系统工程,怎样将财务文化的精神融入煤炭企业实际中,需要进行科学的筹划。需要以财务人员为核心和整个经营系统协调一致,明确企业价值最大化的财务目标、以服务为导向、统一严谨节约等价值观念、调动员工积极性,

作者单位:焦作煤业(集团)有限责任公司财务处

以不流于形式、注重成效工作的方法，按照即定的思路稳步推进。

二、煤炭企业财务文化的基础

“诚信”是会计行业的立业之本，贯穿其行为的方方面面。诚实和信用是财务文化的基础，失去诚实和信用的财务文化，必将是短视的，势必影响一个公司的基业长青。煤炭企业要将其作为首要的价值，它往往比企业财富更为重要，安然公司、世通公司等企业的垮台无数次验证了诚实和信用的重要性。

“和谐”是财务管理的要旨。财务管理作为企业管理的核心，具有高度的综合性，渗透于企业筹资、投资、运营和分配各理财环节，充分发挥其管理协调作用，在方方面面的利益分配上相平衡，保持财务内部之间、企业部门之间、与企业环境之间及总体的和谐。只有建立在和谐基础上的财务文化，才能更好起到企业发展润滑剂的作用，为企业发展服务。

“以人为本”是企业文化的核心，也是财务文化的基础，只有贯彻以人为本的思想，财务文化才能充满活力。诚信是中国社会普遍接受的道德标准。“诚者天之道，信者人之道”，财务活动既是企业经济行为的表现，又是人的活动，财务工作的质量与财务组织、财务方法、财务手段等密切相关，但最终起决定作用的还是人，“以人为本”是企业财务文化实现的重要保证。

三、煤炭企业财务文化的内容

财务行业从产生便被赋予了重要的职能，它在企业管理中的地位及其在市场经济中扮演的角色，决定不仅要具备物质文化、精神文化，更重要是要建立财务制度文化、财务服务文化。

(1)物质文化。物质文化是企业财务活动中所应用的方法、工具以及设施与文化氛围的总和，在现代化企业中更多的表现在新技术、新工具特别是计算机技术等创新手段的应用上。物质文化是企业财务文化的基础，也是一切文化的根本，没有物质基础，制度文化、精神文化、服务文化就得不到保障。

(2)制度文化。是财务人员在业务处理过程中融入的法律、制度、规范等一系列规则，合理反映企业经营、财务等状况，是财务服务文化形成的内在机制。它包括各种财务制度、法规、职业道德规范、财务工作和生活模式、群体行为准则、交际娱乐方式、风俗习惯及财务机构的组织方式等。

(3)精神文化。热爱财务工作、热爱企业，诚实守信，有高度责任感、使命感和自豪感，居安思危、不断学习、勇于创新、追求卓越。精神文化是财务文化稳定的核心，起着主导作用，一旦形成便会持续不断地为企业财务文化提供源泉和动力。它包括财务人员的思想意识、精神面貌、心理素质、价值观念、财务反映和监督哲学、财务形象、行为规范、财务艺术观念及信仰等。财务部门取得的一切成果都是在财务精神的支配与鼓舞下完成的。

(4)服务文化。如果物质是基础，制度是约束，精神是动力，那么服务便是财务工作的目标。财务工作作为企业的管理部门，处在企业核心生产经营的边缘，怎样提供各种服

快速发展中的煤炭企业集团税务管控问题研究

董银厚

一、煤炭企业集团目前税务管理现状

随着近年煤炭行业快速发展,资源整合、企业并购、改制上市场等业务全面展开,企业集团面临的税务管理的复杂性日益增加,税收成本占企业总体运营成本很大。以笔者所在集团为例,综合税负达20%以上,尽管集团企业作出了很大努力,在机构设置、人员选配、后续教育等方面投入了很多资源。但这些努力与现在飞速发展的企业经济相比,仍显不足,具体来讲,表现在:

(1)岗位设置与税收重要性不匹配。多数所属单位在设置税务管理岗位时,岗位层次较低,人员配置较少。多数单位仍是兼职的办税员,负责单位所有纳税事项的处理,在遇到难度较大、政策性较强、情况复杂的涉税事项处理不慎时,可能会造成管理失误从而给企业带来重大的经济损失。

(2)集团内部企业设置的税务人员基本都是学财会专业的,专业方向不同,较少涉及税收专业知识,加上在工作过程中没有接受过系统的专业知识培训,不能体现"术业有专攻"的税务管理素质。

(3)对企业税务管理的后续教育认识不足。虽然目前有较多的人员后续活动,但企业管理层囿于短期效益的观念,对该项支出积极性不够,导致企业税务管理人员不能通过多种渠道持续不断提高自身税务管理素质,从而影响了企业税务管理水平进一步提高,弱化了涉税应变能力。

(4)目前我国市场经济快速发展,新的经济事项不断产生,因此带来税收政策的复杂多变。而企业业务人员基于其会计从属地位,导致其无法及时、完整的了解税收政策法规和各项办税规程,更不能准确无误的履行纳税义务,非故意造成多种不必要的经济损失和管理失误,使企业时刻面临纳税风险的威胁。

因此,加大企业集团税务管控,合理进行纳税筹划,在依法纳税的同时,维护企业合法权益,实现税收成本最小化成为目前企业快速发展中面临的重要课题。

二、加强企业集团税务风险管控的必要性

企业税务管理兼备税务与财务的双重技能,它的产生顺应经济发展的需要。

(1)随着我国会市场经济与世界经济的接轨,政府管理经济的模式发生了深刻的转

作者单位:义煤集团财务部

变,在宏观调控成为主导的环境下,企业税务管理工作成为中国新社会市场经济发展的产物。

(2)随着我国现代企业制度的建立,企业更加注重有效地控制内部和外部成本。税务管理作为掌握财务、税收法律法规、企业运营等多种知识和技能的一项工作岗位,能够自觉地综合运用各种合法手段来最大限度的降低纳税成本,促进企业实现发展目标,因此是企业管理的需要。

(3)随着现代企业制度的不断完善,多元化的股权结构和债权结构代替了政府投资一统天下的格局。这就要求政府通过税收政策法规、货币政策等手段来实现对企业各项经济活动的宏观调控。因此,企业如何维护自身的权益,合理合法规避风险,企业税务管理在企业中的地位独立就显得尤为重要。

(4)国家对会计制度和税收制度进行大范围改革,先后出台新税法与新会计准则。两者之间的差距呈扩大趋势,财务会计不再融财务、税法的要求于一身,而是遵循会计准则。税法也在力求独立,如税法第一次制定了资产的税务处理就是明证。因此,社会对具有涉税资质的会计专业技术人才需求将越来越迫切、越来越重要。

总之,加强企业税务管控,在强化企业依法纳税,维护企业合法权益,规避企业税务风险,提高企业税务管理水平,增强企业涉税处理和应变能力,降低企业成本,提高企业管理水平,提升企业竞争力等方面具有重要的现实意义。

三、加强企业税务风险管控对企业的促进作用

对企业集团而言,未来国家势必会加强对企业的税收制度的完善。因此如何做好企业的税收筹划,如何面对繁多的税项,而不让企业在税赋上减少收益,是每一个企业都要面临的实际问题。这就对我们财务人员、涉税人员、甚至企业的管理人员,提出了更高更大的要求,而税务风险管控工作顺应了这一时代要求。简而言之,加强税务风险管理与控制对企业的促进作用体现在以下几个方面:

(1)强化税务风险管控可以通过对国家税收政策、法规的深入理解,通过对税收优惠政策的充分利用、依法避税、削除或减少税务违规受惩罚,减轻企业税负。

(2)强化税务风险管控,企业可通过对生产、经营、投资、筹资过程中各项资源的优化配置,降低企业外在纳税成本、提高盈利能力。

(3)通过强化税务风险管理,建立、健全、规范会计核算,在减少纳税成本的同时,可以提高企业经营管理水平和核算水平,培养高素质的财务管理队伍。

(4)强化税务风险管理,要求业内人员不但要掌握各项税收法规,还要熟知相关会计法规,在此基础上,有效防范纳税风险。

(5)企业通过纳税风险的有效管控,可降低企业的税负成本,增强企业的市场竞争力,从而提高企业的可持续发展能力。

近年来,以笔者所在企业集团为例,近年企业改制、重组、矿井破产、资产剥离、借壳上市等新的经济现象不断出现。这就要求企业税务管理人员能紧跟时势,适应新变化,与时俱进,学习再学习,以应对出现的纳税新问题。而加大对税务风险管控问题的研究满足了企业的管理需求。企业税务管理人员可通过对具体税收知识进行理解、认知、掌握和运

用，避免出现政策掌握偏差而给企业带来税务风险。同时可通过纳税筹划降低企业税负，在企业业绩快速增长的同时实现纳税额的较小增长，实现税负减轻的目的。

四、加强税务风险管理与控制的企业实践

税务风险管控是目前国内企业管理实践中的一项重要工作。笔者所在的企业集团，近年来通过提高认知、优化企业税务管理机制、加强制度建设和专业人才的培养、后续教育等多管齐下，在税务风险管控方面进行了许多有益的尝试，收到了良好效果，同时促进了企业经济效益的提高。

（1）集团决策层重视税务风险管理工作，在机构、人员设置上提供有力支持，设置税务管理工作首席岗位，引进税务专业人员，改变其过去的从属角色，确立税务管理工作在企业经营管理的重要地位。

（2）对集团税务管理工作进行适当集中，优化集团税务管理资源，提高税务管理层级。由企业税务管理专业人员对集团涉税政策事项集中管理。同时在工作中对税收款项资金安排合理放权，以利于整体税收工作的统筹安排，减轻企业总体税负。

（3）通过签约税务代理，从专业人员角度定期式不定期对企业的税务风险进行检查评估，对存在的问题及时纠正，防微杜渐，及时化解税务风险。

（4）通过请进来、走出去的形式，根据企业集团发展需求和不同层面人员的诉求，持续不断加强会计人员税务知识的学习培训。通过对税务理论的系统学习和与授课名师经常交流，使企业税务人员丰富自己的税收政策知识，增长与税收征稽人员的沟通技巧，在防范税收风险的同时，提高了企业税务管理水平，有效增加了企业的经济效益。

论煤炭企业的财务精细化管理

宋晓静

随着行业竞争的不断加剧,精耕细作将成为企业生存和发展的基本条件,保持企业的竞争力越来越重要。2011年焦煤集团提出了"精细化管理年"的目标。作为河南煤化集团的成员企业,要乘着企业进军500强的东风,以求实创新、与时俱进的精神风貌,围绕精细化涉及的方方面面,彻底扭转传统的"粗放式管理"的被动局面,笔者以为在财务上应适应管理的需要,在精细化管理上下大工夫,从点滴做起,规范制度和流程,夯实会计基础工作,严格考核,落实责任,精打细算降消耗,精抓细管降成本,率先实现财务精细化管理,以促进企业健康稳定地发展,使企业在竞争中立于不败之地。

一、财务精细化管理的内涵

财务精细化管理,就是指企业通过优化财务管理手段,深化财务管理内容,拓展财务管理领域,将财务管理融合到企业经营管理的各个方面。财务管理职能从记账核算型财务管理向经营管理型、决策支持型财务管理转变,以财务管理为核心带动企业整体管理水平提高,促进企业增加收益,有效降低成本费用水平,促进企业效益的健康稳定可持续增长。精细化财务管理对每一岗位、每一项具体的业务都建立起一套相应的工作流程和工作规范,将财务管理的触角延伸到企业的各个生产经营领域,通过行使财务监督职能,拓展财务管理与服务职能,实现财务管理"零死角",挖掘财务活动的潜在价值。

二、如何实现企业的财务精细化管理

实施精细化财务管理是一个长期而系统的工程,是一个循序渐进的过程,具体实施中,应从以下几方面入手。

(1)树立"大财务"管理理念,把财务管理渗透到企业的每个细节。结合实际情况将财务管理的内容细化、分解、再整合,并以完善的管理制度相配合。在此基础上,赋予财务部门计划、财务、资金等方面的管理职能。以财务部门为核心,从财务管理内容、领域和手段三个方面着手,在企业中大力推行精细化财务管理。将财务管理的触角延伸到公司所有的生产经营领域,为经营工作提供精确财务信息,实现财务管理与经营业务的协同发展。

(2)强化规范化、标准化的基础管理。财务基础工作是企业管理水平发展和提高的基石。基础工作是一切管理工作的根本。因此,必须规范和加强财务基础工作,评审财务管理制度体系、财务经营管理指标、考核办法等,系统梳理财务管理流程,查找缺陷和漏洞,并加以修订、完善,使企业各项财务经营活动有标准、有流程,有记录、有考核,逐步夯

作者单位:焦作煤业(集团)白云公司

实财务基础工作。集团公司已做了三年的财会升级创优工作,就是对财务基础工作的标准和考核,为会计基础工作打下了扎实的基础,为企业经营管理工作起到保驾护航的作用。

(3)加强和完善内控制度。开展精细化管理,一个重要的任务是对过时的或不精细的制度进行全面和完善的修订。企业面对日益缩小的利润空间以及不断增长的市场,必须建立有效的财务制度。企业财务制度的设计必须融入企业内部控制体系的规划中,从企业整体出发,制定一套完整的企业内部控制框架;站在全流程的立场上,打破部门界限,设计内部关键控制点,建立各岗位责任及考核指标体系。要建立健全监控措施,做到既有事后的监督措施,又有事前、事中的监督手段;既有约束措施,又有激励手段;既有财务指标控制,现金流量控制及会计报告信息的及时跟踪,又有会计检查、会计人员委派等措施。

(4)完善全面预算管理,实施全方位财务控制。全面预算管理是企业实施目标管理的方法和手段,可以增强企业对市场的前瞻性,同时管控成本。具体就是建立"成本分级控制,资金收支预算"模式,通过细致、科学的测算编制全年盈亏成本费用指标,将有关成本项目分解落实到有关责任部门。每月由财务部门根据产量,成本计划编制下月各成本项目控制指标,下达给有关责任部门执行。重点对材料、工资、电力、修理费、管理费下达给相关责任部门单位和其他相关科室进行控制。真正做到事前有预测分析机制、事中有预警考核机制,事后有评价责任追究机制。要在材料管理上,实行全过程材料精细管理。对于材料消耗,每月在生产计划会上根据生产任务安排,矿下达月度材料专控指标,使用单位按计划领料,从计划管理源头控制材料费用支出。矿对各区队下达的指标要科学合理,供应部门根据下达的年度材料总指标,按材料的属性将其划分为定额材料和限额材料。同时,规定材料计划的报送时间、审批程序及生产单位申报材料计划的准确率。规定材料审批领用制度,防止材料流失。建立现场材料使用跟踪督查制度,杜绝材料浪费。要加强井下材料回收复用工,明确废旧物资回收复用范围、最低回收率及责任单位和回收奖励措施。建立专门的废旧物资回收仓库,健全废旧物资回收、修复、验收、领用、出售明细台账。严格执行以旧换新制度,确定以旧换新的物资范围,减少浪费。通过完善区域划片管理,使材料投入到所有生产管理区域,努力降低材料成本。要对办公费、小车使用费、招待费、摄录费、电话费、差旅费等实行定额管理,严格考核,控制非生产性支出,提高资金营运率。

(5)建立全面的财务分析体系,发挥决策支持作用。财务分析不仅是评价财务状况、衡量经营业绩的重要依据,而且还应是挖掘潜力、改进工作的手段。财务不仅要保证基础环节数据的准确性,还应加强横向、纵向分析,能够从单调枯燥的单个数据中找出其规律,为公司决策与长远发展提供数据的支持。

(6)以"大安全"为抓手,切实实现煤矿的整体安全。河南煤化提出的"安全零理念",是一个系统工程,需要全方位去解读。在财务管理上,笔者认为安全"零"理念,就是资金安全零事故,业务处理零隐患,报表资料零差错,纳税风险零成本,廉政建设零违纪,人员思想零掉队,实现煤炭财务的精细化才能得到实效。

(7)加强信息化管理,实施全方位财务控制。以信息化建设促进财务现代化工作,能够为财务管理工作搭建良好的信息平台,提升财务基础工作质量。引入精细化管理,同时要求财务人员将更多的精力投入到财务数据分析中，为成本管理、预算管理做好更多的准备工作。为此，企业应加大对财务信息硬件投资，引入科学的财务软件平台，加强培训，按模块完成整个企业的财务信息化进程，形成面向流程控制和决策支持的财务信息管理体系，保证信息的及时、准确、全面、唯一，实现业务与财务流程无缝连接。

（8）打造一支良好素质的财会队伍。要着力培育财务人员的敬业爱岗精神和为经营工作服务的全局意识。通过统一财务人员的思想，把集团提出的方针、目标和各项措施落实到财务的具体工作中，明确要求全体人员把集团提出的“用心做事，追求卓越”在本职岗位和职责中充分体现出来，在思想作风、服务态度和工作质量等方面实现超越。

总之，企业要以积极的姿态开展财务精细化管理，以科学发展观统领发展全局，努力调动财务人员及相关人员的积极性，在不断完善资金管理办法的基础上，科学统筹，推动资金全面预算管理的实施，提高资金的使用效率，切实提高企业效益，实现企业的可持续发展。

煤矿兼并重组过程中需关注的管理及会计、税收问题探讨

葛 倩

在国家及地方煤矿兼并重组政策指引下，各地对列入政策范围内的小煤矿进行了兼并重组。这一政策性工作主要目的是严格保护和合理开发煤炭资源，淘汰落后产能，调整优化煤炭产业结构，提高煤炭生产集约化程度和生产力水平，促进煤炭工业持续稳定健康发展。从兼并重组企业取得的效果及对重组企业带来的后续影响看，兼并重组过程还算顺畅，但正常运营以后所带来的后续影响较多，主要影响体现在以下几个方面。

一、重组模式的影响

兼并重组中尽职调查及谈判期间所确定的重组模式对后续经营所造成的影响如下所述。

目前国有煤矿兼并重组主要的并购动机还是政策驱动型，在国家及地方兼并重组政策的影响下，尽管被整合矿井的资源储量、经营前景不甚乐观，安全欠账较多，管理风险较大，管理成本较高，迫于政策需要还得迈开兼并重组的步伐。在重组前期，通过尽职调查的详细、周到的了解及重组模式的选定能够尽量降低重组风险和重组成本。

重组目标煤矿时，重组企业要明确重组目的，既然是政策性兼并重组，在考虑社会责任的同时，要明白通过自身深入细致的了解、调查，能够达到重组企业的什么目的。重组企业能否通过整合目标资产获取优质资产、取得较好的销售渠道、达到扩大规模、延伸产业链条目的、取得被整合企业先进的技术、以及通过更新、技改能够带来的后续效益等。通过整合目标的权衡，如果达不到重组企业的各项目的，重组可行性报告显示只能给企业带来沉重的拖累和负担，就不如在整合之初就做出“关停并转”的决定，将重组企业的重组(或经营损失)损失降到最低。

被重组煤矿多数都是管理不到位、安全没保障、采掘接替严重失衡的目标资产，在选定重组模式时，如何发挥重组企业的管理优势，将目标煤矿按照一个新的模式运行显得尤为重要。整合目标资产时，是抱着救援型、协作型的原则还是抱着真抓实管的原则，要取决于被整合目标自身的优势和潜力。如果目标资产管理有序，销售市场占有率较高，市场前景好，在管理模式的选择上可以考虑相对控股的协作管理模式。否则，则适宜选择绝对控股的强势管理模式。控股的比例要在67%以上(含67%，限合作双方，若是合作多方则不受此比例限制)。这个比例决定了重组企业在所有决定企业生产经营的大政方针上、在股东会和董事会的表决权上都有绝对优势通过，从而达到重组企业的管理目的。如果

作者单位：河南煤化永煤集团永登煤业公司(兼职中美铝业)

不能达到绝对控股,对于没有任何管理优势的目标资产,可以在相对控股(或控股权低于67%)的情况下,通过协议约定管理模式,使合作方所代表的股权委托大股东管理,以达到其管理目的,降低合作方对新的管理方式、方法的执行所带来的阻力。如果重组企业不能真正对目标资产实施管理,重组企业优秀的管理文化、管理理念是不能落地生根的。

二、数据偏离程度的影响

资产评估数据与建账时实际盘存数据的偏离程度所造成的影响如下所述。

在尽职调查和资产评估阶段,对目标煤矿的资产评估一定要在实地盘存的基础上进行。如果对资产及负债抽样范围过大,会带来如下问题:

(1)目标煤矿实际资产与评估报告资产差异过大,不利于重组企业建账之后的资产清查和资产管理,无论盘盈、盘亏均会造成重组企业资产不实,重组之后即面临资产的盈亏处理,如果不对差异进行处理,该差异对日后资产的核算及管理均带来长期影响。

(2)资产评估增值在法定重估及产权变动时,可以调整被重估资产账面价值,如果不按评估报告建账,接续被重组企业的账面资产价值及负债、所有者权益。一般来说会出现评估净资产大于账面净资产现象,重组企业的股权投资成本大于按权益法计算的应享有的权益。在重组企业(或重组企业的母公司)合并报表时出现负商誉,这一影响会持续到重组后实现的应享有收益大于股权投资差额后才会消失。

(3)中介机构为了赶时间,一般会委托被整合目标煤矿填写评估资产明细表,目标煤矿为了加大资产价值,无论账面有没有该项资产,能多加一项就多加一项,资产型号、类别无法与实际资产核对一致,有些甚至把形成井巷工程的资产及设备单独拉出来再评估一次,等实际建账盘点时又以该资产被掩埋或被转移没做好台账为由来解释。所有这些都给重组企业步入正常经营后的资产核算及管理带来长期不利影响。

三、派出人员分工协作的影响

股东双方(或多方)派出人员所担任的角色对后续经营期间所产生的影响如下所述。

一般来说,尽职调查结束以后要进行合作架构的谈判和合作章程的制定。重组后新成立企业的章程中有关双方管理人员的委派对新成立的重组企业生产经营政策的取向起着决定性的作用。这与前面所述的重组模式选择和股权比例多少有很密切的联系。企业存在的价值是追求利润或价值最大化,利润或价值的实现是通过经营实现的,所以重组企业要想实现这一目标,一定要在经营上取得控制权。要通过经营实现重组目标,包括实现人的管理调配权、财务管控目标、物资采购及销售管理权,最终实现重组企业的战略重组目标。如果在章程约定中和重组后企业职责分工中没有实现人、财、物的管控权,重组企业派出的安全、生产管理人员会被棚架。他们的管理理念和管理方法、优秀的管理文化得不到落实,很难实现对目标煤矿的管理权,目标煤矿的安全管理也很难保障,从而给重组企业带来经营风险的同时也带来了安全隐患。这种情况给重组后的财务管理带来的最大影响是管理环境不能支持有效的财务管理,财务制度不能被有效执行。企业管理的核心是财务管理,如果财务管理失效,就很难实现重组目标和利润最大化。

四、税收优惠政策的影响

重组中对税收优惠政策了解不够透彻对后续经营产生的税收风险影响如下所述。

煤矿兼并重组中,要充分利用兼并重组所涉及的税收优惠政策,尽量降低税务成本支出,降低税收风险。在煤矿的兼并重组中,对于新成立的重组企业来说主要涉及以下税务问题,一是被整合目标煤矿是否存在欠税风险;二是国有控股企业承接被兼并重组煤矿的土地、房屋权属,应按规定免交契税;三是新增资本金要缴纳印花税问题;四是在兼并重组过程中,对于整体转让资产、债权、债务等不应征收营业税;五是按照财税〔2009〕59 号文规定股权收购中,收购企业购买的股权不低于被收购企业全部股权的 75%,且收购企业在该股权收购发生时的股权支付金额不低于其交易支付总额的 85%,可以选择按以下规定处理:

(1)被收购企业的股东取得收购企业股权的计税基础,以被收购股权的原有计税基础确定。

(2)收购企业取得被收购企业股权的计税基础,以被收购股权的原有计税基础确定。

(3)收购企业、被收购企业的原有各项资产和负债的计税基础和其他相关所得税事项保持不变。

另外,对兼并重组过程中个人股东取得的兼并重组所得应按照《个人所得税法》及实施条例和国税函〔2007〕244 号规定按“财产转让所得”征收个人所得税。在兼并重组涉税业务中 1 ~4 项是重组企业涉及,5 ~6 项被重组企业涉及,在兼并重组过程中,要充分了解所有涉税业务及税务规定,用足国家优惠政策,将涉税风险降到最低。

煤矿兼并重组工作是一项任务重、工作量大、关系复杂、难以协调的工作。上述四个方面的影响主要还是从经营及财务、税收等角度阐述的,涉及其他方面的因素、影响还有很多,不再赘述。

煤炭企业兼并重组、资本运作等财务管理问题研究

古亚彬

煤炭是不可再生资源，也是我国的主要动力能源。为避免资源的浪费，生产安全事故多发，国家大力推广煤炭企业兼并重组。河南煤炭企业响应国家政策，对年产30万t以下的小煤矿进行兼并重组，从而可以有效加强国家的监查控管，避免资源浪费，形成大企业、大集团运作的煤炭规模经济。通过兼并重组，企业可以迅速扩大规模，但如果仅仅是通过兼并重组壮大企业资本，而不能运用正确的财务管理措施对资源配置实施协调和管理，就会导致许多问题存在，从而无法顺利完成兼并。不具备优秀财务管理能力却盲目进行兼并重组的企业，其重组行为的后果都有可能损害企业现有的优势，甚至付出高昂的而没有回报的代价。所以，如何加强煤炭企业兼并重组后的资本运作、财务管理能力已成为煤炭企业在兼并重组中必须面对和亟待解决的问题。

一、兼并重组小煤矿是我国煤炭企业的必经之路

按照《河南省煤炭企业兼并重组实施意见》，河南省拉开了对小煤矿整合的序幕。河南规定兼并重组以全省年产规模15万~30万t为底线，高于30万t以上的煤矿，若具备《河南省人民政府关于印发加强煤矿安全生产若干规定的通知》所规定的条件，可单独组织生产，规模处于15万~30万t的实现重组，低于15万t的则进行关闭。河南此举符合市场经济发展规律和国家的方针政策，有利于淘汰落后产能和优化煤炭产业结构，兼并重组。

自从加入世界贸易组织之后，竞争成为一种必然。从世界煤炭集团和我国大型煤炭企业的发展中，可以看到煤炭经济的规模化效应。发达国家的煤炭工业生产技术已十分先进，已在向大型化、集团化发展，生产技术也已经开始迈向遥控和自动化，许多工业企业基本上实现了跨国经营。与之相比我国煤炭工业发展的实力还比较弱。因此，在新的历史转折时期，实施兼并重组，提升煤炭工业的整体实力，是一种必然的选择。

二、如何成功地进行企业兼并和重组

在市场经济条件下，煤炭行业兼并重组日益受到重视，企业兼并重组是社会化大生产的必然要求，也是深化国有经济体制改革的重要内容。那么如何使企业兼并重组能够顺利进行，值得深思。

企业收购兼并行为是说一家企业以资金、证券或其他形式购买取得其他企业的部分

作者单位：新乡焦煤富达矿

或全部资产或股权，以取得对该企业控制权的一种经济行为。也就是说要通过兼并重组来实现国有大矿对小煤矿的绝对管理和控股，做到“真控股、真投入、真管理”。同时在企业兼并重组过程中要符合国家有关法律法规及相关产业政策，立足优势互补，并且要坚持企业自愿协商的原则，无论是国有大矿，还是私人煤矿，都尽量做到兼顾好各方利益。在兼并重组的过程中，面临的不仅是战略的制定和实施的科学性，更要关注人思想的变化，把握兼并重组中的文化、思想、动机，更加有助于企业顺利实行重组，保证公司变革的顺利实施。

从财务上来讲，作为兼并方，除对被兼并方的财务报表进行严格审查外，还必须对账外的法律责任进行审查。在对被兼并方的企业实力和财务情况进行审查时，一定要派人实地考查企业的财务报表、账簿和凭证，要以客观情况为依据，因为对外的报表可能与企业实际情况有较大差异。特别是一些小煤矿的账目比较混乱，所以在接管时一定要对其财务方面进行全面细致的考查。这样才能正确评估被兼并方的资产。在资产评估中必须加强对账外资产进行清理并评估；既要对有形资产进行评估，也要对无形资产进行评估。只有保证客观全面的评价，才能正确地认识一个企业。

三、国有煤炭企业进行资本运作的必要性

资本运作，就是指以企业的资产为运作对象，通过资产重组、企业并购和股票上市等手段，改善资产组合方式，增加可控制的资源，盘活有形和无形资产，提高资产运作效率，实现在资产保值增值的基础上增强企业的核心竞争力。

（一）资本运作是煤炭企业实现战略目标的必然选择

随着经济全球化和市场一体化的发展以及我国煤炭工业建设大煤田，形成大集团构想的逐步实现，通过资本运作实现企业做大做强，必将成为煤炭企业集团的重要战略选择。

河南煤化集团始终把企业做强做大作为战略目标，然而要想实现这一目标，企业就得加快发展，加快新矿井建设，加大资源储备，发展相关产业，而这些都需大量的资金投入。在市场竞争体制下，煤矿建设依靠国家投资已不可能，依靠自身积累来扩大规模，其效果极其有限，甚至会错过当前煤炭行业大发展的良好机遇。如果全部依靠贷款，企业生产经营成本又太高。煤炭企业要保证充足的资金来源，在进行多元化资源整合时，就必须进行资本运作。资本运作可以使企业在短时间内筹集大量资金，充分利用社会资本，提高资金的利用率，为企业快速扩张提供强有力的保障，实现企业做强做大的战略目标。

（二）资本运作是煤炭企业深化改革的客观要求

国有煤炭企业集团在改制后，因为一些老制度、旧思想已根深蒂固，企业各方面的制度流程还没真正转变过来。国有煤炭企业集团要想真正摆脱现有的弊端，走上可持续发展之路，关键在于建立适应市场经济发展要求的现代企业制度，完善公司的治理结构。那么通过资本运作实现投资主体多元化，是实现这一转变的有效途径。国有煤炭企业集团应以资本运作为手段，构建起适应社会主义市场经济发展要求的股权结构和管理模式。通过这一途径，才能建立起现代企业制度，逐步完善公司的治理结构，推动煤炭企业集团持续、健康的发展。

四、煤炭企业如何实现资本运作

资本运作的方式有上市筹资、公司并购、资产重组等，笔者所在的企业，是通过兼并重组来实现资本的有效运作。企业通过实施兼并能够在短时间内扩大规模，实现资本的有力扩张，增强竞争力，同时还能发展相关产业，实现企业多元化发展的目标。

（一）坚持煤炭主导产业，推进兼并重组

作为煤炭企业，主要产业规模是衡量企业核心竞争力和可持续发展能力的重要标志。煤炭企业作为资源型企业，必须坚持以煤为主，尽可能掌握更多的资源，并以此不断扩大企业的主导产业规模。在市场经济下，具有稀缺性的煤炭资源必须也只能通过市场运作来获取。煤炭企业实施资本运营，推进并购重组，能够在较短的时间内迅速扩大生产规模，实现资源扩张，增强竞争优势。

（二）延伸产业链条，涉足相关产业

煤炭企业完全依靠煤炭主业经营，发展不仅受制于人，而且抵御风险能力差，国有煤炭企业适度延伸煤炭下游产业，增强煤炭就地转换能力，不仅可以有效的提高产品附加值，提升企业经济效益，还可以降低企业运营成本，促进综合开发利用，提高资源利用效率。国有煤炭企业借助资本运作，并购相关产业，可以有效解决行业门槛、技术问题，实现短期内迅速达到产业结构调整的目标。

综上所述，煤矿企业兼并重组是改善煤炭生产关系，促进煤炭生产力快速发展的重要举措，是实现煤炭工业健康发展的重要途径。在企业兼并重组的过程中，资本运作显得尤为重要。作为企业，要加强资本运作的力度，增强财务管理的能力，促进内部资源的合理配置，才能形成合适的内部运行系统，将一般资本变为优良、高效资本，来影响和促进企业和社会的发展。只有不断增强企业发展活力，提高企业的自主创新能力，才能实现煤炭企业做强做大的战略目标。

煤炭企业税收制度整体改革问题研究

张美萍

煤炭经济的发展是整个国民经济持续、健康、绿色发展的重要支柱部分，其战略地位在整个国民经济发展中的地位不容忽视。转变经济增长方式成为中国实现经济向健康、可持续发展的必由之路。

一、河南煤炭经济发展的矛盾（以焦作市为例）

20世纪50年代，国家对焦作煤炭资源开始大规模勘探，在太行山脚边4 000 km^2范围内，探明煤炭储量6亿t。与这些辉煌极其不相对称的数字背后，是资源开采和利用过程中难以回避的现实矛盾：

（1）资源开采使用遭遇破坏性打击。一是资源消耗高。2005年，焦作市规模以上工业每万元GDP消耗标准煤7.4 t，是全国平均水平的2.7倍。之后几年，单位能耗虽呈下降趋势，但总体能耗仍然居高不下。二是煤炭回采率低。在焦煤集团组织的一次全市煤炭企业采区回采率调查中，404户企业中只有1户企业达标，其他企业全部不合格。三是超设计生产能力生产现象严重。在资源开采过程中，极度浪费、超生产能力生产现象十分普遍，全市煤炭企业平均超产70%以上。四是“三个转化”道路漫长。煤炭向电力转化、煤电向载能工业品转化、煤油盐气向化工产品转化即煤炭经济发展方式转变的目标虽然明确，国内外超亿元投资的大型集团公司虽然落户几家，但与整个能源经济总量比较起来，“原煤外销”的不合理产业结构20多年来基本没有改变。

（2）生态生存环境遭遇灾难性破坏。与对煤炭资源的掠夺式开发、高耗能生产、高污染排放相对应的是对整个煤炭区域生态环境、生存环境的毁灭性破坏和灾难性打击。

（3）社会各类矛盾遭遇空前性激化。一是中央与地方收入的矛盾。自20世纪90年代以来，焦作每年为国家贡献的能源价值超过600亿元，而焦作市年度地方财政收入不到100亿元。与此相对应，焦作市因采油和采煤付出的环境代价每年在160亿元以上，大量的财富被集中到了中央，给焦作能源经济带来的直接结果是典型的“贫困性增长”。二是企业与政府、居民的矛盾。在焦作市从事煤炭开采的多数是大型省属企业，因为与地方政府煤炭开采权、铁路运输权发生的矛盾层出不穷。省属企业与当地百姓因为环境污染、学校建设、学生上学、群众用煤、贫困户生活、居民安置等问题发生的冲突不断恶化，导致群众阻拦，数十个煤矿不能正常生产，多人次分别到县政府、市政府、省政府上访。

二、煤炭经济发展中税收政策存在的问题

目前，国家对煤炭经济发展实施的税收政策可以归结为六个方面，即限制性税收政

作者单位：焦作煤业（集团）有限责任公司财务处

策、促进节能投资的税收政策、促进节能设备应用的税收政策、促进高新技术产业发展的税收政策、促进资源环境保护的税收政策以及提高资源消耗成本的税收政策。这些税收政策在一定程度上起到了降低能耗、保护环境、节约资源、支持能源经济持续发展的目的。但现行税制对煤炭经济发展方式转变缺乏支持主要表现为，环境税制的缺失是造成煤炭经济发展矛盾产生的重要因素，循环经济税制的缺失是制约煤炭经济发展方式转变的主要原因之一。

（一）资源税没有起到保护资源的作用

我国现行税制在保护资源，限制资源过度开采过程中，实施的税种是以自然资源为课税对象所征收的资源税。而资源税按照吨位征收的定额税率难以遏制资源开采利益诱惑之下的过度开采，对于保护国家资源的程度甚至不足以用“杯水车薪”来形容。以焦作市2009年度煤炭销售价格330元/t计算，即就是按照5元/t的煤炭资源税计算，其资源税税率只占到售价的1.5%，这对于短期内以聚集财富为目的的企业来说，根本不足以引起他们对资源的保护意识。

（二）增值税在环境保护方面的作用发挥有限

在支持煤炭经济发展方式转变即实行循环经济发展中有几项税收优惠政策，主要表现于《关于资源综合利用及其他产品增值税政策的通知》等文件中。其中，对掺有不少于30%的煤矸石、石煤、粉煤灰、烧煤锅炉等其他废渣（不包括高炉水渣）为原料生产的建材产品实行免征增值税政策；对以煤炭开采过程中伴生的舍弃物油母页岩为原料生产的页岩油实行即征即退的税收政策；对在生产原料中掺有不少于30%的煤矸石、石煤、粉煤灰、烧煤锅炉的炉底渣（不包括高炉水渣）及其他废渣生产的水泥，实行即征即退的优惠政策；对燃煤发电厂及各类工业企业产生的烟气、高硫天然气进行脱硫生产的副产品实行即征即退50%的优惠政策；对以煤矸石、煤泥、石煤、油母页岩为燃料（不低于60%）生产的电力和热力，实行即征即退50%的优惠政策。

尽管增值税在煤炭经济发展中的税收优惠政策似乎很具有诱惑力，但这种零散分布状态与煤炭开采的暴利比较起来仍然显得异常惨白，整个煤炭经济的发展趋势依然难以扭转。煤炭开采、批发行业所占比重在国税收入中的比重依然居高不下，煤炭经济结构呈现出令人后怕的资源贩卖型发展。

与这种情况形成对比的是进入循环经济体的企业税收优惠政策的明显缺失。比如，循环经济煤炭企业在洗煤和炼焦过程中产生并经过净化后剩余的废煤气、发运过程中产生的焦渣用于发电缺乏增值税优惠政策；炼焦过程中产生的煤气以及中煤、煤泥进入多联供应车间经过高温分离和干馏后产生的煤气经过净化后生产甲醇，以及焦油深加工生产的粗酚、石脑油、轻柴油和改质沥青缺乏增值税优惠政策；过滤后的荒废煤气发电以及在炼焦过程中产生的高温尾气回收利用发电缺乏增值税税收优惠政策支持。

（三）所得税优惠力度不够、环境保护意识不浓

煤炭经济的所得税税收优惠主要体现在《所得税法》、资源综合利用所得税税收优惠中。但税收优惠政策间断、散乱且针对性不强。一是《所得税法》中的税收优惠政策环境保护意识不浓，缺乏环境保护系统制度，且对循环经济税收政策体系支持不够。其最大的所得税税收优惠是：节能节水所得实行减征、免征所得税优惠等符合节能节水产品目录购置的机器设备，其投资额10%可从企业当年应纳税所得额中抵免。二是资源综合利用企业所得税优惠政策力度不够。对企业综合利用资源，生产符合国家产业政策规定的产品取得的收入，在计算应纳税所得额时减按90%计入收入；利用目录规定的资源为主要原料生产的产品所得和企业利用其他企业的大宗煤矸石、炉渣、煤粉为主要原料，生产建材产品的所得给予免征所得税5年的优惠；为处理利用其他企业废弃的、在目录中的资源而新办的企业，减征、免征所得税1年的税收优惠。作为循环经济企业利用焦炉煤气、转炉煤气、高炉煤气生产的电力等，适用资源综合利用所得税优惠政策，减按90%计入收入总额计征企业所得税的税收优惠政策不足以对企业形成积极刺激。

由此可以看出：现行煤炭经济税收优惠政策只是"头疼医头、脚疼医脚"的"点式"税收优惠，没有形成一个系统的税收优惠体系。增值税税收优惠只注重对"能抓住实物的有形物质利用"的政策优惠，对于排放于大气之中的荒煤气、废热气利用没有给予足够重视，对于环境保护缺乏先见性认识。所得税税收优惠对环境的有效保护力度不够，刺激循环经济发展的目的性和针对性不足。整个税制缺乏对煤炭经济发展方式转变的制度性优惠，缺乏使企业实实在在地从延长产业链和深加工上下工夫的税收政策刺激。煤炭资源损耗、水资源损耗、土地塌陷损耗、煤矸石污染和占地损耗这些开采环节的政策鼓励缺失和煤炭加工环节中节能利用和环境保护激励措施缺失，是形成能源经济资源贩卖型结构利益型结构的主要原因。

三、促进煤炭经济发展方式转变的税收制度变革建议

我国现行实际征收的税种中与环境税存在联系的主要税种有资源税、消费税、车船税、增值税和企业所得税等。环境税制按照税种的开征目的可分为资源税类、消费税类、污染税类、生态税类和鼓励性税类。依据目前中国国情，在综合环境税制整体出台条件不具备时，加快单个税种的出台和实施脚步，并综合利用单个税种，促进煤炭经济发展方式转变成为可能。

（一）科学实施和运用资源税税收政策

新疆石油、天然气资源税从价计征拉开了资源税改革试点的序幕。但资源税的变革要从根本上调整煤炭经济持续发展的结构，解决煤炭经济发展方式转变的根本问题，还需要科学运用税收政策。一是要重点解决税收制度改革配套问题。按照资源税改革的预期分析，作为地方收入的大部分，资源税留在了省级政府，市级政府如果再留存一部分，到煤炭开采地县政府和镇政府手中的收入就相当有限了。这种分配制度不利于资源的有效保护，不利于环境的有效治理，不利于矛盾的有效解决，不利于资源地政府积极性的有效发挥，更不利于煤炭经济的持续发展。因此，解决省以下三级政府的税收分配问题是资源税实施后保证煤炭经济转型发展的关键。二是要明确资源税对循环经济体的税收优惠。资源税从价计征税收政策最大的受益者是地方政府。这部分收入可以部分遏制资源掠夺式开采；部分弥补对生态、生存环境造成的破坏，加速探矿植被的恢复；也可以部分解决社会矛盾，但要想彻底解决还需要时间。那么资源税从价计征后随着煤炭价格的下游转嫁，煤炭开采、贩卖的暴利局面能不能从根本上转变，能不能在支持煤炭经济循环发展上发挥积极的作用还需要实践佐证。

（二）加快碳税等环境税制出台步伐

二氧化碳税（碳税）的出台对于有效解决环境污染，降低能耗，减少一氧化碳、二氧化碳排放大有裨益。碳税应该以生产、消费煤炭、天然气、成品油的生产企业和消费者为纳税人，以二氧化碳的排放量为课税对象，在生产和消费环节从量计征，实行定额税率。在碳税实施之初，在二氧化碳排放量不易测定的情况下，应该适从简便征收原则，将煤炭、天然气、成品油等化石燃料的含碳量作为课税对象，按照不同产品含碳量的高低实行分级定额税率。对于煤炭经济发展方式转变而言，碳税实施后应着重做到以下几点：一是严格执行碳税政策有效遏制原始企业碳排放，加速循环经济产业的增长。二是用税收优惠政策解决循环经济企业与原始企业的竞争矛盾。按照碳税开征每吨10元的价格计算，煤炭的价格提高后，如果对实施循环经济的煤炭企业实行碳税减免政策，可以有效解决目前循环经济企业和原始企业站在同一起跑线上的问题，解除"劣币逐良币"的负面影响，等于给循环经济企业降低了原材料价格门槛，刺激了循环经济煤炭企业的积极性。因此，建议对原煤—发电—粉煤灰—建材工业；原煤—兰炭—焦油—化工—煤气和废焦粉回收利用；原煤—甲醇—下游产品—建材—食品级二氧化碳等循环经济链条中，实现三个以上循环链条的企业实施碳税免税政策，打压原始煤炭企业的发展势头，使他们无力与循环经济企业抗衡，最大限度地遏制煤炭资源的开发和粗放式经营。

（三）建立煤炭循环经济"一揽子"税收政策

单个税种对一个复杂的经济发展链条的制约或促进程度都是相对欠缺的，煤炭经济作为目前我国经济发展的重要组成部分，必须综合利用税收政策，使各种政策在不同侧面、不同环节、不同方面发挥其积极作用。一是增值税税收优惠应当统揽煤炭经济循环体的整个发展过程；二是对循环经济煤炭企业实行所得税免税政策，实现企业最大程度的发展和煤炭经济产业链条更长的延伸；三是发挥各个税种的整体合力。综合利用资源税、碳税、增值税、所得税等税种各自不同的调节功能，建立煤炭经济循环发展的税收制度体系，全方位刺激循环经济发展，切实促进传统煤炭经济发展方式的尽快转变。

煤炭企业推行内部市场化管窥

焦培福

煤炭企业内部市场化管理,就是按照市场体系的要求,把内部各基层单位作为市场主体和经营实体推向内部市场,使矿与各基层单位、基层单位相互之间形成交易结算的关系。在市场机制作用下,让各基层单位达到经营核算、自我约束、全面管理的目的。把外部市场压力传递到每个职工身上,以“收入-支出=工资”的理念,培育“降耗、增收就会增加工资,浪费、超支必定减少工资”的全员市场意识。激发广大干部职工的创新、创造激情和挖潜降耗、创收的积极性和主动性,从过去主要向产量要工资转变为向提高产量和降低成本要工资,使整个企业在市场的自动调控下,构建起新的运行体制与机制,从而实现企业优化生产要素配置、降低生产成本、提高生产效率和经济效益。

一、实施内部市场化管理的主要做法

(一)转变工作态度和工作思路

转变观念,提高认识,树立了真较真、不糊弄、铁制度、硬执行的工作态度和工作思路。

通过深入基层区队调研,发现一些区队长和职工对内部市场化工作仍认识不足,为切实解决存在的问题,我们通过召开多种形式的内部市场化推动会、专题研讨会、操作培训会、座谈会,使全矿上下统一了思想,提高了认识。

(二)完善制度,强化考核,建立规范的市场平台

1.充实内部市场化管理机构,完善制度建设

我矿充实了内部市场化管理力量,强化了内部市场管理组织机构。通过对原内部市场化管理制度逐项梳理、完善和修订,制定了《内部市场化实施管理办法》、《内部市场化区队考核及评比包保管理办法》、《科室、区队内部市场化季度检查考核办法》和《科室内部市场化管理绩效考核办法》。同时,汇编了内部市场化管理文件及资料,构建了我矿内部市场化制度体系。

2.建立规范的市场平台

我矿建立了内部市场化标准体系、计量体系、组织体系、定额价格体系、结算考核体系、单项工程管理体系、区队内部市场化管理体系、调控管理体系和信息化体系等9个体系,构成内部市场管理平台。

(1)标准体系,由技术标准、管理标准、工作标准组成。

(2)组织体系,由矿长、党委书记任组长,总会计师为副组长,副矿级领导、副总为成员组成领导小组;建立内部市场化管理经济仲裁委员会。

(3)定额价格体系,成立了人工费、材料费、租赁费、电费、矿车服务费等定额测算小

作者单位:河南煤化鹤煤集团公司

组，明确价格制定、修订和发布程序。

(4)结算、核算考核体系，一级市场月清月结，二级市场日清日结，三级市场班清班结。

(5)区队管理体系，由区队正职任组长、分管市场管理工作副职为副组长、其他副职、技术员、核算员、材料员和班组兼职核算员为成员。

(6)调控体系，规范了预留与借支、二级市场检查考评和内部市场仲裁管理等构成。

(7)信息化平台，有效运行了物资管理系统、设备管理系统、内部市场核算系统，使局域网及信息化系统充分发挥作用。

(8)单项工程管理体系依托完善的单项工程管理办法正常运行。

(9)在完善管理体系建设的基础上构建物资、人力资源、租赁、资金、安全、科技、电力等七大专业项目市场。

3. 严格考核

严格考核的主要内容有：

(1)实施机关科室内部市场化管理绩效考核，考核分数由通用标准分和专业标准分两部分组成，考核结果与工资直接挂钩。

(2)实施区队评比考核，全矿基层区队每月进行一次内部市场化工作评比，评出前三名给予奖励及后三名给予处罚。

(3)实施成本考核，材料费、配件费、电费、租赁费、修理费、服务费考核节超额按100%纳入工资结算。

(4)实施定额考核，对定额管理办法、定额管理台账和原始记录、定额制定水平、定额覆盖率考核，并及时完善。

(三)深化创新，提升市场化运行效果

在完善七大专业项目市场的基础上，我矿创新内部市场化管理，推行了工资全额浮动、时间买卖、安全隐患买卖和区域瓦斯治理市场化等工作，以此来带动其他管理工作的提高，全面提升内部市场化运行效果。

(1)强力推行“工资全额浮动”，编制了内部市场化工资台账，清晰地反映出内部市场化“以分计资”工资构成情况。首先在直接生产区队推行，把工作量、材料费、配件费、租赁费、电费、矿车服务费、放炮服务费、时间买卖等项目纳入考核范畴，层层分解到班组，细化到每个人，区队对班组、个人以量计分进行工资分配。然后在全矿区队全面推行。特别是在井下辅助区队扭转了以往工作不主动，材料、配件随处丢弃，脏远累险岗位无人愿干的局面。

(2)规范运行“时间买卖制”，促进生产效率提高。时间买卖制就是将机电、运输、生产等区队影响生产的时间作为一种虚拟商品纳入内部市场核算，由矿按月对区队注入一定额度时间买卖基金，当这些区队影响生产时，由调度室按影响生产范围和责任大小折算影响生产时间，按影响生产时间价格由影响区队进行赔偿。通过“时间买卖制”运行，全矿干部职工的观念发生了根本性的转变，由被动管理转为自主管理，今年一季度煤炭产量创历史同期最高水平，生产的连续性和生产效率都得到了提高。

(3)区域瓦斯治理市场化。运用内部市场化机制，实行量化考核，在抽放队创新区域瓦斯治理分配机制和技术方法，使钻孔进尺、抽放效果得到提高。①在技术创新方面，一是改进封孔工艺，提高封孔效果，应用定向封孔材料，多数钻孔瓦斯抽放浓度达到先进水平。二是采取改进钻场联接方式、主管路打压堵漏、煤壁压注封堵材料堵漏等措施，提高了抽放效果。②在分配机制方面，一是钻孔每米单价比原来提高 1 元；二是瓦斯抽放量每超计划 1 m^3 奖 1 元；三是瓦斯浓度以 30% 为基准，每超 1% 奖励 3 万元。抽放队结合现场实际，设计“双罐压风封孔器”，该装置的投入使用提高了工作效率并解决了钻孔封孔不严的难题，抽放浓度提高了 35% 以上，同时，该装置与定向封孔工艺相比单孔节约资金 259.4 元。1 ~ 3 月职工月度人均工资与去年同期相比提高了 32%，瓦斯抽放实现了抽放浓度与抽放量双突破。

二、推行内部市场化的几点体会

（1）解放思想，进一步提高认识。企业管理永无止境。内部市场化工作是一项长期的工作，是一把手工程，各单位区队长、科长是第一责任人，工作搞好搞不好，关键就在一把手，认识要到位，工作安排才能到位。内部市场化工作不是简单的模拟内部市场结算，是安全、生产、经营各项工作过程中管理精细化，是一切管理工作的抓手。

（2）规范运作，严格执行奖惩。要按流程要求运作，并根据具体运行情况及时修订完善流程以确保效果。

（3）正确的方法是推行内部市场化管理的保证。即：①充实内部市场化管理机构，完善制度建设。②在基础工作较好的区队进行试点，然后在全矿范围内推广。③要有分阶段详细的实施计划和措施，要贴近实际、简单实用；对实施效果进行分阶段总结、评价 。

（4）信息化是推进管理精细化的重要手段。我矿建立了内部市场信息管理局域网，实现了网上办公，成功运行物质管理、设备管理、内部市场信息管理等子系统，提高了内部市场结算效率。进一步规范了内部市场结算行为，实现了区队科室信息共享，实现了职工收入网络化管理，最大限度地调动了职工生产积极性。

煤炭企业资源整合中财务管控研究

陈　明

2010年河南省煤炭资源整合拉开了大幕。此次资源整合的重点是年产规模在15万~30万t的煤矿。兼并重组的目标是，充分利用大型煤炭企业的优势，在全省逐步形成以大型煤炭企业为主的办矿体制，提高煤矿安全保障能力，提升煤炭整体开发水平。而在整合过程中怎样加强财务管控，是资源整合能否成功的关键所在。

煤炭企业作为资源密集型企业，其发展的潜力取决于企业对煤炭资源控制的多少。所以资源整合一些小型煤矿既是响应省政府的号召，又是展现提高大型煤炭企业自身实力的一条路径，更是实现资源有效配置的重要方式。如何有效地实现资源整合，将整合兼并落到实处，笔者认为只有运用正确的财务管理措施对资源配置实施有效地协调和管理，才能使资源整合高效、长期的运转下来。所以在煤炭企业资源整合前，整合中，整合后怎样加强财务管控和财务运作模式，是企业在资源整合中必须面对和亟待解决的问题。

煤炭资源整合主要是对已经存在的生产能力低下的小煤矿进行兼并重组。河南省规定，所有重组主体企业在所兼并重组煤矿中所占股权比例不得低于51%。在遵循现有煤炭生产布局的基础上，河南省为6家大型煤炭企业的兼并重组划出了“原则上”的矿区范围，涵盖全省24个矿区。被整合的小煤矿多达670多个。这就要求整合企业要由大量的资金投入到被整合小煤矿。

而在资源整合过程中，对财务管理的要求是在一定的整体目标下，关于资产的购置（投资），资本的融通（筹资）和经营中现金流量（营运资金），以及利润分配的管理。财务管理是企业管理的一部分。它是根据财经法规制度，按照财务管理的原则，组织企业财务活动，处理财务关系的一项经济管理工作。简单地说，财务管理是组织企业财务活动、处理财务关系的一项经济管理工作。

在煤炭资源整合及兼并重组准备期，对企业集团财务管理的挑战就是资金的挑战。义煤集团据初步测算，义煤集团对整合的84家小煤矿的前期投入大概在70个亿，而其他整合企业也都面临同样的资金问题。企业正常生产经营资金净流入已经难以满足资源整合项目资金需求。一旦企业在融资方面出现问题，将出现资金链条断裂的风险，大规模基建投资使兼并主体存在巨大的潜在经营风险。融资问题，已经成为各整合企业面对的首要问题，同时也是最根本、最突出的问题。

一、融资渠道

面对融资问题各企业要建立多样化的融资渠道。

（1）灵活透彻把握国家金融政策，积极争取银行贷款。2011年，央行将继续实施适度

作者单位：义马煤业集团股份有限公司

宽松的货币政策，这为企业集团向银行融资提供了良好的政策环境。

(2)以财务公司为融资平台，实现企业集团资金资源的充分利用和低成本融资。财务公司的基本职能之一为吸收成员单位的本、外币存款，经批准发行财务公司债券，对成员单位发放本、外币贷款等。企业集团可以充分利用财务公司在融资方面所具备的相对优势，对企业集团内部资金进行归集使用，一方面可以实现企业集团资金的优化配置，另一方面也可以适度降低融资成本。

(3)积极发行企业债券。企业集团可以根据资源整合实际资金需求预测，合理发行企业债券，适度降低资金需求压力。

(4)优化企业集团融资结构。在资源整合过程中，企业集团大规模融资单纯依赖债务融资和银行信贷，必将大大提高企业集团的资产负债率。过高的资金成本也会给企业造成巨大的经营压力，甚至形成恶性循环，不利于企业集团的良性发展。为此，企业集团应积极争取合适的权益资本融资，对于煤炭资源整合企业集团来说，最为合适的权益资本融资即为上市公开发行股票。

企业融资问题解决以后就要在整合过程中加大对被整合小煤矿的财务管理。

二、财务管理力度

(一)要加强企业资源整合中的投资管理

由于被整合前的小煤矿基本都处于在工作状态，其煤炭储量、井巷安全情况参差不齐，这就要求我们在整合过程中遴选优势矿井在经过测算各矿井投资预算完成之后，企业集团应对被整合矿井进行效益评估。要对各项财务指标进行量化分析，并以分析结果为依据对相关项目进行遴选，从中选择投资少、投资回收期短和投资收益率高的矿井首先进行投资建设，实现以有限的资金投资于效益更好的煤矿，实现投资收益最大化。其余矿井的改扩建工作可考虑适当延迟建设。

煤炭企业资源整合的目标是获取利润及股东投资回报率的最大化。企业兼并重组通常涉及资产注入、资产或业务的出售、资产重新整合、债务和资本比率的改变。这就要求在对整合矿井投资前一定要加强投资预算管理，根据采集到的经济信息、优化组合成不同的预算方案，筛选出最优方案。企业集团根据自身的实际经验对改扩建矿井进行严密的投资预算，对土建工程、井巷工程、设备采购、安装工程等项目进行精确测算，合理确定投资成本，最大限度降低投资成本。

建立健全投资资金管理制度，对项目资金的使用情况进行监督管理，做到专款专用，预防资金挪用行为。同时，集团定期对整合煤矿进行内部审计。

(二)要加强企业资源整合中的财务管理，规范核算制度

(1)建立并落实各种财务管理制度。由于资源整合的矿井都成立了新的公司，所以在公司成立初期要制定完善规范的财务管理制。并在实际工作中抓好工作的落实，以提高企业经济效益。

(2)建立财务约束机制。企业管理以财务管理为中心，财务管理以资金管理为中心，资金管理作为财务管理的重点，要保证管理有效，必须建立监督约束机制。一是严格执行资金计划，确保企业正常生产经营进行；二是资金分配上坚持量力而行，要严把关，要坚持

执行审批制度；三是制定资金管理考核制度，分析资金的使用情况，及时发现资金的浪费问题，并及时处理，严格考核；四是强化监督，整合企业定期对被整合小煤窑进行内部审计。

(3)节约挖潜，加强成本管理。明确各部门成本控制责任，节约挖潜，加强成本管理，把经济活动分析作为预测成本、强化管理成本。由于被整合小煤矿在被整合前成本管理意识淡薄，为了节约成本可能就弱化了安全投入。但节约成本的前提并不是降低安全投入，这就要求整合企业在加大安全投入的基础上对被整合煤矿灌输成本节约理念。要充分调动职工积极性，形成人人讲成本、管理全员化的成本控制体系、明确责任，考核到位，奖罚分明。财务人员要定期写出成本分析报告，利用评价指标来评价被整合煤矿的技改水平，在控制成本的基础上加大整改力度，争取早日整改完毕，早日投产，使被整合煤矿早日见到效益。

(4)建立统一规范的财务核算流程。资源整合企业要对所有被整合小煤矿设立统一的会计科目体系、核算体系、报表体系、实现财务核算分级管理、规范财务核算流程。严格审核发生的各项成本费用，确认发票合格、内容真实、手续完备。提取的各项费用符合法律法规规定，成本费用核算准确，防范由于审核不严、合算不到给企业带来损失。

(三)建立一支专业高效的财务团队

由于资源整合的特点决定不可能一个小矿设立一个完善的财务机构。义煤集团的做法是将84个被整合煤矿，按区域分成三个煤业公司，各设一个财务机构，对每一个小矿单独建账，然后统一管理。这就提高了对财务人员的专业素质的要求，所以资源整合中要不断提升财务管理人员素质。财务管理人员应从政策把握、业务水平、风险意识等方面全面提升，应遵循环境适应原则，整体优化原则和盈利与风险对应原则，并具有战略头脑、开阔思路、高瞻远瞩的谋略，敏锐的洞察力和准确的判断能力，善于抓住机遇，大胆适时决策。要把财务人员的职责从过去的会计上升到更高的层次，构建一支全新的团队，既为整合提供必要的财务支持和保障，又参与整合过程，以满足新经营环境对财务管理的要求。

纳税人权利的理论基础及含义界析

曾 杰

纳税人权利的存在是有其丰富的理论基础支撑的，即契约平等与民主理念的形成，权利本位与法价值普遍性的要求。自然，纳税人权利不仅应包括税收征收过程中的具体权利，更应在宪法层面赋予纳税人民主立法权与民主监督权。

近段时间个人所得税改革、"三公"消费的公开等话题在吸引公众关注政府改革的同时，也将"纳税人权利"这个名词推进公众的眼球。人们不禁在问：谁是纳税人？纳税人权利是什么？纳税人权利何以存在？这些问题的答案取决于纳税人权利存在的基础，建立在平等与契约基础上的纳税人权利的内涵会更加丰富和完整。现代意义上的税收理念集中表现为平等与民主，更注重的是权利而不是权力。

一、纳税人权利的理论基础

(一)契约精神

社会契约论者将现代民主国家和宪法的产生描述为一系列由个人向国家让渡部分自由和权力的契约过程。公民们通过契约要求国家能够保障自己的自然权利的实现并不受他人侵害。转从国家角度，国家作为一种委托机构，由纳税人用纳税方式养护，其使命就是对纳税人负责。因此，"在宪法逻辑中税收是国家和人民之间的法益交换契约所确定的债，宪法契约创立了初始的原则化的税收法律关系，这种法律关系是典型的债权债务关系，关注的实体问题是税收之债中法益的公平分配，程序问题则在于税收债权实现与债务履行中的公共权力与人民权利的保障，这就从本源上要求税收必须建立在人民同意的基础之上。"那么政府与人民之间必然由"命令与服从"的关系转向"服务与合作"的关系，作为法律关系一方的纳税人就不仅仅只承担义务，还必须是权利主体并享有相应的权利。

(二)民主性

现代市场经济条件下的税收观是公共财政观，税收是基于满足公共利益的需要，而由国家出面征收的公共物品费用，即税收是国家为实现其公共职能，而按照预定的标准，从私人部门向公共部门转移的财产。税收法律关系既是一种权力关系，更是一种权利关系。国家作为实质意义上的征税主体，享有课征和使用税的权力，自然应在宪法中赋予纳税人民主立法权和民主监督权。因而，纳税人在税收的制定过程中是不可或缺的。他们必然要参与到税法制定过程中，参与到公共产品定价的过程中，参与到决定自己权利与义务的规则形成中。

(三)权利制约权力

随着经济的发展和社会的进步，个人成为经济、政治、社会各方面的独立主体，社会的

作者单位：河南工程学院

价值取向逐步由权力本位向权利本位转向。法的任务,也开始由使个人尽其义务而转向保护其权利。在此本位观下,税收法律关系虽仍然是非对等的法律关系,即一方主体享有较多的权利,另一方主体承担较多的义务。但整个法律规范体系是以保障权利为轴心和起点的,国家税权的配置和运作应以保障个人的私权为界限,具体也就是表现为纳税人对税权这种公权力侵犯私人财产权的同意。

(四)法律价值的普遍性

法律的最终使命在于通过规范调整活动使社会关系中的客体走向主体、接近主体、为主体的需要及其发展服务,形成一定的价值关系。税法的价值是针对税法的所有主体而言的,既包括征税主体、国家,更包括纳税主体。税法的功能不仅在于保障政府正当行使职权,同时也在于以法律的形式对相关主体的行为进行约束与监督,使其在既定的框架中运转,不至于侵犯人民的权利和利益。

无论是契约平等与民主法治,还是法价值普遍性的要求,最终纳税人权利的理论基础都指向权利之法。由此,纳税人权利的含义也应赋予现代气息,充分体现税法对纳税人主体地位的尊重及权利的重视。

二、纳税人权利的含义界析

(一)纳税人权利的含义

关于纳税人的权利,学术界的表述不尽一致。有的认为,纳税人的基本权利,是指纳税人享有以宪法为基础,仅在税款的征收与使用符合宪法规定的原则的条件下,才具有承担纳税义务的权利。有的学者认为,纳税人权利即纳税人履行纳税义务时应当得到的法律对其利益的确认、保障和尊重。还有的学者认为,纳税人权利,可以从广义和狭义两个方面来理解。广义上看,纳税人权利是指纳税人依法在政治、经济、文化各个方面所享有的权利和利益。狭义上看,纳税人权利是指有关法律对纳税人这一权利主体在履行纳税义务的过程中,可以依法做出一定行为或不做出一定行为,以及要求征税机关做出或抑制某种行为的许可和保障,同时,当纳税主体的合法利益受到侵犯时,纳税主体所应获得的救助与补偿。

上述有关纳税人权利概念的表述虽不相同,但基本上是从纳税人履行纳税义务的角度加以界定的。这些观点是否妥当值得商榷。笔者认为,对纳税人权利的界定不能过于简单化。对纳税人来说,其权利的享有当然离不开其纳税义务的履行,但不能将纳税人纳税义务的现实履行与其权利的享有相等同。作为纳税人的公民,拥有对包括政府预算、收支在内的国家财政经济生活的知情权和监督权。税应是作为法律上的权利与义务主体的纳税者以自己的纳付是用于宪法规定的其享有的各项权利为前提,并在此范围内,依照遵从宪法制定的税法为依据,承担的物质性给付义务。因此,纳税人权利是依法规定的公民承担纳税义务的前提,离开了权利支撑,纳税人也就无纳税义务可言。

(二)纳税人权利的特征

纳税人权利的特征也就是纳税人权利的属性。正确认识纳税人权利的特征,对于切实保障纳税人权利不无意义。笔者认为纳税人权利的特征包括以下两个方面:

(1)纳税人权利的法定性。权利,从其产生来看,有法定权利和约定权利之分。就纳税人权利而言，它是一种法定权利，具有强制性，法定性是民主和法治等现代宪法原则在税法上的体现。

(2)纳税人权利的广泛性。从我国《税收征收管理法》的内容来看，赋予了纳税人以多项权利，如知情权、隐私保密权、自行选择申报纳税方式权、申请减税、免税、退税权、陈述权、申辩权、申请行政复议及提起行政诉讼权、请求国家赔偿权等。基于国家凭以征收税款的权利是国民赋予的，则在国家征收税款的权利之上存在着国民或纳税人的基本权利，如民主立法权、民主监督权、基本生活维护权、公正权等。

纳税人权利在现代税法理念下被赋予了新的含义和特征，与之相适应，纳税人权利的构成也应有新的发展与更加丰富的内容。

(三)纳税人权利的构成

纳税人权利分为纳税人的基本权利和一般性权利。

1. 纳税人的基本权利

纳税人的基本权利是指：纳税人享有以宪法为基础，仅在税款的征收与使用符合宪法规定的原则的条件下，才具有承担纳税义务的权利，即要求纳税人享有民主的立法权和监督权。民主的立法权是指广大纳税人有权以法律规定的形式参与税法的制定，都有机会对税收立法发表意见，这是与法治国家的根本要求相契合的。民主的监督权是指：纳税人有权关注税收的用途并对积极立法、执法、司法活动提出意见和建议。

2. 纳税人的一般性权利

纳税人的一般性权利是指法律上纳税人维护自身合法权益的权利。世界各国由于法律的传统和对权利的认识的差异，对纳税人的权利的范围的规定也有所不同，但归纳起来还是有很多的共同之处。主要包括：限额纳税权、税负从轻权、诚实推定权、获取信息权、接受服务权、秘密信息权、赔偿救济权等。

当然，纳税人的权利范围将会随着现代税收理念的进一步不断完善与扩大。

企业新会计准则运行效果研究

徐国强

一、引言

目前,经济全球化趋势的日益加强,资本市场的全球化跨国公司的兴起与发展,在客观上都促使了从事国际贸易和投资的经济经济主体越来越多地关注别国的财务信息和会计方法,因此对会计信息在国际范围内实现可比提出了更高的要求。我国加入WTO以后,会计准则的国际化趋同需要也日益迫切,会计准则国际化已成为各个国家面对的一个不可回避的现实。WTO的长远目标是消除一切贸易障碍,促进贸易的全球化和自由化。

国际会计准则或成为绝大多数国家的国家会计准则,或是作为制定国际准则的基础,该准则已成为世界广泛接受的会计准则之一。会计是国际贸易通用的特殊语言,会计的国际标准是对这种语言的规范。2001年国际会计准则委员会进行了改组,改组后的国际会计准则参照市场经济发达国家的经验来制定国际会计准则,有助于国际会计准则达到高质量和高标准,会计国际化进程加快,成为了会计国际化的重要体现。会计标准在全球范围内统一已经成为了一大趋势,我国的新会计标准也要融入国际化的这种特殊商业语言体系中去。

现行的企业会计准则体系由一项基本会计准则和39项具体会计准则组成,类似于美国的"概念结构"和国际会计准则中的"编报财务报表的框架",用它来指导具体的会计准则的制定及交易处理。

二、企业新会计准则的主要内容

企业新会计准则的主要内容包括:资产的减值准备计提、借款费用、债务重组、权责发生制不再作为会计核算的基本准则、财务会计报告内容的变革及完善对金融企业和创新金融业务的规范。

在我国新会计准则中具体规范了会计基本假设、会计目标、会计要素的确认和计量原则财务报表的总体要求等,其中具体的原则主要是依据基本原则制定的。在新的准则中已经对我国目前的各行业之间存在的各类业务,做了明确的处理及相关规范。具体原则应该依据基本原则来制定,主要包括一般业务准则、特殊业务准则、报告准则。在新的准则体系中还包含了《企业会计准则第38号》用于新旧标准的衔接。这也给执行新准则的企业提供了指导。一般业务准则中包括存货、长期股权投资、会计估计变更、资产负债表日后事项、会计差错更正等准则项目。特殊业务准则规范特殊行业的特定业务的确认和计量要求。报告准则是指规范各类企业财务会计报告的准则,涉及现金流量表、财务报表

作者单位:平顶山煤矿技工学校

识,意识到纳税筹划的重要作用,才能产生直接的纳税筹划的行动。如果纳税人纳税筹划意识薄弱,即使具有再好的外部条件,也不能付诸行动。

(2)企业组建过程、筹资、投资过程中的因素。企业组织机构不同,享受的税收优惠、企业所得税缴纳方面有很大的不同。企业的筹资分成很多,不同的筹资分成会给企业的税负带来不同的影响。企业在投资过程中也有许多可以影响纳税筹划的因素,主要是投资方面的选择。

(3)企业生产经营中的影响因素。如成本计算中的存货计成本、固定资产折旧计成本、费用计成本。此外还有企业的涉税合同因素、设备因素、技术因素等。

四、常用的纳税筹划方法

企业要根据自身的业务流程,结合最新的税收政策,确定最适合企业特点的纳税筹划方法。

(1)企业设立的纳税筹划。常见的企业组织形式有个人独资企业、合伙企业、有限责任公司、股份有限公司、外商独资企业。应根据各类企业的税率、税金、税种、成本列支范围、税收优惠政策等方面的差别,结合企业经济业务的具体情况,选择企业类型,达到企业综合税负最低的目的。

(2)机构设置的纳税筹划。企业常见分支机构有分公司和子公司。企业应根据盈亏对税收的影响、税收优惠政策的不同、投资分回利润的税率等确定设立分公司还是子公司。

(3)经营地址的筹划。企业应根据国家的税收优惠政策、地方的税收优惠政策及地域的税收差别确定企业的经营地址。

(4)纳税身份的筹划。企业的纳税身份有一般纳税人和小规模纳税人两种。很多企业都片面认为一般纳税人比小规模纳税人好,实际上应根据实际税负选定纳税身份。

(5)企业投、融资的纳税筹划。企业应根据费用的列支方式,纳税优惠政策的不同选择合适的投、融资方法。

(6)企业采购环节的纳税筹划。采购环节的纳税筹划主要是对进项税进行纳税筹划,具体的方法有利用税收政策、改变进货渠道、合同签订、加强内部管理等方法对采购环节进行纳税筹划。

(7)销售环节的纳税筹划。为了增加产品的市场占有率,企业采取了多种多样的销售方式,如以物易物、返本销售、折扣销售、以旧换新、代理销售等,必须明确税法对各种不同销售方式的规定,这样才能达到降低税收成本的目的。

总之,要想顺利地完成筹划活动,筹划人员必须具备统揽全局的能力,充分考虑筹划中的各方面因素,并将其有效结合起来,形成一套完整的筹划方案。这不仅仅是降低企业的税务成本,更重要的是降低企业的完全成本。

浅论煤炭行业资金精细化管理

赵三渊

随着我国现代企业制度改革的深化和企业经营管理的加强。企业理财的重要性与日俱增,财务风险日益显露。其突出表现在财务预算管理“虚”,资金结算管理“散”,监督考核环节“弱”和管理方式、手段落后,效率低下等方面。如何用科学发展观指导企业开展资金精细化管理,使其为自身发展提供强有力的资金支撑,进而促进企业的长远发展和科学管理,是一项积极而有意义的任务。

河南龙宇国际贸易有限公司是永煤集团旗下从事物资采购和贸易业务的子公司。主要负责永煤集团及其子公司的设备、配件及建工材料等物资购销业务并适当对外开展贸易业务。该公司在实施了资金精细化管理后,降低了企业的资金成本,优化了资本结构,减轻了企业的经营风险,有效控制了现金流量,提高了公司效益。笔者结合该公司开展资金精细化管理的若干经验,对管理理念、管理办法等展开论述。

一、规范化管理资金

建立和完善规章制度,制定《财务预算管理办法》、《现金预算管理办法》、《现金预算操作流程》、《银行账户管理办法》、《货币资金管理办法》和《备用金管理办法》等相关资金管理规定。规范明确现金预算、银行开户与结算、资金和备用金管理等方面的规定和工作流程,通过制度把精细化管理具体到资金运作的每个环节。

明确和优化资金管理体系,实施不相容岗位相互分离,并强化印鉴分设制度。

对不相容岗位要坚决分离,如记账和审核岗位,出纳和记账岗位等,对各项票据登记人员和保管人员相分离,并对公司各项财务印章进行分设管理,确保印章的安全性和可操作性。

强化资金管理财务审核制和“一把手”负责制。

所有资金支出,必须经公司总经理签字或经授权的负责人签字认可,由负责审核的财务人员进行认真细致的审核后,才能支付款项,保证资金支付的安全、可靠。

二、管理资金集中,提高运作效率和效益

强化资金收支两条线,确保资金集中管理。严格执行收支两条线制度,从公司整体效益出发,建立和完善资金效益管理的考核机制,促使各单元管理目标与公司整体目标的一致。增强财务结算的核心地位,明确要资金结算要做到“统筹兼顾,以收定支”,除保留日常必备据实列支费用账户外,只能统一在财务公司账户结算。

针对公司人员出差频繁等原因造成备用金余额较大的情况,制定了《备用金管理办法》,通过明确权限审批、定期还款等方法,促进财务报销的及时性和规范性,推行严格的

作者单位:河南龙宇国际贸易有限公司

支取和报销制度,从日常活动中资金流动最频繁的源头上控制现金流量。

三、管理资金预算,规范现金流转

以往开展的资金预算管理制度不健全,资金使用金额往往只能以“大概多少”等进行安排。而且到了期末,财务人员常为资金收支平衡进行大量的工作,既浪费时间,又大大降低了资金的使用效率。以资金的集中有效管理为基础,坚持采取全面预算管理手段,把实施对现金流的全程监控作为深入开展资金精细管理的原则性要求,平衡资金余缺,使有限资产充分贡献现金流,发挥资金整体效能。实现资金优化配置,通过拓宽并适时监控各项资金流,提升资金收益质量。实行资金集中调配,统一管理,提升资金配置效益,进一步发挥了财务管理的决策支撑作用,从而增强企业可持续发展能力。精细化管理作为适应集约化和规模化生产方式出现的一种管理模式,强调目标细分、任务细分、流程细分,实施精确计划、精确决策、精确考核。资金的精细化管理要求企业从根本上改变过去松散的资金归口方式,开展以人为本的新型资金管理模式,全面确保资金预算编制的真实性、准确性和合理性。

四、加强资金预警机制,保证资金安全

本着诚实守信和资金成本最低的原则合理安排付款,避免资金的闲置,又有效降低了公司的采购成本,防范资金风险。

五、加强财务人员整体技能水平

资金精细化管理要求财务人员有更高的敬业精神、业务水平和服务意识。因此,财务人员应不断加强学习,深入实践,适应精细化管理需求,带头加快企业资金财务管理精细化的发展步伐,促进企业管理成本更低廉、工作流程更优化、创新更有新突破、执行力更到位。公司要充分认识到员工在管理变革中发挥的作用,要求所有财务人员加强学习,熟悉各类财经制度和政策法规,在财经政策范围内创造性地开展工作。其中,重点又以职称考试为导向,以业务需求为目的,不断提升员工工作兴趣。启动“创建学习型部室,争当知识型员工”主题活动,并将此作为提高员工素质的一项长期工作。鼓励广大财务人员调整知识结构,拓展自己的知识领域,作“复合型”财务管理人员。深入生产第一线,把资金管理贯穿到生产经营的每一个环节;不断提升对资金使用问题综合分析的能力,培育良好的风险管理意识和一定的回避风险技能。

实施资金精细化管理,提高资金的使用效率,完善内控制度,增强公司资金流量的规范性,为公司良性生产经营打下坚实基础。以积极的姿态开展资金精细化管理,其根本目的在于精益求精,准确、准时提供资金使用的来龙去脉,为企业整体精细化管理战略的实施提供良好平台。

和谐社会环境下构建资金精细化管理策略,需要坚持以科学发展观统领发展全局,努力调动财务人员及相关利益人员的积极性。在不断完善资金管理办法的基础上,科学统筹,推动资金全面预算管理的实施,提高资金的使用效率,切实提高企业效益,实现企业的可持续发展。

浅谈煤炭企业集团内部增值税纳税筹划

张炜利　张　鹏

煤炭企业的行业类型属于资源开采型。国有大中型企业集团是煤炭行业的主体。以河南煤业化工集团为例,在全方位、多层次的兼并。收购、整合、重组过程中已经形成了以煤炭为主,化工、有色金属、物流贸易、服务业等多业并举的集团型企业。煤炭企业的财务整合,是企业集团众多资源整合,资产结构优化的一个重要方面。

税务筹划是指纳税人在不违反现行税收法律法规的前提下,通过对自身统筹,投资,经营,分配等财务活动进行合理的事前筹划与安排,从不同纳税方案中选择对企业最有利的方案,以实现企业税后利润最大化的经营管理活动。企业集团的税收筹划,要从企业的全局性战略出发,为减轻集团整体税负,增加集团净利润服务。笔者以一个煤炭企业集团下属子公司基层财务人员的角度,对企业集团内部增值税纳税筹划方面的两点问题进行探讨。

一、内部转移价格的增值税税收筹划

由于集团本身的产业多元化特性,在集团内部形成了一定的产业链结构,在经营环节中的税收筹划,主要通过关联企业间的商品交易利用内部转移价格的调整来实现的。关联企业的交易价格往往低于或者高于市场价格,目的主要是利用转移价格的定位来降低税负。由于集团内部企业之间实现了资源和利益的共享,在集团内部企业之间制定可行的内部转移价格,确保企业集团的整体税负最低。现举例说明如何利用内部转移价格调整来实现增值税的纳税筹划:

假设 A,B,C 分别是集团下属的三个子公司,各自独立核算并且存在购销关系。A 公司属于煤炭企业,B 公司属于钢铁产业,C 公司属于装备制造业。A 公司的产品,作为 B 公司的原材料。B 公司的产品,提供给 C 公司。各公司产品数据如表 1 所示。

表 1

公司名称	生产数量	市场价格	转移价格	增值税率
A 公司	2 000	500	400	17%
B 公司	2 000	800	700	17%
C 公司	3 000	900	900	17%

其中假设 A 公司的增值税进项税额为 50 000 元。

以市场价格作为商品转移价格计算如下:

作者单位:焦煤(集团)辉县张屯煤矿有限公司

A 公司销项税额 = 2 000 × 500/(1 + 17%) × 17% = 145 299.15(元)

A 公司应纳税额 = 145 299.15 − 50 000 = 95 299.15(元)

B 公司销项税额 = 2 000 × 800/(1 + 17%) × 17% = 232 478.63(元)

B 公司进项税额 = A 公司销项税额 = 145 299.15 元

B 公司应纳税额 = 232 478.63 − 145 299.15 = 87 179.49(元)

C 公司销项税额 = 3 000 × 900/(1 + 17%) × 17% = 392 307.69(元)

C 公司进项税额 = B 公司销项税额 = 232 478.63 元

C 公司应纳税额 = 392 307.69 − 232 478.63 = 159 829.06(元)

集团公司的增值税额总计为 342 307.69 元。

其计算结果如表 2 所示。

表 2

公司名称	销项税额	进项税额	筹划前应纳税额
A 公司	145 299.15	50 000.00	95 299.15
B 公司	232 478.63	145 299.15	87 179.49
C 公司	392 307.69	232 478.63	159 829.06
合计			342 307.69

在自主定价范围内调整转移价格后计算如下：

A 公司销项税额 = 2 000 × 400/(1 + 17%) × 17% = 116 239.32(元)

A 公司应纳税额 = 116 239.32 − 50 000 = 66 239.32(元)

B 公司销项税额 = 2 000 × 700/(1 + 17%) × 17% = 203 418.80(元)

B 公司进项税额 = A 公司销项税额 = 116 239.32 元

B 公司应纳税额 = 203 418.80 − 116 239.32 = 87 179.49(元)

C 公司销项税额 = 3 000 × 900/(1 + 17%) × 17% = 392 307.69(元)

C 公司进项税额 = B 公司销项税额 = 203 418.80 元

C 公司应纳税额 = 392 307.69 − 203 418.80 = 188 888.89(元)

集团公司的增值税额总计为 342 307.69 元

其计算结果如表 3 所示。

表 3

公司名称	销项税额	进项税额	筹划后应纳税额
A 子公司	116 239.32	50 000.00	66 239.32
B 子公司	203 418.80	116 239.32	87 179.49
C 子公司	392 307.69	203 418.80	188 888.89
合计			342 307.69

筹划前后的税负比较如图 1 所示。

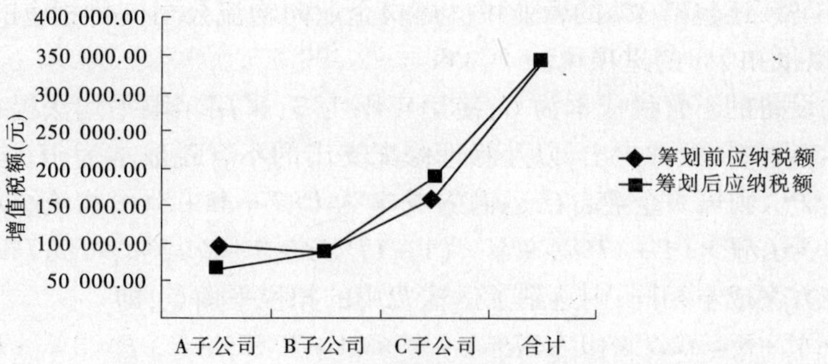

图1

假设各公司的生产周期均为三个月，市场的年利率为24%，对税收筹划前后的现金流量现值进行比较如下：

税收筹划前现金流量现值

$= -95\ 299.15\times(1+2\%)^{-3}-87\ 179.49\times(1+2\%)^{-6}-159\ 829.06\times(1+2\%)^{-9}$

$= -115\ 322.14$(元)

税收筹划后现金流量现值

$= -66\ 239.32\times(1+2\%)^{-3}-87\ 179.49\times(1+2\%)^{-6}-188\ 888.89\times(1+2\%)^{-9}$

$= -104\ 137.10$(元)

由此可以看出现金流量现值进行筹划后比税收筹划前减少了11 185.04元。集团公司的整体税负不变，但是达到了延期纳税的效果，企业就可以利用通货膨胀和资金的时间价值等因素，相对降低税负水平。

这样企业集团核心控股公司通过财务中心，对企业的财务决策和战略进行调整，平衡集团整体税负，降低集团整体税负水平。同时关联方子公司纳税筹划方案要及时上报，与企业集团整体决策进行配合，达到最佳的效果。

二、煤炭企业集团运输费用的增值税纳税筹划

自2009年1月1日起，增值税转型改革在全国实施，由生产型增值税向消费型增值税转变，允许所有增值税一般纳税人的新购进设备所含的进项税额，在当期的销项税额中增加抵扣，进项税额在当期未抵扣完，可结转至下期继续抵扣。

增值税转型给煤炭类企业带来了许多积极的影响，在消费型增值税模式下，企业固定资产进项税额可抵扣，节约了货币资金，降低了固定资产价值，减少了当期费用，增加了企业的净利润。煤炭企业的生产经营用的固定资产当中，运输设备占有相当部分的比重。企业每个月都有大量的运输业务。下面从运输费用角度，探讨增值税转型后的纳税筹划问题。

如果煤炭企业自身负担煤炭销售中的运输成本，其月成本主要有以下几个方面：运输设备月折旧，每月耗费的燃油，配件及相应的修理费用，运输人员的工资。那么购置运输设备中，可以抵扣17%的进项增值税，运营过程中所发生的燃料材料，配件支出，以及修理修配支出也可以抵扣17%的增值税；如果由煤炭企业集团下属的物流公司承担煤炭销售中的运输任务，则其月成本包括：运输设备月折旧，每月耗费燃油，配件及相应的修理费

用，运输人员工资，还包括3%的营业税。煤炭企业向物流公司支付相应的运费。运输费开具发票，可以抵扣7%的进项税。

假设运输设备的不含税成本为 C，使用年限为 T，采用年限平均法提折旧，净残值为0，每月耗费燃料材料，配件支出，以及修理修配支出的不含税成本为 M，运输人员工资为 S，运费价格为 P。则煤炭企业自己运输的成本为 $C/T+M+S$，由物流企业负担运输，企业集团的成本为 $C/T\times(1+17\%)+M\times(1+17\%)+S+P\times3\%-P\times7\%$。

如果两种方案成本相同，则达到了运输费用的扣税平衡点，即

$$C/T+M+S=C/T\times(1+17\%)+M\times(1+17\%)+S+P\times3\%-P\times7\%$$

由此可以得出：

$\frac{C/T+M}{P}=\frac{4}{17}$为运输费用的扣税平衡点。

其中，$\frac{C/T+M}{P}$可以理解为运费价格中可扣税设备物资耗用比率，用 R 来表示，则 $R=4/17$。

由此可以得出结论，当煤炭企业运输过程中所耗费的材料设备及修理修配支出比例大于4/17时，采用自己运输的方式比较有利。当所耗用的的材料设备及修理修配支出比例小于4/17时，采用集团内部物流公司运输的方式比较有利。

虽然煤炭企业自身购买运输设备进行运输在合理避税方面有一定的优势，但是企业购入设备的进项税金只有在小于当期销项税金时才能在当月全部抵扣，否则只能结转到以后的月份抵扣。煤炭企业的销售有一定的季节性，当购入固定资产的进项税金额相对较大时，需要考虑资金占用的时间价值，资金的流动性等因素，所以应当适当地将固定资产的购置安排与销售旺季同步。

总之，税务筹划要始终围绕企业价值最大化的财务目标，对增值税筹划的方案要全面综合均衡。作为纳税人，企业应该及时理解并掌握新增值税制度的变化，把握好时机，利用税收优惠，在生产经营过程中合理地进行增值税的税收筹划，降低企业的整体税负，实现企业的财务管理目标。

浅谈企业财务文化的建设

彭　洁

随着现代企业的快速发展,企业文化日渐显得重要。企业文化是公司发展的软实力,是核心竞争力,是企业长期持续发展的指南,也是企业的灵魂。而财务文化作为企业文化的组成部分,在现代企业发展中也显得尤为重要,笔者就企业财务文化的建设浅显地谈一下自己地认识。

一、为什么要建设企业财务文化

企业财务文化是在长期财务管理活动中,财务团队逐步形成的被达成共识和遵循的统一的文化,体现为制度文化和思想文化两大方面。可以理解为一个财务组织有完善的财务制度,有相对统一的价值观、工作作风、思想理念、道德规范、行为准则、精神面貌等。

一般传统的认识,对财务的理解都是核算、理财、经营方面的工作,和数字打交道,好像和文化不怎么沾边。而现代企业对财务的要求越来越高,财务管理处于企业发展的核心地位,贯穿于企业运营的方方面面。财务文化是企业文化的重要组成部分,要搞好财务管理,必须要把财务文化作为一项长期的重要工作来做。企业财务文化跟不上企业的发展,将会影响企业的发展。

二、如何建设企业财务文化

一个企业集团或一个公司的财务文化建设要在集团或公司范围内统一,并采取各种方法和措施进行实施。企业财务文化并非用简单的口号、标语来展现在表面,而是财务管理工作者经过长期的管理工作,总结、梳理、凝练形成的制度文化和精神文化。它具有本企业特色,不易被复制。财务要建设自己的财务文化,要统一认识,还要靠长期的营造,才能逐步形成。

(一)建设财务文化的原则

企业财务文化是企业文化的组成部分。所以,建设财务文化应坚持以下原则:①不与集团或公司企业文化相冲突;②财务文化显示自己的专业特点;③建设财务文化,重在增强财务风险意识。

财务文化不能作为独立的文化存在而与企业管理格格不入,财务文化是企业文化的组成部分。它必须能融入到整个企业中去,但又不失财务的专业特点。财务制度文化会因企业的发展而存在不断更新的情况,但精神层面的文化一旦形成就不宜经常改变。因财务文化最终为企业发展服务,所以财务文化的建设要坚持几个方面的原则,要与企业文化相融合,不能为赶时髦搞花架子,更不能与企业的健康发展方向背道而驰。

作者单位:中平能化集团工程塑料公司

（二）建设财务文化的方法

建设企业财务文化从以下几方面入手：

（1）以人为本，始终把员工作为建设企业财务文化的核心。当今社会，企业之间的竞争是知识、人才的竞争。打造一支高效率、高素质的人才队伍是企业成功的必需条件。财务管理也是如此，重在人本管理。人力资源是企业的第一资源，首先是依靠人，尊重人，激励人。财务管理需要财务全员参与。管理者要充分调动员工的积极性和创造性，发挥财务文化对人员的导向和规范作用，减少管理上的内耗，培养和统一财务管理意识，进而促进各项工作的顺利完成，实现企业财务管理的最终目标。在具体实施时，首先，财务管理者要根据财务人员的组成，分析财务的人员结构，从性别、年龄、专业、品行、性格、技能等方面分析，安排人员到合适的岗位上发挥其优势，挖掘其潜力，使其在本企业有归属感和成就感；其次，管理上要做到柔性管理，在坚持财务原则的前提下，财务管理者要"以德服人"，要善于沟通，上下级之间，同事之间要保持信息对称，才能提高效率，促进完成既定的目标。

（2）加强培训，逐步形成财务队伍统一的价值观。"培训是给员工最好的福利"。为形成企业自己的财务文化，要对员工不断的培训，除业务技能方面的学习培训外，重要的是灌输财务理念，不断增强员工的凝聚力，从团队精神入手，首先要处理财务与其他组织的各种关系，财务与管理层、职能部门、税务部门、金融机构、供应商、客户、员工等的协调关系；其次是处理好财务人员之间的关系，增强团结合作的意识。通过多方面的培训，增强财务人员的凝聚力和向心力，使其自觉地为财务管理出谋划策，发挥出每个员工的最大作用。有人调查总结，一个企业的文化大概需要至少四年以上的时间才能形成。笔者认为，财务文化的形成至少需要两年以上，这必须是在管理者非常重视的前提下才能实现。这期间，需要一定的载体来推进，也需要财务管理者付出实际行动垂范员工。领导者要以身作则，做好榜样，感染财务员工去学习，培训时可以自己组织培训，也可以聘请外部人员来培训，但要形成统一的认识，最终形成容易被大家所认可和遵循的思想理念和制度体系。

（3）提高风险意识，控制各种财务风险，体现财务文化的专业性特点。在某种程度上讲，企业的财务风险是企业的最大敌人。财务风险一旦出现，企业将面临轻则经营困难、举步维艰，重则资不抵债、破产倒闭。一旦出现风险，将不是财务部门或企业高管所能抵御的，即使有先进的风险监控管理系统也不能全部规避。只有建立企业的财务风险管理文化，将财务风险管理融入到全体员工的意识，融入到日常工作中，才能铸造企业全局的财务风险的城墙，最大化的减少或规避企业的财务风险。要防范财务风险，就要提高其抗风险的能力，对经营管理的每一个环节都能管理到位，并能及时提出财务建议和决策依据，才能为企业长期持续健康的发展履行好财务的职责。

（4）鼓励管理创新，适应企业的快速发展。企业发展日新月异，财务管理如果跟不上企业改革的步伐，将影响企业的快速发展，必将拖企业的后腿。财务管理者要鼓励管理创新，打破老的管理模式，借鉴其他企业的先进管理经验，融会贯通，形成自己的管理新举措。有些企业，财务管理模式和体系多年不变。企业已经发展为多元化的跨国集团，因财务管理理念跟不上，新的管理手段无法实现，遇到新问题无所适从，财务人员的价值就得不到充分的体现。财务管理的滞后，势必阻碍企业的发展。所以财务管理要跟得上时代的步伐，知识要不断更新，管理措施不断创新，人员素质逐步提高，工作流程不断优化，信息管理更加先进，管理效果才能逐步显现。所以，建设好企业的财务文化，财务的重要性将因为管理理念上的与时俱进和不断创新更显突出，财务发挥的作用才能最大化的发挥出来。

三、建设企业财务文化要实现的目标

建设企业财务文化要实现的目标有：

(1)建设良好的财务文化，发挥财务文化的导向作用，提升财务人员的综合素质。

(2)建设财务文化，推进企业财务管理水平的提升和财务管理目标的实现。

(3)促进企业长期持续健康的发展。

四、企业财务文化对公司发展的现实意义

社会的发展开始从“人治”到“法治”最后到“文治”，会经历很长时间的发展变革，现代企业的经营理念也逐步和社会的进步相符合。企业从追求利润最大化转变为实现社会价值的最大化，就是一个提升。日本松下的“企业是社会的公品”这一理念，注重企业在社会中的影响，管理者和下属、管理者之间形成思想和理念上的共识，对企业的发展起着不可忽略的作用。财务作为企业的重要管理部门，文化建设对现代企业的发展尤为重要，建设良好的财务文化，财务管理者会做出符合企业健康发展的决策，并引领财务人员圆满完成财务管理目标。

近年来，企业合并重组较为普遍，在企业合并重组过程中，因企业集团的多元化，跨区域，融合会遇到困难，尤其是文化融合方面更为突出。文化的建设非短期形成，在融合中会出现各种的不适应。一些重组后的集团因原公司之间的文化迥异，造成管理上的很多不衔接。财务文化的融合也是这样，制度文化短期内可以统一，但财务人员的精神文化也即是思想上不好在短期内融合，达成统一。所以，在企业合并过程中，财务文化的融合也是财务管理的重要工作，建设统一的财务文化需要取长补短，经过磨合、归纳、提炼、培训、总结等过程，达成共识，形成统一的易被接受和遵循的财务文化，实现深度的融合。

良好的企业财务文化有助于员工、部门、组织、公司之间的协调关系；良好的企业财务文化有助于吸引、留住人才，激发员工的工作激情；良好的企业财务文化有助于管理者制定正确的决策；良好的企业财务文化有助于推动财务管理的创新；良好的企业财务文化有助于实现企业社会价值的最大化。

指标、参照标准、功能及作用以及适用范围等方面着手，尽量使招标采购的专用设备能享受到这项政策优惠。2008年和2009年，我单位符合条件的三项专用设备投资额分别达到456.32万元和240.52万元，当年年度所得税汇算中，分别抵减应纳税额45.63万元和24.05万元，为企业节约了大量资金。

3. 个人所得税的行业优惠政策

个人所得税法为了照顾采掘业、远洋运输业、远洋捕捞业这三个行业，因季节、产量等因素的影响，职工工资薪金收入，呈现较大幅度波动的实际情况，对这三个特定行业的职工，取得的工资薪金所得，可以按月预缴，年度终了后30日内，合计每个人全年工资薪金所得，再按12个月平均，并计算实际应纳的税款，多退少补。

我单位作为煤炭生产企业，就实行了这种按年计算、分月预缴的个人所得税计算方法。例如，随着推行综合机械化采掘生产工艺，受产量高、进尺多等因素影响，个别月份包干工资提取数额可能特别高，职工个人所得税适用税率累进的也高；个别月份也会存在受地质变化、采面搬家布置等因素制约，产量偏低，进尺偏少，职工工资水平下滑严重，预计可能达不到交税标准。综合考虑这两种情况，一名职工全年收入统一计算下来，可能会存在着个税的适用税率很低却交了很多税，还可能存在未达到交税标准而交了税的情况。因此，我单位在工资结算中采用“削峰填谷、以丰补欠、留有余头”的做法。既不能让工资水平大起大落，也不能使代扣代缴的个人所得税忽多忽少。

（三）积极主动开展税务稽查

税务稽查是企业无法回避的一个现实问题，我单位主要从以下几个方面开展工作：

（1）正确对待税务稽查工作，积极配合稽查人员的工作。税务稽查是税务机关依法对纳税人、扣缴义务人履行纳税义务、扣缴义务情况所进行的税务检查和处理工作的总称。稽查执行的是国家税收法律及相关政策法规，捍卫的是法律尊严，保护的是广大人民群众的利益，促进的是依法公平竞争。因此，不能有稽查人员来企业检查就是挑毛病、找事情的思想。要对稽查工作有正确的认识，认真配合税务稽查人员的工作。我单位为宝丰县的纳税大户，是国税稽查局和地税稽查局每年都必查的纳税户。除此之外，地税和国税管理局对我单位的纳税辅导、纳税评估等也是经常性的管理工作。如果进行检查，我单位都会抽调专人负责，积极配合他们的工作。

（2）自己的问题要心中有数。对自己税款缴纳中存在的问题，要做到“胸中有数”，如应税收入中：商品销售收入的确认标准、“视同销售”的判断、劳务收入的确认时点等，都与税法有明显的差异。接受检查时，要明白自己享有的权利，不仅要从税收法规的条文规定入手与检查人员积极交流，更要从税法的立法原则方面与税务机关及检查人员达成谅解和认同。

（3）对检查结果要积极沟通。税务稽查工作底稿出来后，稽查人员会和企业进行沟通。对于税务机关认为不符合税法的方面，我们要大胆地进行陈述理由，力争取得税务机关的理解。而对于有异议或认为税务机关认定与事实有出入的，也要进行明确的申辩，以降低企业的损失。

（4）梳理稽查过程和结果，提高应对水平。税务稽查查出的问题，造成的原因有很多种，要么是无意为之，要么是出于对政策的不了解。不管是上述什么原因，稽查完结后，我们都要对结果认真分析,需要完善的方面,要加以注意,争取以后不再出现,避免再次受到处罚。而对于无法改变的方面,也要尽量想办法处理好,减少损失。稽查结束后,针对检查过程,更要细心总结,毕竟与税务稽查人员打交道,应对技巧也是重要的一个方面。

综上所述,做好企业的税务会计工作,对于提高企业管理水平,维护企业合法权益,规避企业税务风险,增强企业涉税处理和应变能力,促进国家税收环境健康发展,合理合法执行国家税收政策方面具有重要现实意义和作用。因此,必须做好企业税务会计工作,提高税务管理水平。

浅谈税务会计师的作用
——以煤炭企业为例

李 静

当前,我国职业资格岗位设置也逐渐向发达国家靠拢。英、美等国财务岗位设置中税务会计与财务会计分离的现象也在我国出现。在纳税环境的变化下,企业应满足时代要求,建立以专业税务会计师为核心的税务管理制度,更好地发展企业,壮大企业。鉴于税务会计师出现的时间不长的问题,笔者结合自身工作岗位,立足于税务会计理论和多年的工作实践,谈一谈对税务会计师的一些认识。

一、企业税务会计的相关概念

(一)企业税务会计认识

税务会计是由税务活动引起的,对企业资金运行状况核算和监督的会计工作,主要以税务统筹管理、税务检查和纳税筹划等一系列和税务有关的企业活动为主要工作内容,是既保障国家利益,又保障纳税人合法权益的专业会计工作。和传统财务会计相比,税务会计职能特点在于:①以税收法律法规为基本准绳,遵守税法规范;②反映资金活动,监督企业履行税收义务;③利用财务技巧,合理筹划,降低企业税负。

(二)企业税收筹划含义

随着现代企业纳税意识提高,具有合法性、筹划性、目的性、专业性特征的税收筹划,又称为节税的企业管理成为企业现代管理的重要组成。企业税收筹划主要是指在税收法规政策的许可范围内,企业采取的经营、投资、筹资等活动的事先安排、选择和策划,合理减轻或免除企业税负的企业行为。筹划领域包括企业的组建形式、注册登记、筹资过程、投资过程、营运过程和收益分配等。企业税收筹划要达到强化企业法律意识、提高企业的经营管理水平和会计管理水平,优化产业结构和投资方向,减轻税负的目的。

二、企业税务会计师相关认识

(一)企业税务管理的理解

企业税务管理是以企业依法纳税,维护国家利益为前提条件,利用充分合理的规划和实施,运用我国现行的税收优惠政策,以帮助企业少缴税款或递延缴纳税款等管理目的,以实现税收成本最小化及规避企业纳税风险的企业管理目标。

企业税务管理日益受到重视主要源于我国社会主义市场经济体制的进程推进。一方面,企业的各种涉税行为日渐复杂,税务风险防控的要求越来越严格;另一方面,新会计准

作者单位:郑煤集团杨河煤业有限公司

则等政策的发布,为企业形成税务管理体系提供了条件。

(二)企业税务稽查工作

企业应对税务稽查工作的了解主要有以下几点:

(1)确立整体工作思路。理顺了思路,就可以策略性地安排和组织企业行为,遵循企业利益和稽查并重原则,制定合理方案,保证相关工作开展有章可循。

(2)严格内部自查。纳税人应利用纳税自查,快速、高效地发现企业的税务问题并处理,增强企业纳税自觉性。企业可自查,也可委托注册税务师代为检查。自查过程中如有疑难,及时咨讯当地税务机关。最后应编写专业性自查报告以满足税务部门要求。

(3)深入了解税法。要顺利接收稽查,就要对国家出台和变更的相关税务法规政策系统动态了解,避免在税务稽查中漏税或者多缴税问题的出现。

(4)强化税务管理。税务稽查不但要求企业配合税务机关工作,更要求企业加强日常税务管理。企业应总结每次应对稽查工作的经验,以便提高企业税务管理水平,发挥税务会计师作用,完善日常管理,控制企业税务风险管理能力,保证顺利稽查应对工作的常态。

三、税务会计师在煤炭企业中的作用和意义

(一)煤炭企业中税务会计师的意义

我国煤炭企业是我国重要的能源生产组织,为国民经济发展提供了不可或缺的基础动力。在税制改革前,煤炭企业的增值税税率比其他行业工业增值税税率高出近一倍。且企业税前抵扣项目非常少,加上需要承担的其他一些建设费用,造成煤炭生产企业税负沉重,有碍于煤炭生产企业的发展。近年来,税法各项新政的制定和实施,促使煤炭企业的税务环境有极大改善。但是,要想利用新税收政策来降低煤炭生产企业的税负,煤炭生产企业就必须提高税务管理和税务筹划能力。因此,税务会计师对于现代煤炭企业管理来说是一个极为重要的新岗位。

(二)税务会计师在煤炭企业中的具体作用

1.开展合理筹划,提高企业税务效益

(1)增值税的筹划。新税法中,增值税由生产型向消费型转变,为税务会计师筹划煤炭企业增值税方案提供了空间。首先,可利用固定资产进项税额可抵扣条款,合理安排固定资产投资,降低增值税应纳税所得。具体可包括:保证煤炭企业在购置固定资产时尽量获取增值税专用发票;采购固定资产时同规模大、信誉好的供货商交易,争取获取更多用以抵扣的增值税进项税额;将采购的企业行为尽量安排在企业有大量增值税销项税额时,保证进项税额可全额抵扣。

在进行增值税筹划时,注意权衡增值税抵免带来的增值税减少和由此带来的企业所得税列支减少引起的所得税应纳税所得增加之间的矛盾。

(2)所得税的筹划。首先,税务会计师根据税法规定的环境保护、安全生产等专用设备的投资额的10%可从企业当年应纳税额中抵免,当年不足抵免,则可在以后5个纳税年度结转抵免的相关条款。合理安排煤炭企业的各期收支,正确选择设备购置时间,适当确定设备投资额,合法合理地转移利润。建议提高企业煤层气生产比例和创新发展能力,

利用对煤层气设备投资和技术开发费用的新税收优惠政策，提高此类费用，增加所得税税前列支，降低税负。其次，根据盈利工业企业当年发生的技术开发费用比上年实际发生额增长 10% 以上(含 10%)的，除按规定列支当年实际发生的开发费用外，可再按其实际发生额的 50%，直接抵扣当年应纳税所得额的条款筹划减少企业所得税。再者，针对个人所得税，税务会计师应根据新税法规定的合理工资、薪金支出要据实扣除的新条款，建议煤炭企业适当提高工人工资，将一些直接补贴转变成为实物福利支出，合理增加费用列支，减少企业应税所得额。

(3)资源税筹划。税务会计师应针对现行税法中关于煤的资源税的相关规定：只针对原煤产品收取，而对其他煤炭产品根据一定的计算方法折算为原煤量后再计算相应的税收。利用这一条款合理筹划优化煤炭生产企业的产品结构，建议尽量延伸煤炭产业链，减少企业的资源税应税所得。

(4)利用结算处理合理筹划税收。在煤炭企业产品销售过程中，税务会计师应该根据实际情况合理筹划企业的结算方式，在资金回笼快的时期内，采用直接收款方式。如果处于相反的情况，则采用赊销和分期收款方式，适当后延纳税义务，降低实际纳税额。同时，税务会计师应建议企业年末适当促销，提高煤炭产品的销售量，将年末增收的销售量大部分放到来年核算，达到推迟部分所得税延迟一年缴纳的效果，使得企业获得避税收益。

2. 帮助煤炭企业纳税管理，全面提升风险控制能力

我国税法征管工作随着相关法规制度的完善而不断深入。一些原来适用于外资企业的反规避手段也已经运用到了对内资企业的管理中。煤炭企业的纳税环境越来越严格，需要税务会计师利用专业知识和专业职能增强企业应对税务环境变化的能力，从而合理规避筹划失误等纳税风险，提高企业纳税效率。同时，税务会计师要担负起提高煤炭企业抵御税务风险的素质，既要帮助煤炭企业领导者更新税务观念，又要积极参与煤炭企业员工培训机制、宣传和推广依法纳税思想，主动传授税务管理专业知识，为煤炭企业的税务管理水平的提升提供必要的思想和群众基础。

我国中小企业财务管理存在的问题及对策

王　洁　王春景

随着经济的发展,我国的中小企业也迅速发展,并成为国民经济的重要组成部分,地位越来越重要。但由于中小企业受自身特点和外部环境因素影响,存在着与自身发展和市场经济均不适应的情况。因此,分析研究中小企业财务管理存在的问题,并寻求解决对策,以促进中小企业健康发展,具有重大意义。

一、中小企业概况及其特点

中小企业的概况及其特点如下所述:

(1)中小企业在国民经济中占有十分重要的地位。目前,全国工商注册登记的中小企业占全部注册企业总数的99%。中小企业工业总产值、销售收入、实现利税分别占总量的60%、57%和40%;流通领域中小企业占全国零售网点的90%以上,中小企业大约提供了75%的城镇就业机会。

(2)中小企业已成为拉动经济的新增长点,在经济快速增长中,工业新增产值的76.7%来自中小企业。

(3)中小企业是缓解就业压力、保持社会稳定的基础力量。中小企业创业及管理成本低,市场的应变能力强,就业弹性高,具有大企业无可比拟的优势。从现阶段来看,从农村转移出的劳动力绝大多数在中小企业就业。特别是在近年来经济结构调整和国有企业改组力度加大,新增就业人口居高不下,农村富余劳动力继续向城市转移,以及政府机关精减人员就业压力很大的情况下,中小企业作为非公有制中小企业吸纳就业、再就业的“蓄水池”作用更加明显。由于中小企业是社会就业的主要场所,是地方财政的主要来源。稳定了中小企业就是稳定了社会就业,稳定了地方财政基础,从而全社会的稳定就有了物质保障。

(4)科技型中小企业蓬勃发展,是经济增长与社会进步的不竭动力。

(5)中小企业是市场经济体制的微观基础,是深化改革的主要推动力量。中小企业大多数从事第三产业,贴近市场,贴近用户,活跃在市场竞争最为激烈的领域,是市场经济的主体和市场体制的微观基础。

(6)相对大企业而言,中小企业改革成本低,操作便利、社会震荡小、新机制引入快。因此,在改革进程中,中小企业往往是试验区,是突破口,是马前卒。中小企业的各项改革成果,为大企业的改革实践提供了有益经验,也为创造多种经济成分共同发展的大好局面

作者单位:河南工程学院

做出了贡献。

我国中小企业的特点主要表现为：规模小、数量繁多、生产经营方式灵活多变、大多为民营企业、极力追求利润最大化、管理水平普遍不高并且大多采取家族式管理模式。

二、中小企业财务管理问题概述

中小企业存在的管理问题主要有以下几个方面：

(1)缺乏财务管理观念。绝大多数中小企业家都是白手起家，不具备财务管理知识。各种财务决策主要依靠个人主观意愿，缺乏科学的决策机制。

(2)财务管理制度不健全。财务监督机制缺乏，内部控制薄弱，致使资产管理效率低下。

(3)财务机构不健全。很多的中小企业都是任用自己的亲属担当会计、出纳，根本就不设置财务机构。有的企业虽设置财务机构，但分工不明、职责不清，形同虚设。

(4)财务人员素质偏低。中小企业，尤其是私营企业，财务人员绝大部分是家族成员。他们中的很多人可能并未经过正规的专业培训，缺乏必要的财务管理能力，甚至严重缺乏会计职业道德。

(5)资本结构不合理，筹资困难，缺乏发展资金。由于我国对企业发行股票和债券上市融资条件苛刻，中小企业很难满足这些条件，所以想在股票市场或债券市场筹资难度很大。因此中小企业只能过度依赖银行贷款。但是，实务中各大商业银行往往都是“嫌贫爱富”。中小企业能得到的贷款分额少之又少。于是，不少中小企业只好转向高利率的民间资本。

(6)投资没有中远期规划，缺乏科学性及持续性。中小企业的投资多是以老板的意愿为主，缺乏企业自身的中远期规划，并且没有科学有效的集体决策机制。还有一些中小企业，盲目追求多元化经营，摊子太大，造成企业资金链断裂，最终使企业陷入财务困境。

三、改进中小企业财务管理的措施

(一)重视现代财务管理理念

我国中小企业财务管理要从主要限于营运资金管理转变为确立财务管理在企业管理中的战略核心地位，树立诸如以人为本、知识管理、信息管理、法治管理等科学管理思想，重视各种财务管理理念。

(二)结合企业发展阶段，确立合理的财务管理目标

财务管理目标指引着整个财务工作的开展，在财务管理中具有重要地位。在实务中，绝大部分中小企业将利润最大化作为财务管理的目标，这对于那些处于发展“初级阶段”的企业无可厚非。但是，对于“成熟期”的中小企业，利润最大化可能会导致企业财务决策短期化行为，影响企业的长远发展，此时应当把可持续发展的利润最大化作为企业财务管理的目标。

(三)引进高素质财务人员来健全财务机构

中小企业要摒弃财务人员的家族化和亲缘化，积极从外部引进高级财务管理专门人才，引进既精通会计、审计、财务管理理论与方法，熟悉企业经营管理的全过程，又熟悉外

语、计算机知识，具有全局观念、组织协调能力，对资本市场具有敏税的洞察力，有开放性思维和创新意识的财务人员。同时，要加强对现有财务人员的培训，搞好职业道德教育，建立继续教育制度。建立和完善激励机制，调动财会人员的积极性。鼓励财会人员不断学习和创新，提升专业能力。并采用科学合理的用人机制留住人才，为企业未来的发展积蓄能量。

(四)加强财务控制，做好日常财务管理工作

1. 加强内部控制管理

中小企业应加强内部控制管理，建立严格而科学的内部控制体系。例如，建立不相容职务相分离制度、授权审批制度、适合本企业的会计工作流程、内部审计制度等。

2. 加强现金管理，努力提高资金的运用效率

首先，加强现金的日常管理，建立高效的收账系统，确保资金的回收；同时采取各种方式尽可能延缓现金的支出时间，提高资金的运用效率。其次，减少现金持有成本，科学地确定现金最佳持有量，从而有利于企业提高整体经济效益。

3. 加强存货和应收账款的管理

加强存货管理，合理确定经济采购批量，加强存货的保本期和保利期控制。对应收账款的管理，应采用合理有效的方法及时评定客户的信用状况，制定恰当的信用政策；加强应收账款的日常控制和管理，减少坏账、呆账和死账；制定合理的收账政策，尽量减少企业的损失。

4. 加强风险控制

中小企业应结合自身情况，认真分析收益与风险的关系，积极寻求两者之间的平衡点。要做好事前的财务计划与预算，事中的财务决策与控制，事后的财务分析与考核，努力降低企业风险。

(五)明确投资方向，制定科学的投资决策机制

中小企业必须对投资项目进行可行性研究，制定科学的投资决策机制，规范投资程序。可以借鉴大型企业的做法，实行投资监理，对投资活动的各个阶段做到精心设计和管理。鉴于中小企业的产出规模，中小企业投资应以对内为主。这主要包括：新产品的试制、技术设备的更新改造、人力资源的投资等，忌盲目跟风，盲目投资。当积累的资本达到一定规模之后，中小企业可以搞多元化经营，把鸡蛋放在不同的篮子里，分散资金投向，降低投资风险。

(六)加大对中小企业的金融支持

1. 政府应为中小企业创造一个有利的筹资环境

尽快修改和完善关于中小企业融资的法律法规，如《中小企业基本法》、《中小企业发展基金条例》等，从而为中小企业融资提供强有力的制度保障；完善中小企业信用担保体系。设立包括中央、地方财政出资和企业联合组建的多层次中小企业融资担保基金和担保机构；各级财政要加大支持力度，综合运用资本注入、风险补偿和奖励补助等多种方式，提高担保机构对中小企业的融资担保能力。

2. 金融机构应加强对中小企业的金融支持

切实鼓励中小银行业的发展，为中小企业提供便捷的融资渠道。应大力发展农村信

用社、城市信用社、城市合作银行及城市商业银行,四大国有商业银行组建的中小企业信贷部,使之成为为中小企业提供融资服务的主渠道。同时,改进银行内部的授权授信管理制度,简化审批程序;加强对中小企业的信贷管理,降低银行信贷风险;进一步完善对中小企业的配套金融服务体系。

3. 中小企业应积极创造条件,改善自身融资环境

中小企业要完善自身,努力争取创业板市场上市,扩大上市规模,增加直接融资。规范企业财务制度,满足银行贷款条件;规范自身经营行为,提高信用程度与经营素质;积极拓宽融资渠道,开辟适应中小企业自身发展特点的融资方式,如利用融资租赁和尝试发行可转换债券。

4. 加大对中小企业的财政资金支持力度

建议逐步扩大中央、地方财政预算扶持中小企业发展的专项资金规模,重点支持中小企业技术创新、结构调整、节能减排、开拓市场、扩大就业.以及改善对中小企业的公共服务。加快设立国家中小企业发展基金,发挥财政资金的引导作用,带动社会资金支持中小企业发展。

浅议经济增加值的有关调整项目

侯雪梅

为切实履行企业国有资产出资人职责，维护所有者权益，落实国有资产保值增值责任，建立有效的激励和约束机制，2010 年 1 月，国资委发布了《中央企业负责人经营业绩考核暂行办法》，并将经济增加值指标列为对中央企业负责人年度经营业绩考核的基本指标之一，并规范了对经济增加值考核指标的计算。经济增加值（Economic Value Added，简称“EVA”）又称经济附加值，是企业税后净营业利润扣除企业全部资本成本后的余额，是业绩评价与价值管理的主要方法。

一、我国国有企业业绩评价的现状及存在的问题

我国企业经营业绩评价系统一直是一种以根据现行会计准则和会计制度计算的会计利润指标为主，并且大多数企业对经营者的奖励是依据是否实现了年度会计利润而决定的。但现实中这些指标是不但可以在所有者与经营者通过谈判而讨价还价的，而且还可以通过利润包装进行粉饰的。因此，以往的业绩评价中存在以下问题：

首先，国有企业的经营者普遍存在“国有资本免费”的错误认识，造成国有资本的极大浪费；其次，投资人的利益被忽略，国有企业的经营者大多时候考虑了债权人的利益，而忽视了对投资人实质性的回报；最后，按现行会计制度计算出来的净利润存在某种程度上的扭曲。现行公认会计准则下计算出的财务数据是基于投资者使用导向的结果，实际中进行业绩评价与价值管理时，就必须按照使用者角度，按照更好地进行绩效评价的目标、本质，提高管理效率的根本进行调整。

二、国有企业业绩评价与激励机制引入 EVA 的意义

EVA 引入国有企业考核体系，改变了过去单纯考核企业利润总额和净资产收益率，逐步引导企业树立资本成本意识，提升价值创造能力。同时 EVA 的引入，既考虑利润总额和净资产收益率，又综合考虑资本的使用效率，引导企业更加关注价值创造，抑制乱投资和过度做大的冲动，加强风险管理，提高增长质量。另外，以 EVA 为基础的业绩评价指标的建立，为国有企业的激励机制提供了依据。由于 EVA 是站在股东的立场上重新定义的企业利润，因此将管理者的报酬和 EVA 指标挂钩，可以使经营者和股东的利益更好地结合起来，正确引导经营者的努力方向，促使经营者充分关注企业的资本增值和长期经济效益。

三、经济增加值的调整项目

与传统计算公司利润的财务方法不同，经济增加值是包括资本成本在内的所有成本

作者单位：焦煤集团财务处

被扣除后的剩余收益,是对真正利润的评价。尽管据 Stern Stewart 的经验,针对公认准则下的净利润调整可以有 160 项之多,但大多数公司实际的会计调整不会超过 15 项。笔者认为,按照国资委的评价体系及标准,调整的项目有资本总额、利息支出、研究与开发支出、非经常性收益。

(一)资本总额的调整

资本总额不能以资产负债表中的负债和所有者权益原有项目为依据,需要经过调整。调整公式如下:

调整后资本总额 = 平均所有者权益 + 平均负债 - 平均无息流动负债 - 平均在建工程

1. 债务资本

债务资本按照是否付息分为有息负债和无息负债,但在计算经济增加值时计入资本总额的应是有息负债。无息流动负债因企业不付出代价可以不计入债务成本。具体包括财务报表中"应付票据"、"应付账款"、"预收款项"、"应交税费""应付利息"、"其他应付款"和"其他流动负债"。对于因承担国家任务等原因造成"专项应付款"、"特种储备基金"余额较大的,可视为无息流动负债扣除。有些债务虽不付息,但从其实质看仍属有息负债,也应列入其中,如具有融资性质的"长期应付款"。

2. 需要调整的其他项目

在建工程是公司对未来持续经营的投入,并不能在当期为公司创造经济利润。若将其包括在资本总额中,可能导致当期 EVA 降低,从而影响管理层对未来业务长期投入的积极性。为此,应将在建工程从资产总额中予以扣除。此外,另一个意义在于,国资委倾向于要求企业更多的主营业务的投资,如果不是主营业务,那么就算是在建工程也不允许扣除,突出了国家对企业加强主业的提倡。

(二)利息支出的调整

按企业会计准则的规定,利息支出是列入财务费用减少企业利润的项目。为了计算 EVA 的需要,应将已抵消利润的利息支出,按财务费用中利息支出明细项目的金额乘以适用的所得税税率后加回到利润。需要注意的是,企业从关联方接受的债务投资与权益投资的比例超过规定标准部分而发生的利息支出不得加回到利润中。

(三)研究与开发费用的调整

为鼓励企业进行研究开发,应当将企业财务报表中"管理费用"下的研究与开发费用"和当期确认为无形资产的研究开发支出,乘以适用的所得税税率后加回到利润。对于为获取国家战略资源,勘探投入费用较大的企业,可以将其成本费用情况表中的"勘探费用"视同研究开发费用调整项,按照一定比例(原则上不超过 50%)予以加回。

(四)非经常性损益的调整

非经常性损益的调整目标是控制公司进行盈余管理创造 EVA,主营业务股权和资产的出售价值也必须调整,否则公司会通过放弃优质资产来实现公司利润。这不符合 EVA 评价的指标含义。主要包括以下几项:

(1)变卖主业优质资产收益。减持具有实质控制权的所属上市公司股权取得的收益(不包括在二级市场增持后又减持取得的收益);企业集团(不含投资类企业集团)转让所属主业范围内资产、收入或者利润占集团总体 10% 以上的非上市公司资产取得的收益。

(2)主业优质资产以外的非流动资产转让收益。企业集团(不含投资类企业集团)转让股权(产权)收益,资产(含土地)转让收益。

(3)其他非经常性收益。与主业发展无关的资产置换收益、与经营活动无关的补贴收入等。

(五)其他重大调整事项

发生下列情形之一的,对经济增加值的计算产生重大影响的,应酌情进行调整。这些情况有:①重大政策变化;②严重自然灾害等不可抗力因素;③企业重组、上市及会计准则调整等不可比因素;④国资委认可的企业结构调整等其他事项。

总之,经济增加值的设计着眼于企业的长期发展,较为充分地体现了企业创造价值的先进管理理念,有利于促进企业致力于自身和社会创造价值财富。经济增值的业绩考评方法可以避免会计利润的局限性,有利于消除或降低企业盈余管理的动机和机会,有效遏制企业盲目扩张和投资冲动。从而杜绝企业经营者的短期行为的发生,比较全面的考虑了企业的资本成本,有利于促进资源合理配置和提高资本使用效率,并能引导企业关注价值创造,加强风险管理,提高增长质量。

四、案例分析

A公司是一家专门从事乳制品生产的农业类上市公司。该公司原来一直将持续盈利能力目标作为财务战略目标,并将利润作为其业绩考核的核心指标。但近年来,公司股票却长期低迷,企业无法继续从资本市场再融资,产品市场占有率也出现了下降。为了扭转这种局面,公司董事会决定转变财务战略目标,由持续盈利能力目标转变为经济增加值最大化目标,并确定以经济增加值作为其业绩考核的核心指标。

经过充分的分析研究,该公司确定的明年目标经济增加值为2 500万元,目前该公司正在进行2011年的财务规划,有关资料如下:

(1)2010年公司实现销售收入20 000万元,净利润2 000万元,平均资产总额为8 000万元,其中固定资产4 000万元,现金资产1 000万元,营运资本3 000万元;平均无息流动负债为800万元。

(2)2011年预计销售收入增长10%,预计销售净利率、资产周转率不变,并且平均无息流动负债与销售收入的比例也不变;

(3)公司为推进技术创新,提高市场竞争力,2011年拟投入研发费用500万元;

(4)公司目标资本结构为资产负债率60%,2011年将继续维持,在该资本结构下,公司负债的平均利率为5%。

(5)公司所得利率为25%,加权平均资本成本率为10%。假设不考虑其他因素。

根据这些已知条件,预测2011年的经济增加值过程如下:

净利润 $=2\ 000\times(1+10\%)=2\ 200$(万元)

平均资产 $=8\ 000\times(1+10\%)=8\ 800$(万元)

平均无息流动负债 $=800\times(1+10\%)=880$(万元)

平均负债 $=8\ 800\times60\%=5\ 280$(万元)

利息支出 $=5\ 280\times5\%=264$(万元)

税后营业利润 = 2 200 + (264 + 500) × (1 − 25%) = 2 773(万元)

调整后资本 = 8 800 − 880 = 7920(万元)

经济增加值 = 2 773 − (7 920 × 10%) = 1 981(万元)

由于预计的经济增加值(1 981 万元)低于目标经济增加值(2 500 万元),因此不能实现预计目标。为了提高经济增加值,该公司拟出售优质资产长期股权投资获取投资收益 2 000 万元。

出售优质资产获取的收益需要扣除 50%,然后还要考虑税率的影响。由于资本成本不变,因此经济利润变动金额 = 2 000 × (1 − 50%) × (1 − 25%) = 750 万元。这一指标将使得 EVA 增长为 2 731 万元,从而实现预计目标。这说明,尽管国资委尽量控制了非经常性损益,但由于调整时考虑了 50% 的折扣,因此公司还是可以通过非经常性损益实现公司 EVA。

区域利益研究的意义与现状分析

张雪锋

区域经济学理论体系的非均衡发展很大程度上源于对区域利益研究的长期的停滞不前,不能对区域利益给予一个科学的界定。区域经济关系理论的框架就永远缺少一个坚实的根基。笔者从理论和实践两个角度提出区域利益研究的重要意义,对区域利益研究的现状作了一定的分析,旨在呼吁重视区域利益的研究。

若按照制度经济学家康芒斯的观点,经济学是研究经济利益协调的科学。那么可以说传统经济学几乎是在无空间领域里构建其理论大厦的,几乎完全忽视了对区域利益的研究。而即使是在区域经济学学科内部,长期以来重区域经济发展研究轻区域经济协调研究,区域利益未能引起足够的重视。经济全球化为区域利益的研究提供了一个时代背景,区域差距扩大以及区域矛盾与冲突加剧等问题的突出又使区域利益的研究成为一种现实要求。

一、重视区域利益研究的意义

(一)区域利益的理论研究

理论上,区域经济学学科体系的完善需要对区域利益进行深入地研究。

1956年,艾萨德的《区位与空间经济》的出版标志着区域经济学的应运而生。作为一门独立学科,区域经济学的诞生需要一系列的理论准备,其中必要的一个步骤就是明确研究对象。20世纪80年代初,区域经济学在中国开始兴起。近些年来,区域经济领域的学术交流逐渐频繁,区域经济学的学科点不断增多,呈现一片学科繁荣景象。同时,区域经济学学科体系整合的进程也在加快,一种观点正越来越为大多数人所接受,即“区域经济学是从经济学的角度研究区域经济发展和区域经济关系协调的科学。”

区域经济发展和区域经济关系协调成为区域经济学的两大主题。区域经济发展理论包括区域增长、区域产业结构、区域产业布局、区域空间布局、区域基础设施建设、区域开发等内容。区域经济关系理论包括区域贸易、区域经济合作、区域生产要素流动、区域分工、区域差异、区域经济传播等内容。就事物间的发展比较看,非均衡更是一种常态,相对于区域经济发展的社会现实,区域经济学学科理论体系本身同样存在严重的失衡问题。区域经济研究长期以来重区域经济发展而轻区域经济关系协调。“即使涉及区域经济关系,学者们也往往未将其作为影响区域经济发展的一个因素来分析,从未有人试图建立一个系统的区域经济关系理论。”对区际关系系统的理论解释的缺乏,客观上制约着区域经济学学科的发展。现有的解释区际关系的理论基本上是从国际经济学中移植而来的。而造成这种格局的最基本原因之一就是对区域经济活动的基本动力因素——区域利益迄今

作者单位:郑州煤炭工业(集团)有限责任公司

(3)进一步深入研究区域利益的总体思路。①转换新视角,摆脱过去的国际贸易理论关于利益的相关论述的束缚,打破过去以行政区为基础的区域利益分析框架,建立以科学合理的经济区划为基础的分析平台,引入行为科学、博弈论等新的理论,对区域利益进行相关分析。②区域利益研究的目标在于对区域利益内涵进行科学的界定,深入分析区域利益的体系框架。③加深对一些有争议的问题的研究,如中央政府是否是区域利益的主体等。

事业单位财务管理存在的问题及相应对策

王　洁　谢安国

事业单位,是指不以生产经营和赢利为目的保障社会发展进步的社会公益性福利和服务性机构。根据事业单位的性质不同可分为全供事业单位、差供事业单位和自收自支事业单位。因此,事业单位的财务管理也应该以实现社会效益的最大化为目标。然而在现实中,事业单位的财务管理工作却存在各种各样的问题。笔者通过分析其存在的问题,提出加强事业单位财务管理的建议和对策。

事业单位是指行使国家赋予的一定权力、具有一定的政府职能、管理社会公共事务的组织机构。对于事业单位的财务管理来说,一方面,事业单位的财务核算一般比较简单;另一方面,随着行政事业单位会计改革的不断深入,行政事业单位的财务管理也不断完善。目前实行的国库集中支付制度,在很大程度上确保了财政资金的安全,规范了事业单位财务管理过程。但是事业单位工作职责的特殊性决定了其在财务管理方面比较薄弱,普遍存在以下一些问题。

一、事业单位财务管理中存在的主要问题

(一)资产管理方面存在的问题

在2007年财政部在对全国范围的行政事业单位进行的资产清查工作中,财政部发现当前事业单位资产管理工作中存在的主要问题表现在以下两个方面:

(1)许多事业单位资产管理意识淡薄,重预算轻资产,重购置轻管理,没有建立健全资产有关管理制度。在实际的工作中,很多事业单位对于资产的登记和处置不及时,对于新购置或者接受调入及馈赠的资金和固定资产未及时入账,而对于那些已经报废的资产又未能及时报废下账。这就使得事业单位固定资产的实际存有量与账面价值不符。而账外资产的数额较大,使得账实不符,极易造成固定资产的流失。有的则是固定资产的总账和各类明细账目不健全,甚至无账可查。

(2)专项资金管理在预算、申报、批复、配给、使用及效益评估等方面均不够完善。首先,预算机制不科学导致实际所需资金与预算资金存在一定出入,加之后续管理不严格从而产生资源浪费或专项成果质量水平不达标的后果;其次,专项资金的批复缺乏严格的审核和调查研究,往往出现领导一言堂、花钱一支笔、决策一张纸的问题。最后,专项资金不专用,缺乏有效地监督约束及效益评估机制,从而导致事业单位专项资金利用效益较低的状况。

(二)政府采购工作无法发挥政府采购功效

自《中华人民共和国政府采购法》颁布实施以来,经过多年的摸索实践,政府采购工

作者单位:河南工程学院

作取得了显著的成效。它规范了采购行为，节约了财政资金。但目前在行政事业单位的财务管理过程中，还存在着以下一些问题，制约着政府集中采购改革的进一步深入。这些问题有：①部分单位对政府采购工作重要性认识不足，存在少报漏报政府采购预算行为。②部分单位对于确定为政府采购的资金使用不及时，往往今年安排的预算项目到明年或者后年才组织采购，这在极大程度上造成了政府采购资金的闲置、浪费。③部分单位存在对于应当纳入政府采购的项目私自采购的行为。

（三）对财政资金的使用效果缺乏独立公开的监督机制

对于行政事业单位财政资金的监督，主要通过审计部门的常规审计以及专项审计实现。而审计监督的方向主要是看资金的使用是否合规、合法，对于财政资金的使用效果则关注较少。目前，在一些地区试行了政府支出项目绩效评价，但其主要是主管部门或财政部门对资金使用单位的绩效评价，其独立性较差，且外界公众一般难以获知评价结果，不利于对财政资金的社会化监督。

（四）电算化水平参差不齐，信息化进程缓慢

目前，我国事业单位的会计电算化建设已经趋于成熟，但仍存在部门因循守旧，上下级财务管理部门电算化水平差距较大的问题。而上下级事业单位部门之间的财务信息不对称，往往产生信息化管理相脱节，信息沟通不及时及信息失真等问题，甚至会阻碍财务数据的收集、统计、分析与处理，从而使得财务信息缺乏全面性、准确性与及时性。

（五）财务人员水平有得进一步提高

财务管理人员配置不合理，缺少既懂核算又懂管理的复合型人才。目前事业单位配置的财务人员呈现两极分化状况，即懂核算的人，财务管理知识比较缺乏；有财务管理经验的人，核算方面又不够强。这就造成了财务人员核算与管理方面的脱节，从根本上限制了事业单位财务管理方面的水平。

二、加强行政事业单位财务管理的相应对策及建议

（1）切实加强事业单位资产管理，提高事业单位综合理财能力。部分事业单位存在相当严重的资产被挤占挪用、使用效益不高、管理不到位等问题。要解决这些问题，除在制度上加强财务管理，制定财务政策外，还需要提高事业单位的综合理财能力。在事业单位固定资产管理方面要协同有关部门做好固定资产的产权登记与认证，尽可能全面地对固定资产进行评估与确权。并对资产的运作和资产的保值增值进行有效的审计监督，防止固定资产流失。对事业单位的资金使用要进行综合预算，严格根据单位的工作任务、事业发展计划和财务收支计划进行编制。编制切合单位实际的综合预算，并全面反映单位内外收支状况，避免资金的不当使用。在资金的使用过程中还应把握资金的使用流向，对资金的运用进行全面剖析，提高资金的使用效率，发现问题及时查找原因并迅速跟进以尽快解决，以提高事业单位资金利用的经济效益和社会效益。

（2）增强认识，整体联动推进政府采购工作的深入开展。一方面国家应完善相关采购管理制度，完善配套法规，以促进政府采购管理工作的顺利开展；另一方面，行政事业单位财务管理人员应认真学习政府采购管理各项制度，准确掌握采购范畴、金额等相关内容，以促进政府采购管理工作的顺利实施。同时，对纳入政府采购预算的项目，行政事业

单位应及时进行采购，以保证安排的财政资金及时发挥效果，确保单位公共社会职能的更好履行。

(3)加强外部审计，强化财政资金使用的绩效评价，加大会计信息披露的广度与深度。在现有的体制下，财政资金的使用效果普通公众无法得知，透明性较差。这也在一定程度上助长了腐败、浪费现象的滋生。现阶段，我国在金额较大的支出中实行了跟踪问效制度，通过单位自评、主管部门评价、财政部门评价等方式对资金的使用效果进行监督。这有利于财政资金使用效益的改善。但在现行的绩效评价体制下，并未引入社会公众等外部评价者，还是属于资金使用效果的内部评价，不能实现真正意义上的跟踪、问效。应建立包括社会公众、相关领域专家、资金使用部门在内的三位一体的监督模式，实现对财政资金绩效评价的外部监督，以确保财政资金使用效果的最大化，从而使行政事业单位较好地履行其承担的社会职能。现阶段，我国开始对外公布政府的“三公”经费支出，为加大事业单位的财务信息披露力度，事业单位在其他方面也应公布其财务信息。

(4)加强会计信息化建设，构建集成化管理模式。首先，事业单位领导要有现代管理理念，为财务部门提供必要“硬件支持”，要将计算机技术运用于财务管理中，及时更新电脑设备及财务软件，为会计电算化提供技术手段。其次，财务人员要加强自身的“软件实力”。在单位领导的支持下，要加强对自身的培训、学习，提高素质能力。再次，采用集成化管理模式，提高管理效率。集成化财务管理是利用现代网络技术和信息集成方法，将财务与业务等集成起来，追求整体效率和效益的提高。通过远程处理、在线管理，实行对财务的动态管理，真正实现财务的事前计划、事中控制和事后反馈，实现对财务信息的全过程管理。通过统筹规划，积极构建集成化财务管理信息平台不仅可以极大限度地提高财务管理效率，规避信息传递不及时的问题，更能将多级事业单位的财务信息进行集成管理，及时掌控各项财务活动，从而达到动态化、一体化管理的目的。

(5)合理配置财务管理人员，不断提高财务人员的业务素质。首先，要形成合理的人力资源配置机制。各事业单位要高度重视财务管理队伍的建设，把提高财务管理人员素质纳入单位的人力资源发展规划，根据各单位自身发展的需要，配备胜任的财务管理人员。其次要加大培训力度，加强对财务人员的后续教育。由于会计领域也在不断地发展变革，新业务、新概念、新方法层出不穷。财务人员只有不断更新会计专业知识和技能，熟悉会计基础工作的标准，才能做好自己的本职工作。再次，事业单位要配置一定数量的财务“管理型”人才。随着社会的不断发展，原有的“核算型”人才已越来越不适应现在的财务管理需求。事业单位还要配置既懂核算，又懂管理的“管理型”人才。

总之，随着社会的不断发展，事业单位财务管理的重要性已日渐突出。只有健全会计基础工作规范，推进政府采购管理制度，强化财政资金的使用绩效评价，构建集成化信息管理模式，把事业单位财务管理工作提高到一个新水平，才能促进事业单位健康发展，更好地为社会提供优质服务。

税务管理在企业管理中的作用

董韶擎　刘铁刚

税务管理是企业经营管理的一项非常重要的内容。它能够通过税收优惠、税收筹划等方法,合理合法的降低企业经营成本,提高企业财务管理水平,提高企业竞争力,对现代企业财务管理有着重要意义。

一、现代企业财务管理制度的完善需要进行税务管理

传统的企业财务管理往往忽视税务管理在企业管理中的作用。近年来,随着企业会计准则、企业会计制度的进一步完善,现代企业财务管理的内涵不断扩大,它涵盖了筹资、投资、管理目标、财务决策等方面,而所有这些都与税务管理紧密相关。因此,税务管理对财务管理的各项内容都有着重要影响。

(一)现代企业财务的管理目标离不开税务管理

现代企业财务管理的目标 ,是降低各种成本包括税收负担,实现企业利润最大化。企业的税收负担包括直接税收负担和间接税收负担。直接税收负担是指企业在经营活动中发生的应税税款支出,间接税收负担是指企业在办理涉税事宜过程中发生的支出。当前通过避税和偷逃税款实现降税的方法是决不可取的。它会承担很大的财务风险,一经被查出,就必须付出罚款及降低企业信用等代价。这违背现代企业财务管理的根本目标。而加强税务管理、通过合理合法的税务管理、税收筹划,选择最佳的纳税方案,零风险的降低税收负担,才符合现代企业财务管理的要求,才是实现现代企业财务管理目标的有效途径。

(二)企业税务管理是现代企业财务决策的重要内容

现代企业财务决策主要包括筹资、投资、生产经营、利润分配四个部分。这些决策都直接或间接地受到税收的影响,而税收管理贯穿于企业财务决策的各个领域,已成为财务决策不可缺少的重要内容。如在企业筹资决策中,要考虑企业的的筹资成本,因为不同渠道、不同方式取得的资金,其成本列支方式在税法中的规定不同。在税收筹划中,就必须充分考虑筹资活动所产生的纳税因素,从而对筹资方式、筹资渠道进行科学合理的选择,确定最合理的资本结构;税款是投资收益的抵减项目, 在企业投资决策中,必须考虑税制对投资的影响,考虑投资筹划活动给企业所带来的税后收益;在企业的生产经营决策中,生产规模、存货管理、成本费用等决策都不可避免地涉及纳税因素,都存在着如何进行税收策划的问题;在企业的利润分配决策中,如何选择利润的分配方式、如何利用税收制度弥补亏损等同样需要进行税收筹划。因此,现代企业财务决策的一个重要内容就是通过税收管理、税收筹划。利用税法所赋予的税收优惠政策和选择机会,借助一定的方法和技

作者单位:郑州煤电河南郑新铁路有限责任公司

术，通过对筹资、投资和利润分配活动的事先筹划与安排，尽可能使企业税负得以延缓或减轻，以实现企业价值最大化。

（三）税务管理是现代企业管理的必然要求

税收是企业利益分配中的一个重要元素，是调节企业利润的主要经济杠杆。税收负担的高低直接关系到企业经营成果的大小。税收所具有的无偿性特征，又决定了企业税款的支付是资金的净流出。从这一角度看，税务管理在企业经营管理中就显得更加重要。此外，通过企业税务管理，能够有效地提高企业财务管理水平，促进精打细算经营，增强投资、经营、理财的预测、决策能力和提高决策的准确度，从而全面提高企业的经营管理水平和经济效益。

二、税务管理在企业实际工作中的运用

税务管理的核心是税收筹划。企业其他的税务管理活动最终都是为了实现税收筹划。税收筹划直接目标是减轻税收负担，实现税收利益最大化。在日常工作中我公司从筹资建设到生产经营一直没有放松对税收的管理工作，对税务工作的每个环节、每个细节、每项政策都十分重视，利用国家相关政策，合理合法进行税收筹划，取得了良好的效果，达到了财务管理的目标要求。

（一）税务管理在筹资和利息支出中的运用

2008 年度公司在投资建设期间，资金需求量很大，在筹资方面公司就对筹资方案进行了综合分析，即利用公司内部集资或企业之间拆借和通过金融机构贷款两种方式。内部集资或拆借涉及的人或单位多，容易使纳税利润因规模分散而降低；金融机构贷款一方面使公司交纳利息后利润有所降低，另一方面产生收益后，金融机构实际上也承担一定的税收，从而使公司实际税负相对降低。经分析筹划，公司近 3 亿元的建设资金最终全部选择了从金融机构贷款的方式，这样每月产生的一百多万元贷款利息在筹建期间进入在建工程，利息支出在产生效益前资本化，在工程完工运营后，利息计入损益表冲减利润，最大限度地达到了减轻税收的目的。

（二）税务管理在地域选择上的运用

我公司是由主营煤炭开采的郑州煤电公司和新郑地方铁路局共同出资成立的，属于资产共享、资源互补的强强联合体。筹建初期在经营地选择上就曾出现过不同看法。有些主张选址应在交通便利、文化发达等各方面条件十分优越的中心城市；有些强调按照税法属地的原则，税务登记应选择公司经营地——郊县。后通过对税收综合考虑，我们把工商注册选择了中心城市，税务注册选在了铁路线路所在的经营地。同时主动向经营地税务机关讲明理由，让税务机关内部协调，保证了企业不重复纳税，理顺了税款征收和税务监管关系。这样既免去了每月涉税事务造成的交通不便，又节约了较大的人力协调成本。

（三）税务管理在优惠政策方面的运用

税务管理不仅要抓好事前，而且还要十分注重事中和事后。我公司所建铁路是企业内部专用铁路，大股东的经营范围与铁路无关。2009 年国家出台政策计划将地方铁路划入交通运输厅管理，一旦地方铁路纳入交通厅管理，我公司将不能享受铁路行业房产税、土地税的减免优惠政策。考虑到公司的长期利益，我们抓住有利时机，积极收集信息，认

真研究《河南省地方税务局关于地方铁路系统企业征免房产税、城镇土地使用税的通知》的有关规定，充分利用相关优惠政策，收集整理相关资料，及时上报减免房产税、土地使用税申请。在地方铁路系统和交通厅合并之际，顺利完成了房产税、土地税申报减免工作，乘上了地方铁路减免房产税、土地税的最后一班车，使我们企业每年减免的房产税、土地税达 200 万元以上。

（四）税务管理对于企业亏损的运用

公司在铁路改扩建建设项目中，沿线铁路、桥涵等需要拆除重建，拆除的固定资产价值有三千多万元，根据国家税收政策规定，企业发生的年度亏损，允许用下一年度的税前利润弥补，下一年度利润不足以弥补的，可以逐年延续弥补。我们充分利用税前利润可以弥补以前年度亏损这一优惠政策，把这部分报废的固定资产向税务机关申报，申请确认为损失，并多次邀请税务机关到现场勘查，争取他们的理解和支持，最终在 2008 年 12 月份获得当地税务机关的批复确认。这部分损失预计可以抵减公司近 5 年的企业所得税 750 多万元。

按照公司第一个五年规划和 2008 年以后五个年度的预算及获利情况，我公司从 2009 年开始逐年弥补亏损至 2013 年。这样公司在成立之初就获得了减免五年企业所得税的政策，企业“轻装上阵”，为公司今后的发展奠定了坚实的基础。

三、税收管理对现代企业财务管理的意义

通过公司以上税务管理实例可以看出，税收管理对现代企业财务管理有着重要而深远的意义。它不仅可以降低税负，节约成本，满足企业利润最大化的目标，而且能增加企业竞争力，增强企业发展的后劲。近年来，我国税法越来越健全，税收管理越来越严格、税收征管水平越来越高，税收支出和纳税成本在企业总成本中比例不断扩大。企业获利空间越来越小，刚性化的支出使得企业对纳税管理提出更高的要求。因此，我们必须重视企业的税务管理工作，以切实保护企业的整体和长远利益。

同一控制下企业合并若干问题的思考

艾宏康

2006年颁布的新《企业会计准则》在很多问题上都对原准则进行了完善和补充，力求面面俱到，但在具体操作中，因为各种实际情况的存在，难免会有些薄弱和遗漏环节。一个大型集团公司整合内部资源，往往导致一些集团内子公司合并级次调整和直接控制主体的变化，即同一控制下企业合并及合并报表编制问题。笔者将列示部分问题，展开分析，提出处理意见，并具体阐释。

一、合并报表上年同期数及报告期内相关现金流量数据的确认

(一)问题的提出

对于同一控制下发生企业合并时，合并利润表及合并现金流量表上年同期及报告期内相关数据的确认，准则对于同一控制下和非同一控制下增加子公司的情形进行了详细的规定，但没有对同一控制下处置子公司时以上相关数据确认进行相关明确规定。

(二)问题的阐释

企业会计准则对企业合并增加子公司时的相关规定如下：

(1)同一控制下企业合并，在编制合并利润表时，应当将该子公司合并当期期初至报告期末的收入、费用、利润纳入合并利润表，而不是从合并日开始纳入合并利润表。

(2)同一控制下企业合并增加的子公司，在编制合并现金流量表时，应当将该子公司合并当期期初至报告期末的现金流量纳入合并现金流量表。

企业会计准则对于报告期内减少子公司的相关规定：母公司在报告期内处置子公司，应当将该子公司合并当期期初至处置日的收入、费用、利润纳入合并利润表，并将该子公司当期期初至处置日的现金流量纳入合并现金流量表。

由以上可以看到，准则对于报告期内减少子公司的规定并没有区分同一控制下处置子公司和非同一控制下处置子公司两种情形。

(三)问题的理解

假设：A公司是甲公司和乙公司直接上级控股母公司，丙公司是甲公司直接控股子公司。现因公司战略调整，丙公司变更为乙公司直接控股的子公司。结合经济行为实质，对上述案例合并利润表和合并现金流量表上年同期数和报告期内相关数据的确认可做以下处理：

(1)上年同期数的确认。在始终处于同一最终控制方前提下，丙公司被乙公司纳入合并，应视同丙公司自始处于乙公司控制下，丙公司上年同期数应反映在乙公司比较报表的上年同期数中；而对于A公司而言，这一合并并不会导致其合并报表变化，丙公司上年

作者单位：永城煤电控股集团有限公司财务部

同期数不应再在甲公司比较报表上年同期数中反映。

(2)报告期内相关数据的确认。在始终处于同一最终控制方前提下,丙公司被乙公司纳入合并,视同丙公司自始处于乙公司控制下,自期初至处置日的流量数据应反映在乙公司当期合并报表中;而对于 A 公司而言,这一合并并不会导致其合并报表变化,丙公司自期初至处置日的流量数据不应再在甲公司当期合并报表中反映。

二、少数股东权益的变动

(一)问题的提出

"同一控制下企业合并,从最终控制方角度看,其在企业合并发生前后能够控制的净资产价值量并没有发生变化,因此合并中不产生新的资产,但被合并方在企业合并前账面上原已确认的商誉应作为合并中取得的资产确认。"但这一不变的净资产价值量在母公司股东和少数股东之间的重新分配情况却没提及。

事实上,由于各子公司净资产价值量的不同、直接控股和间接控股的存在,甚至是持股比例的不同,净资产在母公司所有者和少数股东之间的分配比例都会发生变化,具体案例说明如下。

(二)同一控制下企业合并案例

案例:现有母公司、子公司 A、子公司 B、子公司 C。母公司将持有公司 A 的全部股权与公司 B 持有公司 C 的全部股权进行置换。母公司对子公司 A 的投资成本为 70 万元,公司 B 对公司 C 的投资成本为 140 万元。合并日各公司情况如下:

公司 A:净资产 500 万元,其中:实收资本 100 万元,未分配利润 400 万元。交易公允价值 900 万元。

公司 B:净资产 2 000 万元,其中:实收资本 1 000 万元,未分配利润 1 000 万元。

公司 C:净资产 1 000 万元,其中:实收资本 200 万元。评估值 900 万元。置换前后股权结构如图 1 所示。

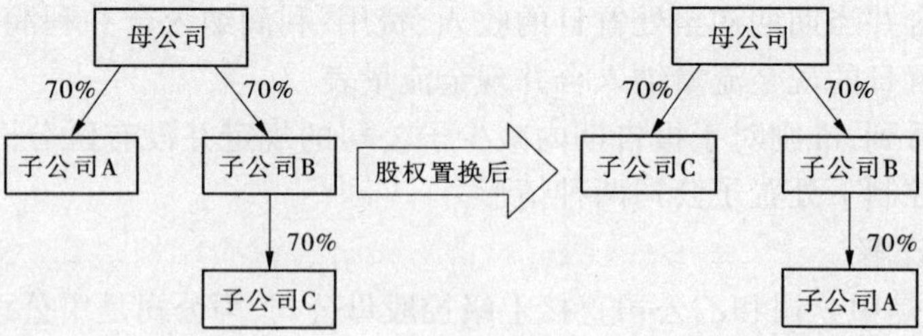

图 1

(三)相关账务处理

根据《企业会计准则第 2 号——长期股权投资》第二章第三条相关规定,对该笔交易账务处理如下(单位:万元):

母公司账务处理

借:长期股权投资——C 公司　　700(1 000 × 70%)

贷:长期股权投资——A 公司　　70(100 × 70%)

资本公积　630

B 公司账务处理

借:长期股权投资——A 公司　350(500×70%)

贷:长期股权投资——C 公司　140(200×70%)

资本公积　210

(四)案例涉及的少数股东权益的确认

1. 股权置换前合并报表少数股东权益确认

股权置换前,各公司所有者权益情况如表 1 所示,各公司少数股东权益计算明细如表 2 所示。

表 1　股权置换前各公司所有者权益情况　(单位:万元)

	母公司	公司 A	公司 B	公司 C
长投-A	70			
长投-C			140	
实收资本		100	1 000	200
资本公积				
未分配利润		400	1 000	800
所有者权益		500	2 000	1 000

表 2　股权置换前各公司少数股东权益明细　(单位:万元)

单位	少数股东权益	计算公式
A 公司	150	(1-70%)×500
B 公司	768	(1-70%)×[2 000+(1 000-200)×70%]
C 公司	300	(1-70%)×1 000
小计	1 218	—

表 2 中,2 000 万元为 B 公司自身所有者权益。C 公司实收资本 200 万元,分为两部分:①140 万元(200×70%)系 B 公司持有的对 C 公司长期股权投资成本,在做合并抵消时,B 公司长期股权成本和 C 公司实收资本中 140 万元抵消掉;②其余 60 万元系少数股东对 C 公司持股成本。因这两部分都不会构成 C 公司归属于其母公司 B 公司所有者权益,应从 C 公司总所有者权益中剔除。

2. 股权置换后合并报表少数股东权益确认

股权置换后,各公司所有者权益情况如表 3 所示,各公司少数股东权益计算明细如表 4 所示。

表 3　股权置换后各公司所有者权益情况　（单位:万元）

	母公司	公司 A	公司 B	公司 C
长投 – A			350	
长投 – C	700			
实收资本		100	1 000	200
资本公积	630		210	
未分配利润		400	1 000	800
所有者权益		500	2 210	1 000

表 4　股权置换后各公司少数股东权益明细　（单位:万元）

	少数股东权益	计算公式
A 公司	150	(1 – 70%) ×500
B 公司	663	(1 – 70%) ×2 210
C 公司	300	(1 – 70%) ×1 000
小计	1 113	

表 4 中,2 210 万元为 B 公司自身所有者权益。A 公司所有者权益 500 万元,分为两部分:①350 万元(500 ×70%)系 B 公司持有的对 A 公司长期股权投资成本,在做合并抵消时,B 公司长期股权成本和 A 公司所有者权益中 350 万元抵消掉;②其余 150 万元系少数股东对 A 公司持股成本。因这两部分都不会构成 A 公司归属于其母公司 B 公司所有者权益,在计算 B 公司所有者权益总额时只需考虑 B 公司自身所有者权益即可。

(五)案例总结

以上案例可以看到,同一控制下企业合并前后少数股东权益的确发生了变化(合并前少数股东权益总计 1 218 万元,合并后少数股东权益变为 1 113 万元)。由表 2、表 4 的计算明细可以看出,导致这一变化的主要原因在于 B 公司少数股东权益的确认,其中 A 公司和 C 公司自身所有者权益的差异和企业合并中 A 公司股东投资成本的重新确认起到了决定性作用。

三、总结

随着现代企业集团式发展模式的进一步明朗,企业控制链条的拉长和交叉,牵扯到很多前所未遇的新的企业合并问题。新问题的出现凸显了现有会计准则的不足,也督促会计准则体系不断地补充和完善,使财会系统真正的有“法”可依、有“法”必依,使财务管理更好地服务于企业、服务于发展。

新所得税会计中暂时性差异处理问题的研究

赵　倩

所得税会计是专门处理税法对会计要素的确认、计量影响的会计理论和会计方法。其核心内容是研究如何处理会计收益与应税收益之间的差异,是会计的一个专门领域。目标:一是确认当年的应交、应退所得税的金额;二是预测在企业财务报表或纳税申报表中已确认事项的未来纳税影响,确认递延所得税资产或负债。笔者从资产负债表债务法入手,具体阐述新形势下所得税会计核算的基本思路,对新的所得税会计准则做出一个总的评价,就更好地贯彻新准则提出了几点建议。

一、研究的背景及意义

目前国内外会计环境处在一个变革的时期,在此环境下所得税会计如何进行调整和发展,成为我国所得税会计理论界和实务界所共同关注的焦点问题。此时出台的新准则以资产负债表观为核心理念,以暂时性差异为核算对象,能够较全面反映资产负债信息。

二、计算暂时性差异的基本思路

新所得税会计准则规定的资产负债表债务法要求对资产和负债按照会计和税法的准则分别计价。

(一)资产的计税基础

资产的账面价值是企业在持续使用或最终出售该项资产时取得的经济利益总额。而计税基础,是指某一项资产在未来期间计税时可税前扣除的金额。二者区别在于可使用年限及折旧率不同,以及对减值准备和公允价值确认的分歧便产生了暂时性差异。

(二)负债的计税基础

负债的账面价值为企业在预计未来期间清偿该负债时的经济利益流出。而计税基础,是指负债的账面价值减去未来期间计算应纳税所得额时按照税法规定可予抵扣的金额。常见的负债如:预计负债、预收账款不符合会计计量准则不予确认,而按税法在未来期间却可予抵扣;应付职工薪酬税法认为只有合理的那部分才可以抵扣。另外,企业的一些罚款、滞纳金等无论怎样都不允许税前扣除,因此产生暂时性差异。

(三)计算递延所得税资产、负债时需要注意的特殊情况

首先是如果企业发生的某项交易或事项不是企业合并,并且交易发生时既不影响会计利润也不影响应纳税所得额,就不能确认相应的递延所得税差异。其次是商誉的初始确认,不确认递延所得税差异。最后是与联营企业、合营企业投资等相关的暂时性差异,如果投资企业能够控制暂时性差异转回的时间或者在可预见的未来很可能不会转回,就

作者单位:中平能化集团一矿

无需确认相应的递延所得税差异。

计入当期损益的所得税费用或收益不包括企业合并和直接在所有者权益中确认的交易或事项产生的所得税影响。

（四）亏损处理

企业应当对五年内可抵扣暂时性差异是否能在以后经营期内充分转回做出判断，如果不能，企业不应确认该递延所得税资产。

例如，甲企业 2005～2007 年间每年的账面利润分别为 -80 万元、40 万元、60 万元，假定无其他纳税调整事项，所得税率为 25%。2005 年 12 月 31 日，如果甲企业有充分的理由可以确定以后年度有足够的应税利润用以弥补本年度亏损，那么就应当确认递延所得税资产 20 万元，会计分录为（以万元为单位）：

借：递延所得税资产　　20

　　贷：所得税费用　　20

2006 年实现利润 40 万元，全部用以弥补 2005 年亏损，则本年应转回递延所得税资产 10 万元（40×25%），分录为：

借：所得税费用　　10

　　贷：递延所得税资产　　10

2007 年实现利润 60 万元，除用于弥补 2005 年亏损的 40 万元外，剩余的 20 万元应缴企业所得税 5 万元（20×25%），应转回的递延所得税资产为 10 万元，分录为：

借：所得税费用　　15

　　贷：递延所得税资产　　10

　　　　应交税费－应交所得税　　5

三、采用资产负债表债务法的现实意义

采用资产负债表债务法的现实意义有以下几点：①提供全面有用的会计信息需要资产负债表债务法更注重暂时性差异。②符合会计可比性原则的需要。③采用资产负债表债务法有利于进一步与国际惯例接轨。④真正确立了会计利润与应纳税所得额的适当分离。⑤明确了所得税会计的核算方法。

四、我国所得税会计准则的不足及一些改进的建议

我国新的《所得税会计准则》的出台弥补了我国的所得税制度的一些空白，而且新准则的许多规定都与国际准则趋同。但离最终的成熟还存在一定的差距，仍有需要改进的地方。

（一）新准则中对于所得税项目计提减值准备所做的规定

如果未来期间很可能无法获得足够的应纳税所得额用以抵扣递延所得税资产的利益，应当减计递延所得税资产的账面价值。但准则没有对所谓的“很可能”做进一步的解释，缺乏可操作性。

（二）以前未确认和适用税率发生变化的递延所得税资产（负债）处理问题

以前未确认的递延所得税资产，在本期确认时，是不是应当先判断该类业务事项属于

前期差错更正，还是会计政策调整，或者是会计估计变更？要不，准则使用者理解的不一致，就有可能产生不一样的结果。同样道理，适用税率发生变化，从而导致递延所得税资产(负债)发生变化，准则若能就这种适用税率的变化，明确规定是属于会计政策调整还是属于会计估计变更，就能有效防止出现理解上的不一致而影响到会计信息的可靠性和可比性。

(三)所得税费用及其递延项目的披露在财务报表中的列示

在实际工作中，有的递延所得税资产或递延所得税负债是由流动资产、流动负债的账面价值与税法上的计税基础不同引起的。有的是由长期资产、长期负债的账面价值与税法上的计税基础不同引起的，将它们都作为非流动资产或非流动负债在报表上列示显然是不太合理的。一方面，将递延所得税都作为非流动项目，不但不能清晰地反映出递延所得税的来源，而且混淆了不同资产、负债对未来财务状况的不同影响，容易引起决策上的失误。另一方面，递延所得税资产和递延所得税负债均符合通用会计准则关于资产和负债的定义，既然符合资产与负债的定义，就不能只将其归入非流动项目。根据与递延所得税资产和递延所得税负债相关的资产或负债的性质来确认递延所得税资产或负债，并根据其性质分别计入非流动项目和流动项目，其余的则根据其转回的期间来确认，笔者认为这种做法才更加合理。

(四)递延所得税资产的处理给企业调节利润留有空间

未来期间很可能无法获得足够的应纳税所得额用以抵扣递延所得税资产，应当减计递延所得税资产的账面价值，在很可能获得足够的应纳税所得额时，减计的金额应当转回。这一政策存在较大的主观性，缺乏衡量标准和制约手段，所得税资产确不确认、转不转回，完全依赖于会计人员的职业判断，受到管理当局意图的影响，这就违背了经济事实从而达到调节利润的目的，削弱了会计信息的可靠性，与制定准则的初衷相背离。笔者认为，我国所得税会计准则可以规定减计的递延所得税资产不能再转回，这样企业在减计递延所得税资产时必然变得保守和谨慎。

五、结论

根据当前的环境与国情，我国应选择适用的所得税会计模式。这种模式要求既要全面考虑会计制度与税制改革的具体情况，又要考虑各种因素的综合影响；既不能限制企业会计市场化的方向，又要完善税收法律体系，保证国家税收利益和企业利益。一方面，应该坚持企业会计与所得税会计相分离的模式，这样才能平衡国家和企业个人的利益，维护社会的公平公正；另一方面，必须有意识地将企业会计和所得税会计的差距控制在一定的范围内，实现国家的宏观调控政策。所以，应当鼓励相关部门共同探讨如何完善所得税会计模式，使其符合国情，从而切实有效地贯彻新准则，不断提高我国的税务会计工作水平与会计信息质量。

应付账款会计处理的纳税问题

刘湘朋

企业为了扩大市场占有率,通常会采用商业信用等方式进行促销,也出现了企业之间严重的拖欠、三角债的问题,企业应付账款大量增加。应付账款的借方反映企业实际支付或实际预付、尚未到货的款项;贷方反映企业实际收到的材料或商品,应付未付的款项。一般情况下,企业并不急于偿还这种债务,特别是在企业资金紧张的情况下,企业拖延了这种债务的支付,就等于增加了企业的流动资金,改善了企业的现金流状况;企业有时会因为对方质量问题或者其他原因不能或不愿支付而形成应付账款长期挂账。为此,"应付账款"账户常被某些企业用来隐瞒收入。笔者针对以下几种不同处理方式形成的应付账款对纳税影响的问题进行简单分析。

一、收入中存在的问题

(一)销售收入的会计处理

企业销售商品,商品已发出,货款已收到,客户无需销售发票,应作无票收入,即:借记"银行存款"科目,贷记"主营业务收入"、"应交税金—应交增值税(销项税额)"科目;同时,借记"主营业务成本"科目,贷记"库存商品"科目。但某些企业为了隐藏收入,逃避税款,将销售收入在"应付账款"科目长期挂账,但不结转成本。即:借记"银行存款"科目,贷记"应付账款—××"科目,造成库存商品账实不符。

(二)视同销售的会计处理

如在债务重组时,作为债务人以库存抵偿债务,应当视同销售,按存货的公允价值确认商品销售收入,同时结转商品销售成本。即:借记"应付账款—××"科目,贷记"主营业务收入",贷记"应交税金—应交增值税(销项税额)"、"营业外收入—债务重组利得"科目;同时借记"主营业务成本"、"存货跌价准备"科目,贷记"库存商品"科目,而企业一般通过借记"应付账款—××",贷记"库存商品",从而达到隐瞒商品销售收入、减少纳税的目的。

(三)"以物易物"的会计处理

一般情况下,"以物易物"的会计处理,应借记"库存商品"、"应交税金—应交增值税(进项税额)"科目,贷记"应收账款—××"科目。当企业再将该笔货物抵账时,应借记"应付账款—××"科目,贷记"主营业务收入"、"应交税金—应交增值税(销项税额)"科目;同时,借记"主营业务成本"科目,贷记"库存商品"科目。而在实际业务中,有些抵账货物不能取得进项税额发票,一些企业便采取对收回的货物不入账,直接用于抵顶其他单位的货款的方法。即:借记"应付账款(或其他应付款)—××"科目,贷记"应收账款—

作者单位:河南省煤气(集团)有限责任公司

××”科目，从而隐瞒销售收入。

（四）预收账款的会计处理

企业收到客户的预付款，应借记“银行存款”科目，贷记“预收账款—××”科目。对于预收账款不多的企业，可以将预收的货款直接记入“应收账款”科目的贷方，不单设“预售账款”科目。即：借记“银行存款”，贷记“应收账款—××”科目；待销售实现时，借记“应收账款—××”科目，贷记“主营业务收入”、“应交税金—应交增值税（销项税额）”科目。但有些企业却将预售款项直接记入“应付账款”或“其他应付款”科目。即：借记“银行存款”科目，贷记“应付账款（或其他应付款）—××”科目，从而改变了预收款的性质，并在适当时机处理以达到隐瞒收入，少缴税款的目的。

二、针对上述问题的涉税处理方法

由上面的四个处理案列不难看出，应付账款在处理过程中有很多规避税收的操作环境。但不难发现，企业的处理方法一般都是通过应付账款来将本来应记入收入的业务入到此科目以暂避税收。

根据企业所得税暂行条列及其实施细则的规定，企业在生产经营中，因债权人缘故确实无法支付的长期挂账的应付账款（一般是指超过三年以上尚未支付且无法支付及不须支付的应付账款），应作为其他收入，并入企业收入总额征收企业所得税。但在以后年度支付时准予在税前扣除。

由于企业所得税暂行条例及其实施细则中明确规定列入其他收入的应付款项为因债权人缘故确实无法支付的应付款项，所以须取得确实无法支付的各项证明。债权人符合下列条件且债务人取得债权人符合下述条件的相关依据时，即可推断为因债权人缘故确实无法支付的应付款项。

对于长期挂账无法支付的应付账款，税务稽查部门可采用以下方法：

（1）明确债权人可以作为坏账损失在计算应纳税所得额时扣除的条件。根据财税〔2009〕57号《财政部、国家税务总局关于企业资产损失税前扣除政策的通知》，企业除贷款类债权外的应收、预付账款符合下列条件之一的，减除可收回金额后确认的无法收回的应收、预付款项，在能够证明资产损失确属已实际发生的合法证据，包括具有法定资质的专业机构的技术鉴定证明下，可以作为坏账损失在计算应纳税所得额时扣除：①债务人依法宣告破产、关闭、解散、被撤销，或者被依法注销、吊销营业执照，其清算财产不足清偿的；②债务人死亡，或者依法被宣告死亡，其财产或者遗产不足清偿的；③债务人逾期3年以上未清偿，且有确凿证据证明已无力清偿债务的；④与债务人达成债务重组协议或法院批准破产重整计划后，无法追偿的；⑤因自然灾害、战争等不可抗力导致无法收回的；⑥国务院财政、税务主管部门规定的其他条件。

（2）债权人可以作为坏账损失在计算应纳税额时扣除的，应提供相关依据。《企业资产损失税前扣除管理办法》（国税发〔2009〕88号）规定：“企业能提供相关依据的应收、预付账款发生符合坏账损失条件的，可以申请坏账损失税前扣除。另外，企业作出专项说明单笔数额较小，确实不能收回的认定为损失。”

（3）当债务人取得债权人符合上述6种情况的相关证明时，即可推断为因债权人缘故确实无法支付的应付款项，同时应该提交税务局相关证明进行审查、备案，审查通过后应列入营业外收入。

(4)税务部门在审查公司账务和相关证明时，可以根据如下法律法规来确定企业的应收账款是否符合转为收入的条件。

①所得税法。《企业所得税法》第六条规定："企业以货币形式和非货币形式从各种来源取得的收入，为收入总额。包括：销售货物收入，提供劳务收入，转让财产收入，股息、红利等权益性投资收益，利息收入，租金收入，特许权使用费收入，接收捐赠收入，其他收入。"另《企业所得税法实施条例》第二十二条的规定："企业所得税法第六条第(九)项所称其他收入，是指企业取得的除企业所得税法第六条第一项至第八项规定的收入外的其他收入，包括企业资产溢余收入、逾期未退包装物押金收入、确实无法偿付的应付款项、已作坏账损失处理后又收回的应付款项、债务重组收入、补贴收入、违约收入、汇总收益等。"根据企业所得税暂行条例及其实施细则的规定，企业在生产经营中，因债权人缘故确实无法支付的应付款项，应作为其他收入，并入企业收入总额征收企业所得税。

②企业会计准则。《企业会计准则——基本准则》规定："直接计入当期利润的得利和损失，是指应当计入当期损益、会导致所有者权益发生增减变动的、与所有者投入资本或者向所有者分配利润无关的利得或者损失。"另外，从实务处理的角度出发以及比照其他相关的准则，如债务重组所得计入"营业外收入——债务重组利得"，以及从制定新的会计准则尽量应与现行税法趋同，减少纳税调整事项的角度出发，确实无法支付的应付账款，应计入企业的"营业外收入"科目，作为企业的利得计入当期利润。

税收是国家的根本收入来源，关系着国家的命运、人民的幸福。作为一个有社会责任心的企业，都必须一方面在经济发展过程中保证财务制度规范有效，另一方面加快建立符合市场化运作的内部审计制度，确保内部控制系统的有效运作。而对于有些想通过财务手段来躲避税收的企业，税务监管部门要运用"法"的武器来惩戒企业的不法行为，最终促进社会的进步和发展。

在煤炭资源整合中财务工作应注意的事项

刘　勇

2010 年 3 月 2 日,河南省政府公布了《河南省煤炭企业兼并重组实施意见》,这是继山西省煤炭资源整合后的全国又一次大规模煤炭资源整合。作为煤炭行业的财会人员,在全国如火如荼开展的煤炭资源整合中也面临着前所未有的挑战,一方面要面临错综复杂的私有经济主体,另一方面要面临怎样保护国有资产的安全,工作质量的好坏直接影响到煤炭资源整合成败。因此,笔者结合河南省煤层气开发利用有限公司煤炭资源整合工作,总结一部分需要注意的事项,以供参考。

一、明确财务人员在煤炭资源整合中的职责

煤炭资源整合工作涉及到经济社会的方方面面,地方政府、国有企业、私有老板以及一般员工利益。这是一个系统工程。因此,财务工作不可或缺,一般情况下,在成立整合领导小组时要明确财务工作责任范围,及早参与到煤炭资源整合工作中。

二、资产评估是财务工作的重心

资产评估工作由尽职调查、财务审计、资产评估和矿权评估 4 部分组成,是煤炭资源整合工作的开始。财务人员要融入资产评估全过程,把资产评估作为工作的重心。

(一)评估机构的选聘

评估机构出具的评估结果具备公平性和公正性,是资源整合双方谈判的法律依据,也是双方真实意愿的体现。因此,应加强推进以招标形式选聘中介机构的做法,避免出现丧失公允或"暗箱"操作。另外,在中介机构资格方面,采矿权评估必须由国务院国土资源主管部门和国务院国有资产管理部门共同认定的评估机构进行,评估结果由国务院国土资源主管部门确认;资产评估机构必须是在河南省国有资产管理委员会备案的评估公司,避免造成无效的评估结果。

(二)积极配合评估机构获取准确的佐证资料

在私有煤矿企业中,财务会计工作是最薄弱的环节,普遍存在会计账务不健全、会计核算不规范的现象,大部分资产无购置发票,致使资产型号参数不准确、权属不明晰,债权、债务不清楚。另外,整合对象股权的多元化,区域经济资源和地域社会环境等,这些都给资产评估工作的开展造成了一定困难。评估机构在短时间内很难准确把握全部资料,财务人员应积极配合评估机构,搜集、整理相关财务参数资料。

1. 采矿权价值的确认

采矿权价值是煤炭企业的价值,采矿权价值评估是煤炭资源整合的核心工作。采矿

作者单位:河南省煤层气开发利用有限公司

权评估价值测算，除工程技术人员配合核实资源储量、工程地质状况、赋存条件、扩储能力等指标外，其他技术参数均涉及到财务资料。

采矿权评估价值 = [销售收入 -（总成本费用 + 销售税金及附加 + 企业所得税）- 社会平均利润] × 贴现系数

从采矿权评估价值公式可以看到，在确定销售收入指标、成本费用指标时，需要相关煤炭品质、区域煤炭市场售价、当地原材料价格、人力资源成本、产品运输成本及地方税赋等财务经营资料的支撑，长期工作在煤炭战线上的财务人员为评估机构核实的资料更准确、可信。

2. 井下资产的确认

煤炭企业井下资产占总资产的85%以上，整合的私有煤矿存在私采乱挖巷道、越界开采工程、废弃巷道等无价值资产影响评估结果。财务人员要提请专业技术人员进行鉴定，纳入评估剔除范围。有形资产除矿井建筑物外煤炭企业占资产比例较大的属机电设备，按用途分为供电设备、运输设备、通风设备、排水设备、提升设备、通信设备，分布在“采、掘、机、运、通”等生产系统内，管理规范的矿井根据设备布置图进行逐项盘点清查。需要关注的是，部分私有煤矿缺乏安全投入，大部分设备已是国家明令淘汰设备，河南地方永安煤矿整合后技改期间设备更换达到80%，给以后公司营运造成很大负担。

3. 债权、债务的确认

由于私有煤矿会计核算不到位，私募大量民间资金性质无法确定，商业贸易欠款，拖欠职工工资及地方政府各种税金、工会经费、五险一金、环境治理保证金等，债权、债务无法梳理清楚。整合后给新公司带来无休无止的经济纠纷，经济利益受到严重损害。评估机构无追溯义务，参与的财务人员要审慎债权、债务的确认。按照整合形式可分为两种防范措施：按净资产收购形式，要求被整合主体进行债权、债务披露，并以协议方式加以法律约定。否则，确认的债权无法实现，确认的债务要共同承担。按资产总额收购形式，要求被出让方对债务进行公示，并在协议付款时保留足够额度的保证金予以债务风险防范。

除上述3类资产外，私有煤矿出资共建的火药库、乡村公路、供电线路、供水设施、通信线路等资产，这部分资产权属无法分割。重组后容易造成国有资产流失，确认时必须有上述资产的工程预算、施工图纸、开工报告、竣工验收报告以及有效成本投入凭证的佐证材料。在土地使用方面，私有煤矿全部采用租赁集体和村民土地，尽管不能确认资产，但租赁协议附加的不合理条款较多，如优先安排用工、优先承包地面工程、供销环节收取装卸费用等，是影响新公司生产经营秩序的因素。

三、建立股权价款支付风险防御机制

在资源整合中，防止国有资产流失的最有效方法是在煤炭资源整合协议签订中附加有条件的付款办法，一般情况按三批资金支付股权价款，即工商、税务证照变更、矿权变更支付30%；资产移交、经营接管支付30%；提供债务偿还证明、缴纳完税凭证支付30%，保留10%风险保证金或附加私营业主股权担保，时间跨度在1～2年。

（1）工商、税务证照变更、矿权变更是主体资格的转移，部分省市矿权变更出让方需要缴纳矿权价款2%的手续费用，采矿权存在国有成分的煤矿还需要在国有产权交易中心进行竞拍。

(2)资产移交、经营接管环节是整合双方在现场进行实物资产、管理权的交接过程,标志着目标主体所有权实质性的转移。移交双方机电、矿建、供销、财务、审计等部门人员在现场对纳入评估范围的资产逐个清点共同签字确认,图纸及档案资料要建册分类存档。发现资产数量、规格型号、性能与评估报告不符情况及时通知评估机构进行纠错,避免经济纠纷的发生。资产移交的同时应建立仓库管理台账、机电设备台账、库存煤台账,为接管后规范的经营管理打下基础,也为下一步财务建账做好准备工作。

(3)提供债务偿还证明、完税凭证。出让方提供的债务支付证明,按提供的偿债证明金额等额付股权转让价款,使债务风险全部消失。提供完税凭证,是基于在煤炭资源整合中涉及国家相关的税收问题,付款风险防御机制可避免税法连带责任。

10%风险保证金的保留是进一步降低整合风险的必要补充手段,延期到确认上述风险全部消失后支付。

四、煤炭资源整合涉及的税种

按煤炭资源整合方式涉及的税种有所不同,一般分为两种情况。

(1)资产总额收购方式涉及的税种有个人所得税、企业所得税、增值税、营业税。按照税法规定,出让方属合伙煤矿或个体煤矿性质,出让方要缴纳个人所得税,受让方有代扣代缴义务;出让方属有限公司性质,要缴纳企业所得税。出让方按照税法规定要缴纳增值税,税法规定自2009年1月1日起,纳税人销售自己使用过的固定资产应区分不同情形征收增值税。2009年1月1日以后购进或者自制的固定资产,按照适用税率征收增值税;2008年12月31日以前未纳入扩大增值税抵扣范围试点的纳税人,销售自己使用过的2008年12月31日以前购进或者自制的固定资产,按照4%征收率减半征收增值税;2008年12月31日以前已纳入扩大增值税抵扣范围试点的纳税人,销售自己使用过的在本地区扩大增值税抵扣范围试点以前购进或者自制的固定资产,按照4%征收率减半征收增值税,销售自己使用过的在本地区扩大增值税抵扣范围试点以后购进或者自制的固定资产,按照适用税率征收增值税。有偿转让无形资产或者不动产所有权的行为,按照税法规定出让方应缴纳5%的营业税。

(2)净资产收购方式涉及的税种主要是企业所得税。净资产收购实质是股权转让,按照税法规定,股权转让不缴纳营业税,但需要缴纳企业所得税。

五、初始会计账务的设置

整合主体移交后,为确保新公司生产经营工作的连续开展,必须及时设置会计机构、建立会计账务,建账可分两种情况处理。

(1)资产总额收购形式建账。以资产评估报告资产负债表为基础,资产类剔除不能确认的债权性资产,结合相关资产台账布设明细分类账;负债类出让方已清偿消失不予布设;所有者权益类设置实收资本科目,反映母公司的投资成本。

(2)净资产收购(股权转让)形式建账。净资产收购实际是企业重组,原有股东要保留一定比例的股权,核算主体未发生变化。资产评估报告仅能作为股东之间确定股权价款的基础。因此,会计账务不应调整、重设。原来账务需要保留延续核算。

专用设备税务优惠政策研究与应用

任志国　刘振江

近年来,节能环保、发展循环经济、构建社会主义和谐社会的呼声愈来愈高,这正是因为它符合未来经济社会的发展要求,遵循了科学发展观的整体思路。国家为鼓励贯彻落实科学发展观,也相应地出台了众多扶持政策,这其中就包括很多财税方面的优惠政策。

一、专用设备税务优惠政策产生的背景

为坚持科学发展观,构建和谐社会,节能减排,发展循环经济,国家从各方面都给予了大力支持。对于重点领域、重点工程和重大项目,更是采用直接投资或资金补助、贷款贴息等方式加大对科学发展的支持力度,并研究完善促进科学发展的产业政策、财政和税务政策。

在这种科学发展的大背景下,国家积极引导企业使用安全、节能节水、环保和资源循环利用产品。此时专用设备税务优惠政策作为一项重要财税扶持政策应运而生,它将在一定程度上促进科学发展的贯彻执行,为构建节能环保、和谐社会增砖添瓦。

二、专用设备税务优惠政策的内容

2008 年 8 月,财政部联合国家税务总局、国家发改委和国家安监总局发布财税〔2008〕115 号和财税〔2008〕118 号文件,公布了享受税务优惠专用设备的目录。2008 年 9 月,财政部和国家税务总局发布了财税〔2008〕48 号文件——《财政部、国家税务总局关于执行专用设备企业所得税优惠目录有关问题的通知》。该文件规定,企业自 2008 年 1 月 1 日起,购置并实际使用列入《目录》范围内的环境保护、节能节水和安全生产专用设备,可以按专用设备投资额的 10% 抵免当年企业所得税应纳税额;企业当年应纳税额不足抵免的,可以向以后年度结转,但结转期不得超过 5 个纳税年度。

三、购置专用设备企业所得税抵免程序

(一)筛选设备,准备资料

筛选设备、准备资料主要有以下工作:

(1)对照《目录》专用设备类别、名称、型号、技术指标、参照标准、应用领域、能效标准等具体项目说明,筛选本年度企业购置的专用设备。

(2)搜集本年购置相关专用设备的支付凭证、发票、合同等资料复印件。

(3)整理购置专用设备所需资金来源说明和相关的原始凭证、记账凭证、明细账等复印件。

作者单位:安阳鑫龙煤业(集团)大众煤业公司

(4)将以上材料整理两份,其中一份报送税务机关,另一份公司存档。

(二)报送税务机关审核

把汇总准备好的专用设备明细账连同采购发票等资料,签盖本企业公章、与原件相符章,并由专管会计签字后报送税务机关。主管国税机关在相关性审核的基础上,通过纳税评估和税收检查等工作环节对企业享受税收优惠项目的真实性和准确性开展实质性审核,对符合规定的填制专用设备税务优惠税务机关备案表予以备案。

(三)后续处理,做好台账

待税务机关同意备案后,按其要求抵免企业所得税,并做好抵免企业所得税明细台账。

四、专用设备税务优惠政策的实施效果及效益

(一)实施效果

以前,我国煤矿井下使用的设备也比较老化。据有关部门统计,国有大型煤矿井下设备的1/3都应该淘汰了。但是由于没有资金进行更换,所以只能带病运转,成为了安全隐患。近年来,我国煤炭行业在国家法律和政策的强制引导下,在各方面优惠政策的鼓励下,投入了大量的安全生产设备和高新技术,对以前的老旧设备进行了更新改造,很大程度上遏制了事故的发生,使我国煤矿行业安全生产形势大有好转。从表1中,我们从近年来我国煤矿百万吨死亡率来比较分析,就可以看出安全专用设备在煤矿生产中的重要性。

表1　我国煤矿百万吨死亡率统计

项目名称	2007年	2008年	2009年	2010年
百万吨死亡率	1.485	1.182	0.892	0.747
较2007年		降20.4%	降39.9%	降49.7%
较2008年			降24.5%	降36.8%
较2009年				降16.3%

从表1中可以看出,2007年我国煤矿企业的百万吨死亡率是1.485个,到2010年已经下降到了0.747个,下降了近50%。河南煤业化工集团有限责任公司,更是有着独特有效的安全管理模式,创造出了河南第一、全国领先、世界一流的安全业绩,为煤矿安全管理积累了宝贵经验,带来了有益启示。河南煤化集团2010年煤炭生产百万吨死亡率从1.1降至0.031,99.3%的矿井无死亡事故,91.5%的矿井无重伤事故,81.7%的矿井无轻伤事故,这不得不说是个很大的突破。煤矿死亡率的降低离不开煤矿安全生产设施的改造,更离不开安全生产专用设备的投入使用。

(二)经济效益实例分析

为践行河南煤化集团从零开始、向零奋斗的安全理念,大众煤矿努力拼搏、积极创新,利用国家的优惠政策,结合自己企业的实际情况,从2008年起就开始着手购置煤矿安全专用设备和其他专用设备。根据2008年版的企业所得税优惠目录,结合机电运输部等设备主管部门每年对自筹购入的设备进行严格筛选,初步确定可以享受所得税抵免的专用

设备，同时积极与税务部门联系，准备相关的资料（设备合格证、产品说明书和发票等），经过税务部门验收备案后，最终确定每年应享受专用设备抵免企业所得税的设备金额。根据规定“按专用设备投资额的10%抵免当年企业所得税应纳税额”，实施效果很是明显，自2008年以来，我公司已抵免所得税近百万元。

作为高危生产行业，大众煤矿大量购置专用设备，保证煤矿安全生产，并利用了国家税收优惠政策，实施税务抵免。专用设备的投入使用也保证了大众煤矿2008～2010年连续3年实现零死亡，切实做到了以人为本，职工生命安全高于一切。另外，公司在注重安全的时候并没有忘记节能和保护环境，自2008年以来，节能节水和环境保护专用设备的购置使用也在逐年增加。2010年更是在环境保护方面购入专用设备84万余元，通过了环保部门的节能减排和环境质量达标验收，也为公司创造了美好干净的生活工作环境。

（三）推广意义

一个年产42万t的矿井，每年购置专用设备就投入200多万元，享受企业所得税抵免20万元。假设河南煤化集团有100家大众煤矿这样的企业，那么一年下来集团公司就可以享受企业所得税抵免2 000万元，也就是为企业增加了2 000万元的收益。

购置专用设备税务抵免优惠政策的出台，极大地鼓励了企业去购置安全、节能节水和环保专用设备。有目共睹，无论是从社会效果、经济效益、环境保护还是从个人、企业、国家等方面都给我们带来了实际的利益。一是有利于新科学技术的研究与应用，有利于新兴产业的产生和发展，鼓励专用设备企业的生产，给企业带来巨大的经济效益；二是尊重生命，体现了以人为本，维护社会安全和高危行业的生产安全；三是践行了科学发展观，发展循环经济，节能减排，保护环境。可谓是一举多得。

五、专用设备企业所得税抵免应注意的问题

企业都是以追求利益最大化为目的的。专用设备企业所得税的抵免虽然给企业带来了经济利益，但企业也应严格遵守国家各项法律法规、税收政策的规定，所以在实施专用设备企业所得税抵免的同时应注意以下几点：

（1）购置安全专用设备的投资额仅指专用设备的入账价值。专用设备投资额，是指购买专用设备发票设备价格，但不包括按有关规定可抵扣的增值税税款以及设备运输、安装和调试等费用。

（2）购买的专用设备必须是《目录》（2008年版）内的。财政部、国家税务总局和安全监管总局关于公布《安全生产专用设备企业所得税优惠目录（2008年版）》的通知（财税〔2008〕118号文件）对设备的名称、型号、适用范围、参数和系数都进行了详细明确。纳税人在申报抵扣备案时，必须严格对照目录。对于名称、性能、参数部分不符合的不应进行申请备案，同时对于名称一致，目录中没有参数对照的，纳税人的技术部门、安全部门、使用部门要逐级说明，必要时要出具专业技术和安全部门的鉴定报告。

（3）购置安全专用设备必须使用自有资金。政策规定，企业利用自筹资金和银行贷款购置专用设备的投资额，可以按企业所得税法的规定抵免企业应纳所得税额。企业利用财政拨款等政府补助资金购置专用设备的投资额，不得抵免企业应纳所得税额。

（4）要严格按照税务机关程序办理企业所得税抵免。